"十四五"时期国家重点出版物出版专项规划项目

极化成像与识别技术丛书

超宽带雷达地表穿透成像探测

金 添　周智敏　王 建　王玉明　戴永鹏　著

国防工業出版社

·北京·

内容简介

超宽带雷达结合微波成像技术能够获取浅地表目标雷达图像，可用于车载前视或机载侧视对地雷/地雷场进行远距离探测。本书分析了超宽带雷达地表穿透成像原理；归纳了超宽带雷达地雷/地雷场成像探测信息处理关键技术；结合合成孔径和虚拟孔径的特点，分别研究了超宽带二维和三维成像技术，总结了多种成像方法；介绍了地雷目标电磁散射模型、地雷目标检测与鉴别、地雷场提取与标定等研究成果。本书利用创作团队研制的国内首部车载超宽带虚拟孔径探雷系统和机载超宽带合成孔径地雷场探测系统，给出了大量实测数据处理结果，为超宽带雷达地表穿透成像探测应用提供了有益参考。

本书可供从事雷达系统技术、雷达信号与信息处理工作的科研人员、高等院校高年级本科生或研究生阅读。

图书在版编目（CIP）数据

超宽带雷达地表穿透成像探测 / 金添等著. --北京：国防工业出版社，2024. 10. -- ISBN 978-7-118-13427-8

Ⅰ. TN953

中国国家版本馆 CIP 数据核字第 20243QL052 号

※

国防工業出版社 出版发行

（北京市海淀区紫竹院南路 23 号　邮政编码 100048）

天津嘉恒印务有限公司印刷

新华书店经售

*

开本 787×1092　1/16　**印张** 17¼　**字数** 382 千字

2024 年 10 月第 1 版第 1 次印刷　**印数** 1—2000 册　**定价** 98.00 元

（本书如有印装错误，我社负责调换）

国防书店：（010）88540777　　书店传真：（010）88540776

发行业务：（010）88540717　　发行传真：（010）88540762

极化成像与识别技术丛书

编审委员会

极化成像与识别技术丛书

编写委员会

从书序

极化一词源自英文 Polarization，在光学领域称为偏振，在雷达领域则称为极化。光学偏振现象的发现可以追溯到 1669 年丹麦科学家巴托林通过方解石晶体产生的双折射现象。偏振之父马吕斯于 1808 年利用波动光学理论完美解释了双折射现象，并证明了极化是光的固有属性，而非来自晶体的影响。19 世纪 50 年代至 20 世纪初，学者们陆续提出 Stokes 矢量、Poincaré 球、Jones 矢量和 Mueller 矩阵等数学描述来刻画光的极化现象和特性。

相对于光学，雷达领域对极化的研究则较晚。20 世纪 40 年代，研究者发现：目标受到电磁波照射时会出现变极化效应，即散射波的极化状态相对于入射波会发生改变，二者存在着特定的映射变换关系，其与目标的姿态、尺寸、结构、材料等物理属性密切相关，因此目标可以视为一个极化变换器。人们发现，目标变极化效应所蕴含的丰富物理属性对提升雷达的目标检测、抗干扰、分类和识别等各方面的能力都具有很大潜力。经过半个多世纪的发展，雷达极化学已经成为雷达科学与技术领域的一个专门学科专业，发展方兴未艾，世界各国雷达科学家和工程师们对雷达极化信息的开发利用已经深入到电磁波辐射、传播、散射、接收与处理等雷达探测全过程，极化对电磁正演/反演、微波成像、目标检测与识别等领域的理论发展和技术进步都产生了深刻影响。

总的来看，在 80 余年的发展历程中，雷达极化学主要围绕雷达极化信息获取、目标与环境极化散射机理认知以及雷达极化信息处理与应用这三个方面交融发展、螺旋上升。20 世纪四五十年代，人们发展了雷达目标极化特性测量与表征、天线极化特性分析、目标最优极化等基础理论和方法，兴起了雷达极化研究的第一次高潮。六七十年代，在当时技术条件下，雷达极化测量的实现技术难度大且代价昂贵，目标极化散射机理难以被深刻揭示，相关理论研究成果难以得到有效验证，雷达极化研究经历了一个短暂的低潮期。进入 80 年代，随着微波器件与工艺水平、数字信号处理技术的进步，雷达极化测量技术和系统接连不断获得重大突破，例如，在气象探测方面，1978 年英国的 S 波段雷达和 1983 年美国的 NCAR/CP-2 雷达先后完成极化捷变改造；在目标特性测量方面，1980 年美国研制成功极化捷变雷达，并于 1984 年又研制成功脉内极化捷变雷达；在对地观测方面，1985 年美国研制出世界上第一部机载极化合成孔径雷达（SAR）;等等。这一时期，雷达极化学理论与雷达系统充分结合、相互促进、共同进步，丰富和发展了雷达目标唯象学、极化滤波、极化目标分解等一大批经典的雷达极化信息处理理论，催生了雷达极化在气象探测、抗杂波和电磁干扰、目标分类识别及对地遥感等领域一批早期的技术验证与应用实践，让人们再次开始重视雷达极化信息的重要性和不可替代性，雷达极化学迎来了第二次发展高潮。20 世纪 90 年代以来，雷达极化学受到世界各发达国家的普遍重视和持续投入，雷达极化理论进一步深化，极化测量数据更加丰富多样，极化应用愈加广泛深入。进入 21 世纪后，雷达极化学呈现出加速发展态势，不断在对地观测、空间监视、气象探测等众多的民用和军用领域取得令人振奋的应用成果，呈现出新的蓬勃发展的热烈局面。

在极化雷达发展历程中，极化合成孔径雷达由于兼具极化解析与空间多维分辨能力，受到了各国政府与科技界的高度重视，几十年来机载/星载极化 SAR 系统如雨后春笋般不断涌现。国际上最早成功研制的实用化的极化 SAR 系统是 1985 年美国的 L 波段机载 AIRSAR 系统。之后典型的机载全极化 SAR 系统有美国的 UAVSAR、加拿大的 CONVAIR、德国的 ESAR 和 FSAR、法国的 RAMSES、丹麦的 EMISAR、日本的 PISAR 等。星载系统方面，美国航天飞行于 1994 年搭载运行的 C 波段 SIR-C 系统是世界上第一部星载全极化 SAR。2006 年和 2007 年，日本的 ALOS/PALSAR 卫星和加拿大的 RADARSAT-2 卫星相继发射成功。近些年来，多部星载多/全极化 SAR 系统已在轨运行，包括日本的 ALOS-2/PALSAR-2、阿根廷的 SAOCOM-1A、加拿大的 RCM、意大利的 CSG-2 等。

1987 年，中国科学院电子所研制了我国第一部多极化机载 SAR 系统。近年来，在国家相关部门重大科研计划的支持下，中国科学院电子所、中国电子科技集团、中国航天科技集团、中国航天科工集团等单位研制的机载极化 SAR 系统覆盖了 P 波段到毫米波段。2016 年 8 月，我国首颗全极化 C 波段 SAR 卫星高分三号成功发射运行，之后高分三号 02 星和 03 星分别于 2021 年 11 月和 2022 年 4 月成功发射，实现多星协同观测。2022 年 1 月和 2 月，我国成功发射了两颗 L 波段 SAR 卫星——陆地探测一号 01 组 A 星和 B 星，二者均具备全极化模式，将组成双星编队服务于地质灾害监测、土地调查、地震评估、防灾减灾、基础测绘、林业调查等领域。这些系统的成功运行标志着我国在极化 SAR 系统研制方面达到了国际先进水平。总体上，我国在极化成像雷达与应用方面的研究工作虽然起步较晚，但在国家相关部门的大力支持下，在雷达极化测量的基础理论、测量体制、信号与数据处理等方面取得了不少的创新性成果，研究水平取得了长足进步。

目前，极化成像雷达在地物分类、森林生物量估计、地表高程测量、城区信息提取、海洋参数反演以及防空反导、精确打击等诸多领域中已得到广泛应用，而目标识别是其中最受关注的核心关键技术。在深刻理解雷达目标极化散射机理的基础上，将极化技术与宽带/超宽带、多维阵列、多发多收等技术相结合，通过极化信息与空、时、频等维度信息的充分融合，能够为提升成像雷达的探测识别与抗干扰能力提供崭新的技术途径，有望从根本上解决复杂电磁环境下雷达目标识别问题。一直以来，由于目标、自然环境及电磁环境的持续加速深刻演变，高价值目标识别始终被认为是雷达探测领域“永不过时”的前沿技术难题。因此，出版一套完善严谨的极化、成像与识别的学术著作对于开拓国内学术视野、推动前沿技术发展、指导相关实践工作具有重要意义。

为及时总结我国在该领域科研人员的创新成果，同时为未来发展指明方向，我们结合长期的极化成像与识别基础理论、关键技术以及创新应用的研究实践，以近年国家“863”、“973”、国家自然科学基金、国家科技支撑计划等项目成果为基础，组织全国雷达极化领域的同行专家一起编写了这套“极化成像与识别技术”丛书，以期进一步推动我国雷达技术的快速发展。本丛书共 24 分册，分为 3 个专题。

（一）极化专题。着重介绍雷达极化的数学表征、极化特性分析、极化精密测量、极化检测与极化抗干扰等方面的基础理论和关键技术，共包括 10 个分册。

（1）《瞬态极化雷达理论、技术及应用》瞄准极化雷达技术发展前沿，系统介绍了我国首创的瞬态极化雷达理论与技术，主要内容包括瞬态极化概念及其表征体系、人造目标瞬态极化特性、多极化雷达波形设计、极化域变焦超分辨、极化滤波、特征提取与识别等一大批自主创新研究成果，揭示了电磁波与雷达目标的瞬态极化响应特性，阐述了瞬态极化响应的测量技术，并结合典型场景给出了瞬态极化理论在超分辨、抗干扰、目标精细特征提取与识别等方面的创新应用案例，可为极化雷达在微波遥感、气象探测、防空反导、精确制导等诸多领域中的应用提供理论指导和技术支撑。

（2）《雷达极化信号处理技术》系统地介绍了极化雷达信号处理的基础理论、关键技术与典型应用，涵盖电磁波极化及其数学表征、动态目标宽/窄带极化特性、典型极化雷达测量与处理、目标信号极化检测、极化雷达抗噪声压制干扰、转发式假目标极化识别以及极化雷达单脉冲测角与干扰抑制等内容，可为极化雷达系统的设计、研制和极化信息的处理与利用提供有益参考。

（3）《多极化矢量天线阵列》深入讨论了多极化天线波束方向图优化与自适应干扰抑制，基于方向图分集的波形方向图综合、单通道及相干信号处理，多极化主动感知，稀疏阵型设计及宽带测角等问题，是一本理论性较强的专著，对于阵列雷达的设计和信号处理具有很好的参考价值。

（4）《目标极化散射特性表征、建模与测量》介绍了雷达目标极化散射的电磁理论基础、典型结构和材料的极化散射表征方式、目标极化散射特性数值建模方法和测量技术，给出了多种典型目标的极化特性曲线、图表和数据，对于极化特征提取和目标识别系统的设计与研制具有基础支撑作用。

（5）《飞机尾流雷达探测与特征反演》介绍了飞机尾流这类特殊的分布式软目标的电磁散射特性与雷达探测技术，系统揭示了飞机尾流的动力学特征与雷达散射机理之间的内在联系，深入分析了飞机尾流的雷达可探测性，提出了一些典型气象条件下的飞机尾流特征参数反演方法，对推进我国军民航空管制以及舰载机安全起降等应用领域的技术进步具有较大的参考价值。

（6）《雷达极化精密测量》系统阐述了极化雷达测量这一基础性关键技术，分析了极化雷达系统误差机理，提出了误差模型与补偿算法，重点讨论了极化雷达波形设计、无人机协飞的雷达极化校准技术、动态有源雷达极化校准等精密测量技术，为极化雷达在空间监视、防空反导、气象探测等领域的应用提供理论指导和关键技术支撑。

（7）《极化单脉冲导引头多点源干扰对抗技术》面向复杂多点源干扰条件下的雷达导引头抗干扰需求，基于极化单脉冲雷达体制，围绕极化导引头系统构架设计、多点源干扰多域特性分析、多点源干扰多域抑制与抗干扰后精确测角算法等方面进行系统阐述。

（8）《相控阵雷达极化与波束联合控制技术》面向相控阵雷达的极化信息精确获取需求，深入阐述了相控阵雷达所特有的极化测量误差形成机理、极化校准方法以及极化波束形成技术，旨在实现极化信息获取与相控阵体制的有效兼容，为相关领域的技术创新与扩展应用提供指导。

（9）《极化雷达低空目标检测理论与应用》介绍了极化雷达低空目标检测面临的杂波与多径散射特性及其建模方法、目标回波特性及其建模方法、极化雷达抗杂波和抗多径散射检测方法及这些方法在实际工程中的应用效果。

（10）《偏振探测基础与目标偏振特性》是一本光学偏振方面理论技术和应用兼顾的专著。首先介绍了光的偏振现象及基本概念；其次在目标偏振反射/辐射理论的基础上，较为系统地介绍了目标偏振特性建模方法及经典模型、偏振特性测量方法与技术手段、典型目标的偏振特性数据及分析处理；最后介绍了一些基于偏振特性的目标检测、识别、导航定位方面的应用实例。

（二）成像专题。着重介绍雷达成像及其与目标极化特性的结合，探讨雷达在探地、地表穿透、海洋监测等领域的成像理论技术与应用，共包括 7 个分册。

（1）《高分辨率穿透成像雷达技术》面向穿透表层的高分辨率雷达成像技术，系统讲述了表层穿透成像雷达的成像原理与信号处理方法。既涵盖了穿透成像的电磁原理、信号模型、聚焦成像等基本问题，又探讨了阵列设计、融合穿透成像等前沿问题，并辅以大量实测数据和处理实例。

（2）《极化 SAR 海洋应用的理论与方法》从极化 SAR 海洋成像机制出发，重点阐述了极化 SAR 的海浪、海洋内波、海冰、船只目标等海洋现象和海上目标的图像解译分析与信息提取方法，针对海洋动力过程和海上目标的极化 SAR 探测给出了较为系统和全面的论述。

（3）《超宽带雷达地表穿透成像探测》介绍利用超宽带雷达获取浅地表雷达图像实现埋设地雷和雷场的探测。重点论述了超宽带穿透成像、地雷目标检测与鉴别、雷场提取与标定等技术，并通过大量实测数据处理结果展现了超宽带地表穿透成像雷达重要的应用价值。

（4）《合成孔径雷达定位处理技术》在介绍 SAR 基本原理和定位模型基础上，按照 SAR 单图像定位、立体定位、干涉定位三种定位应用方向，系统论述了定位解算、误差分析、精化处理、性能评估等关键技术，并辅以大量实测数据处理实例。

（5）《极化合成孔径雷达多维度成像》介绍了利用极化雷达对人造目标进行三维成像的理论和方法，重点讨论了极化干涉成像、极化层析成像、复杂轨迹稀疏成像、大转角观测数据的子孔径划分、多子孔径多极化联合成像等新技术，对从事微波成像研究的学者和工程师有重要参考价值。

（6）《机载圆周合成孔径雷达成像处理》介绍的是基于机载平台的合成孔径雷达以圆周轨迹环绕目标进行探测成像的技术。论述了圆周合成孔径雷达的目标特性与成像机理，提出了机载非理想环境下的自聚焦成像方法，探究了其在目标检测与三维重构方面的应用，并结合团队开展的多次飞行试验，介绍了技术实现和试验验证的研究成果，对推动机载圆周合成孔径雷达系统的实用化有重要参考价值。

（7）《红外偏振成像探测信息处理及其应用》系统介绍了红外偏振成像探测的基本原理，以及红外偏振成像探测信息处理技术，包括基于红外偏振信息的图像增强、基于红外偏振信息的目标检测与识别等，对从事红外成像探测及目标识别技术研究的学者和工程师有重要参考价值。

（三）识别专题。着重介绍基于极化特性、高分辨距离像以及合成孔径雷达图像的雷达目标识别技术，主要包括雷达目标极化识别、雷达高分辨距离像识别、合成孔径雷达目标识别、目标识别评估理论与方法等，共包括 7 个分册。

（1）《雷达高分辨距离像目标识别》详细介绍了雷达高分辨距离像极化特

征提取与识别和极化多维匹配识别方法，以及基于支持矢量数据描述算法的高分辨距离像目标识别的理论和方法。

（2）《合成孔径雷达目标检测》主要介绍了 SAR 图像目标检测的理论、算法及具体应用，对比了经典的恒虚警率检测器及当前备受关注的深度神经网络目标检测框架在 SAR 图像目标检测领域的基础理论、实现方法和典型应用，对其中涉及的杂波统计建模、斑点噪声抑制、目标检测与鉴别、少样本条件下目标检测等技术进行了深入的研究和系统的阐述。

（3）《极化合成孔径雷达信息处理》介绍了极化合成孔径雷达基本概念以及信息处理的数学原则与方法，重点对雷达目标极化散射特性和极化散射表征及其在目标检测分类中的应用进行了深入研究，并以对地观测为背景选择典型实例进行了具体分析。

（4）《高分辨率 SAR 图像海洋目标识别》以海洋目标检测与识别为主线，深入研究了高分辨率 SAR 图像相干斑抑制和图像分割等预处理技术，以及港口目标检测、船舶目标检测、分类与识别方法，并利用实测数据开展了翔实的实验验证。

（5）《极化 SAR 图像目标检测与分类》对极化 SAR 图像分类、目标检测与识别进行了全面深入的总结，包括极化 SAR 图像处理的基本知识以及作者近年来在该领域的研究成果，主要有目标分解、恒虚警检测、混合统计建模、超像素分割、卷积神经网络检测识别等。

（6）《极化雷达成像处理与目标特征提取》深入讨论了极化雷达成像体制、极化 SAR 目标检测、目标极化散射机理分析、目标分解与地物分类、全极化散射中心特征提取、参数估计及其性能分析等一系列关键技术问题。

（7）《雷达图像相干斑滤波》系统介绍了雷达图像相干斑滤波的理论和方法，重点讨论了单极化 SAR、极化 SAR、极化干涉 SAR、视频 SAR 等多种体制下的雷达图像相干斑滤波研究进展和最新方法，并利用多种机载和星载 SAR 系统的实测数据开展了翔实的对比实验验证。最后，对该领域研究趋势进行了总结和展望。

本套丛书是国内在该领域首次按照雷达极化、成像与识别知识体系组织的高水平学术专著丛书，是众多高等院校、科研院所专家团队集体智慧的结晶，其中的很多成果已在我国空间目标监视、防空反导、精确制导、航天侦察与测绘等国家重大任务中获得了成功应用。因此，丛书内容具有很强的代表性、先进性和实用性，对本领域研究人员具有很高的参考价值。本套丛书的出版既是对以往研究成果的提炼与总结，我们更希望以此为新起点，与广大的同行们一道开启雷达极化技术与应用研究的新征程。

在丛书的撰写与出版过程中，我们得到了郭桂蓉、何友、吕跃广、吴一戎等二十多位业界权威专家以及国防工业出版社的精心指导、热情鼓励和大力支持，在此向他们一并表示衷心的感谢！

王雪松

2022 年 7 月

前言

超宽带雷达发射低频电磁波能够穿透土壤探测地下目标，结合微波成像技术可以获得目标雷达图像，增强了地下目标信息获取能力。因此，超宽带雷达地表穿透成像探测在诸多民用和军用领域都有广泛应用，特别是在战时或战后地雷清除方面，发挥了重要作用。目前世界各国战争遗留的地雷共大约 1.1 亿颗，导致每年有超过 2 万平民死亡或致残。前视或侧视成像探测模式则提供了一种快速、高效、准确的地雷探测手段，相比传统下视成像模式可以避免近距离探测容易造成操作人员伤亡的问题。国防科技大学研制了国内首部车载前视和机载侧视探雷系统，在地表穿透成像、地雷目标检测与鉴别等方面开展了深入研究。

随着地雷耐爆技术的发展，采用布雷车、火箭布雷和机载抛撒布雷成为现代战争普遍使用的方式。短短几分钟内布设地雷数达到几百枚，使得地雷场具有很高的突然性和隐蔽性，对人员和军事装备具有很大杀伤力，造成士兵恐慌心理，破坏装甲设备。因此，超宽带雷达地雷场探测是继单颗地雷探测之后，该领域的重要研究方向。利用机载超宽带雷达可实现大面积区域成像探测，识别地表抛撒或地下埋设地雷场并标定雷达边界，从而提高部队快速机动能力。

本书作者长期从事超宽带雷达地表穿透成像探测技术研究，研制了国内首部车载超宽带虚拟孔径探雷系统和机载超宽带合成孔径地雷场探测系统，实现了地雷和地雷场的远距离、快速探测。本书是作者近几年研究工作的总结，主要包括超宽带雷达地表穿透成像基本原理、方法及其在地雷和地雷场探测中的应用。全书共 6 章，具体内容和章节安排如下：

第 1 章绪论，主要对超宽带雷达地表穿透成像原理进行分析，介绍了目前典型的车载和机载超宽带雷达地雷/地雷场成像探测系统，最后对超宽带雷达地雷/地雷场成像探测信息处理关键技术进行了分析和归纳。

第 2 章超宽带二维成像技术，主要研究合成孔径和虚拟孔径后向投影二维成像方法及其快速算法。

第 3 章超宽带三维成像技术，主要研究圆周孔径和平面孔径三维成像方法及超分辨技术。

第 4 章地雷目标电磁建模，在分析半空间目标电磁建模方法的基础上，主要研究基于矩量法和物理光学法的两种地雷目标电磁建模方法。

第 5 章地雷目标检测与鉴别，主要包括地雷目标预筛选与杂波虚警剔除方法。

第 6 章地雷场提取与标定，在分析地雷场特性基础上，研究疑似地雷场提取、地雷场统计特性分析、地雷场鉴别及地雷场边界标定方法。

本书第 1 章由周智敏、金添撰写；第 2 章由金添、周智敏撰写；第 3 章由金添、王建撰写；第 4 章由周智敏、王建撰写，第 5 章和第 6 章由金添、王玉明、戴永鹏撰写。全书由金添筹划、指导并统稿。

本书部分研究工作是在国家自然科学基金（61271441、60972121）、近地面探测技术国防科技重点实验室基金（TCGZ2019B007）等资助下进行的。在本书写作的过程中，课题组的宋千、孙晓坤、李杨寰、张汉华等为书稿提供了大量素材，在此向他们表示诚挚的谢意。

迄今为止，超宽带雷达地表穿透成像探测技术仍在不断发展，本书试图通过总结我们前期的研究工作，系统论述超宽带雷达地表穿透成像探测的原理、算法和信息处理技术。由于作者水平有限，书中疏漏之处在所难免，敬请广大读者批评指正。

作 者

2024.3

目录

第1章 绪论

1.1 引言

“知己知彼，百战不殆”这句古老的战争名言就是对于敌情掌握重要性的高度概括。随着科学技术的发展，侦察在战争中的地位日趋重要，侦察的技术手段也在发生着日新月异的变化。以往的战争实践都充分证明，无论是战略战役侦察还是战术侦察，都离不开工程侦察的有力保障，它对各种类型和规模的作战行动提供大量有价值的敌情和工程保障情报信息，为军队的作战指挥和工程兵部队、分队遂行工程保障任务提供信息依据和保证。

在探地雷达（Ground Penetrating Radar，GPR）领域，埋设深度大于 5m 的目标称为深层目标，埋设深度 0.5～5m 的目标称为中层目标，而埋设深度小于 0.5m 的目标则称为浅埋目标。地雷是最主要的一类浅埋目标，因此是本书研究的主要目标。基本上哪里有战争，哪里就有地雷，据专家估计，目前世界各国遗留的地雷共大约 1.1 亿颗，分布在全球大约 79 个国家和 8 个地区，导致每年有超过 2 万平民死亡或致残，而进行人道主义排雷所需的人力、物力、财力及时间都是非常惊人的，因此严重阻碍了当地经济的正常发展。在战争期间，地雷和地雷场则是时刻处于战斗状态的“士兵”，它们能够严重降低部队及装备的机动能力，造成部队错失非常关键的战斗时机，即便是军事实力最强的美国和俄罗斯都未轻言加入《渥太华禁雷条约》，相反他们还加大了对新型地雷的研究，如防直升机地雷和智能地雷场等。此外，地雷相对于其他武器来说价格极其低廉，目前全世界范围内的地雷储备高达 2.7 亿以上，可以预见，在今后很长的一段时间里，地雷都将是信息化战争中大规模用到的武器，因此研究快速、大范围探雷技术与装备具有非常重要的意义[1-3]。

美国喷气动力研究室（Jet Propulsion Laboratory，JPL）在 2002 年研究白皮书中提出了分层探地雷的策略，如图 1-1 所示。第一层的高空探地雷单位时间内能够获得最大的侦察范围，适合发现地雷场，但受传感器的功率限制，其信杂比相当低，实现技术难度较大，探测结果置信度较低，目前文献报道也仅集中于早期的个别系统。第二层低空探雷虽然对于单颗地雷的探测率远低于车载系统，但据有关文献称发现 40%～60%的地雷就能够识别地雷场[4]，因而低空探雷主要任务是对地雷场进行探测定位。第三层探雷主要依靠地面车辆平台进行较大面积的地雷探测，其探测目标已经变成了单颗地雷。车载平台探测比单兵探测的范围要广，对于单颗地雷的探测率远比空中平台要高，因此，它是机械化部队前驱扫雷的重要装备。第四层是单兵探雷/排雷，探测率最高，但是探测效率非常低。传统的单兵探雷是最早出现的探雷手段，实施起来灵活性相当高，且具有相当高的探测率，但是容易造成人员伤亡，在缺乏其他手段配合的情况下，必须事先知道地雷场区域的分布范围。单兵探雷/排雷无法对大面积地雷场进行探测，虽然采用小队分组搜索策略能够一定程度上提高探测效率，但是其安全性和高效性远远达不到现代战争对地雷场探测的需求。

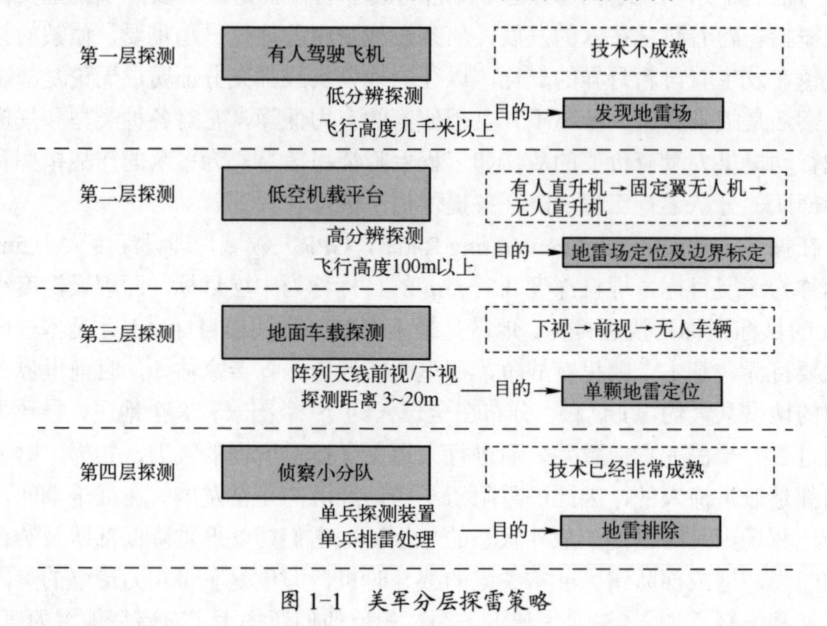

图 1-1 美军分层探雷策略

通过上述分析可以发现，浅埋地雷探测技术的发展趋势：一是增强探测精度，要求提高探测率、降低虚警率，主要措施为基于多传感器进行信息融合[5-6]；二是提高探测效率，要求系统的探测速度高、作用距离远、覆盖范围大。因此，主要发展方向是机载和车载探雷技术。

机载探雷主要分为高空探雷和低空探雷，但是在高空层面获得的信噪比过低，不适合地雷这种细微目标的探测，因此，现今机载探雷均集中于低空探测手段的研究。首先，它具有机载平台的优势，不受地形限制，不受雷区是否是敌占区限制，探测范围大，探测效率高，并且由于避免了和雷区地面的接触，具有很高的安全性；其次，低空平台具有很高的机动能力，可以随时随地对雷区进行快速的单次/多次扫描，保证对突发性的抛撒地雷场的探测能力；再次，低空高度能够获得足够的信杂比，具有极高的地雷场探测率，可以在第一时间为指挥官提供确切可靠的地雷场分布信息作为决策参考；最后，若采用小型无人机平台，装入运输车辆则可作为装甲部队的伴随侦察保障，将具备更高的隐蔽性和灵活性，可随时对敌阵地前方和我方部队集结区进行地雷场侦察，保证装甲机械化部队的高机动作战能力[6]。

车载探雷又可分为下视和前视探雷，下视探雷是指传感器贴近地面，朝下方探测，探测效率低，安全制动距离短，安全系数不高。因此，人们更倾向于研究前视车载探雷技术。传感器朝车载平台的前下方探测称为前视探雷，相对于下视探测其探测范围更大，安全制动距离更高，具有更广阔的应用前景。相对于空中平台而言，由于贴近地面，获取的信号信噪比高，因此，能够获得更高的探测率和更精确的目标定位信息。另外，车载设备使用维护成本也较低。但是，这种雷达系统的设计和信息处理的要求则相对较高，现今车载探雷技术研究主要集中于前视探雷模式。

1.2　超宽带雷达地雷/地雷场成像探测系统

超宽带成像雷达是一种环境适应性强的多用途侦察设备，可侦测经过伪装或遮蔽的地雷、装甲、枪械、指挥所、铁丝网、壕沟、陷阱等多种工程设施，近 20 年来受到各军事强国的高度重视，逐渐成为战场工程侦察的主要手段之一。我们通常将相对带宽（中心频率与绝对带宽之比）大于 25%的信号称为超宽带信号。为了实现更好的穿透性能，超宽带信号的中心频率一般在低频段，因此超宽带信号具有较好的穿透性能。超宽带成像雷达正是通过发射超宽带信号在获得较高的距离（或纵向）分辨率的同时，实现对叶簇、土壤或墙壁的穿透，从而探测隐蔽目标。而超宽带成像雷达方位（或横向）高分辨率的获取则需要较长的天线孔径。对于不同工作方式下的系统，其成像孔径的获取方式也不一样。

对于侧视工作方式下的机载系统，可以通过平台运动形成较长的合成孔径，我们称这种雷达为超宽带合成孔径雷达（Synthetic Aperture Radar，SAR）。目前，超宽带 SAR 用于叶簇覆盖隐蔽目标探测已经进入实用化阶段。美国 Loral 防御系统研究所与美国空军莱特实验室（Wright Laboratory）合作开展的高时效性隐蔽目标检测技术研究[7]已经将超宽带 SAR 安装在“全球鹰”无人机上用于探测隐蔽于树林中的静止车辆[8]。然而，超宽带 SAR 浅埋目标探测仍处在实验室研究或演示验证阶段。主要有两点原因：一是地表穿透 SAR 为了探测地雷等目标，需要的分辨率比用于探测装甲车等大目标的叶簇穿透 SAR 高得多，通常要求小于 0.2m，这使得雷达系统实现和成像处理的难度都大幅度增加；二是地雷等目标的雷达散射截面（Radar Cross Section，RCS）本来就很小，加上土壤比叶簇对电磁波的衰减大，这使得成像场景中一块石头、一个树桩都可能产生比地雷更强的回波信号，给目标检测带来了巨大的挑战。

对于前视工作方式下的车载系统，由于不能够通过平台运动形成合成孔径，因此通常直接利用天线阵列获取需要的成像孔径。多发多收阵列能够利用较少的发射和接收单元获得较多的虚拟收发阵元，相比传统阵列具有成本低、重量轻等优点，被许多前视成像系统采用。因此，前视工作方式下的车载系统更适合利用多发多收阵列形成虚拟孔径，我们称这种雷达为超宽带虚拟孔径雷达（Virtual Aperture Radar，VAR）。目前，超宽带 VAR 还处于高度发展阶段，仍有许多问题有待进一步研究。

1.2.1 典型车载系统

1. NIITEK 车载下视地表浅埋探测器

虽然车载下视探雷设备安全制动距离短，安全性低，但是这种不利因素可以通过轻小型的无人车辆平台得到一定程度的克服。最近 NIITEK 公司研发的 Husky Mounted Detection System（HMDS）系列产品，如图 1-2 所示，囊括了大型至小型、有人驾驶至无人驾驶的地面车载超宽带（Ultra Wide Band，UWB）SAR 地表浅埋物探测器，这也表明车载浅埋目标探测技术日趋成熟，正在走向产品化。

(a) 有人探测设备

(b) 无人探测设备

图 1-2　NIITEK 公司的车载 UWB SAR 浅埋物探测器

图 1-2（a）的 HMDS 和 MineStalker 是有人驾驶探测设备，图 1-2（b）的 MINI-HMDS 和 AMDS 是小型无人驾驶探测设备，配备了全球定位系统（Global Positioning System，GPS），定位系统可以在路径规划后进行自主探测。

因此，早在 20 世纪 50 年代，美国国家航空航天局就提出了机载反雷（ACMC）的概念，甚至早于地面车载探测理论的提出，只是由于当时技术水平的限制，为了达到高分辨率的大范围探测，UWB SAR 在发射功率、系统带宽、集成度和传感器精度等多项关键技术方面还不具备机载的条件，人们不得不将重点先放在了车载 UWB SAR 探测技术的研究。最近，由于通信技术、信息处理技术、UWB 雷达的模块化技术、大规模集成电路技术得到了长足发展，各种高精度的实时测姿定位传感器也日趋成熟，在飞机平台上搭载 UWB SAR 进行大范围雷区探测的高效的侦察手段再次进入人们的视野，并成为近年来工程侦察技术研究领域中的一个重要分支。

2. 英国 QinetiQ 车载超研宽带探雷系统[9]

根据与英国国防部（MoD）签订的合同，QinetiQ 研制了一部车载超宽带探雷系统，如图 1-3 所示。系统是脉冲体制雷达，发射波形为快上升高斯脉冲，最初只具备前视探测功能，2004 年增加了侧视 SAR 功能。前视功能用于道路勘测，由四个横向电磁场（Transverse Electromagnetic，TEM）喇叭天线构成，分别装配于车顶的两个大方盒之内，每个盒子里各有一个发射和接收天线，通过组合可以形成 3 个等效通道，从而提高方位分辨率；侧视功能主要用来探测车辆两侧的威胁，同时还可用以研究目标和地杂波的特性。

图 1-3　QinetiQ 车载探雷系统照片

3. PSI 的车载前视 GPR[10-11]

根据美国陆军夜视电子仪器理事会（NVESD）的地雷探测合同，PSI 公司于 2001 年年底研制成了具有 58 个通道的下视 GPR 系统，如图 1-4 所示，该系统的等效天线间隔 0.037m，发射从 500MHz～4GHz 的步进频率信号。在二期系统中，天线被抬起朝前辐射，形成了前视 GPR，该系统的发射天线位于接收阵列中心，发射频率缩短到 766MHz～2.166GHz。由于将一排接收天线更换为发射天线，等效天线间隔增大为 0.076m，PSI 二期尝试过将发射天线置于两端以提高图像的分辨率[12]。PSI 还对成像算法、检测算法进行了深入研究，并且进行了大量实验。

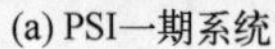

(a) PSI一期系统

(b) PSI二期系统

图 1-4 PSI 车载 GPR 系统照片

4. SRI 的车载前视 GPR[13-16]

斯坦福研究所（Stanford Research Institute，SRI）的前视 GPR 系统是在美国军方支持下研制的一部双极化前视车载 UWB SAR 系统，如图 1-5 所示，其目的是研究地雷探测的最佳系统参数。该系统工作频率为 400MHz～4GHz，发射功率为 1～10W，采用步进频率连续波信号形式，距离和方位分辨率分别可达到 0.1m 和 0.4m。

图 1-5 SRI 车载前视 GPR 系统照片

5. 国防科技大学的车载前视地表穿透虚拟孔径雷达（Forward-Looking Ground Penetrating Virtual Aperture Radar，FLGPVAR）

国防科技大学研制的车载 FLGPVAR 采用虚拟孔径进行前视成像，国外有文献将类似系统称为实孔径合成组织雷达（Real Aperture Synthetically Organized Radar，RASOR）[17]。该系统的天线阵列采用端发多收配置方式，即发射天线置于接收阵列两端，如图 1-6 所示，其中一期系统采用了两个发射天线，二期系统采用了四个发射天线。系统可以对车前 5～20m、宽带 6m 的区域成像探测。该系统一期采用了冲激信号，信号中心频率约为 1.1GHz，-10dB 带宽约为 700MHz；二期采用了步进频率信号，信号频率范围为 600～2800MHz。车载 FLGPVAR 能够在行进中对前方区域实时成像，并进行目标检测与鉴别。

(a) 一期　　(b) 二期

图 1-6　国防科技大学车载 FLGPVAR 系统

1.2.2　典型机载系统

1. 低空超宽带 SAR 地面实验平台

超宽带 SAR 作为一种新体制雷达技术，其发射机、接收机、信号体制、天线类型、信息处理技术都还处于发展阶段，为了减少设计风险，降低实验成本，缩短设计周期，雷达系统的设计定型以及信息处理方法都需要进行前期论证，而试制的雷达系统也只有通过地面模拟平台的验证后，才能移至低空平台。地面模拟平台是进行低空超宽带 SAR 探雷设备研制中必不可少的环节之一，其中比较著名的有美国陆军研究实验室（Association of Research Libraries，ARL）研制的 BoomSAR 系统[7,18-20]，如图 1-7（a）所示，大量文献中所提的信息处理方法都是基于此平台的实验数据研究得到的；法国电子装备技术中心和微波光纤通信研究所（IRCOM）联合研制的车载 PULSAR[21-22]，如图 1-7（b）所示；英国远程地雷场探测系统（Remote Minefield Detection System，REMIDS）项目地面验证系统（REMIDS TDP），如图 1-7（c）所示；国内国防科技大学的 Rail-GPSAR 系统如图 1-7（d）所示。这些地面模拟平台不同于一般的前视和下视车载超宽带 SAR 探测系统，工作于侧视模式，无须天线单元阵列，通常只有 1～4 个天线单元，将其举高后具备了较大的探测范围，形成类似机载系统的成像几何模型，并且能够沿前进方向形成较长的合成孔径，对侧面地雷区生成高分辨率的雷达图像。但此类模拟系统不能探测前进方向是否存在地雷场，平台的安全性相当低，因而不适于实际地雷场探测，仅适合用作机载系统的地面验证和实测数据的获取。

(a) BoomSAR系统及成像结果

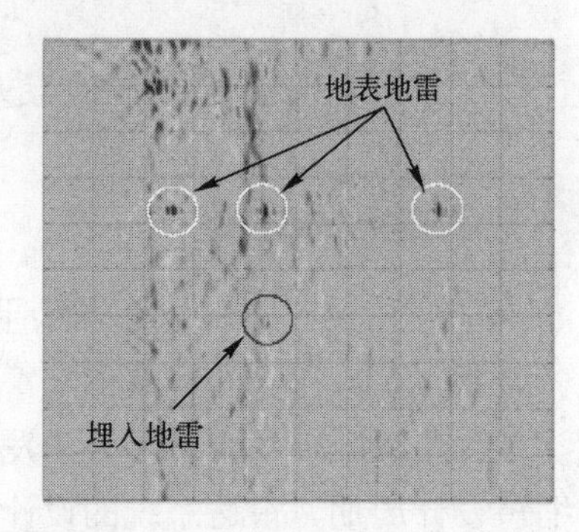

(b) PULSAR系统及成像结果

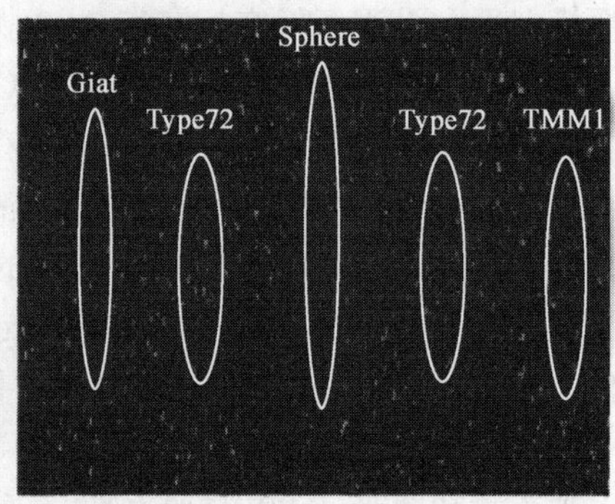

(c) REMIDS TDP系统及成像结果

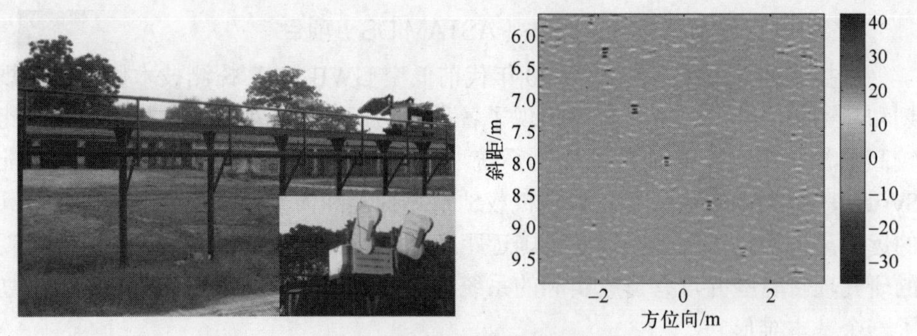

(d) Rail–GPSAR系统及成像结果

图 1–7　典型地面模拟平台

BoomSAR 系统顶部距地面 45m，以 45° 俯视角照射地面，波束照射宽度（垂直航迹的地面距离）约 300m，可以 1km/h 的速度前进。发射信号为窄脉冲体制，装有 4 部 2m 长的 TEM 喇叭天线，如图 1–7（a）所示，两部发射天线，两部接收天线，发射波水平极化和垂直极化交替，回波被水平和垂直极化接收天线同时接收，因此该系统具有 HH、VV、HV、VH 四种极化收发方式。由于 BoomSAR 系统的天线距地面高度有 45m，因此，其成像模型更接近真实低空探测，直至今天，大量研究成果均是以 BoomSAR 数据为基础的[23-26]，有关文献已经利用该系统完成了部分地雷场检测算法的验证，也进行了一些地表杂波和地表浅埋物体回波的录取[27]。

PULSAR 系统伸缩臂顶部可以伸至十多米，俯视角度可以小范围调节。能够发射峰值电压为 8kV 的窄脉冲信号，带宽为 200MHz～1.2GHz。采用“蜻蜓”式天线，500MHz～3GHz 频率范围内增益在 12dB 以上。

REMIDS TDP 系统利用英国军方“DROPS”车辆底盘，顶部装有 TEM 天线，距地面 7m，以 45° 俯视地面，辐射范围远小于 BoomSAR 系统，但是它能够进行红外成像和 UWB SAR 成像两种探测技术的地面验证，能够在同等环境下比较两种探测方式的优劣。其中超宽带 SAR 模式下的发射信号为窄脉冲体制，带宽为 200MHz～3GHz，所成图像距离向分辨率约为 0.5m，方位向为 0.2m，图 1–7（c）是在草地背景中 4 个目标的成像结果。

Rail–GPSAR 是一部轨道超宽带 SAR 浅埋目标探测实验系统。发射信号为窄脉冲，上升时间约 0.82ns，下降时间约 1ns，峰值电压 27V。系统收发天线均为平面加脊 TEM 喇叭天线，波束角约 120°，通过收发天线的不同配置，可以实现多种极化测量。虽然天线采用收发分置，但天线间距远小于探测距离，因此可近似认为该系统工作在单站模式，其平台位置在收发天线连线中心。

2. 机载远距地雷场探测系统（ASTAMIDS）项目

受技术条件限制，20 世纪 80 年代前低空 UWB SAR 探测技术仍停留在规划和理论研究阶段，80 年代后出现了各种低空探测研究项目[28]，其中知名度比较高的是机载远距离地雷场探测系统（Airborne Standoff Minefield Detection System，ASTAMIDS，图 1-8）、机载地雷场探测和侦察系统，美国陆军工程兵的远距离地雷场探测系统以及英国远距离地雷场探测系统研究项目。这些早期的研究项目有些并没有形成实际的系统，但是它却为低空探测系统的实现规划了一个基本雏形。

图 1-8 ASTAMIDS 系统架构图

3. 斯坦福研究所（SRI）的机载探地雷达（GPR）

早在 1979 年，SRI 首次将机载超宽带地表穿透雷达用于商业目的[29]，不过当时的雷达频宽仅 200～400MHz。随后 SRI 将这一频段的窄脉冲雷达系统悬挂于 Beech 公司的 Queen air 型固定翼飞机上，如图 1-9（a）所示，于 1993 年在尤马（Yuma）实验场进行了飞行实验，其飞行高度约 1000m，脉冲宽度为 3.5ns，重复频率为 200Hz，采用长度为 2.5m 的偶极子阵列天线，波束角为 30°，VV 极化模式，实验结果如图 1-9（c）所示。为了提高对埋地目标的检测性能，增加了 HH 极化模式，并采用四脊喇叭天线，因此，雷达系统的体积重量也增加至相当可观的程度，将其整合至一个小型吊舱后，悬挂于 Beech 公司新一代 King air 型飞机下方，如图 1-9（b）所示，探测结果如图 1-9（d）所示。这种大型雷达系统，装备了体积较大的高增益天线以及高功率的射频发射机，上千米的飞行高度使其能够获得更大宽度（垂直航迹方向）的观测带，拥有极高的探测效率。但是这种设备对于小型的单兵地雷、面积较小的地雷场和地雷群以及较为隐蔽的工事难以侦测，其起降条件及保障条件的要求也相对较高，侦察的灵活性和实时性受到一定限制。

(a) Queen air搭载

(b) King air搭载

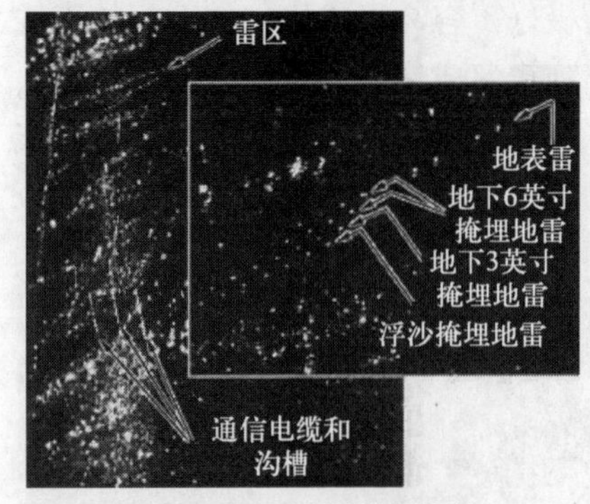

(c) Yuma试验场探测结果

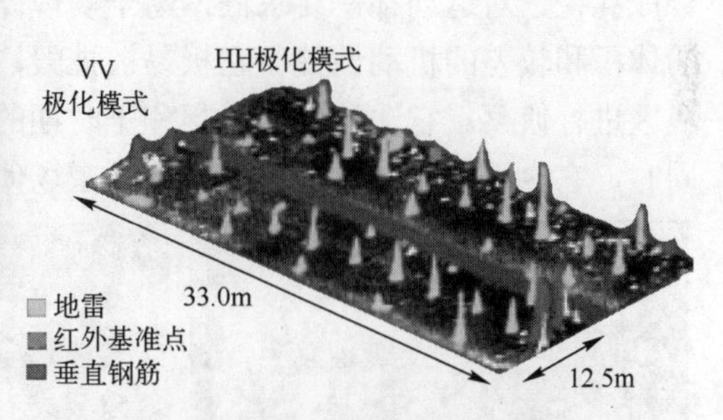

(d) 混合极化模式探测结果

图 1-9　SRI 研制的 VHF/UHF GPSAR

4. 英国的“扫雷者”（MINESEEKER）

REMIDS 是英国一项长期研究机载远程地雷场侦察系统的项目，早在 1995 年，REMIDS 项目的研究目标是旨在建立红外和 UWB SAR 联合扫雷系统，并于 1999 年以“黑鹰”直升机为平台进行了外场实验[30]，其最终目的是研制出以无人机为平台的探雷设备。而“扫雷者”（MINESEEKER）是属于 REMIDS 项目的阶段性研究成果[31]，2000 年 1 月在英国境内进行了一次实验性飞行，随后于 2000 年 6 月在科索沃地区进行了一次为期 4 天的雷区清扫行动，并取得较好效果。

“扫雷者”采用一种时宽仅 100ps 的窄脉冲，距离分辨率达到 1.5cm，脉冲重复频率达到 1kHz，其方位向分辨率达到 10cm。采用一对 TEM 喇叭天线作为收发天线安装于吊舱的前方，如图 1-10（a）所示，收发天线顶部还装备有一个小型的 GPS 天线对飞艇进行实时定位，如图 1-10（b）所示。“扫雷者”最大的特点就是采用 A60+型飞艇作为搭载平台，飞艇长约 40m，允许搭载质量达 545kg，飞行高度约 500m，飞行速度可以达到 85km/h，吊舱长 4m，宽 1.5m，仅能容纳 4 人的操作席位。该系统还计划采用 A150 型飞艇作为搭载平台，该飞艇搭载质量达 981kg，吊舱能够容纳 9 人操作席位，飞行速度可达 104km/h，空中驻留时间达 12h。飞艇平台虽然速度慢，机动性较差，但是也不失为一种优良的探雷装备搭载平台。首先，飞艇的载重量大，能够配备体积较大的天线和大功率发射机，甚至可以配备台式计算机进行艇上在线处理；其次，飞艇的平衡性较好，对平衡配重以及空气动力学要求低，因此平台和雷达设备的耦合度低，天线和雷达设备可以在载重量允许范围内采用任意方式在飞艇吊舱部分进行安装，设计难度小；再次，飞艇的空中驻留时间长，适合进行长时间的大面积地雷场侦察工作；最后，飞艇的稳定性极好，容易形成均匀的理想的直线合成孔径，对运动补偿要求低，易于实现高分辨率成像。但是，飞艇平台巨大的体积和较差的机动性使得它极易被摧毁，这也决定了它不可能在战时对前线战区进行侦察。它比较适合进行和平时期的边境巡察及战后的雷区清扫工作，同时，它也不失为一种理想的低空地雷场侦察演示验证平台。

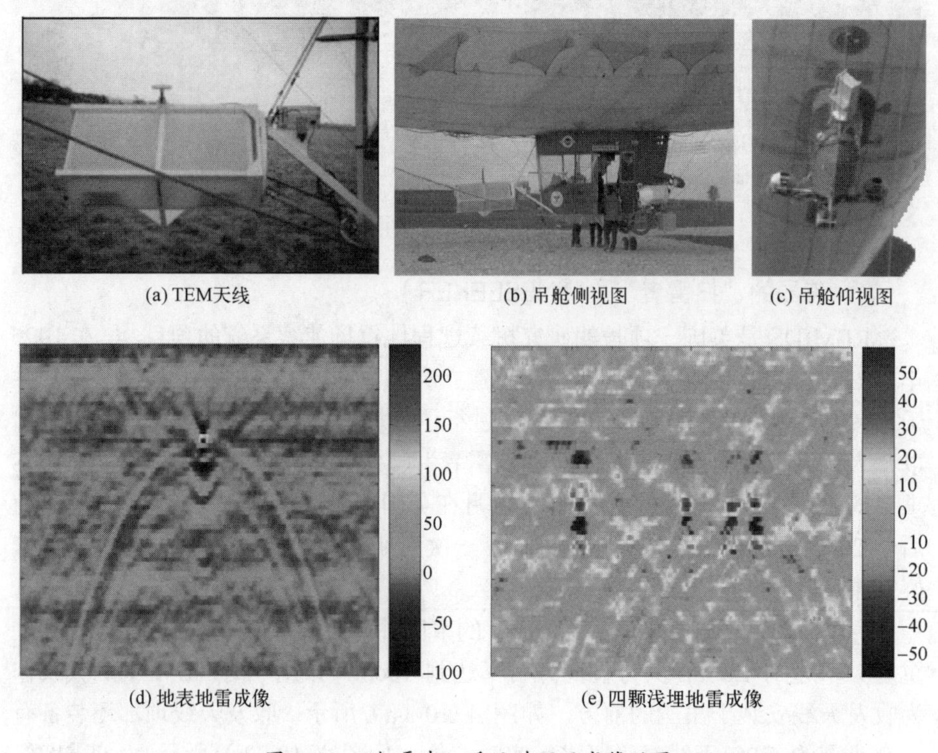

(a) TEM天线 (b) 吊舱侧视图 (c) 吊舱仰视图

(d) 地表地雷成像 (e) 四颗浅埋地雷成像

图 1-10 “扫雷者”系统外观及成像结果

5. 美国“鹰”式地表穿透合成孔径雷达（EAGLE GPSAR）

EAGLE GPSAR 是由美国陆军通信与电子研究发展中心的夜视与电子传感器处（RDECOM CERDEC NVESD）研制的一种机载超宽带大波束地雷场探测

系统[32]，能够探测地表和埋地的塑料壳单兵地雷，搭载平台为“黑鹰”UH-60 有人驾驶直升机，飞行高度约 300m，探测范围为 400～2000m，天线照射入射角可以控制在 30°、45°和 60°。

EAGLE 雷达的频率带宽为 300～3000MHz，该系统可以控制在其带宽范围内任一子带或多个子带工作，可避开射频干扰（Radio Frequency Interference，RFI）强烈的频带。采用两个对数周期天线，一个覆盖 300～900MHz，安装于机头下方，另一个覆盖 900～3000MHz，安装于机腹下方，如图 1-11（a）所示。双天线分频带覆盖模式减小了天线的体积，可采用 HH 或 VV 任意一种极化模式。RF 模块由 Mirage 公司生产，采用调频率可变的线性调频波形，并且利用多个子带脉冲交错发射的方式来覆盖整个频带。成像通过机上信息处理系统实时完成，配备差分 GPS 及惯性测量单元（Inertial Measurement Unit，IMU）联合定位定向，获取高精度的运动参数，用于运动补偿。如果使用后向投影成像算法则采用固定的脉冲重复频率（Pulse Repeat Frequency，PRF），不需要进行方位向回波插值，如果采用频域波前重构成像算法，雷达系统则采用可变 PRF，通过载机的行进速度不断调整 PRF，从而获得较为均匀的方位向采样回波，并通过事后处理的方法进行方位向回波插值，然后采用子孔径成像的方法，由粗分辨子图像合成至精分辨全孔径图像。EAGLE GPSAR 是目前已报道的同类系统中具备最佳成像质量和探测结果的系统，其探测结果如图 1-11（b）、（d）所示，具备实时探测的能力。此外，直升机可飞行于较低高度，能够躲避敌方雷达搜索，具备机动快速、高效准确的探测能力，是一种优良的可列装至部队的低空探雷装备。此类系统采用大型有人直升机作为搭载平台，负载能力强，可能的发展趋势是融合多光谱或红外探测结果，从而进一步提高探测性能。

(a) 天线安装图

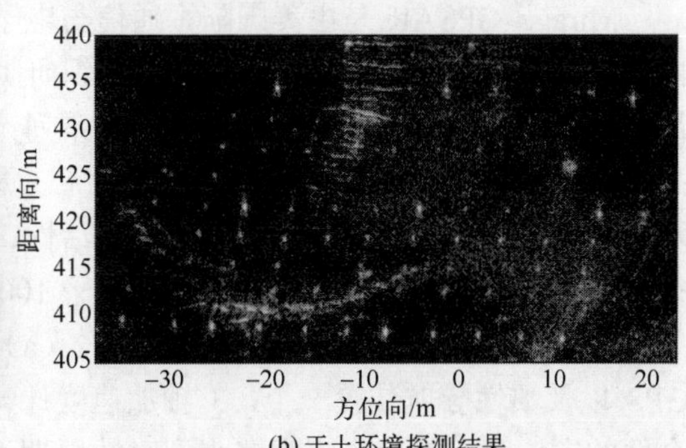

(b) 干土环境探测结果

(c) 舱内电子处理部分

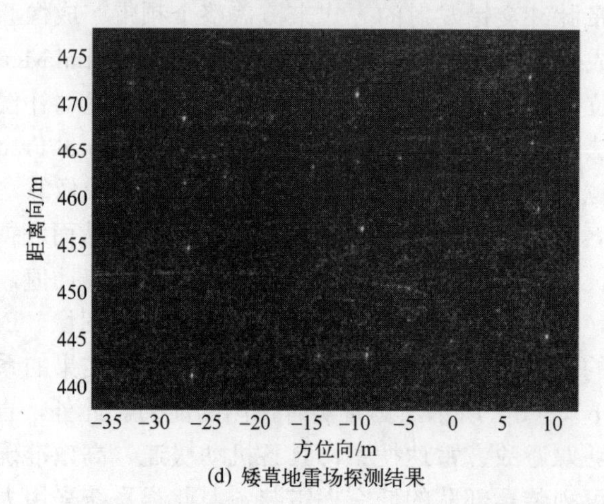

(d) 矮草地雷场探测结果

图 1-11　EAGLE GPSAR 系统及探测结果

6. 美国无人直升机载地表穿透合成孔径雷达（Mirage GPSAR）

Mirage GPSAR 是由美国陆军通信与电子研究发展中心的夜视与电子传感器处（RDECOM CERDEC NVESD）组织研制的[33]，代表着目前低空探雷设备最高技术水平，它采用 CAMCOPTER 系列无人直升机作为搭载平台，该平台高度仅 0.9m，旋翼直径仅 3m，雷达系统总质量不到 18kg，如图 1-12（b）所示，滞空时间达 45min，具有很高的灵活性、机动性、隐蔽性以及安全性，执行地雷场探测任务时可达到飞行高度小于 100m，飞行速度小于 15m/s，观测入射角为 45°。该系统机上结构如图 1-12（a）、（b）所示，配置 3 通道的差分 GPS 以及惯性导航装置一个，3 轴加速度计一个，2 轴倾角计一个，用以提供全面的方位和姿态信息，配置小型对数周期天线一个，其长度不超过 1m，增益达到 6dBi，HH 或 VV 极化模式。信号体制为线性调频，频带范围为 300～2800MHz，雷达脉冲重复频率为 150Hz，并通过距离波门去除下方地面垂直反射波以及远距离观测范围外信号。接收机能够避开工作频带范围内任意子带，达到 RFI 抑制的目的，采用零中频正交解调的方式，这样能够获得较大的接收机动态范围。16 位 I 路和 Q 路信号以 1MHz 的频率进行记录（记录速率约为 4MB/s），并且配置一个便携式的容量为 30GB 的存储器。每次飞行任务完成后，下载雷达数据至地面站后，结合高精度的运动参数测量数据进行离线处理，并最终获取高质量的探测图像。直升机和地面信息处理站拥有上行/下行无线通信链路，可采用手动和自动观测模式，自动模式下可预先设定直升机的三维巡航路径，直升机巡航时位置误差小于 1m。虽然直线巡航模式能够高效地侦测大面积区域，但是受合成孔径长度影响，方位向分辨率不高，并且图像只拥有二维信息。该系统还能进行“聚束”模式巡航（如多边形航迹、圆形航迹），对被侦测区域进行 360° 的全方位探测，这样能够获得最长的合成孔径，也能获得被侦测区域的全向信息，所成图像质量高，图 1-12（c）是该系统采用正方形的聚束巡航路径对某地雷场的探测结果。聚束模式还能够成三维图像，如图 1-12（d）所示，从而获得浅埋物体的埋设深度。

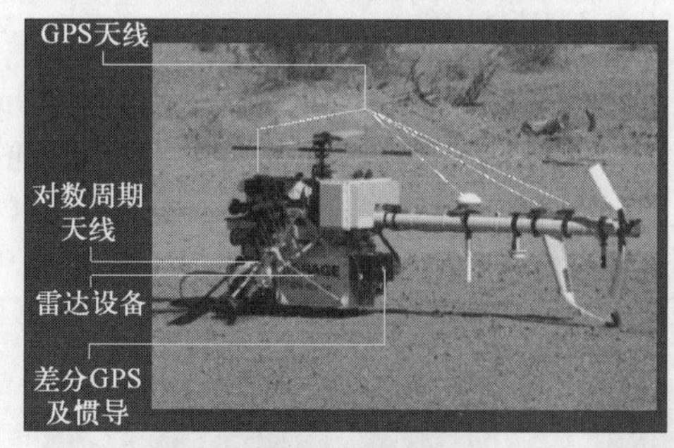

(a) 系统实体结构图

(b) 雷达吊舱仰视图

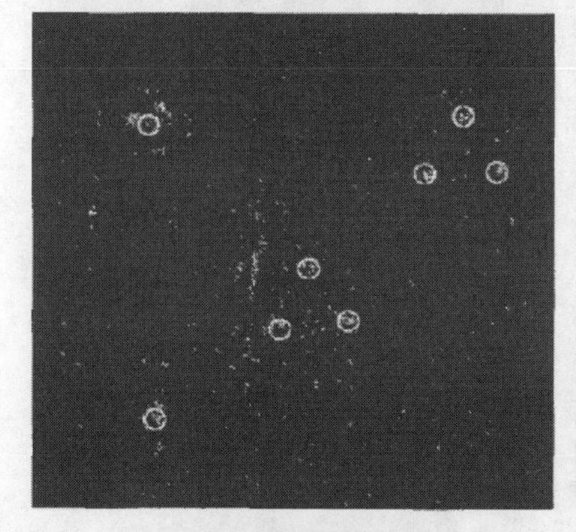

(c) 反坦克地雷场探测结果

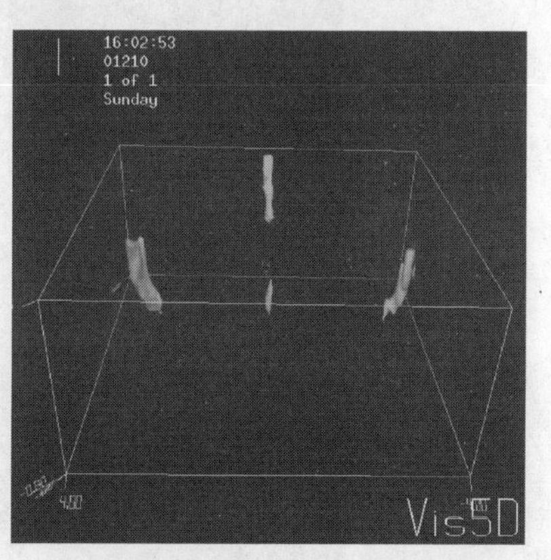

(d) 埋地地雷的三维探测结果

图 1-12　Mirage GPSAR 系统

7. 国防科技大学的飞艇地表穿透探测系统（AMUSAR）

国防科技大学研制了一套由飞艇搭载的超宽带合成孔径雷达（Airship-mounted Ultra-wideband Synthetic Aperture Radar，AMUSAR），如图 1-13 所示，飞行高度 150～300m，飞行速度约 5m/s，主要是为开展地表穿透探测理论研究。这套系统采用阿基米德螺旋天线，频带范围从 500MHz～2.5GHz，采用步进频率信号，结合时域波门抑制耦合和地杂波。

图 1-13 AMUSAR 系统

2010 年，AMUSAR 在郊区进行了飞行实验，浅埋地雷和抛撒雷的成像结果如图 1-14（a）～（d）所示，地雷图像呈现明显的双峰特征，大面积的地雷场探测结果如图 1-14（e）所示。

(a) 反坦克地雷 (b) 反坦克地雷成像结果

(c) 抛撒雷 (d) 抛撒雷成像结果

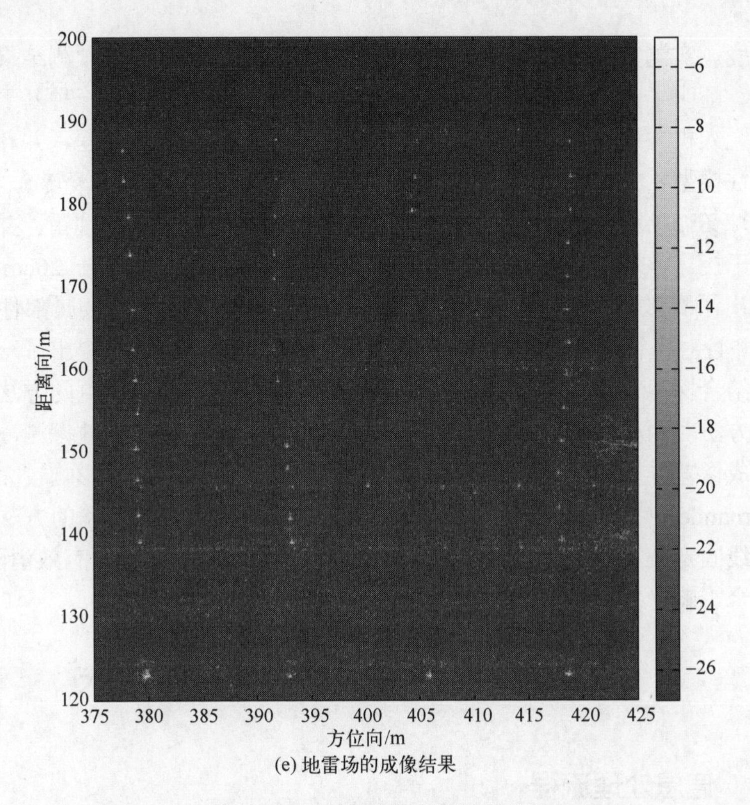

(e) 地雷场的成像结果

图 1-14　AMUSAR 地雷探测结果

8. 新型无人机载探地系统

随着无人机技术、芯片技术、元器件水平的提高，各国研究人员相继提出了基于小型多旋翼无人机平台和多传感器融合技术以及多站技术的新型无人机载探地系统。2018 年，Schartel [34]提出了基于地面穿透合成孔径雷达（Ground-penetrating SAR，GPSAR）的无人机探雷方式，利用调频连续波（Frequency Modulated Continuous Wave，FMCW）雷达、激光雷达、实时动态全球卫星导航系统等进行数据的获取，利用压控振荡器和倍频器对数据进行再加工，之后使用后向投影算法来进行目标定位，但未对目标深度进行预测。2019 年，Garcia-Fernandez [35]提出利用消费级无人机装载通信子系统（无线控制链路层、数据链路层）、精确定位子系统（实时运动学系统、激光测距仪）、雷达子系统（C-band、圆形极化的反向旋向双螺旋天线）和地面控制站来对数据进行实时收集，再进行初步处理（时间门控方式）、杂波去除预处理，聚焦和进一步杂波去除；提出了 DAS（Delay-And-Sum）和 PSM（Phase Shift Migration）两种 SAR 聚焦成像算法获得高质量的图像，通过人工的方式判断被埋地雷的位置和深度。实测实验分别使用金属和塑胶管道来进行验证，其预测结果达到预期目标，证明了该方式的有效性。2017 年，Colorado[36]介绍了一种基于软件无线电的无人机探地雷达地雷探测系统，解决了探地雷达体积问题，并开发了一种非线性模型相关控制策略来调节无人机的高度（z）和姿态（滚转ϕ、俯仰 θ、偏航 ψ）。在实验中，作者使用了三种不同形制、尺寸、材料的地雷，并埋藏石块作为干扰。该地雷探测系统对在土壤湿度约为 70%，埋深小于 20cm 的不同地雷做出了有效探测，但是地雷上表面积必须大于 60cm^2，金属部件不少于 30%。并且对飞行姿态控制要求较高。2018 年，Fernández [37]提出了一种使用无人机结合探地雷达，利用合成孔径雷达成像系统进行地雷探测的方法。作者使用该方法对两个不同材质的地雷样本进行了实验，实现了有效探测，但两种材质的成像差异较小，并且需要人工辨识，且受介质介电常数影响较大。2019 年，Fernandez [38]提出了一种探地雷达发射天线与接收天线分离的方法，即将发射天线固定在雷区之外，使用无人机搭载接收天线进行作业，有效消除空气-地面耦合影响，并有效区分金属与非金属材质的地雷。

1.3 地雷和地雷场成像探测关键技术

1.3.1 信息处理流程

成像算法和目标检测一直是超宽带地表穿透成像雷达信息处理研究中的两项核心内容。而超宽带成像雷达与传统高波段成像雷达相比具有大相对带宽和大积累角特性，这使得其成像和检测面临着许多新问题。超宽带成像雷达大积累角特性引起的大距离徙动具有空变性和强耦合性，使得许多经典的高波段成像算法不再适用。相关研究表明距离迁移（Range Migration，RM）算法（又称为ω-k 算法）和后向投影（Back-Projection，BP）算法基于球面波假设，是最适合超宽带成像雷达的成像算法[39-41]。同时大相对带宽和大积累角使得超宽带成像雷达目标散射函数为二维空间位置、频率和方位角的四维函数[42]，为后续目标检测提供了更丰富的观测空间，也给特征提取技术提出了新的挑战。

传统成像雷达信息处理流程首先对原始回波进行成像处理，得到大面积场景的高分辨率雷达图像，其次对雷达图像进行目标检测和识别，其中目标检测和识别通常采用 MIT 林肯实验室提出的三级自动目标检测和识别（Automatic Target Detection/Recognition，ATD/R）流程[43]。超宽带成像雷达为了穿透地表需要工作在低频段，这使得超宽带成像雷达不能获得目标的精细结构[44]。因此，目前相关研究主要集中在目标检测阶段，即只包括 MIT 三级 ATD/R 流程中的前两级：预筛选（prescreening）和鉴别（discrimination）。传统超宽带成像雷达信息处理采用的分级结构如图 1-15 所示。

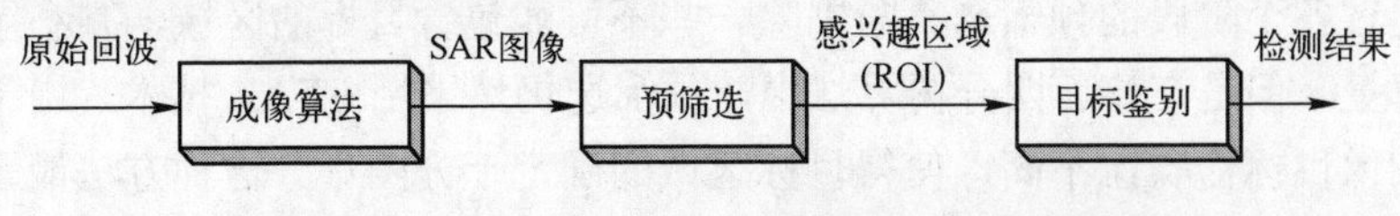

图 1-15　超宽带成像雷达与检测分级处理流程

虽然 RM 和 BP 算法能够解决大相对带宽和大积累角带来的一系列问题，但它们都基于均匀传播介质的假设，只适合表面目标成像。对于浅埋目标而言，还需要考虑电磁波在空气和土壤界面的折射和在土壤中的色散。不少学者提出了适合浅埋目标的成像算法[45-48]，它们都可以看成对 BP 算法或 RM 算法的修正。因此传统浅埋目标成像与检测通常也采用图 1-15 所示的分级处理流程，只是第一级成像算法采用的是浅埋目标成像算法。

机载或车载系统的成像区域都比较大，而需要检测的目标（如地雷或地雷场）往往只占据其中很小的区域。因此为了提高目标检测效率，通常将检测分成两步：首先对整幅雷达图像进行预筛选得到若干感兴趣区域（Region Of Interest，ROI），然后对 ROI 再进行目标鉴别，确认真实目标降低虚警率。预筛选首先采用基于散射强度信息的恒虚警（Constant False Alarm Rate，CFAR）技术[43]获得若干感兴趣像素点（Pixel Of Interest，POI）。在高分辨雷达图像中，一个目标会对应多个 POI，因此对于 CFAR 得到 POI 还需要进行聚类才能获得 ROI，每个 ROI 包含一个怀疑目标。对于从整幅雷达图像中分割出来的 ROI 再进行鉴别处理，剔除虚假目标，降低最后检测结果的虚警率。目标鉴别又具体分为两步：首先提取目标特征，然后利用鉴别器完成判决。

图 1-15 所示的超宽带成像雷达与检测分级处理流程同时适用于超宽带 SAR 和超宽带 VAR，但在具体实现过程中，超宽带 SAR 和超宽带 VAR 稍有区别，需要根据合成孔径和虚拟孔径在成像几何方式上的不同，选择相应的成像算法和特征提取算法。这种三级成像与检测处理结构直接套用 MIT 林肯实验室的 ATD/R 流程，没有考虑到超宽带成像雷达的特殊性。MIT 林肯实验室的研究是基于高波段 SAR 数据进行的，由于高波段 SAR 与超宽带 SAR 在回波数据量和目标特性上均有明显不同，因此这种直接套用的处理结构应用于超宽带 SAR 信息处理不太合适。超宽带 SAR 为了获得与高波段 SAR 相当的方位分辨率，需要更大的积累角，于是获得相同场景需要处理的回波数据量也相应增加。为了提高处理效率，Kaplan 等[49]提出了修剪四分树（Pruned Quad-Tree）算法，它是将预筛选结合到四分树形式的快速 BP（Fast Back-Projection，FBP）成像

算法中，在分辨率由粗到精不断提高的过程中对各个阶段的图像都进行预筛选处理，确定可能包含目标的局部区域，然后仅对这些局部区域进一步提高分辨率。通过各个阶段的预筛选不断剔除一些不可能包含目标的区域，减小了成像的运算量。但是在修剪四分树算法中，预筛选仍然采用 CFAR 技术，由于粗分辨率图像目标信噪比不高，使得目标区域的确定十分困难。这种方法最重要的一点是忽视了对超宽带 SAR 目标散射中频率和方位角信息的利用，使得该方法虽然能一定程度提高处理效率，但对目标最终检测性能的提高帮助不大。

超宽带 SAR 大相对带宽和大积累角特性使得目标散射函数包含频率和方位角信息，因此如何提取频率和方位角特征从而提高目标检测性能一直是研究的热点问题。子带和子孔径处理[50-54]是提取超宽带 SAR 目标散射频率和方位角特征常用的方法，可以结合成像算法或是针对图像切片进行，但是子带和子孔径在获得频率和方位角特征的同时牺牲了距离和方位分辨率。Chaney 等提出了方位相关成像算法[55]，在成像处理中利用目标散射函数随方位角的变化特性增强目标信噪比，提高预筛选性能。虽然方位相关成像算法在成像过程中自适应调整成像孔径的长度和位置，但它需要在方位角特征提取精度和方位分辨率之间取折中，并没有从根本上解决特征提取精度和高分辨率之间的矛盾。

1.3.2 超宽带成像算法

1. 合成孔径成像算法

超宽带 SAR 为了穿透地表工作在低频区，同时为了获得与高波段 SAR 相当量级的方位分辨率和较高的距离分辨率又需要大积累角和大带宽。超宽带 SAR 上述特点使得高波段 SAR 成像算法不再适用，因此国内外学者提出了不少超宽带 SAR 成像算法。

超宽带 SAR 成像算法大致可以分为频率域（波数域）、时域（空域）、二维混合域以及子孔径处理四类方法。基于二维频率域的成像算法主要有距离迁移（RM）算法（又称为 $\omega-k$ 算法）[56-58]和距离累积（Range Stacking，RS）算法[59]。RM 算法需要在二维频域进行 Stolt 插值，插值精度直接影响成像质量。RS 算法利用同一条距离线的回波信号在二维频率域具有相同多普勒历程的特点，在二维频率域逐条距离线进行二维匹配滤波，是一种无插值、无近似的精确成像算法，但运算量巨大。同时频率域算法都存在运动补偿困难的缺点。基于时域的成像算法主要有时域相干（Time Domain Correlation，TDC）算法[60]和 BP 及快速 BP（Fast BP，FBP）算法[61-63]。基于时域的成像算法都容易结合运动补偿，尤其对于积累孔径很长的超宽带 SAR 相当有利。TDC 算法是 RS 算法的时域实现，运算量巨大而且需要插值，因此在实际成像中没有应用。时域成像算法的代表是 BP 算法，运算量大是传统 BP 算法最大的缺点。随着各种不同形式 FBP 算法的提出，BP 算法的运算量已与基于快速傅里叶变换（Fast Fourier Transform，FFT）的频率域成像方法相当，具有很好的应用前景。基于二维混合域的成像算法结合了频率域算法利用 FFT 提高运算速度和时域算法运动补偿容易的优点，但是基于二维混合域的成像算法存在各种假设条件，如何克服这些假设条件带来的近似是其应用难点。基于子孔径概念的处理方法具有较好的实时处理结构，具有代表性的是平面子孔径处理（Planar SubArray Processing，PSAP）算法[64]，但这类算法还有许多具体问题需要进一步研究。

通过上面的分析可知，由于 RM 算法和 BP 算法均基于球面波假设，没有做菲涅耳近似，因此适合超宽带 SAR 成像。而 BP 算法更易结合运动补偿，并且有快速算法，因此大多数超宽带 SAR 浅埋目标探测系统都采用 BP 算法。

2. 虚拟孔径成像算法

虚拟孔径的概念源于多发多收（Multi-Input Multi-Output，MIMO）理论[65]，每对发射和接收天线可以获得一个虚拟的收发阵元，因此能够通过较少的实际天线单元获得较多的虚拟阵元，一方面满足成像的需要，另一方面能够降低系统体积、重量、功耗和成本[66]。虚拟孔径可等效为若干双站 SAR 的组合，因此可以采用双站 SAR 许多成熟的理论进行分析。

双站 SAR 一直是 SAR 领域研究的热点，然而双站 SAR 的信息处理远比单站 SAR 困难，除了系统本身的三大同步问题以外，系统性能[67-71]和成像算法[72-77]都与双站配置紧密相关，目前实用的双站配置仅为一前一后、平飞和固定单站等几种有限的模式。在双站 SAR 中，发射站、目标和接收站共同决定了目标的传输时延、多普勒特性，目标的回波特性远比单站 SAR 复杂，其匹配函数一般是空变的[78]，至今尚无通用的频域快速成像算法，文献报道的多为针对简单双站配置的扩展算法，如针对发射（接收）固定的 $\omega-k$ 和非线性调频变标（Nonlinear Chirp Scaling，NCS）算法、平飞（空不变）模式的 $\omega-k$[79]、极坐标格式算法（Polar Format Algorithm，PFA）、CS[80]算法等。此外，多数频域双站成像算法都存在一个缺点，即无法自由地选择聚焦平面，容易造成目标位置畸变，需要进行额外的图像几何校正，使得算法的效率降低，不利于推广到多站成像应用中。由于虚拟孔径可等效为若干发射站固定、接收站运动的双站 SAR 的组合，频域双站算法的有效性将大大降低，因此虚拟孔径成像采用时域算法更合适。

3. 成像误差校正和图像增强技术

1）土壤引起的电磁波折射和色散影响校正

虽然 BP 和 RM 等成像算法都考虑了大积累角和大相对带宽带来的空变大

距离徙动和距离方位强耦合等问题，但其成像模型都基于均匀传播介质的假设，即电磁波直线传播，速度为3×10^8m/s。这种假设对叶簇覆盖目标成像近似成立，但不适合浅埋目标成像。浅埋目标成像时，电磁波需要在空气和土壤组成的两层介质中传播，而且土壤为色散介质；如果成像算法不考虑电磁波在空气和土壤界面的折射和在土壤中的色散将会引起目标定位误差和散焦。因此针对浅埋目标成像还需要考虑非均匀分层传播介质环境对成像的影响，从而分别获得BP算法和RM算法的改进形式。

（1）浅埋目标时域成像算法。

大部分超宽带 SAR 浅埋目标探测系统根据电磁波传播路径分别计算电磁波在空气和土壤中的传播时间，然后再延时相加。由于成像区域中各点对应的入射角不同，因此每点都需要求解一个四次方程才能确定相应的折射点，计算量很大。Milisavljevic 近似认为折射点在目标正上方来避免求解四次方程，但是这种近似会引起分辨率损失。上面介绍的时域算法除了计算效率不高之外，在求解折射点时均假设土壤介电常数为一个与频率无关的常数，没有考虑土壤色散特性。

（2）浅埋目标频域成像算法。

Gu 等学者将下视 GPR 信号处理中的波动方程推广到前视和侧视 SAR 成像中，提出基于相位迁移（phase migration）的成像方法[81]。基于相位迁移的方法不需要确定折射点，并且利用 FFT 能够进一步提高运算效率。不过这种方法在处理前视和侧视 SAR 数据时，假设电磁波在土壤中的传播速度与频率无关，同样没有考虑土壤色散特性。同时这种方法在深度方向采用迭代运算，对于超宽带 SAR 大面积区域探测应用而言，处理效率不能满足实际要求。Gough 等则对传统 RM 算法中的 Stolt 变换进行了修正，不需要求解折射点，提高了计算效率[82]。上面这些频域算法与前面介绍的几种时域算法相比还有一个主要缺点就是不易结合运动补偿；而对超宽带 SAR 这类大积累角相干成像系统而言，运动补偿是不可或缺的。

上面两类浅埋目标成像方法无论是时域算法在确定折射点还是频域算法修正 Stolt 变换时，均需要目标埋设深度等先验知识。当对未知地区进行探测时，目标埋设深度是不知道的，因此上面这些方法离实用化还有一定距离。

2）图像增强技术

提取稳健有效的目标特征是提高浅埋目标探测性能的关键，其中浅埋目标的特征包括形状特征、频谱特征、方位特征等[83-84]。利用信息处理提高图像质量和增强目标特征的研究主要包括抑制图像旁瓣、提高图像分辨率和获取目标埋设状态等。

超宽带 SAR 系统的频谱支撑形状近似为梯形，造成图像呈现较强的非正交旁瓣，对其抑制是超宽带 SAR 图像处理的重要问题，否则较强地表干扰的旁瓣将淹没较弱浅埋目标的主瓣。王亮提出了一种变口径加权的非正交旁瓣抑制方法，但会造成图像分辨率的损失[85]。DeGraaf 提出了自适应旁瓣抑制技术（Adaptive Sidelobe Reduction，ASR）[86-87]，能进行分辨率无损的旁瓣抑制，但缺点是算法效率很低[88]。随后 Stankwitz[89]提出了空变切趾（Spatial Variant Apodization，SVA)，是 ASR 的一阶特例，虽然有效降低了旁瓣抑制的运算量，但对非坐标轴方向上旁瓣的抑制效果有限[90-91]。

分辨率是表征目标形状特征的基础，高分辨率是人们追求优良探测性能时一直努力的方向之一，除了对传感器本身进行改进，还通过信号处理技术对分辨率进行增强，以突破瑞利分辨率极限，这类方法被统称为超分辨方法。最早的超分辨文献可追溯到 1952 年，直到 1970 年左右，超分辨技术才得到较大的发展，但当时人们也没有找到有效的应用场合；到了 1980 年，超分辨技术开始应用于 SAR 图像处理，此后该技术在求逆问题中得到了广泛的应用[92-94]。Çetin[94]在其博士论文中将超分辨技术分成三类：数据外推超分辨、频谱估计超分辨和正则化超分辨。其中频谱估计是研究最活跃也最成熟的超分辨技术，包括经典的频谱估计方法，如周期图法、Welch 方法等，也包括现代谱估计方法，如稳健 Capon 波束形成（Robust Capon Beamforming，RCB）[95-99]、正弦幅度相位估计（Amplitude and Phase Estimation of a Sinusoid，APES）[100-102]，这些方法还同时具有较强的干扰和杂波抑制能力。谱估计超分辨方法要求输入信号符合多正弦模型，当输入为窄脉冲时如何处理，处理的性能如何，都需要进一步研究。近年来，新兴的深度神经网络技术也被应用于雷达图像增强。2019 年，卷积神经网络（Convolutional Neural Network，CNN）被用来处理随机噪声随时间变化且信噪比较低的图像[103]，有效提高了 GPR 图像的信噪比。2020 年，Quan [104]提出复值的 CNN 方法对图像进行去噪，复值去噪 CNN 与现有的实值去噪 CNN 相比，具有更好的鲁棒性。基于深度学习的 GPR 图像去噪算法取得了一些进展，但是对于地雷探测的 GPR 图像，由于背景环境复杂，往往具有很低的信噪比，简单的深度学习网络如全连接神经网络在这种情况下，其去噪性能会急剧下降[105]。其他超分辨方法还有基追踪超分辨和偏微分方程超分辨，其中参数选择、性能优化等实际问题还处于进一步研究之中。

深度信息是浅埋目标一个非常关键的信息，获取深度信息技术主要分为单合成孔径（包括圆孔径（Circular Synthetic Aperture）[106-108]、曲线孔径（Curvilinear Synthetic Aperture）[109-111]）、干涉合成孔径（Interferometry Synthetic Aperture）[112]和平面合成孔径（Planar Synthetic Aperture）[113-115]。干涉合成孔径是目前机载和星载三维成像研究的热点，各项技术较为成熟。干涉测高要求系统准确测量回波的相位，若无法获取相位（如采用冲击信号体制），则无法利用干涉进行浅埋目标三维成像。下视探地雷达（Down-looking Ground-penetrating Radar，DLGPR）一般采用冲击信号体制，利用平面合成孔径获取三维成像，难度较低，目前已经有商用的三维 DLGPR 投入市场，然而将其应用于前视地表穿透成像还存在较大困难，主要原因是：平面孔径方向与深度方向垂直，难以在深度方向形成较大的合成孔径，造成系统的深度分辨率很低。

1.3.3 地雷检测与鉴别

超宽带成像雷达对浅埋目标的检测与鉴别可以参考 MIT 的三级处理流程，但也有其特殊性。方学立博士[116]在其博士论文中认为超宽带 SAR 目标检测与鉴别没有明确界限，这是与高波段 SAR 不同的。因此他提出了适合超宽带 SAR 的目标检测与识别流程，如图 1-16 所示。这里超宽带 SAR 目标检测包括预筛选和鉴别两步。由于预筛选的操作对象是整幅图像，因此一般采用相对简单、可靠性较高的方法，如基于散射强度信息的 CFAR 技术；而目标鉴别针对预筛选提取的若干怀疑目标进行，数据量较小，可以使用相对复杂的算法。目前预筛选普遍采用的 CFAR 技术已经比较成熟，因此目标检测的主要工作集中在目标鉴别方面。目标鉴别又分成特征提取和鉴别器设计两个部分。在特征提取之前，还需要明确什么特征能更有效区分目标和杂波，因此还需要进行目标（甚至杂波）的电磁建模。

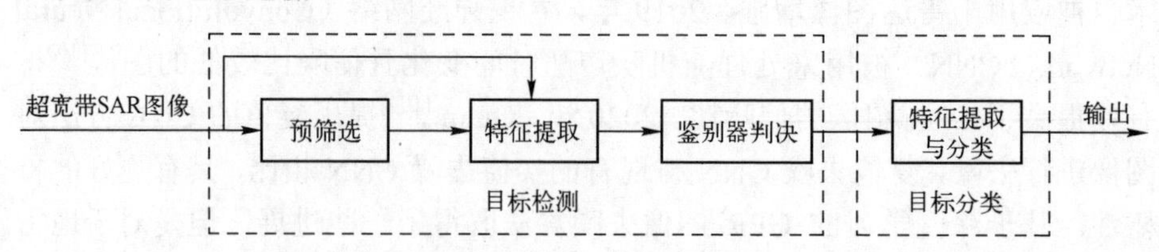

图 1-16 超宽带 SAR 自动目标检测与识别流程

在地雷鉴别方面，ARL 和 SRI 的研究人员分别基于 BoomSAR 和 FLGPR 系统实测数据在特征提取、鉴别器设计和目标电磁建模三个方面取得的研究成果如表 1-1 所示。

表 1-1　BoomSAR 和 FLGPR 地雷鉴别方法

流程	系统	
	BoomSAR[117-122]	FLGPR[123]
电磁建模	矩量法	矩量法和物理光学法
特征提取	VV 和 HH 极化一维距离像的频谱（130～300MHz 之间 RCS 最大值，300～600MHz 之间 RCS 最小值，与理论建模频谱的相关度），VV 极化二维图像与理论建模图像的相关度	VV 极化和 HH 极化下具有双峰特性的一维距离像
鉴别器设计	二次多项式鉴别器	广义似然比检验鉴别器 最优偏差准则鉴别器

由表 1-1 可知，目前地雷鉴别特征主要来自目标不同极化一维距离像的时域和频域信息。对于超宽带 SAR 而言，为了获得方位向高分辨率，必须具备非常大的积累角，因此目标散射随方位角的变化特性一直是超宽带 SAR 目标检测中普遍利用的信息。这方面的算法主要有[124-126]匹配滤波成像（Match Filter Image Formation，MFIF）、复空间匹配滤波（Complex Space Match Filter，CSMF）、方位相关成像（Coherent Aspect-dependent Image Formation，CAIF）、基于隐马尔可夫模型（Hidden Markov Model，HMM）的多孔径 SAR 目标检测算法等。这些方法曾被成功应用于叶簇覆盖车辆的检测，但 BoomSAR 和 FLGPR 系统都没有将这些方法用到地雷检测中。主要原因是这些方法为了获得目标散射特性中关于方位角的信息需要牺牲方位分辨率，这对于车辆一类目标而言不会带来太大影响，而对于地雷一类尺寸小、反射弱的目标而言是不合适的。因此，制约方位向特征在地雷检测中应用的最大问题是如何在保持高方位分辨率和信噪比的同时有效提取方位散射信息。

在未爆物鉴别方面，ARL 的研究人员同样进行了深入研究。由于未爆物尺寸比地雷大，通常以牺牲距离和方位分辨率为代价，基于子带-子孔径技术提取未爆物散射的频率和方位角特征，然后利用隐马尔可夫模型进行未爆物鉴别[127]；而在未爆物电磁建模方面主要采用了矩量法和物理光学法两种技术[18,128]。

当获得怀疑目标特征向量之后，就需要设计合适的鉴别器区分目标和杂波。因此大部分学者直接将模式识别中的二类分类器作为目标鉴别器。以地雷鉴别为例，BoomSAR 采用的二次多项式鉴别器就是二类分类器。它在使用之前有一个“学习”的过程，即需要利用已知类别样本训练分类器以获得最优参数。这时二次多项式鉴别器需要若干地雷和杂波样本，这在理论上是存在问题的。地雷反射很弱，在预筛选之后，怀疑目标中的杂波可能是石块、树桩和洞穴等非地雷物体；这在 BoomSAR 报道的多次实验结果中也得到了证实。因此，地雷鉴别中的杂波不可能用一个或几个模式能够表征，即不存在典型的杂波样本。这使得二次多项式鉴别器通过十几甚至几十个杂波样本得到的杂波特征向量均值和协方差矩阵是不可靠的。这个问题源于 ARL 在 BoomSAR 中使用的地雷检测方法基本沿袭其在叶簇覆盖目标检测中的研究成果。叶簇覆盖目标鉴别中的杂波主要是树干杂波，因此存在典型的杂波样本，从而保证了二次多项式鉴别器能够正确使用。

正如上面的分析，地雷鉴别更接近单分类（one-class classification）问题，即区分地雷和地雷之外的其他物体。FLGPR 考虑到了地雷鉴别的特殊性，其采用的广义似然比检验和最优偏差准则鉴别器的学习都只需要地雷样本。但这两种鉴别器在实际使用中都存在预设阈值确定问题，即需要将鉴别器输出值与一个预设阈值比较，大于阈值判为地雷，否则为杂波。这个直接影响鉴别器性能的阈值在学习过程中是无法给出的，需要根据经验确定，这给实际使用带来了很大困难。无法想象一个凭经验确定的固定阈值能够解决所有埋设环境下的地雷检测问题；而根据不同环境确定相应的阈值又缺乏理论指导。同时只使用地雷样本训练鉴别器，也存在地雷样本数偏少的现象，这在机器学习中称为小样本学习问题。同样 BoomSAR 在未爆物鉴别中，虽然考虑到缺少典型杂波样本，而选择了只需要未爆物样本进行训练的 HMM，但是也存在训练样本偏少的问题。如何解决小样本学习问题也是超宽带成像雷达浅埋目标鉴别器设计中需要重点考虑的。

目前制约超宽带成像雷达浅埋目标探测实用化的主要原因就是虚警率过高，而特征向量提取和相应的鉴别器设计是提高浅埋目标探测性能的两大关键技术，需要进行重点研究。

1.3.4 地雷场检测与标定

地雷场检测是提取满足一定分布规则的点集合的过程。针对 SAR 图像地雷场检测，地雷场作为点集目标，需要先提取其中的元素——地雷，形成疑似地雷场，再通过地雷之间的关系进行鉴别，进而获得地雷场。可以看出，提取元素及形成疑似集合的点集目标筛选和通过元素之间关系进行鉴别的点集目标鉴别是地雷场检测两个关键技术，也是它的两个难点。

1．地雷场检测流程

通过上面对 SAR 图像地雷场检测研究现状的分析和总结，可归纳出目前研究中普遍存在的三点问题：①地雷所处环境复杂，在 SAR 图像中呈现为弱小块目标。如果前端的算法对地雷的提取准确度不高，将影响后端地雷场的检测。②杂波去除时使用的地雷特征受限，没有充分利用超宽带 SAR 图像的大积累角、大带宽等优点。③没有充分利用地雷的分布规律。

为了解决上述问题，并为了阐述清问题的本质，需要对待处理的目标：地雷及地雷场，以及它们之间的关系，在更一般性基础上进行研究。定义元素目标和点集目标：元素目标是指具有独立结构、不可再分的目标，如地雷、森林中的树、风电场的风扇等，这类目标在图像中为点或者块，不可再分，是构成复杂目标的基本元素；点集目标则是指由多个元素目标组合构成、可再分的目标。地雷场是一种典型的点集目标，它由多个地雷构成。再就是森林由多个树组成，而风力电场则由多个风扇构成，这类目标在图像中表现为多个点或块状目标的组合，可以分割成多个元素。

目前，元素目标检测流程较为成熟，林肯实验室的三级自动目标检测与识别流程由于结构合理被广泛使用[129]，如图 1-17 所示。通过预筛选、鉴别和分类三个步骤的处理，算法可以得到元素目标的类别。针对不同的应用，研究人员常常对该算法流程进行修改[130-132]。当实际应用对目标的类别要求不高时，或者类别特征提取难度很大时，该流程中的分类步骤一般会被取消，只保留预筛选和鉴别。

图 1-17 林肯实验室自动目标检测与识别流程

专门针对点集目标的检测流程，目前只有较少的文献研究过，没有形成系统的总结。为此，可以尝试在地雷场检测研究的基础上建立其相适应的检测流程。借鉴元素目标检测流程的结构，点集目标检测也可分为点集目标筛选、点集目标鉴别两部分，如图 1-18 主干部分所示。由于点集目标是由元素目标构成，所以在预筛选过程中，需要先对元素目标进行检测。元素目标的检测可以建立在对地雷目标特征进行详细分析的基础上（如图 1-18（a）所示），包含三个步骤：①元素目标预筛选；②元素目标鉴别；③疑似点集目标提取。点集目标的鉴别过程与元素目标的鉴别类似，它需要利用统计分布特征对疑似点集目标做出判定，如图 1-18（b）所示，故而包括点集目标统计特征分析和疑似点集目标鉴别两个步骤。

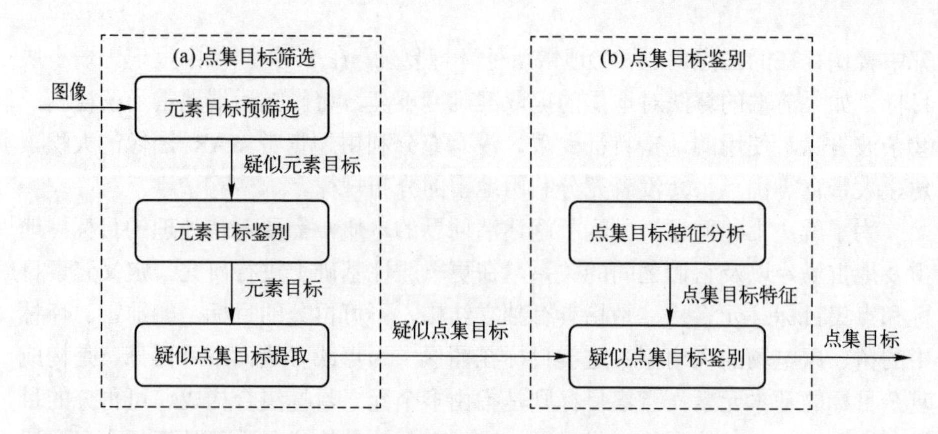

图 1-18 点集目标检测流程

2. 点集目标筛选

点集目标筛选的第一个重要方面是元素目标预筛选，即地雷预筛选。局部CFAR 检测[133]是地雷预筛选的常用算法。基于异常检测 RX 算法的奇异值检测和图像分割算法也常在多光谱图像地雷预筛选中出现。但是，上述基于灰度特征的预筛选方法在实际应用中常产生大量的虚警，这使得后续的地雷鉴别的运算量增加，也导致鉴别后虚警数量增加，进而影响地雷场的标定。形态特征是描述地雷的一类非常重要的特征。通过大量实测数据分析，地雷在特定带宽SAR 图像中表现为形态较为一致的块状目标。为此，可联合使用形态和灰度特征进行元素目标预筛选。

元素目标鉴别是点集目标筛选的第二个重要方面，而鉴别的关键是目标特征的提取。目前 SAR 图像地雷特征大多是基于车载系统提取的。佛罗里达大学的 Sun 等在处理 SRI 和 PSI（Planning System Incorporated）两套车载系统录取的实测数据时，认为提取地雷 ROI 图像的二维时频分布能够得到稳定的地雷特征，给出了很好的鉴别结果[134]。Wang 等在分析 SRI 的实测数据时认为只需提取地雷低频部分的能量特征就能取得很好的鉴别结果[84]。其实这两个系统的探测环境相对单一，在复杂环境中未必能取得如此好的结果。与车载系统探测的浅埋地雷不同，抛撒地雷一般散布在地表，受土壤环境影响较少，目标特征更加稳定，能够提取更加准确的时频等特征。

疑似点集目标提取是点集目标筛选的第三个重要方面。地雷场是一类典型的点集目标，且由大量的地雷目标构成。但是并不是所有由多个点构成的点集目标都可以归在一个地雷场中。一般情况下，构成地雷场的地雷数目具有不确定性，排列形式也具有不确定性。为了对它们进行分类，评估威胁程度，需要对相邻的地雷进行聚类，形成疑似点集目标，然后通过后续的点集目标鉴别提取真实地雷场并标定边界。

3. 点集目标鉴别

点集目标由多个元素构成，为实现其鉴别，常利用无监督分类和有监督分类进行数据处理。聚类分析是一类典型的无监督分类，需要利用其进行疑似点集目标提取。而在后续的疑似点集目标鉴别时，为了准确获得鉴别结果，需要进行有监督分类：首先通过样本分析点集目标特征，然后再进行疑似点集目标鉴别。

地雷场种类纷繁复杂，各国布设地雷场的手段也多种多样。火箭弹因其射程远、布雷数量大、布雷精度高等特点在战争中广泛使用。为此，本书第六章针对火箭弹布设的地雷场进行研究。由于地雷目标的虚警和漏警是影响地雷场鉴别的关键，需要根据大量样本进行特征训练。但在实际中大量样本的获取存在困难，可以利用火箭弹原型系统建立火箭弹散布模型，通过仿真取得地雷场样本，进而进行特征分析。

地雷场通常分为规则地雷场和抛撒地雷场两类。针对不同类型的地雷场，系统采用不同的地雷场检测算法。Hough 变换[135-136]是提取直线的经典方法，在规则地雷场鉴别算法中基本都有涉及。Lake 等首先利用空箱检测（Empty Boxes Test，EBT）[137-138]实现等间隔、共线规则地雷场的判定，然后基于修正的欧几里得算法做进一步的规则地雷场判定，获得较好的结果。抛撒地雷场是地雷布设的常见形式，也是点集目标检测研究的重点。抛撒地雷场鉴别一般采用统计方法实现。Lake 等通过 EBT 研究了地雷场点模型，提出大量判定抛撒地雷场的统计量，并根据最优统计提出一类 VC 统计量实现地雷场判定。Proebe 等提出一种使用统计和非联合子区域扫描的空间扫描处理方法[139]，利用泊松统计分布实现抛撒地雷场鉴别。

本书第 6 章在规则地雷场判定后分析抛撒地雷场的分类，提取抛撒地雷场的密度、分布形式等信息，用于后续地雷场威胁程度评估。元素目标鉴别后场景中存在的每个点目标都对部队行进造成潜在威胁。但是相对于孤立的点，密度大、分布范围广的地雷场点集目标更具有威胁性，因此这里根据密度和分布范围建立威胁程度评估方法，以在图像中更加方便人工判读，提高效率。

第2章

超宽带二维成像技术

合成孔径雷达二维成像算法根据信号处理域的不同，可分为频域算法和时域算法，频域算法的种类很多，包括 ω-k 类算法[57,140-142]、距离多普勒算法（Range-Doppler Algorithm，RDA）[56,143]、CS 类算法[144]、频率变标算法（Frequency Scaling Algorithm，FSA）[145]、PFA[140]等，其中 ω-k 类算法和 CS 类算法是两种比较经典的频域算法。ω-k 类算法不存在近似处理，具有精确成像能力。但由于存在二维频域内的非均匀插值处理，实现相对复杂，成像效率较低。CS 类算法存在多处近似处理，在一定程度上影响了其成像精度。但 CS 类算法的成像过程只包括 FFT 和复乘运算，实现简单，成像效率高。时域算法中最具代表性的是时域相关法（TDC）[60]和后向投影算法（BP）[146-147]，这类算法不存在近似处理，具有高精度成像能力和良好的相位保持特性。BP 算法几乎适用于所有 SAR 系统，包括曲线 SAR、近场 SAR、双/多基地 SAR 等具有复杂成像几何的 SAR 系统[39]。

基于时域 BP 算法进行 SAR 成像的优势为：一是模型精确，没有信号带宽和孔径形式的限制；二是能够保持目标的谐振响应，对目标识别非常有益；三是聚焦平面选取和多分辨成像的自由性大。本章首先研究传统的 BP 算法；其次进行基于索引快速 BP（Fast Factorized Back Projection，FFBP）算法的运动补偿方法研究；再次研究虚拟孔径天线配置技术；最后给出虚拟孔径 BP 算法。

2.1 合成孔径后向投影（BP）算法

合成孔径雷达按照收发单元是否分置可分为单站 SAR 和双站 SAR，按照射方向的不同又可分为正侧视 SAR、斜视 SAR 和前视 SAR，而正侧视条带成像模式是最基本的 SAR 成像方式，当飞行平台搭载超宽带雷达起飞后，沿预设路径从探测区域斜上方飞过，对平台航迹一侧的区域进行探测，形成的 SAR 图像是一宽度为 L_w 的条形测绘带，如图 2-1 所示，α 为雷达天线水平方向的半波束张角，β_a 为竖直平面方向的波束张角，β 为雷达波束中心轴线和水平面的夹角，L_n 为近端地距，L_n+L_w 为远端地距，L_a 为波束照射中心对应的合成孔径长度。

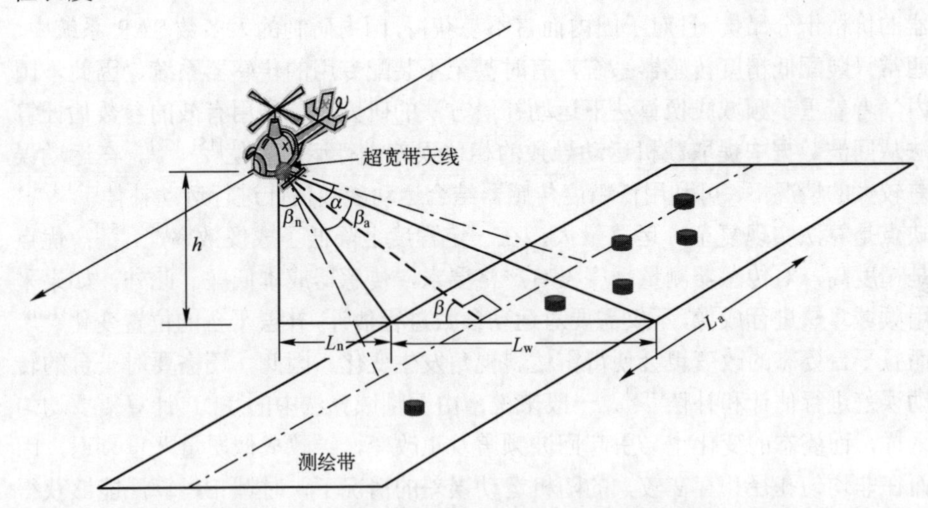

图 2-1　机载超宽带 SAR 正侧视条带式成像模式

BP 算法是一种时域成像算法，来源于计算机层析成像技术（Computerized Tomography，CT），由 McCorkle 首先引用到 SAR 成像领域，其原理可以用线性阵列模型来解释[147]。算法假设发射波是球面波，通过对回波进行时域相干叠加实现高分辨率成像。尽管这种算法的方位向分辨率受到采样率的影响，需要采取插值等手段来改善，但却不存在窄带或远场等假设，是一种适应性较强的大波束角超宽带 SAR 成像处理算法。

BP 算法的缺点也很明显，它需要对成像区的像素点逐点遍历，并分别按照不同的积累曲线对回波进行相干叠加，在回波方位向采样长度为 N、图像大小为 $N\times N$ 时，其计算复杂度达到 $O(N^3)$ 。Na. Yibo 等对 ω-k 和 BP 算法的计算精度和效率方面进行了详细比较，BP 算法在计算效率方面不具优势。频域算法距离迁徙校正的效率远远高于时域算法是因为：同一距离门上的目标具有形状相同的距离迁徙曲线，虽然它们在方位时域中互不重合，但是在方位频域中却变成一条曲线，因此在频域校正一条距离迁徙曲线，就相当于在时域校正一批距离迁徙曲线。

运动补偿是实际成像过程中不可或缺的一部分，因为雷达平台总是存在运动误差，不论是外界影响还是本身的机械控制，都会使得雷达的运动偏离理想直线，在速度方面也会存在或多或少的变化。采用高精度运动传感器获得运动参数再结合时域 BP 算法补偿运动误差，是一种理想的运动补偿方案，能够适应大部分的遥感平台，易于工程实现，具备极高的鲁棒性[148-149]，且补偿精度取决于运动传感器精度，易于实现精确补偿。但在过去的时间里，高精度传感器的价格十分昂贵，且对于国内而言不易获得，国内研制的大多数 SAR 系统中，通常只装配低精度传感器系统，有时甚至不装配专用的传感器系统，因此，国内学者着重于频域成像算法下运动补偿方法的研究[150]，利用有效的参数估计算法从回波数据中提取载机运动导致的相位误差进行运动补偿[151-152]。在运动误差较大的情况下，可利用低精度传感器结合运动参数估计进行运动补偿[153-154]。缺点是算法实现复杂，运算量大，在一定程度上降低了成像效率[155-159]；优点是精度高，对传感器测量精度没有严格要求，传感器成本低廉。此外，如果采用频域算法进行成像，不仅需要对运动参数进行估计，补偿平台的位置变化[160]，而且平台姿态的改变也会使得雷达斜视角发生变化，因此，还需要对平台的转动误差进行估计和补偿[161]。一般来说，由于频域算法中的 FFT 计算需要均匀采样，而姿态的变化也会引起回波频谱发生改变，导致成像质量严重衰退，因而在非均匀孔径和存在较大的随机运动误差的情况下，时域 BP 算法能够获得比波数域算法更优质的图像[162-163]。如果采用 BP 算法成像，依靠高精度的差分 GPS 设备[33,164]提供平台实时的方位数据补偿平动误差，利用惯导设备测得的姿态数据补偿转动误差，这种补偿过程是实时的，各个时刻的补偿是独立非耦合的，因此，这种算法更加适合于超宽带 SAR 这种宽波束、宽频带的成像[165]，尤其在运动条件复杂的情况下，能够获得更精细的补偿效果。国外高分辨率 SAR 系统（如 CARABAS 系列[166-167]，美国的 Unmanned Helicopter Mirage GPSAR）大多装配了高精度传感器系统，采用差分 GPS 进行定位，惯导测姿。在频域或时域进行运动补偿后，人们通常还会引入自聚焦的方法，在图像域进一步补偿残余误差。

虽然传统的 BP 算法计算量大，但是学者们提出了一些快速 BP 算法来弥补这一缺陷，像 Ulander 提出的因式分解快速 BP 算法[63,168]，其计算效率在理论上可以达到和频域算法同等量级。另外，近年来，航空定位设备的精度不断提高，测姿设备迅速发展[169]，实时处理芯片得到广泛应用[170]，使得采用 BP 算法在时域进行运动补偿越来越简单，计算效率方面受到的限制也越来越小，成像质量也越来越高。在获得平台的实时运动参数后，BP 算法比频域算法更能适应低信噪比环境和剧烈运动干扰的情况[163]。面对复杂多变的运动条件，无论是地面车载平台，还是空中机载平台，BP 算法结合高精度的运动传感器进行运动补偿，是一种较理想的超宽带 SAR 成像方案。

2.1.1 传统 BP 算法及其运动补偿

BP 算法的原理如图 2-2 所示，雷达的方位向采样位置为$(d_1,d_2,\cdots,d_k,\cdots,d_K)$，第 k 个采样位置经过脉冲压缩后的回波可以表示为$\{s(k,1),s(k,2),\cdots,s(k,n),\cdots,s(k,N)\}$，$K$ 个慢时间采样位置和 N 个快时间采样位置组成回波矩阵 $\boldsymbol{S}_{K\times N}$。将目标场景以所需分辨率分割后形成图像矩阵，将每个像素点当作一个点目标，并通过方位向和距离向坐标 $p(i,j)$ 表示，雷达在 d_k 时，经像素点 $p(i,j)$ 反射的回波时延为 $t_{i,j,k}$，那么，该点的信息包含在第 k 条回波时延为 $t_{i,j,k}$ 的位置。

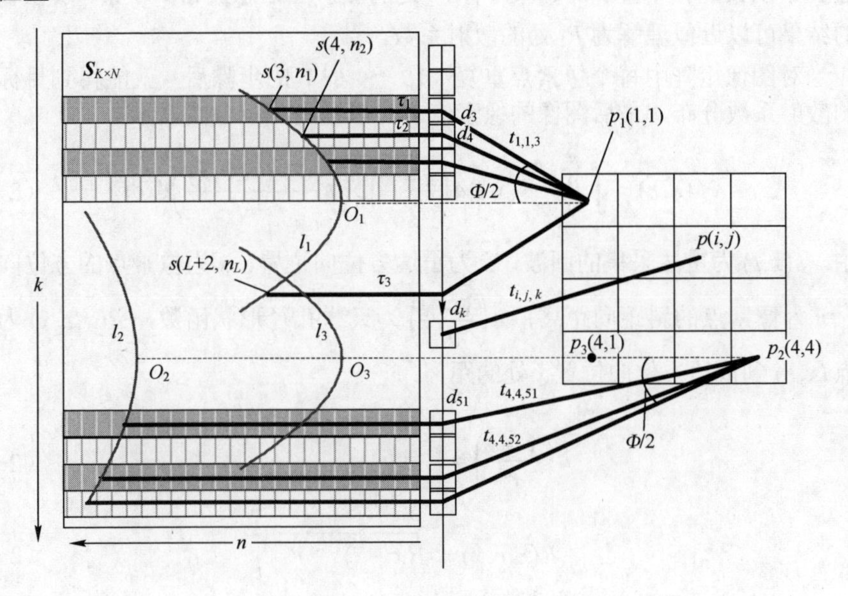

图 2-2　BP 算法原理

Rau 等采用了一种固定积累角 BP 算法（Constant Integral Angle Back-projection，CIAB），使得图像方位分辨率不会随距离变化[146]。这种 BP 算法是一种经典的传统 BP 算法，例如 P_1 点和 P_2 点虽然处于不同的距离向位置，但是其积累角都选取为Φ（$\Phi<\Theta$，Θ 为波束角），其特点是成像测绘带宽内的点目标在理论上都能获得相同的方位向分辨率。成像过程对于各个成像点来说都是独立的，是逐像素点进行的，以对 P_1 点成像为例进行说明：

（1）如果 d_3 是第一个处于积累角以内的雷达方位向采样点，则该处收到的回波为 $s(3,n)$，P_1 点的信息包含在此列回波时延 $\tau=t_{1,1,3}$ 的数据中，如果该回波采样率足够高，则按照式（2-1）可以将所要积累的第一点取为 $s(3,n_{1,1,3})$。

$$n_{i,j,k}=\left\lfloor\frac{\tau-t_0}{f_s}\right\rfloor=\left\lfloor\frac{t_{i,j,k}-t_0}{f_s}\right\rfloor \tag{2-1}$$

其中，f_s 为采样率，t_0 为波门起始位置，$\lfloor x\rfloor$ 为对 x 按四舍五入取整。当回波采样率较低时，需要进行插值或升采样以获得所需的积累值。

（2）按照步骤（1）取 d_4 处的回波中的 $s(3,n_1)$，作为第二个积累点，依此类推，直至将积累角内 L 个积累点都找到。

（3）P_1 点的所有信息都包含在这 L 个积累点内，这 L 个积累点在回波矩阵内形成一条单边双曲线，虽然在这些点中也包含了其他散射点的信息，但是当将这 L 个积累点相干叠加时，却只有 P_1 处的散射点信息被相干积累，所以叠加后的结果可以近似理解为 P_1 处的散射系数。

当对图像矩阵中每个像素点重复（1）～（3）的步骤后，就能得到目标场景的散射系数分布，最后图像的像素值 f 可以通过如下公式表示：

$$f(x,r)=\int_{-\infty}^{\infty}\int_{-\infty}^{\infty}\frac{t^2}{r}s(\hat{x},t)a\left(\frac{\hat{x}-x}{r}\right)\delta\left(t-\frac{2R(x,r,\hat{x})}{c}\right)\mathrm{d}\hat{x}\mathrm{d}t \tag{2-2}$$

其中，$s(\hat{x},t)$ 为雷达采集的回波，$\hat{x}$ 为雷达方位向位置，x 为像素点的方位向位置，r 为像素点的斜距向距离，$a\left(\frac{\hat{x}-x}{r}\right)$ 为天线孔径形状函数，$R(x,r,\hat{x})$ 为像素点 (x,r) 到雷达方位向位置 $\hat{x}$ 处的距离：

$$a\left(\frac{\hat{x}-x}{r}\right)=\begin{cases}1,\dfrac{\hat{x}-x}{r_0}<\tan\dfrac{\Phi}{2}\\ 0,\text{其他}\end{cases} \tag{2-3}$$

$$R(x,r,\hat{x})=\sqrt{(x-\hat{x})^2+r^2} \tag{2-4}$$

式（2-2）中的 t^2 项是补偿电磁波在空间传输的幅度损失，$1/r$ 项补偿不同距离的点所获得的不同积累孔径长度，最后得到的图像为斜距向图像，若将图像直接以地距定义，则可以省去斜距图像向地距图像转换的几何校正步骤，式（2-2）可以改写为以下形式：

$$f(x,y)=\int_{-\infty}^{\infty}\int_{-\infty}^{\infty}\frac{t^2}{r}s(\hat{x},t)a\left(\frac{\hat{x}-x}{r}\right)\delta\left(t-\frac{2R(x,r,\hat{x})}{c}\right)\mathrm{d}\hat{x}\mathrm{d}t, r=\sqrt{y^2+h^2} \tag{2-5}$$

其中，h 为平台的飞行高度。若将式（2-5）写成离散的形式，并引入传感器测得的雷达三维坐标 (x_k,y_k,h_k) 以进行运动补偿，代入（2-5）得到

$$f(x_i,y_i)=\sum_k\frac{R^2(x_i,y_i,x_k,y_k,h_k)}{y_i}a'\left(\frac{x_k-x_i}{y_i}\right)s(x_k,t_{i,j,k}) \tag{2-6}$$

式（2-6）计算得到的图像则是完成了运动补偿的图像，其中 $t_{i,j,k}$ 可通过下面的公式计算得到

$$t_{i,j,k} = \frac{2R(x_i, y_j, x_k, y_k, h_k)}{c} \tag{2-7}$$

然后，通过插值获得式（2-6）中的 $s(x_k, t_{i,j,k})$。从图 2-2 中可看出这种传统的 BP 算法有以下两个特性：

（1）每个像素点对应的积累曲线为单边双曲线，该双曲线的顶点和像素点的方位向坐标相等，顶点上下两侧形状对称；

（2）同一距离向上的像素点对应的双曲线具有平移不变性，其形状保持不变，如图 2-2 中 l_1 和 l_3。

因而，可以利用上述的两个特性进行的曲线积累法作为一种 BP 算法的快速实现方法，即在同一距离上的像素点，共用一条积累曲线，该积累曲线的坐标事先计算保存，无须重复计算，在对回波进行积累的时候，仅需将该积累曲线平移即可，从而提高计算效率。

从式(2-6)不难看出 BP 算法可以很方便地引入雷达平台的方位测量数据，这种补偿方法没有采用近似，其补偿效果完全决定于测量数据的精度。

2.1.2 索引快速 BP（FFBP）算法

虽然 BP 算法的运算量很大，但 BP 算法有一个特点，即运算过程中含有大量独立的累加运算，故运算过程能够极其简单地分割成多个并行任务，通过分布式高性能计算机集群处理的方式，达到极高的计算效率，实现大场景的实时成像。传统 BP 算法或曲线积累法这种逐像素遍历方式，可以通过将图像分割成若干不相交的小图像块来实现并行处理，各小图像块独立并行计算后再拼接成完整的大图像。这一节中将继续沿用 BP 算法的思想，仅改变它的实现方式，就能在一定程度上提高其运行效率。

2.1.1 节所述的传统 BP 算法及其改进的曲线积累法的实现方式都是以图像像素为遍历单位，逐个计算像素点，进行计算前需要完整的回波矩阵。另外一种实现方式是以回波为遍历单位，逐条遍历回波将其对于整个图像的“投影”都计算出来，最后将这一系列投影值相干叠加获取高分辨图像。

如图 2-3 所示，对于 d_k 位置得到的回波，计算该位置积累角以内的各像素点的“投影值”，获得的 d_k 处回波的“投影值”网格（图 2-3 中经过填充的网格的张角等于积累角），并将该投影值网格按各像素点位置叠加至图像矩阵，然后计算下个位置得到的回波对于图像的投影值，投影值 $f_k(x_i, r_j)$ 可以采用式（2-6）来计算，直到最后一列回波的投影值叠加至图像后完成成像过程。为方

便下面阐述，将前一节所述的逐像素遍历方式定义为传统 BP 法，而第二种逐回波遍历方式定义为网格 BP 法。网格 BP 法得到的最终图像和传统 BP 算法是完全一致的，仅在实现方式上进行了修改，经过这样的修改后，算法将具有以下优点：

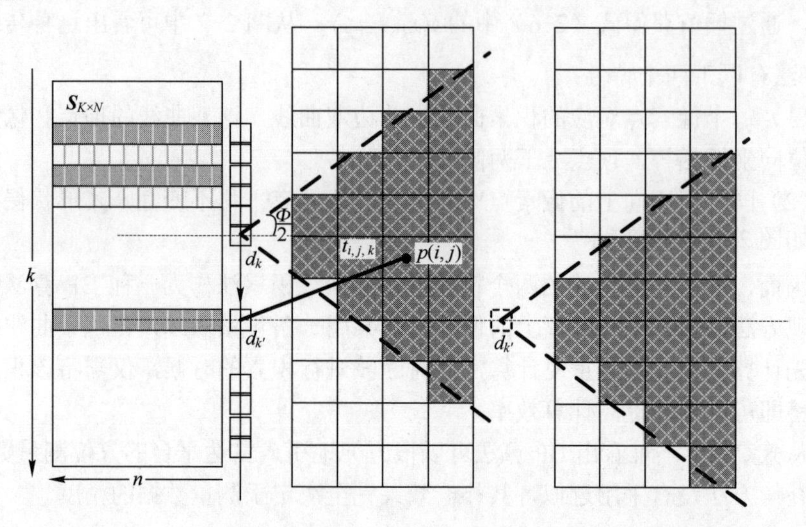

图 2-3　BP 算法的网格实现法

（1）首先，它更适合矩阵运算。一条回波对应生成一个投影值矩阵，避免了对图像各像素点逐一遍历的过程，比曲线积累法具有更高的计算效率。

（2）其次，适合实时处理。采用这种方式无须等所有回波接收完再处理，可以接收一条回波立刻处理一条回波，达到实时同步成像的目的。

（3）它的处理过程和 SAR 工作机制非常相像，雷达是一边前进一边接收回波，随着雷达平台的前进，逐渐有新的图像网格进入积累范围，便于实现图像的实时滚动刷新功能。

（4）每次计算的投影值网格数量基本固定，因此每条回波的计算量也是基本固定的，便于并行任务分割。设以单进程计算一条回波的投影值网格需要的时间为 t_{esp}，雷达回波的方位向脉冲重复间隔为 t_{prf}，则需要分割成 c 个进程就能完成实时成像，其中：

$$c=\left\lceil \frac{t_{\text{esp}}}{t_{\text{prf}}} \right\rceil, \lceil x \rceil \text{为进1法取整} \tag{2-8}$$

以多节点实时处理结构为例，如果由一个节点负责一个进程，则采用 $c+2$ 个节点就能达到实时成像的目的，其中 1 个附加节点负责数据输入以及任务分配，另一个附加节点负责投影值网格累加和图像输出，其 GBP 算法实时处理方式如图 2-4 所示。

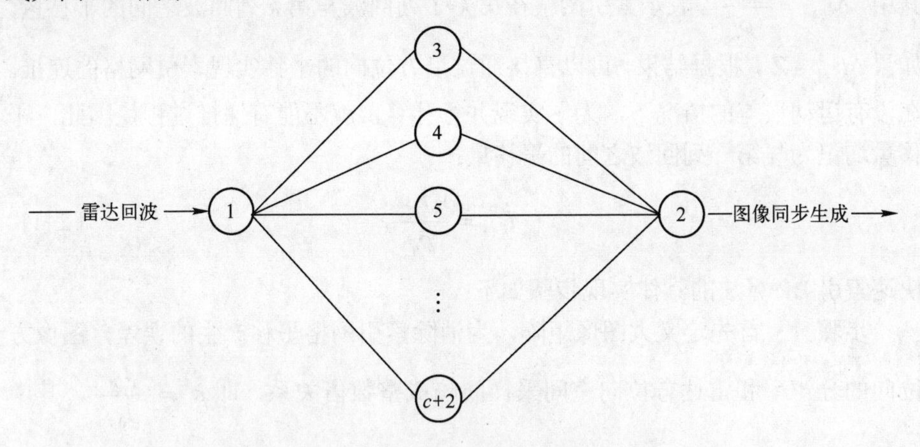

图 2-4　BP 算法某实时处理方式

在网格 BP 法中，有大量的冗余计算消耗在对投影值的插值计算上，我们可以采取索引 BP 法省略部分重复计算，进一步提高单条回波计算任务的效率。索引 BP 算法的思想主要源自传统 BP 算法中积累曲线的平移不变性，既然积累曲线具有这一性质，这一特点也将映射至网格 BP 法中。首先，我们定义投影值的“索引”网格，设每一列回波都进行了 κ 倍升采样，升采样后的回波快时间采样率为 f_{s}，索引网格是由一系列序号 $\{n_{i,j,k}\}$ 组成：

$$n_{i,j,k}=\left\lfloor f_{\mathrm{s}}\cdot t_{i,j,k}\right\rfloor,\frac{\left|i\rho_{\mathrm{a}}-kv_{\mathrm{a}}t_{\mathrm{prf}}\right|}{j\rho_{\mathrm{r}}}<\arctan\frac{\Phi}{2} \tag{2-9}$$

其中，i 为方位向像素点序号，ρ_{a} 为图像方位向分辨率，j 为距离向像素点序号，ρ_{r} 为图像距离向分辨率，$t_{i,j,k}$ 为像素点 (x_i,y_j) 至雷达第 k 个方位向采样位置的光程时延，v_{a} 为载机速度，t_{prf} 为脉冲重复间隔。假设在载机匀速直线运动时，该网格是随着载机平台前进而随之前进的，如图 2-3 所示，d_k 处回波对应的投影值网格为图像中经过填充的部分，当载机前进到 d_{k+1} 处后，若方位向采样间隔为 $v_{\mathrm{a}}t_{\mathrm{prf}}$，索引网格也随之平移 $v_{\mathrm{a}}t_{\mathrm{prf}}$，则新的索引网格是

$$\begin{aligned}n_{i,j,k+1}&=\left\lfloor f_{\mathrm{s}}\cdot t_{i,j,k+1}\right\rfloor,\frac{\left|i\rho_{\mathrm{a}}-(k+1)v_{\mathrm{a}}t_{\mathrm{prf}}\right|}{j\rho_{\mathrm{r}}}<\arctan\frac{\Phi}{2}\\&=\left\lfloor f_{\mathrm{s}}\cdot t_{i-\Delta i_{k+1},j,k}\right\rfloor,\frac{\left|(i-\Delta i_{k+1})\rho_{\mathrm{a}}-kv_{\mathrm{a}}t_{\mathrm{prf}}\right|}{j\rho_{\mathrm{r}}}<\arctan\frac{\Phi}{2}\\&=n_{i-\Delta i_{k+1},j,k}\end{aligned} \tag{2-10}$$

其中，$\Delta i_{k+1}=\dfrac{v_{\mathrm{a}}t_{\mathrm{prf}}}{\rho_{\mathrm{a}}}$，表示索引网格在第 k+1 列回波与第 k 列回波之间的平移量。如果 $\Delta i_{k+1}\in\mathbb{Z}$，根据结果，可以直接通过沿方位向的平移实现索引网格的递推。在没有运动误差的情况下，为了实现并行计算，就不能有递推过程，因此，平移量均记为与第一列回波之间的平移量：

$$i_{k+1}=\frac{v_{\mathrm{a}}t_{\mathrm{prf}}}{\rho_{\mathrm{a}}} \tag{2-11}$$

快速索引 BP 算法的具体实现步骤如下：

步骤 1　首先定义大图像矩阵，为消除索引网格平移产生的误差，图像方位向的分辨率和雷达方位向空间采样间隔成整数倍关系，即 $\rho_{\mathrm{a}}=\dfrac{v_{\mathrm{a}}t_{\mathrm{prf}}}{i_0}$，其中 $i_0\in\mathbb{Z}$；

步骤 2　对每列回波沿快时间方向以 κ 倍升采样，升采样后的回波快时间采样率设为 f_{s}；

步骤 3　计算第一列回波对应的处于积累角之内像素点所对应的索引网格 $\{n_{i,j,k}\}$，其分布如图 2-3 中经过填充的部分；

步骤 4　根据索引网格中的索引序号，直接在升采样后的回波中取出对应值，生成投影值网格，将该投影值网格按对应的像素点位置相干叠加至大图像；

步骤 5　直接根据索引网格生成第 k 条回波的投影值网格，将该投影值网格在大图像上沿方位向平移 i_k 个像素点后相干叠加至大图像，i_k 通过式（2-11）式来计算；

步骤 6　重复步骤 5 直至处理完所有的回波。

在这个算法中，利用图像和雷达方位向之间几何位置关系的平移不变性，避免了每条回波和像素点之间距离的重复计算。如果再利用对称性，索引网格只需计算一半的索引号，另外一半可根据对称性获得。而且这种算法延续了网格 BP 法的优势，便于任务分割，便于实时成像，还通过减少冗余计算进一步提高了 BP 算法的执行效率。

为了比较几种 BP 算法实现方式之间的运算效率和性能，下面以生成同样大小和分辨率的图像为目标，采用同样的回波序列和积累角，比较各算法得到的图像最终的积分旁瓣比（Integral Sidelobe Ratio，ISLR）以及消耗时间，并在不同回波数目条件下分别比较。

以表 2-1 的参数设置仿真场景，网格 BP 法成像结果如图 2-5（a）、（b）所示，快速索引 BP 算法的成像结果如图 2-5（c）、（d）所示，分别为二维成像幅度图、图像的方位向和距离向的剖面图。网格 BP 法和索引快速 BP 法取相同的图像分辨率进行计算，二者成像质量相差无几，最终的图像在距离向和方位向的主瓣和旁瓣宽度都一样。但是由于索引 BP 法平移过程中存在误差，不能做到旁瓣完全对消，会使得基底噪声有所增加。而我们根据雷达的方位向采样间隔调整图像分辨率，使得 $\frac{v_a t_{prf}}{\rho_a} \in \mathbb{Z}$，减小平移过程中产生的误差，这样所成图像如图 2-5（e）、（f）所示，基底噪声明显下降。当然实际雷达运动过程中无法总保持匀速直线的均匀采样，索引平移量总会和实际的距离变化存在一定误差，因此，可以通过选取高分辨率进行成像来减小这种误差，保证快速索引 BP 算法的成像质量。

表 2-1　仿真参数设置

脉宽	0.5μs	采样频率	16MHz
脉冲重复间隔	20μs	近端波门	110m
远端波门	350m	飞行高度	100m
飞行速度	20m/s	方位向飞行距离	400m
波束宽度	60°	频带宽度	1GHz
频点间隔	1MHz	起始频率	400MHz
图像方位向宽度	10m	图像距离向宽度	10m
图像方位向分辨单元	0.025m	图像方位向分辨单元	0.025m
单个目标位置/m	(200,150,0)		

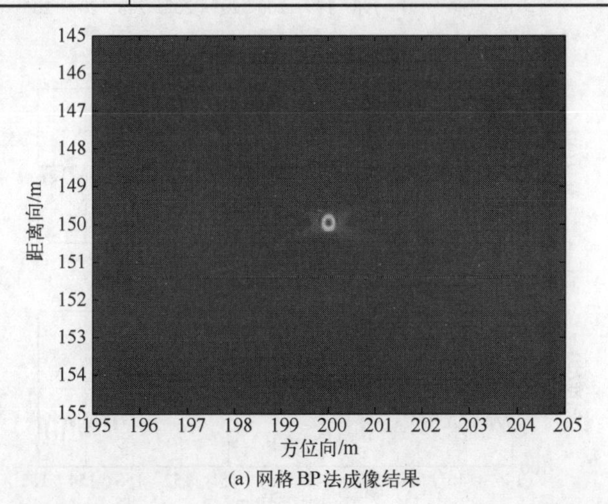

(a) 网格 BP 法成像结果

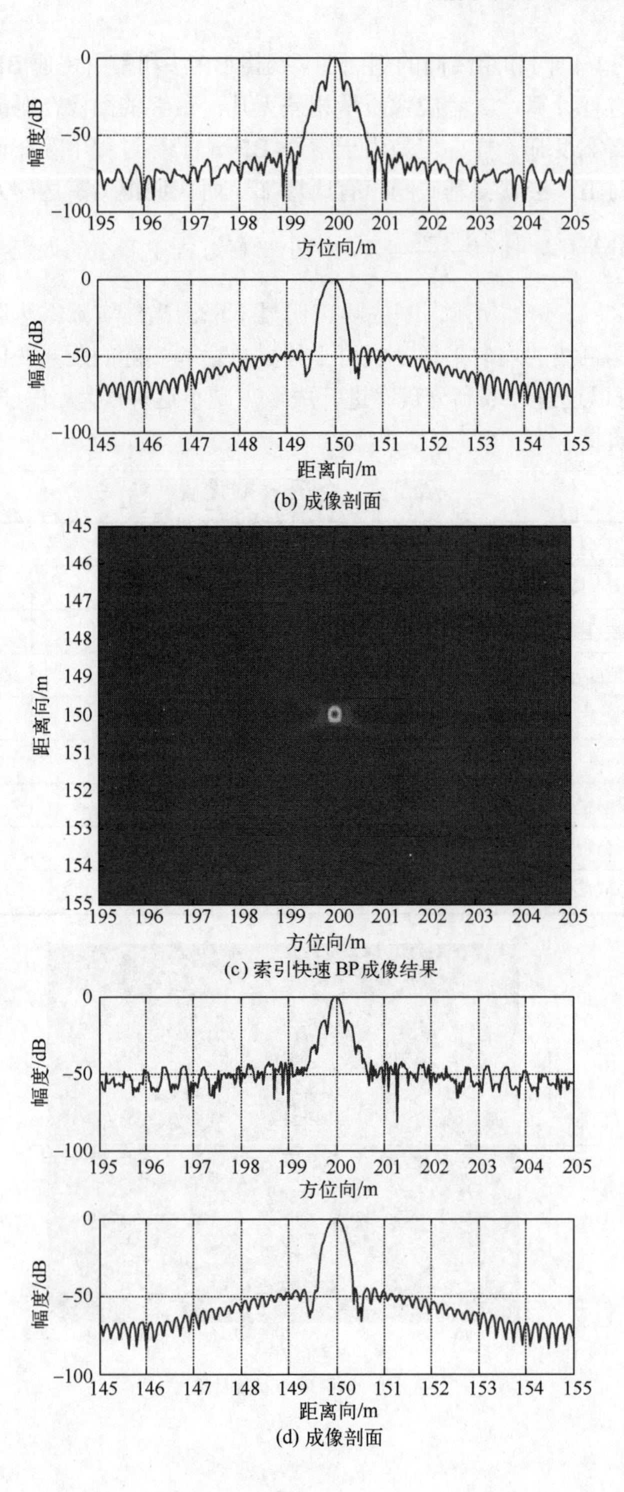

(b) 成像剖面

(c) 索引快速 BP 成像结果

(d) 成像剖面

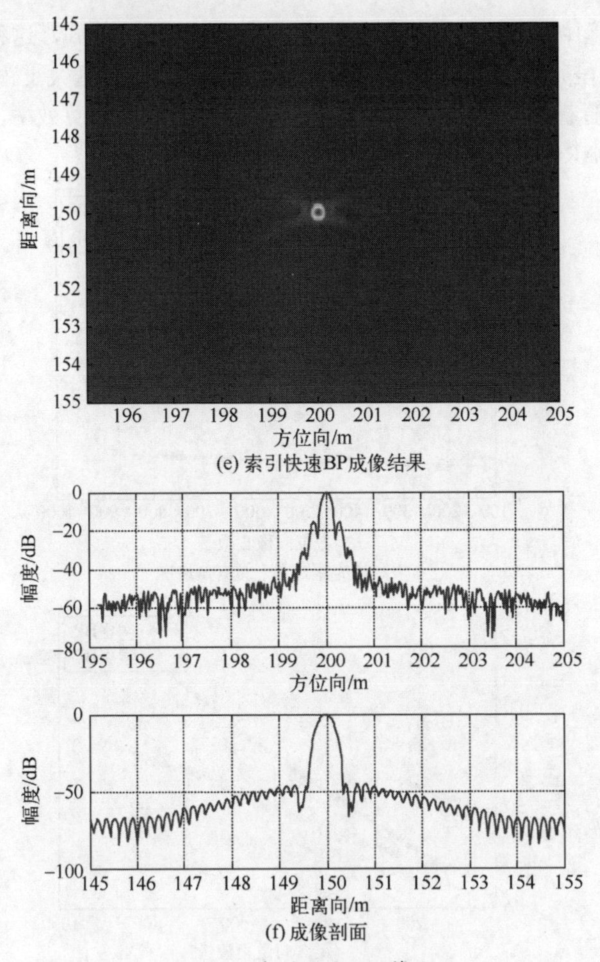

(e) 索引快速BP成像结果

(f) 成像剖面

图 2-5　索引快速 BP 算法

从二者的成像质量来看，网格 BP 算法稍微优于索引快速 BP 算法，但是算法效率也是衡量算法优劣的一个重要指标。我们仍然用表 2-1 的参数设置，分辨率改为 0.1m×0.1m，首先设定图像距离向长度 10m（100 像素点），然后不断增加方位向的长度，如图 2-6 所示，当方位向由 10m 增加至 90m 的过程中，我们发现索引快速 BP 算法的消耗时间由 17s 增加至 22s，而网格 BP 算法却由 20s 增加至了 82s，但是在保持图像方位向长度为 10m 不变，改变距离向长度时，二者计算消耗的时间均有增加（结果利用 CPU 主频 2.2GHz、内存 4GB、硬盘 512GB 的通用台式计算机算得），相对而言，快速索引 BP 算法反而增加得快一些。因此，从上面计算效率的仿真和对比中，不难发现快速索引 BP 对于图像方位向的长度增加并不敏感，它仅增加了索引矩阵平移操作的次数而已，但是当图像距离向长度变化时，每次平移的索引矩阵数据量也变大，因此，它的消耗时间会随之增加。在低空超宽带 SAR 成像中，应用得最多的仍然是直线条带式成像模式，这种成像模式下，成像区域一般呈条带形，而方位向通常就是长度方向，会远大于距离向长度。而快速索引 BP 随着处理图像方位向增加仍然能保持较高的计算效率，是一种适合于低空超宽带 SAR 成像的算法，有助于实时成像的实现。

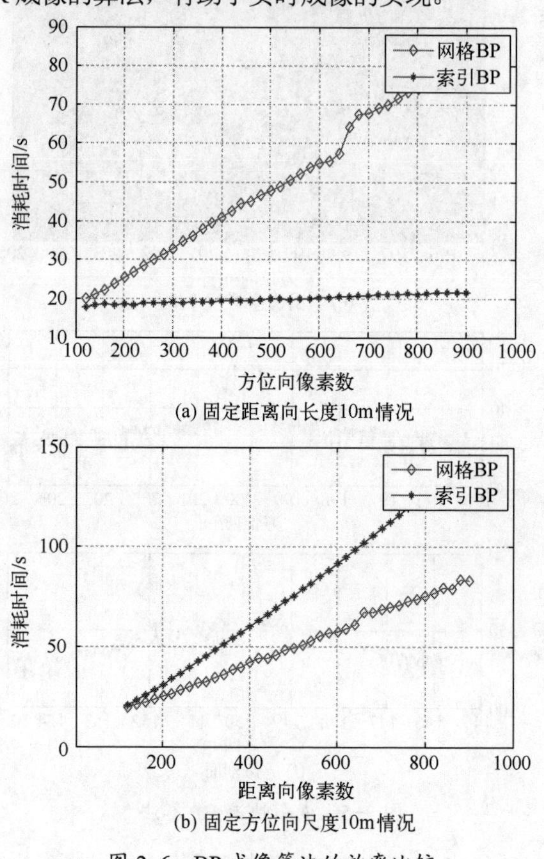

(a) 固定距离向长度10m情况

(b) 固定方位向尺度10m情况

图 2-6 BP 成像算法的效率比较

2.1.3 基于因式分解的 FFBP 算法

1. 一般的子孔径快速 BP 算法

经过快速索引 BP 算法，避免了像素点至雷达之间距离网格的重复计算，提高了 BP 算法的执行效率，但是这并没有改变 BP 算法 $O(N^3)$ 的计算复杂度。这一计算复杂度对于低空超宽带 SAR 来说仍然是巨大的，随着探测区域的增大，每次平移的网格矩阵也逐渐增大，其计算量呈几何级数增长，这一低效率缺陷也会越来越明显。此外，在运动情况较为复杂，尤其是高度向误差较大的时候，这种通过跟随雷达位置变化而平移来补偿运动误差的方法将会失效。而且很多时候受到空间条件的限制，无法采用大规模的集群计算机，因此，也有不少学者试着从另外的角度寻求高效的 BP 算法，其中，最重要的方法就是子孔径法。其基本思想是将长孔径分解为较短的子孔径，每个子孔径生成粗分辨率的子图像，然后通过将粗分辨率的子图像合并生成高精度的图像。例如 Hellsten 提出的局部 BP（Local Back Projection，LBP）算法[63]，其算法复杂度为 $O(N^{2.5})$，McCorkle 提出的四分树方法[62]，Ulander 提出的快速因式分解 BP（Factorized Fast Back Projection，FFBP）算法都将计算复杂度降到了和频域算法相当的 $O(N^2\log N)$，其中最有代表性的是 LBP 算法以及基于因式分解的快速 BP（FFBP）算法，金添博士将 LBP 算法成功运用于 Rail-GPSAR 的实测数据中[83]，并取得了和 BP 算法相当的成像效果。

Vu 用 FFBP 算法对 CARABAS-Ⅱ系统的实测数据进行了处理[171]，Brandfass 将 FFBP 应用到曲线航迹并和 BP 以及 $\omega-k$ 算法进行了比较[172]，在这些文献里，FFBP 算法都有着优良的表现。

刘光平博士提出了一种适合运用于近场条件下的 FBP 算法，并从距离误差方面分析了 FBP 进行子孔径划分时的距离误差控制条件[41]：

$$|\Delta r| \leqslant \frac{D_{\mathrm{L}} D_{\mathrm{a}}}{4R_0} \tag{2-12}$$

其中，R_0 为雷达天线至图像的最近距离，D_{L} 为子孔径大小，D_{a} 为子图像的方位向大小，如果子孔径增大则降低子图像的大小，那么距离误差就能控制在相同范围内，这也在一定程度上指出了子图像分辨率选取和子孔径长度存在一定的制约关系，并由此提出可以分两级或多级进行成像的可能，从而进一步提高计算效率。

2. FFBP 算法的具体实现

文献[63]着重介绍了 FFBP 算法的原理，但其具体实现步骤叙述并不详细，而且不同的研究者根据这一原理其具体实现方法也会有所不同，为了便于理解和后文叙述，有必要先对 FFBP 算法的具体实现方法进行介绍：

步骤 1　假设某次飞行沿航迹向（方位向）进行了 N 点采样，其回波数据为矩阵 $D_{N\times M}$，根据因式分解的原理确定最佳的初始孔径长度 l_0 以及每次合并的子图像个数 I，即分解因子。

步骤 2　以各个初始子孔径的中心为原点建立极坐标系，划分出子图像的像素点坐标 (r,θ) 取值范围，即 $\left\{(r,\theta)\middle| R_{\mathrm{srn}} < r < R_{\mathrm{srf}}, |\theta| < \frac{\Theta}{2}\right\}$，其中 R_{srn} 为近端距离，R_{srf} 为远端距离。然后确定初始子图像的角度向分辨率 $\rho_\theta^{(0)}$，同时根据信号带宽确定距离向分辨率 ρ_{r}。

步骤 3　计算最终生成图像的分辨率，理论上 FFBP 算法的分辨率不会高于传统 BP 算法，那么最终分辨率可以通过下式计算：

$$\rho_{\theta m} = \rho_a / \rho_{srf} \tag{2-13}$$

其中 $\rho_a = \dfrac{K_w \lambda_n}{4\sin(\Phi/2)}$ 为 BP 算法的方位向分辨率[40]，λ_n 为名义波长，Φ 为积累角大小，当子图像逐级合并至分辨率小于 $\rho_{\theta m}$ 的时候则不再细化图像分辨率。

步骤 4　对每个子孔径按照传统 BP 算法分别进行成像，得到 $K = \dfrac{N}{l_0}$ 幅粗分辨子图像，如图 2-7（a）所示。第一个子孔径所成图像是建立在其几何中心点作为原点的极坐标下的，设某一个雷达方位向采样位置为 d_1，对于成像网格中 $P_1(r_1,\theta_1)$ 点，根据式（2-14）可以求出 P_1 点和雷达天线位置 d_1 之间的距离 R_1，同理可求出 R_2 如式（2-15）所示。当表达式中的 d_1 和 d_2 通过正负符号来表示采样位置位于子孔径中心的左侧和右侧时，d_1 和 d_2 将具有相反的符号，此时两个表达式都可以统一为式（2-16）。

$$R_1 = \sqrt{r_1^2 + d_1^2 - 2r_1 |d_1| \cos(\pi - \theta_1)} \tag{2-14}$$

$$R_2 = \sqrt{r_2^2 + d_2^2 - 2r_2 |d_2| \cos\theta_2} \tag{2-15}$$

$$R = \sqrt{r^2 + d^2 - 2r d \cos\theta} \tag{2-16}$$

步骤 5　通过式（2-17）对子图像中的每一点 (r,θ) 进行成像，其中 $w(\theta)$ 为天线方向函数，$s(x,t)$ 为回波的连续表达式，x 为雷达在方位向的位置，将其离散化后则成为前面所介绍的 d_n。

$$f(r,\theta) = \int_{-\infty}^{\infty}\int_{-\infty}^{\infty} \frac{t^2}{r} s(x,t) w(\theta) \delta(t-R) \mathrm{d}x\mathrm{d}t \tag{2-17}$$

步骤 6　对子孔径成像结果进行逐级合并，每进行一级合并，将 I 幅子图像生成一幅次一级子图像，第 $i+1$ 级子图像分辨率和第 i 级子图像分辨率存在以下关系：

$$\begin{cases} \rho_\theta^{(i+1)} = \rho_\theta^{(i)} / I, & \rho_\theta^{(i)} > \rho_{\theta m} \\ \rho_\theta^{(i+1)} = \rho_\theta^{(i)}, & \rho_\theta^{(i)} \leqslant \rho_{\theta m} \end{cases} \tag{2-18}$$

如图 2-7 所示，第 $i+1$ 级图像的成像网格角度向分辨率是第 i 级图像的 $1/I$，图像精细度逐级提高。

步骤 7　如图 2-7（b）所示，对于 $i+1$ 级某个成像网格中的某点 (r,θ)，需要计算其在 i 级第 k 幅子图像中的位置 (r',θ')，从而将第 k 幅图像在 P 点的结果采用插值的方式累加至新的 $i+1$ 级图像 $f^{(i+1)}(r,\theta)$ 中。从图 2-7（b）中不难看出：

$$r\cos\theta - r'\cos\theta' = d_k \tag{2-19}$$

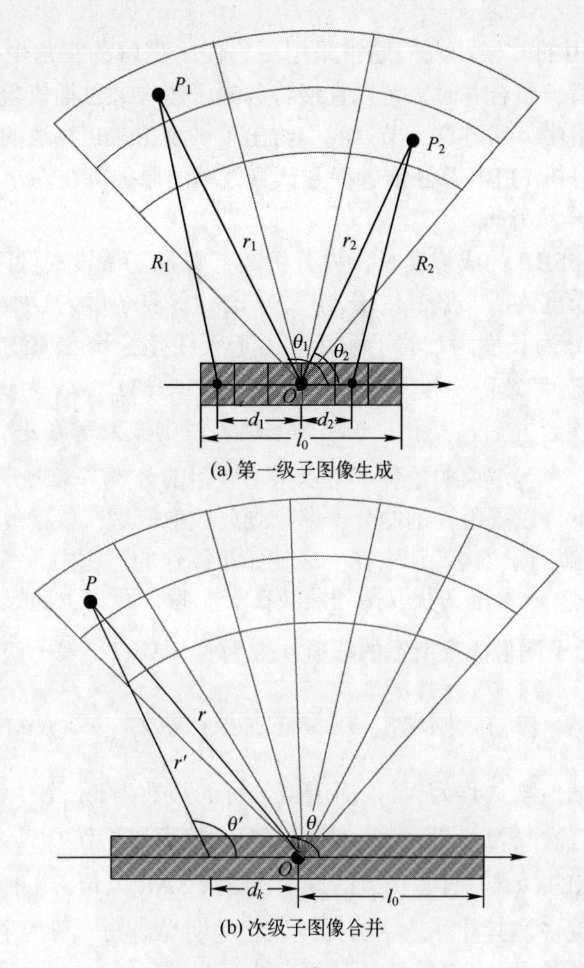

(a) 第一级子图像生成

(b) 次级子图像合并

图 2-7　FFBP 算法具体实现

于是可以得到

$$\begin{cases} r' = \sqrt{r + d_k - 2rd_k \cos\theta} \\ \theta' = \arccos[(r\cos\theta - d_k)/r'] \end{cases} \tag{2-20}$$

$$f^{(i+1)}(r,\theta) = \sum_{k=K+1}^{K+I} f_k^{(i)}(r',\theta') \tag{2-21}$$

$$f^{(i+1)}(r,\theta) = \sum_{k=K+1}^{K+I} f_k^{(i)}\left(\sqrt{r + d_k - 2rd_k\cos\theta}, \arccos\left[\frac{(r\cos\theta - d_k)}{\sqrt{r + d_k - 2rd_k\cos\theta}}\right]\right) \tag{2-22}$$

步骤 8　重复步骤 6 和步骤 7，最终将所有的子孔径都合并至一个孔径，多幅子图像合并为一幅图像。

在实际应用的时候，人们通常采用更为便于理解的直角坐标系来定义图像，那么在最后一级合并时，可以直接将各幅子图像通过插值累加至所需的直角坐标图像网格中。通过这一节，我们给出了一种 FFBP 算法的实现流程，下面我们将着重分析 FFBP 算法能够提升计算效率的原因所在。

3. FFBP 算法分析

暂不考虑 FFBP 的成像质量，先分析其计算量。假设成像区域为 $N\times N$ 的网格，且孔径长度为 N，那么传统 BP 算法的计算复杂度为 $O(N^3)$。如果在第一级将孔径划分为长度为 l_0 的子孔径，由于天线孔径长度和波束角的关系，每个子孔径的波束宽度 γ_0 和子孔径长度满足 $\gamma_0=\alpha/l_0$（α 为比例因子），若子孔径经过一次合并后，其孔径长度增长为 l_1，则波束宽度变窄为 $\gamma_1=\alpha/l_1$，如图 2-8 所示。在宽波束的条件下可以采用较粗的分辨率来划分成像区域，在窄波束的条件下可以采用较细的分辨率来划分成像区域（仅指改变方位向的分辨率）。假设分解因子为 2，那么在生成初始子图像的过程中，每一幅子图像的像素个数为 $N\times l_0$，若定义获取某列回波在一个特定距离上的投影值为一次插值，则所有初始子图像成像所需的插值次数为 $\dfrac{N}{l_0}\times N\times l_0$，第一级合并需要的插值次数为 $\dfrac{N}{2l_0}\times N\times(2l_0)$，同理，第 i 级的插值次数为 $\dfrac{N}{2^i l_0}\times N\times(2^i l_0)$，由此可见，每一级的插值次数均为 N^2，而所能分解的级数为 $\log_2 N$，那么得到最终图像所需的插值次数为 $N^2\log_2 N$，其计算复杂度可以看作 $O(N^2\log_2 N)$，相对于传统 BP 算法的 $O(N^3)$ 有了很大的提高，随着 SAR 方位向采样点数增加，所能分解的级数越多，其计算效率的优越性会越明显。与一般的子孔径快速 BP 算法对比，不难发现 FFBP 算法具有两个特点：

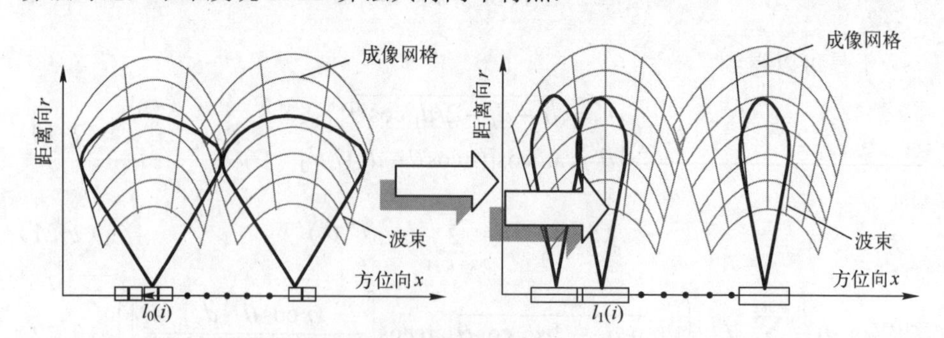

图 2-8 FFBP 算法原理示意图

（1）采用了因式分解的方法尽可能地获取最短的子孔径；

（2）各级子图像均在极坐标下成像。

从前面的分析可知，子孔径划分越短，则算法效率越高，为了尽可能地提高计算效率，应该尽可能地划分短的子孔径。但是 LBP 以及 FBP 算法都没有将子孔径划分得过短，因为在直角坐标系下，如果子孔径划分过短，随之子图像分辨率选择过粗的话，图像质量将明显衰退，甚至无法成像。反观 FFBP 算法，它选择了极短的子孔径，在提高计算效率的同时却保证了最终的成像质量，这与 FFBP 算法的第二个特点是分不开的。虽然极坐标计算不如直角坐标直观方便，但在极坐标 (ρ,θ) 下，子孔径对应的子图像可以采用较粗的方位向分辨率[173]。然而在直角坐标系下如果采用过粗的分辨率将大量损失图像信息甚至无法成像。下面先从频域的角度来定性地简单说明极坐标下可以用低分辨率成像，而直角坐标不能用低分辨成像的原因，后文将详细地量化分析子孔径长度和分辨率之间的制约关系。

在极坐标下，随着子孔径长度变短，子图像的角度向带宽会随之变窄，而在直角坐标下的子图像则不具备这一特性。下面通过基于同一组回波数据的仿真来说明这个问题，分别采用 256、64、4 点孔径长度在直角坐标和极坐标下进行成像，对所成图像做二维傅里叶变换，结果如图 2-9 和图 2-10 所示（图 2-9 中方位向不对称是由于选取的子孔径相对于成像区域具有一定的斜视角，不影响结果分析）。从图 2-9 中可以看出在直角坐标下，随着子孔径长度的变短，子图像方位向的频带宽度变化并不明显。从图 2-10 中可以看出在极坐标下，随着子孔径长度的变短，图像角度向的频带宽度明显变窄。

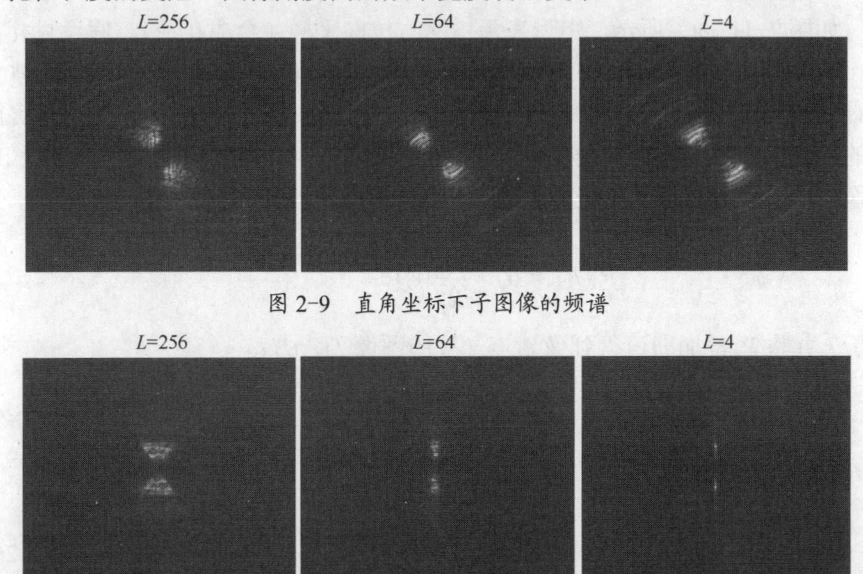

图 2-9　直角坐标下子图像的频谱

图 2-10　极坐标下子图像的频谱

根据 Nyquist 采样定理，采样率必须高于信号带宽 2 倍以上，才能保证信号的原始信息不被损失。子图像的分辨率选定后，相当于以分辨单元为间隔对子图像进行采样。在不损失子图像原始信息的情况下，我们可以在极坐标中采用更粗的分辨率网格（主要指角度向）划分成像区域，从而极大地提高成像算法的效率，因为只要满足 Nyquist 采样定理，通过逐级合并就能从子图像恢复出最终的全图像。而在直角坐标系下，子图像的方位向带宽并不会随着孔径缩短而随之变窄，这使得我们无法基于因式分解的原理来划分过短的子孔径，从而影响计算效率的进一步提高。

4. 孔径长度和角度向分辨率的制约关系

Callow 等分析了 FFBP 算法中近似对图像带来的影响[174]，Sjogren 等通过极坐标算法和 FFBP 算法的比较分析了近似带来的相位误差[173]。在前面我们也分析了子图像分辨率选取的重要性，各级子图像分辨率的控制是影响 FFBP 算法图像质量和计算效率的关键因素，也有学者对图像分辨率的控制进行了研究，但是仍然没有得到一个清晰的量化结论[175]。

这一节将通过两种不同的思路，对孔径长度和图像分辨率之间的制约关系进行分析，并且最终将得到一个量化的结论，根据这一量化的制约条件，可以在成像效率和质量中做到最优的取舍，而且这一制约条件也将是后文支撑 FFBP 算法改进和运动补偿的理论基础。

1）通过角度频域进行分析

如图 2-11（a）所示，矩形表示雷达方位向采样（合成孔径），假设只存在一个点目标 T，那么天线相位中心处于方位向第 k 个采样点时的回波为 $S_k(R_\mathrm{T})=\gamma_k \mathrm{e}^{\mathrm{j}2\pi f_\mathrm{c} R_\mathrm{T}}$（如果存在多个目标，表达式累加即可），$\gamma_k$ 为复数，包含回波的幅度以及时间零点的相位值，f_c 为信号载频，R_T 为目标距离。在进行 BP 成像时，该回波对位于极坐标下像素点 $x(r,\theta)$ 的投影值为 $P_k(R_\mathrm{T},r,\theta)$：

$$P_k(R_\mathrm{T},r,\theta)=\frac{1}{R_\mathrm{T}^2}|\gamma_k|\mathrm{e}^{\mathrm{j}2\pi f_\mathrm{c}\left[\frac{R_x(r,\theta)-R_\mathrm{T}}{\mathrm{c}/2}\right]} \tag{2-23}$$

遍历 k 并将 P_k 累加即可得到像素点 x 处的图像 $f(r,\theta)$：

$$f(r,\theta)=\sum_k P_k(R_\mathrm{T},r,\theta) \tag{2-24}$$

设 $P_k(R_\mathrm{T},r,\theta)$ 的相位为 ψ_k，那么

$$\Psi_k(r,\theta)=2\pi f_\mathrm{c}[R_x(r,\theta)-R_\mathrm{T}]=2\pi f_\mathrm{c}\left[\frac{\sqrt{r^2+d^2+2rd\cos\theta}-R_\mathrm{T}}{\mathrm{c}/2}\right] \tag{2-25}$$

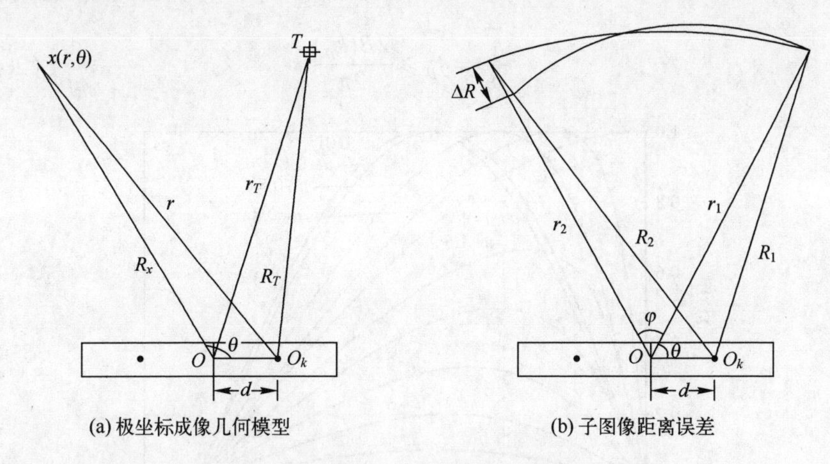

(a) 极坐标成像几何模型　　(b) 子图像距离误差

图 2-11　极坐标下的成像模型

其中，d 随 k 变化而变化。图像 $f(r,\theta)$ 关于 θ 的傅里叶变换 $F_\theta(r,k_\theta)$ 即为图像在方位向 θ 频域 k_θ 的表达式：

$$F_\theta(r,k_\theta)=\int f(r,\theta)\mathrm{e}^{-\mathrm{j}k_\theta\theta}\mathrm{d}\theta=\sum_k\gamma'_k\int\mathrm{e}^{\mathrm{j}(\psi_k(r,\theta)-k_\theta\theta)}\mathrm{d}\theta,\ \text{其中}\gamma'_k=\frac{1}{R_\mathrm{T}^2}\left|\gamma_k\right| \tag{2-26}$$

根据驻定相位原理，该积分值将由驻定相位点附近的值决定，驻定相位点满足：

$$\frac{\partial(\psi_k(r,\theta)-K_\theta\theta)}{\partial\theta}=0 \tag{2-27}$$

从而得到

$$K_\theta=\frac{\partial(\psi_k(r,\theta))}{\partial\theta}=\frac{4\pi f_\mathrm{c}rd\sin\theta}{c\sqrt{r^2+d^2-2rd\cos\theta}} \tag{2-28}$$

$$\frac{K_\theta c}{4\pi f_\mathrm{c}d}=\frac{r\sin\theta}{\sqrt{r^2+d^2-2rd\cos\theta}} \tag{2-29}$$

设 $u=\dfrac{d}{r}$，得到

$$g(u)=\frac{\sin\theta}{\sqrt{u^2+1-2u\cos\theta}},\theta\in(0,\pi) \tag{2-30}$$

将 $g(u)$ 和 θ 的关系以曲线表示后如图 2-12 所示，不同的曲线表示 u 取不同的值，从图 2-12 中可以看出 $0\leqslant g(u)\leqslant 1$，那么可得 $0\leqslant\dfrac{K_\theta \mathrm{c}}{4\pi f_\mathrm{c}d}\leqslant 1$，$F_\theta(r,k_\theta)$ 的有效频带 $B(k_\theta)\leqslant 4\pi f_\mathrm{c}d/\mathrm{c}$，由此图像的分辨率 ρ_θ（等效于对图像进行离散化采样）需满足：

$$\frac{1}{\rho_\theta} = f_\theta \geqslant \frac{2B(k_\theta)}{2\pi} \tag{2-31}$$

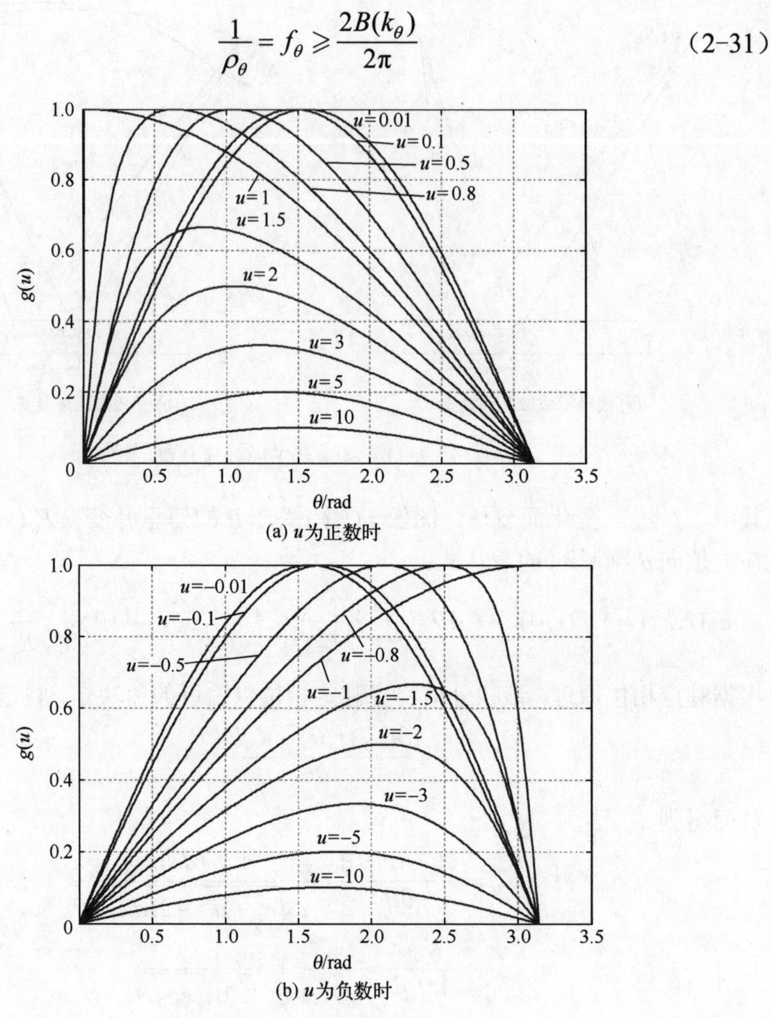

(a) u为正数时

(b) u为负数时

图 2-12 $g(u)$和 θ 的关系

从而得到

$$\rho_\theta \leqslant \frac{\lambda_c}{4|d|}，\lambda_c\text{为载波波长} \tag{2-32}$$

2）通过距离误差分析

如图 2-11（b）所示，在以 O 点为原点的极坐标图像网格中，当天线处于第 k 个采样点的时候，角度相差 φ 的两个像素点距雷达的距离分别为 $R(\theta+\varphi)$，$R(\theta)$，其距离误差为

$$\Delta R = \left|R(\theta+\varphi) - R(\theta)\right| = \left|\frac{R^2(\theta+\varphi) - R^2(\theta)}{R(\theta) + R(\theta+\varphi)}\right| \approx \left|\frac{R^2(\theta+\varphi) - R^2(\theta)}{2R(\theta)}\right| \tag{2-33}$$

其中，$R(\theta)=\sqrt{r^2+d^2-2rd\cos\theta}$，代入式（2-33）可得

$$\Delta R \approx \left|\frac{2rd\cos\theta-2rd\cos(\theta+\varphi)}{2\sqrt{r^2+d^2-2rd\cos\theta}}\right| = \left|\frac{rd}{\sqrt{r^2+d^2-2rd\cos\theta}}\right| \left|\cos\theta-\cos(\theta+\varphi)\right| \tag{2-34}$$

设$u=\dfrac{d}{r}$，得到

$$f(u,\theta)=\left|\frac{u}{\sqrt{1+u^2-2u\cos\theta}}\right| \tag{2-35}$$

$$\Delta R \approx \left|rf(u,\theta)\right|\left|\cos\theta-\cos(\theta+\varphi)\right| \tag{2-36}$$

$$f(u,\theta)=\left|\frac{u}{\sqrt{1-\cos^2\theta+(\cos\theta-u)^2}}\right| \leqslant \left|\frac{u}{\sqrt{1-\cos^2\theta}}\right| = \left|\frac{u}{\sin\theta}\right| \tag{2-37}$$

这个结果同样可以由式（2-30）得到

$$f(u,\theta)=\left|\frac{u}{\sqrt{1+u^2-2u\cos\theta}}\right| = \left|\frac{ug(u)}{\sin\theta}\right| \leqslant \left|\frac{u}{\sin\theta}\right| \tag{2-38}$$

代入式（2-36）可得

$$\Delta R \leqslant r\left|\frac{u}{\sin\theta}\right|\left|\Delta(\cos\theta)\right| = \left|\frac{d}{\sin\theta}\right|\left|\Delta(\cos\theta)\right| \tag{2-39}$$

$$\Delta(\cos\theta) = -2\sin\left(\theta+\frac{\varphi}{2}\right)\sin\left(-\frac{\varphi}{2}\right) = 2\times\left[\sin\theta\cos\frac{\varphi}{2}+\cos\theta\sin\frac{\varphi}{2}\right]\sin\left(\frac{\varphi}{2}\right) \tag{2-40}$$

当$\varphi\to 0$时，有$\cos\dfrac{\varphi}{2}\to 1$，$\sin\dfrac{\varphi}{2}\to\dfrac{\varphi}{2}\to 0$

$$\Delta(\cos\theta) \approx 2\times\frac{\varphi}{2}\sin\theta = \varphi\sin\theta \tag{2-41}$$

$$\Delta R \leqslant \left|\frac{d}{\sin\theta}\right|\left|\varphi\sin\theta\right| = \left|d\varphi\right| \tag{2-42}$$

如果选取图像分辨率$\rho_\theta=|\varphi|$，那么，角度相差φ的两个像素点将处于同一分辨单元内，为了保证各个回波对同一像素点的投影值是相干叠加的，需要满足$\Delta R\leqslant\lambda_c/4$，那么有

$$\Delta R \leqslant \left|d\cdot\varphi\right| \leqslant \lambda_c/4 \tag{2-43}$$

$$\rho_\theta = |\varphi| \leqslant \frac{\lambda_c}{4|d|} \tag{2-44}$$

本节从两种角度分析了子图像分辨率限制条件，分别得到了量化表达式（2-43）和式（2-44），二者是统一的，这也就是极坐标下角度分辨率的制约关

系，它直接由信号的波长（即载频）和子孔径长度确定。在进行 FFBP 算法时，为了尽量提高计算效率，需要选取尽可能短的孔径长度，并根据该制约关系确定初始角度分辨率的大小，如果分辨率选取超出了这个限制，那么图像将出现分裂、污损或者无法辨读的现象。

在多级子孔径算法中，最重要的是初始子孔径长度和分辨率的选取，虽然通过前面的推导我们获得了子孔径长度和子图像分辨率之间量化的制约关系，但是需要注意的是式（2-41）的近似条件是$\varphi \to 0$，也就是说子图像分辨率存在一个上限ς_θ，当$\rho_\theta \leqslant \varsigma_\theta$时式（2-41）至式（2-44）的推导才能成立。通常来说，为了适应 FFBP 算法的因式分解，雷达数据在方位向上是需要进行裁剪或者补零的，裁剪多了影响图像边缘质量，补零多了会降低效率。此时，可以先根据ς_θ确定子孔径的最小值，再在这个最小值的基础上寻找最佳的l_0和I的组合，以求尽量保持原始数据在方位向的长度。

假设在超宽带 SAR 模式下，其信号有效带宽范围是(f_1, f_h)，那么我们可以将其理解为多个窄带信号的组合，如果以f_1作为载频计算λ_c，并根据式（2-44）计算得到角度分辨率的临界值$\rho_{\theta 1}$，如果以该值进行成像，那么其余频率分量信号就不满足式（2-44），会造成信号损失，为了使超宽带信号的有效频段都能成像，必须以f_h作为载频计算λ_c，并由此根据式（2-44）计算得到角度分辨率临界值：

$$\rho_{\theta h} = \frac{c}{4 f_h |d|} \tag{2-45}$$

使用$\rho_{\theta h}$作为初始角度分辨率，可以使得带宽内的信号都有效成像，并最大可能地提升成像效率。

5. 仿真结果

为了验证本节的一些结论，我们对 FFBP 成像进行了仿真，参数设置见表 2-2。

表 2-2 仿真参数设置

脉宽	0.5μs	采样频率	16MHz
脉冲重复间隔	20μs	近端波门	110m
远端波门	350m	飞行高度	50m
飞行速度	20m/s	方位向飞行距离	400m
波束宽度	60°	频带宽度	1GHz
频点间隔	1MHz	起始频率	400MHz
图像方位向宽度	10m	图像距离向宽度	10m
图像方位向分辨单元	0.025m	图像方位向分辨单元	0.025m
单个目标位置/m	（200,150,0）		

首先，经过脉冲压缩后，共 999 列合成脉冲，即雷达方位向采样点数为 999 个。我们设置初始子孔径点数和分解因子均为 4，那么根据因式分解的关系，补充 25 列为零的回波，得到 1024 列回波后，$1024=4^5$，则 FFBP 进行 5 级成像即可完成整个成像过程。由于合成脉冲的带宽是 400MHz～1.4GHz，在获取第一级子图像时，分别采用 400MHz，900MHz，1.4GHz 作为载频进行成像，成像结果如图 2-13（a）～（f）所示，成像结果及指标分列如表 2-3 所示。

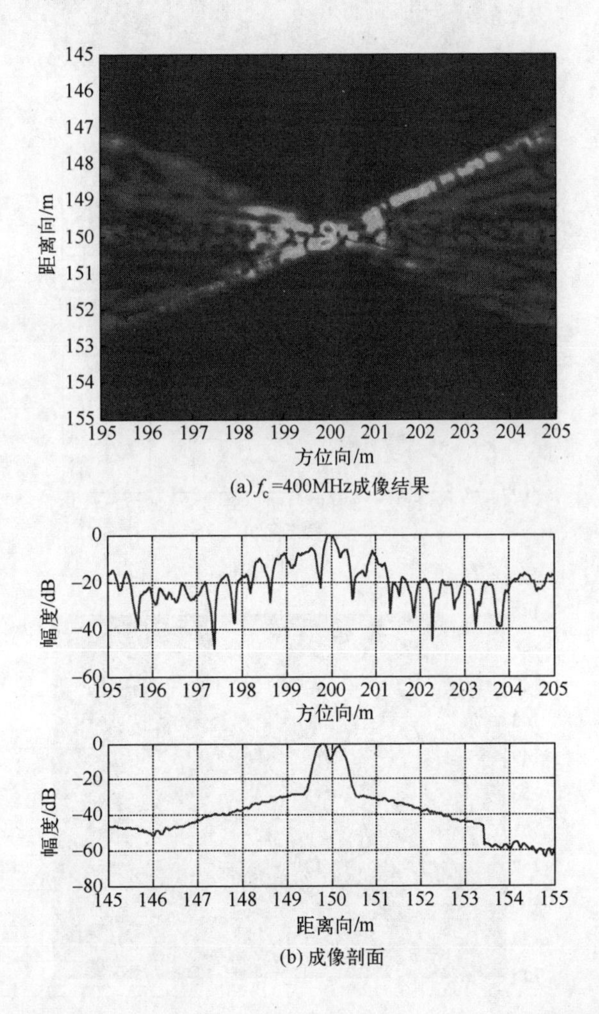

(a) f_c=400MHz成像结果

(b) 成像剖面

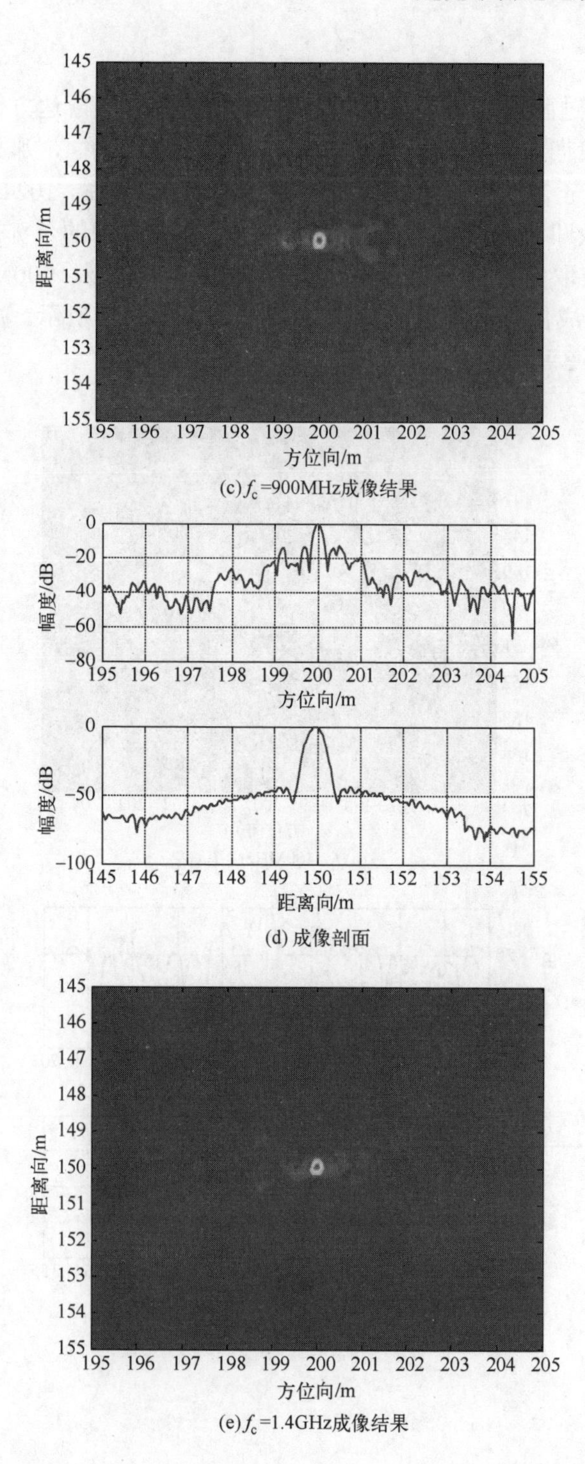

(c) f_c=900MHz成像结果

(d) 成像剖面

(e) f_c=1.4GHz成像结果

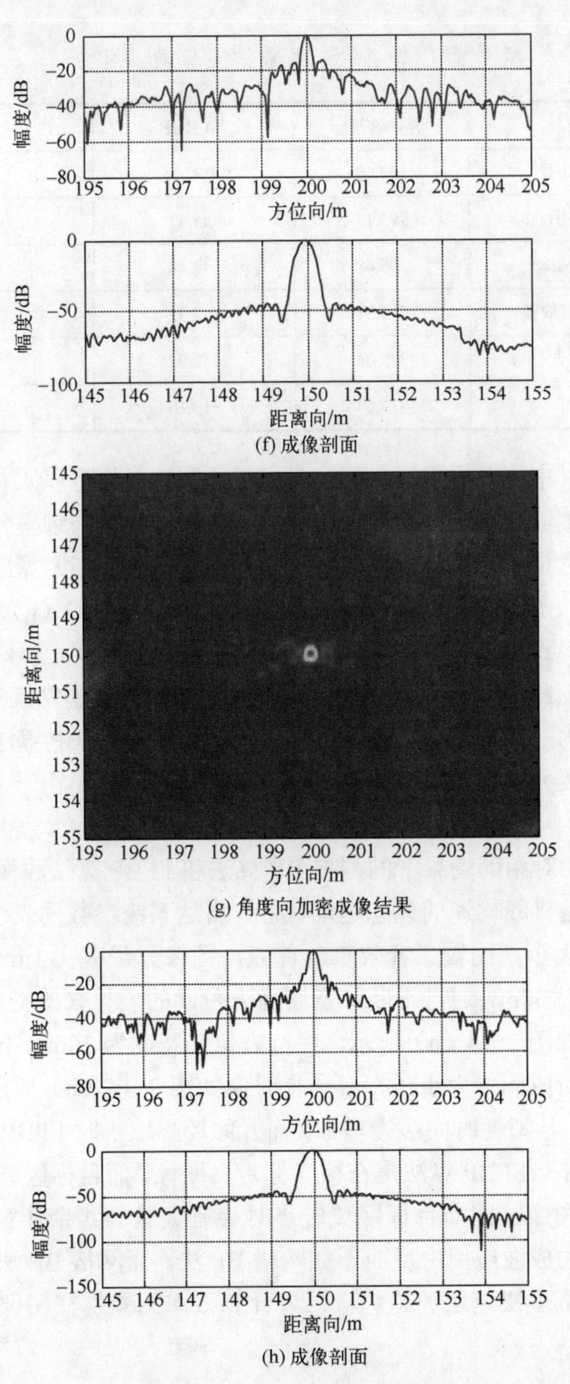

(f) 成像剖面

(g) 角度向加密成像结果

(h) 成像剖面

图 2-13　FFBP 算法成像仿真

表 2-3 成像结果参数

成像方法	消耗时间/s	ISLR/dB	PSLR/dB
选择 f_c=400MHz	195.69	−0.1015	−5.61
选择 f_c=900MHz	295.17	−11.41	−13.27
选择 f_c=1400MHz	395.48	−12.44	−14.22
角度向加密一倍成像	566.33	−12.32	−13.70
网格 BP 算法	887.04	−12.92	−15.75
索引快速 BP	476.64	−13.16	−15.43

从图 2-13 中不难看出，在超宽带信号体制下，只有以式（2-45）计算子图像分辨率，才能获得较佳的成像质量，如果以低于最高频率分量的载频去计算，就会有信息损失，造成图像散焦。但如果在式（2-45）算出的临界分辨率上再加密一倍的子图像角度向分辨率，所成图像如图 2-13（g）、（h）所示，成像质量并没有得到明显改善，反而增加了大量的计算时间。以网格 BP 算法和快速索引 BP 算法代表常规 BP 成像，成像结果中可以看出常规 BP 算法得到的积分旁瓣比约为-13dB，峰值旁瓣比约为-15.6dB，而 FFBP 算法的积分旁瓣比和峰值旁瓣比要分别损失约 0.56dB 和 1.38dB，这种损失是由于 FFBP 算法中的近似造成的。

此外，我们对相同场景下的网格 BP 算法和 FFBP 算法成像效率进行了对比，平台仍然是直线均速的理想运动状态，雷达系统参数同表 2-2，通过不断改变所成图像大小，比较二者效率。首先，图像分辨率 0.1m×0.1m，保持图像距离向宽度为 30m，通过不断加宽图像方位向的尺寸来改变所成图像大小，二者所耗时间如图 2-14（a）所示，保持方位向宽度为 30m，不断改变距离向的尺寸来改变所成图像大小，二者所耗时间如图 2-14（b）所示。FFBP 算法随着图像增大，其消耗时间缓慢增加，而开始场景较小时 FFBP 算法计算效率并不高，这是由于 FFBP 算法是在极坐标定义图像，而目标区域是通过直角坐标定义的矩形图像，因而目标区域较小时会有大量的冗余计算，所以 FFBP 算法在小场景的成像应用中反而不如网格 BP 法。而网格 BP 法当图像尺寸增大时，其计算量呈快速增加趋势，二者计算效率的差别在图像尺寸继续扩大时将更为明显。

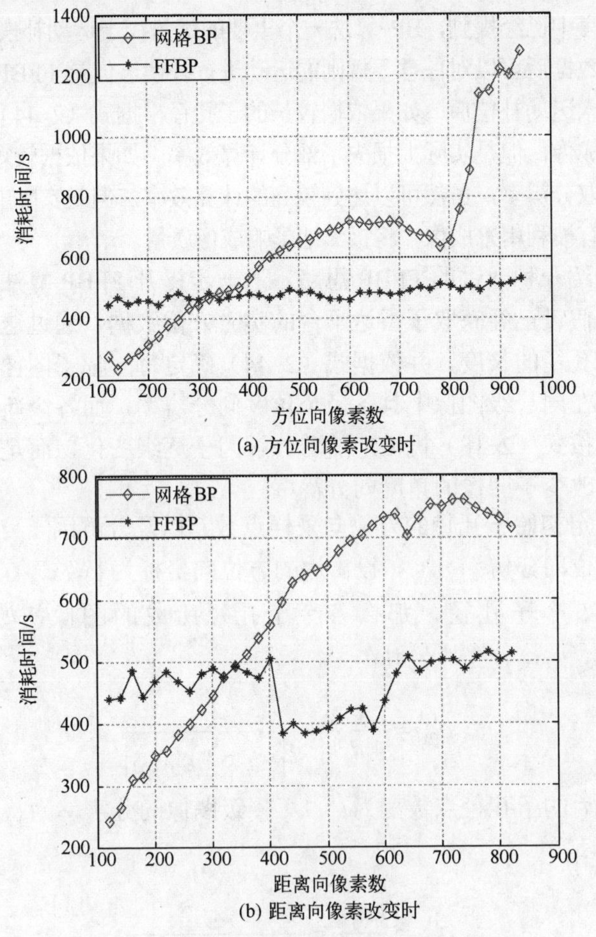

图 2-14　FFBP 算法和网格 BP 算法效率比较

2.2 基于 FFBP 算法的运动补偿方法

2.2.1 非均匀孔径下的多级多分辨 FFBP

上一节的情况是在雷达理想匀速直线运动的情况下进行讨论的，经过划分后的各个子孔径也是均匀等长的，由于依据同一分解因子进行合并，在合并后各级中的子孔径长度依然是相等的，各级中的子图像分辨率也是相同的，所以在整个成像过程中，每一级图像都采用同一分辨率。但是在实际过程中，平台不可能保持匀速直线运动，因此，经过相同因子划分的子孔径实际长度将不再相等。很多学者都提出了针对非均匀孔径下的一些运动补偿方法，包括对回波插值的方法[176-177]和自聚焦的方法，在引言中已经提到，BP 算法一个重要的优势在于运动补偿[165]，它结合定位系统的测量数据后可以对任意不规则的运动进行补偿，但是 FFBP 算法在非均匀孔径情况下引入运动补偿后，如果依据较长的子孔径根据式（2-44）选取分辨率，虽然可以有效成像，但是实际上损失了部分计算效率。如果依据较短的子孔径根据式（2-44）选取分辨率，虽然可以达到较高的计算效率，但是实际上部分较长的子孔径数据却没有被利用来成像，将极大地影响成像质量。

本节将介绍一种改进的 FFBP 思路，进一步提升 FFBP 算法的实用性和高效性。首先，假设已经获取了雷达平台的实时方位数据，通过这一方位数据可以计算各级子孔径的长度，并依据式（2-44）确定每一幅子图像的角度向分辨率，这样使得在同一级图像中具备多个角度向分辨率，而各级新图像角度向分辨率也不再是按式（2-18）机械地随着分解因子逐级变化，而是根据实际子孔径长度来实时改变子图像的角度向分辨率。

首先，确定初始子孔径的方位向采样点数 l_0 以及分解因子 I，并计算出全孔径成像的方位向分辨率 $\rho_{\theta\mathrm{m}}$。设雷达的方位向坐标为 $\left\{x_1, x_2, \cdots, x_N\right\}$，将全孔径划分为 N/l_0 个子孔径，那么各个子孔径所成的图像初始的分辨率为 $\left\{\rho_{\theta 1}^{(0)}, \rho_{\theta 2}^{(0)}, \cdots, \rho_{\theta k}^{(0)}, \cdots, \rho_{\theta N/l_0}^{(0)}\right\}$，其中

$$\rho_{\theta k}^{(1)}=\frac{\lambda_{\mathrm{c}}}{4\left|d_k\right|}=\frac{\lambda_{\mathrm{c}}}{2\left|x_{k \cdot l_1}-x_{(k-1) \cdot l_1+1}\right|} \tag{2-46}$$

经过一级合并后的子孔径点数变为 l_1，第一级图像的分辨率为 $\left\{\rho_{\theta 1}^{(1)}, \rho_{\theta 2}^{(1)}, \cdots \rho_{\theta k}^{(1)}, \cdots, \rho_{\theta N/l_0}^{(1)}\right\}$，其中

$$\rho_{\theta k}^{(1)}=\frac{\lambda_{\mathrm{c}}}{4\left|d_k\right|}=\frac{\lambda_{\mathrm{c}}}{2\left|x_{k \cdot l_1}-x_{(k-1) \cdot l_1+1}\right|} \tag{2-47}$$

依此进行，有

$$\begin{cases}\rho_{\theta k}^{(i)}=\dfrac{\lambda_{\mathrm{c}}}{2\left|x_{k \cdot l_i}-x_{(k-1) \cdot l_i+1}\right|}, & \rho_{\theta k}^{(i)}>\rho_{\theta\mathrm{m}} \\ \rho_{\theta k}^{(i)}=\rho_{\theta\mathrm{m}}, & \rho_{\theta k}^{(i)} \leqslant \rho_{\theta\mathrm{m}}\end{cases} \tag{2-48}$$

直至获得最终的高分辨图像，这种算法在不同级数采用了不同的分辨率，作者称之为多级多分辨快速 BP 算法（Multi-Stage Multi-Resolution Fast Back-Projection，MSMRBP）。

下面仍然按表 2-2 设置参数，并生成非均匀孔径，孔径分布情况如图 2-15（a）所示。若每一级子图像均采用同一个分辨率成像，结果如图 2-15（b）所示，若采用多级多分辨方法成像，结果如图 2-15（c）所示。

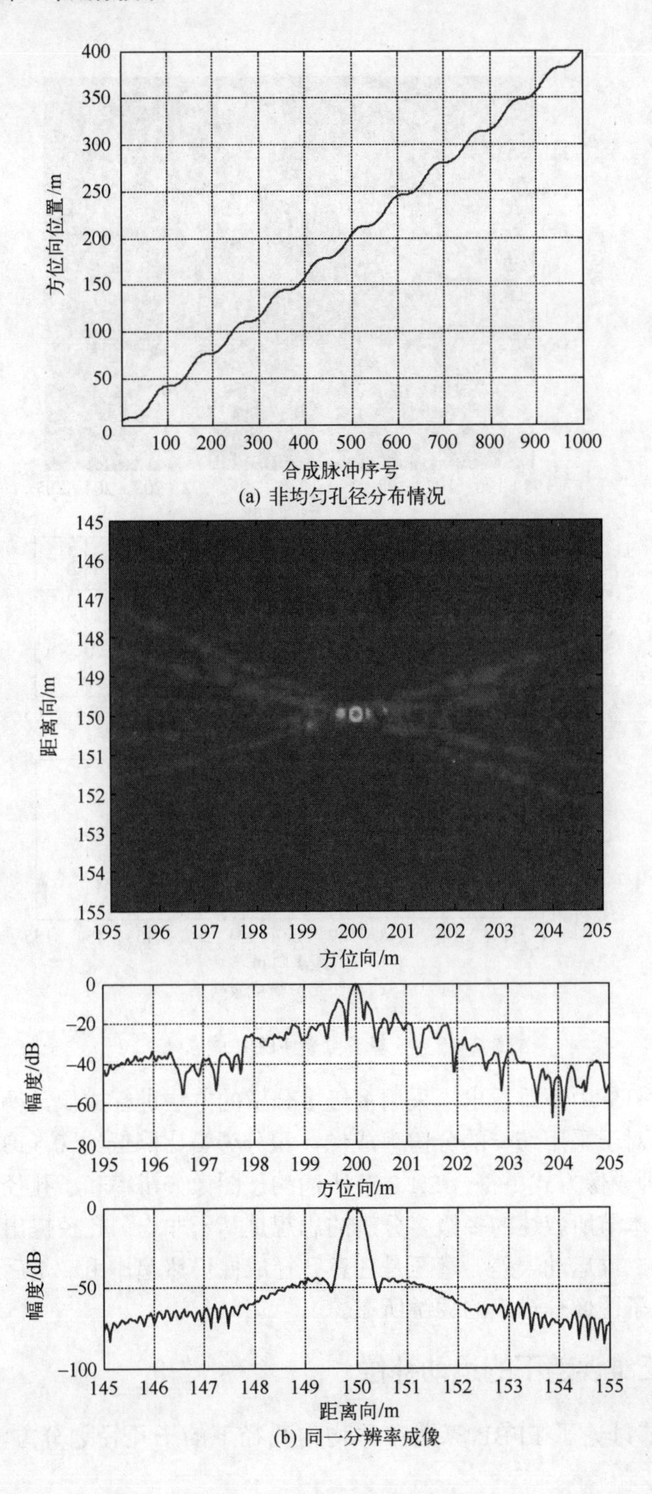

(a) 非均匀孔径分布情况

(b) 同一分辨率成像

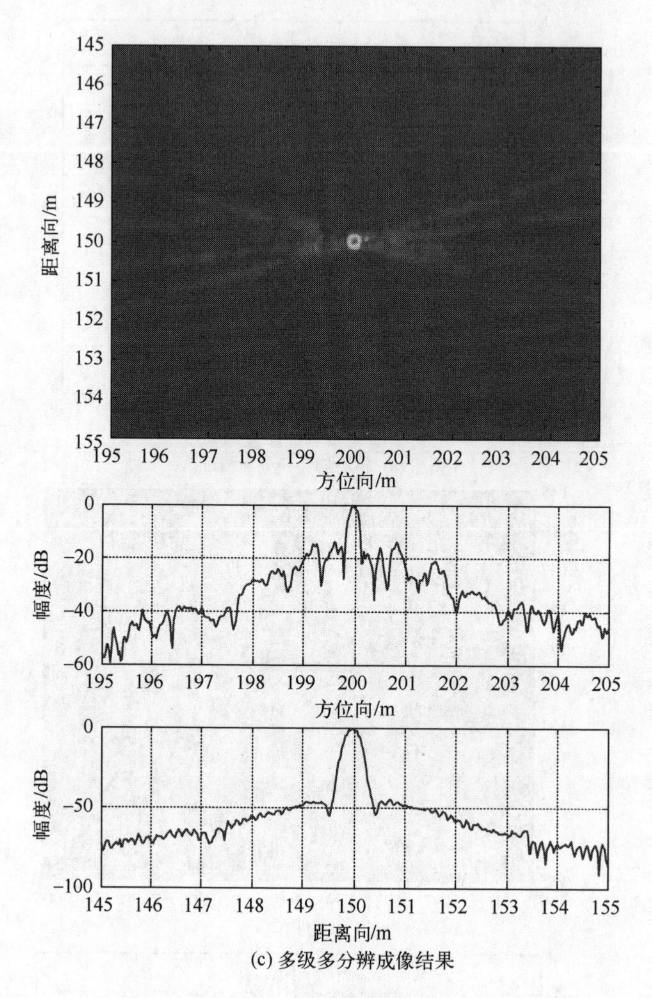

(c) 多级多分辨成像结果

图 2-15 多级多分辨 FFBP 成像结果

从图 2-15 中不难看出，采用多级多分辨的方法进行成像，得到的图像质量更高，相对于采用统一的分辨率成像，积分旁瓣比降低约 0.5dB，旁瓣下降约 3dB。这种成像方式更符合 2.1.3 节所述的子图像分辨率和子孔径长度的制约关系。虽然本节所叙述的多级多分辨的思想是基于非均匀孔径提出的，但是它对于后面的二维运动误差，甚至是任意孔径成像仍然起作用，是后续运动补偿算法中选取子图像分辨率的关键所在。

2.2.2 二维误差下的运动补偿

2.2.1 节讨论了 FFBP 算法在非均匀孔径下的子孔径划分方法，但是并没有对载机存在距离向运动误差的情况进行讨论。本节将讨论如何在保持 FFBP 算法的高效性的同时，通过引入实时雷达平台的方位数据，得到高质量的 SAR 图像。现在的高精度 GPS 设备已经可以得到雷达平台在运动中各个时刻的高精度方位数据[169]，经过插值和滤波便可以获得每个方位向回波序列的雷达平台所在方位，将方位数据引入至上节所述的第一级成像，即通过雷达的实时位置和图像像素点坐标计算二者距离，再从回波序列中根据这一距离计算反向投影值，从而使得在第一级子图像中就补偿了运动误差带来的图像失真，后续子图像合并过程无须更改，不影响整个 FFBP 算法的执行效率。

当雷达距离向的抖动并不剧烈，且偏移量是一个零均值的随机变量时，我们可以将子图像序列的各个原点都定义在雷达平台的理想航迹上，使得各个原点成一条直线排列，而理想航迹可以通过对雷达平台的方位数据进行直线拟合得到。假设我们记录的雷达平台轨迹如图 2-16 中 l 所示，那么依据 FFBP 的原理，长为 L_0 的子孔径形成的子图像应该处于以 A 点为原点的极坐标系下，A 点为该子孔径的几何中心，如图 2-16 中上图所示。设 l' 为 l 一次线性拟合后的航迹，我们将其假想为理想航迹，通过近似后，每个子图像的原点都移至 l' 上，如图 2-16 中下图所示，例如原点 A 被移至 A'，而 A 和 A' 均具有相同的方位向坐标。在第一级子图像生成后，所有距离向的运动误差均被补偿，后续的子图像合并过程仍然可以按照 2.2.1 节中所述的非均匀孔径多级多分辨的方法进行，方位向运动误差在子图像逐级合并中被补偿。由于这种补偿方法是将所有的子图像的原点都近似补偿到一条预设直线上，所以，不妨称这种补偿方法为归一补偿法。

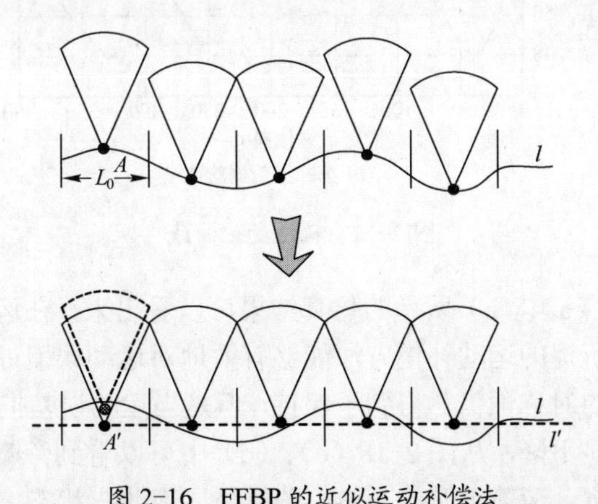

图 2-16　FFBP 的近似运动补偿法

仿真的雷达系统参数仍然沿用表 2-1 的设置，只是在距离向、方位向和高度向上同时增加运动误差，使得雷达平台在三维空间均不按直线飞行，第一组数据将距离向上的扰动幅度设置为5m，高度向上的扰动幅度为2m，二维轨迹如图2-17（a）所示，第二组数据仅将距离向扰动增加至20m，如图2-17（b）所示。

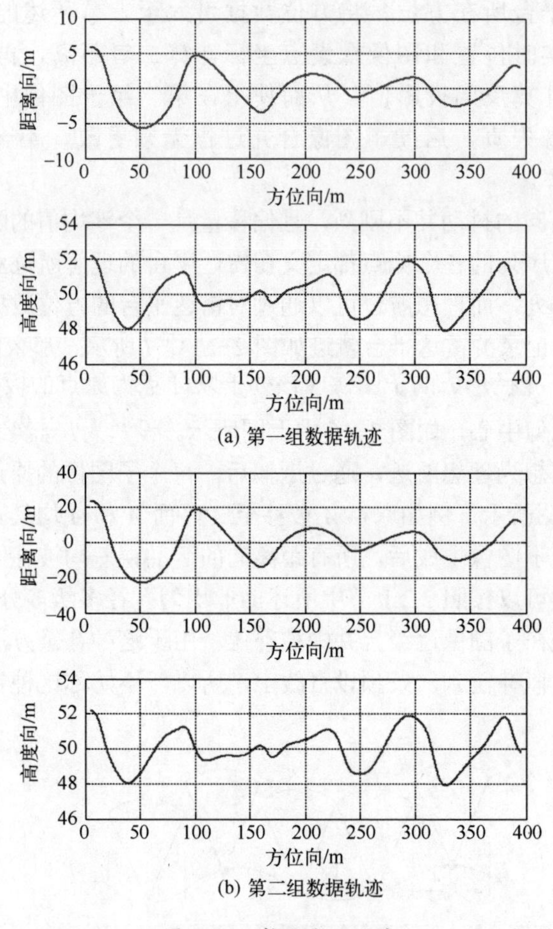

图 2-17　轨迹变化曲线

通过图2-18（a）、（b）所示的仿真结果可以看出来，在运动误差不大的情况下，采用本节所提的运动补偿方法能够有效地对运动误差进行补偿。方位向主瓣宽度和旁瓣的对称性仍然得到了保持，但是当运动误差扩大至20m时，方位向聚焦质量明显下降，从图2-18（c）、（d）中可以看到旁瓣的对称性已经不再保持，主瓣展宽，旁瓣提升约4dB，图像呈局部散焦状态。

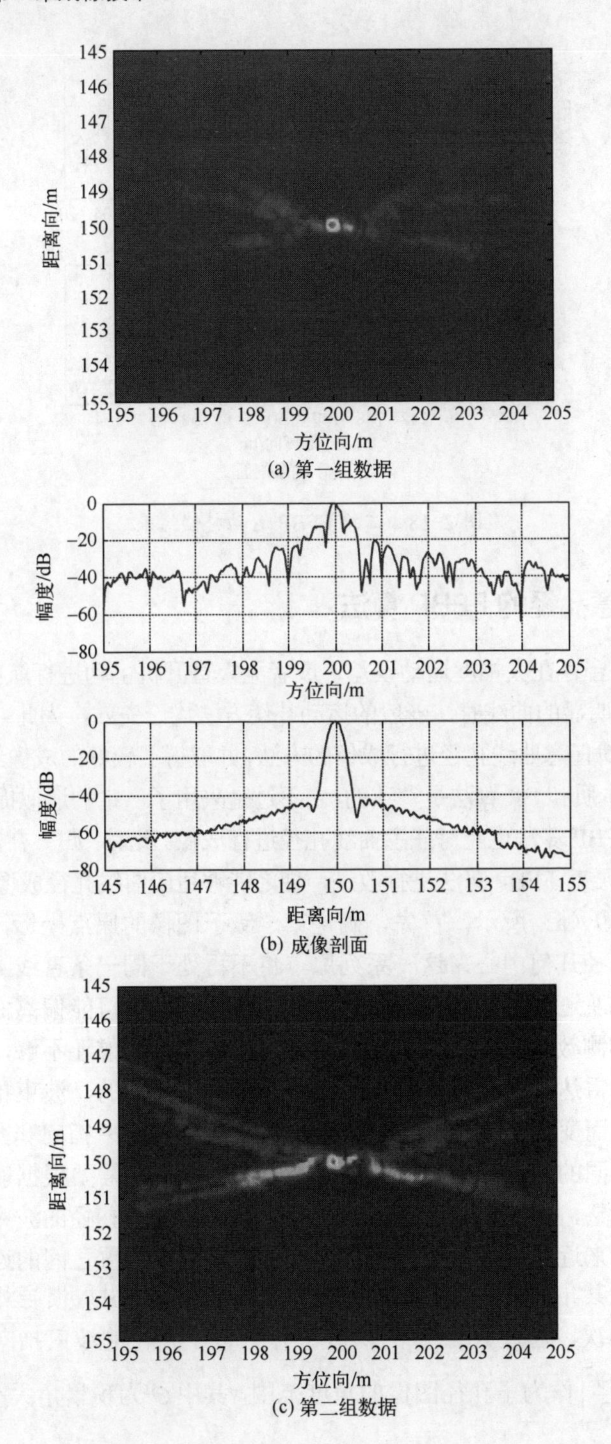

(a) 第一组数据

(b) 成像剖面

(c) 第二组数据

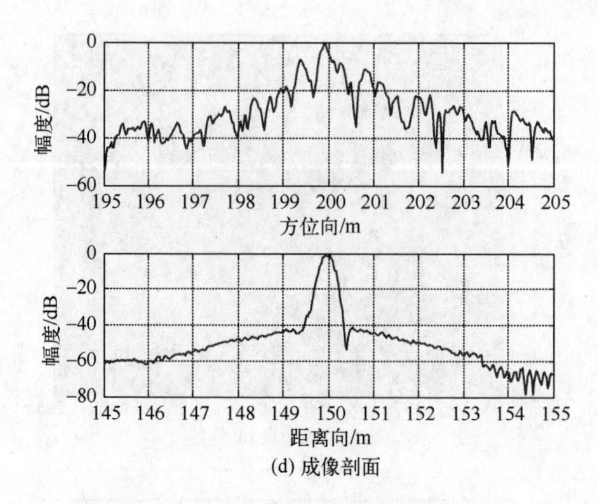

(d) 成像剖面

图 2-18 二维 FFBP 运动补偿结果

2.2.3 任意孔径的 FFBP 算法

当飞行平台存在大幅度运动误差，或者无人直升机主动进行航向变换，使得部分航迹形成明显的曲线时，一般的运动补偿方法均已失效，为此，Frey 提出了使用 BP 算法对任意曲线孔径进行成像的方法，并取得了较好的成像结果。实际上，FFBP 算法的本质和 BP 算法是一致的，它不过是采用了一定的近似提高计算效率，因而理论上 FFBP 算法也能对任意曲线孔径进行成像。此时，归一补偿的方法已经不再适用，需要对 FFBP 算法进行改进，使之能够适应曲线孔径成像。

如图 2-19（a）所示，首先，确定第一级子图像的原点坐标，各个原点位于对应的子孔径几何中心，这一系列原点将不再处于同一条直线上，分布趋近于雷达的曲线航迹，各原点不一定正好处于曲线上，有可能偏离曲线。

在处理实测数据之时，仅按图 2-19（a）设置子图像还不够，因为，一般的非“聚束”雷达工作在侧视模式，天线是与载机固连的，波束指向会随着载机姿态的变化而变化。如第三个子孔径中雷达实际的波束指向和图 2-19（a）波束指向是不同的，它应该垂直航向切线方向。因此，需要根据航迹对子图像的范围进行调整，如图 2-19（b）、（c）所示。第 i 个子孔径的波束指向通过该孔径内的航迹来近似确认，两两相邻的方位向采样点位置之间的连线可以得到一条垂线，设其角度为 α_{ik}（如果装备了惯导设备，则引入惯导测量得到的姿态数据）。再次，通过取 $\{\alpha_{ik}\}$ 的均值 $\bar{\alpha}_i$ 作为该子孔径的波束指向，然后选取 $\left[\bar{\alpha}_i-\frac{\Theta}{2},\bar{\alpha}_i+\frac{\Theta}{2}\right]$ 作为子孔径图像的角度范围，其中 Θ 为积累角大小，角度向分辨率的取法不改变。

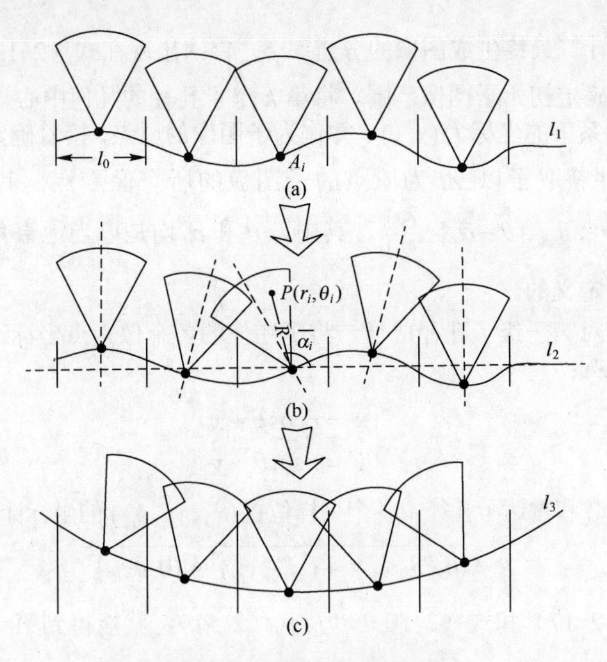

图 2-19　任意孔径 FFBP 算法

在后续合并子图像的过程中，新的子图像原点也需要根据子孔径的几何中心进行实时调整，新图像角度范围也需要包含上一级子图像所覆盖的区域，因而新的子图像范围会不断扩大，其原点位置也会实时变动，FFBP 算法表现为一个以孔径形状为依据的、图像质量不断提升、分辨率不断细化的动态过程，这也构成了本节的任意孔径 FFBP 算法（Arbitrary Aperture Fast Factorized Back Projection，AFBP），现将算法流程陈述如下：

步骤 1　假设某次飞行沿航迹向（方位向）进行了 N 点采样，其回波数据为矩阵 $D_{N\times M}$，根据因式分解的原理确定最佳的初始子孔径点数 l_0 以及每次合并的子图像个数 I，即分解因子，各个脉冲对应的采样位置 d_n 在当地直角坐标系下记录，表示为 (x_n, y_n)。

步骤 2　以各个初始子孔径的中心为原点建立极坐标系，根据信号带宽确定距离向分辨率 ρ_r，同时按式（2-49）确定初始子图像的角度向分辨率 $\rho_{\theta k}^{(0)}$：

$$\rho_{\theta k}^{(0)} = \frac{\lambda_c}{2|Sr_k|} = \frac{\lambda_c}{2\sum_{i}^{l_0-1} R(d_{k\cdot l_0+i}, d_{k\cdot l_0+i+1})} \tag{2-49}$$

其中，Sr_k 表示第 k 个子孔径的长度，该长度是各个采样点之间的直线距离累加的近似，$R(d_{k\cdot l_0+i}, d_{k\cdot l_0+i+1})$ 表示 d_{k1} 和 d_{k2} 之间的直线距离。

步骤 3　计算最终生成图像的分辨率 $\rho_{\theta m}$ 首次出现在式（2-13）中。

步骤 4　确定初始子图像范围。将第 k 个子孔径的几何中心设为 A 点，在当地直角坐标系下的坐标为 (x, y)，并作为子图像的原点，接着确定了子孔径的照射方向，并获取了以 A 为原点的子图像的所有像素点，其范围限制为 $\left\{(r,\theta) \mid R_{\mathrm{srn}} < r < R_{\mathrm{srf}}, |\theta - \bar{\alpha}_i| < \frac{\Theta}{2}\right\}$，其中，$\theta$ 和 $\bar{\alpha}_i$ 均是以当地直角坐标系的 x 轴为零角度来定义的。

步骤 5　对第一级子孔径成像。将子图像的各个像素点坐标通过下式转换得到坐标 (x', y')：

$$\begin{cases} x' = r\cos\theta + x \\ y' = r\sin\theta + y \end{cases} \tag{2-50}$$

利用 (x', y') 和雷达子孔径中各个采样位置 (x_{ik}, y_{ik}, z_{ik}) 的坐标计算二者距离：

$$R = \sqrt{(x' - x_{ik})^2 + (y' - y_{ik})^2 + (0 - z_{ik})^2} \tag{2-51}$$

通过式（2-17）和式（2-50）以及式（2-51），就能得到第一级的子图像序列。

步骤 6　对子孔径成像结果进行逐级合并。每进行一级合并，将 I 幅子图像生成一幅次一级子图像，设第 i 级子孔径采样点数 l_i，根据多级多分辨率的思想，第 i 级图像的第 k 幅子图像的角度向分辨率为

$$\begin{cases} \rho_{\theta k}^{(i)} = \dfrac{\lambda_{\mathrm{c}}}{2\sum\limits_{n}^{l_i - 1} R(d_{k \cdot l_i + i}, d_{k \cdot l_i + i + 1})}, & \rho_{\theta k}^{(i)} > \rho_{\theta \mathrm{m}} \\ \rho_{\theta k}^{(i)} = \rho_{\theta m}, & \rho_{\theta k}^{(i)} \leqslant \rho_{\theta \mathrm{m}} \end{cases} \tag{2-52}$$

步骤 7　对于 i+1 级某个成像网格中的某点 $P(r, \theta)$，需要计算其在 i 级第 k 幅子图像中的位置 (r', θ')，从而将第 k 幅图像在 P 点的结果采用插值的方式累加至新的 i+1 级图像中，设 i 级第 k 幅子图像中的原点 $O_k^{(i)}$ 坐标为 $(x_{\mathrm{o}k}^{(i)}, y_{\mathrm{o}k}^{(i)})$，将 (r, θ) 按式（2-50）的方法先转换到当地直角坐标 (x, y)，再通过式（2-53）求解 (r', θ')。

$$\begin{cases} r' = \sqrt{(x - x_{\mathrm{o}k}^{(i)})^2 + (y - y_{\mathrm{o}k}^{(i)})^2} \\ \theta' = \arctan\left(\dfrac{y - y_{\mathrm{o}k}^{(i)}}{x - x_{\mathrm{o}k}^{(i)}}\right) \end{cases} \tag{2-53}$$

步骤 8　重复步骤 6 和步骤 7，最终将所有的子孔径都合并至一个孔径，多幅子图像合并为一幅图像。

下面对AFBP算法和之前的归一补偿法进行仿真比较，仿真参数均和2.2.2节中归一化补偿仿真场景相同。

从图2-20中不难看出，当运动误差较小的时候，AFBP算法和前面所述的归一补偿法相比，仅方位向主瓣宽度稍稍变窄了一些，但是整体成像质量区别并不大，反而牺牲了较多的运算量在子图像网格的计算上。在较大的运动误差条件下，和前面所述的归一补偿法相比，AFBP算法仍然能够保持较窄的主瓣，图像仍然保持较好的聚焦性，仅是旁瓣幅度有所提升，这可以通过牺牲分辨率的方法，在方位向频域加窗抑制旁瓣幅度。AFBP算法实际上是更为彻底地执行了多级多分辨的思想，从而达到适应任何形状合成孔径的目的，这也进一步说明了前面所提的子图像分辨率和子孔径长度的制约关系的正确性，根据这一制约条件我们能够看到FFBP算法提速的极限，也能够找到存在运动误差和曲线运动时如何使FFBP算法有效工作的途径。

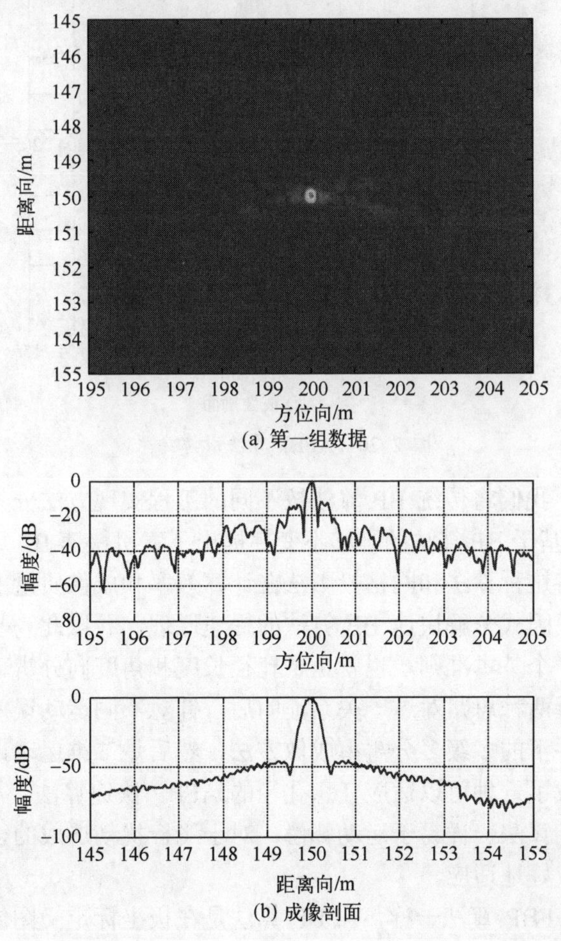

(a) 第一组数据

(b) 成像剖面

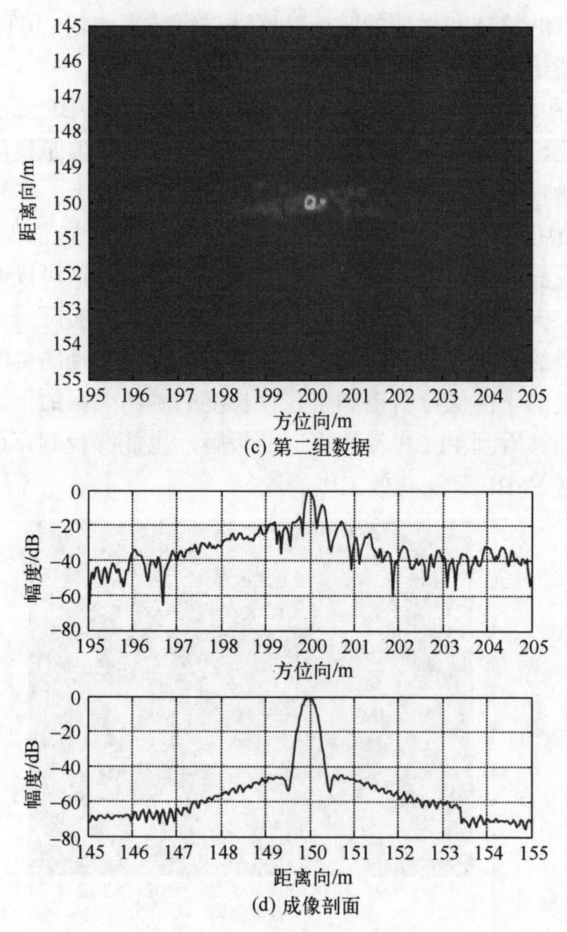

(c) 第二组数据

(d) 成像剖面

图 2-20 AFBP 算法成像结果

在本节中，我们将传统 BP 算法按不同的工程实现方法分为曲线积累法和网格投影法，并基于 BP 算法的平移不变性提出了索引快速 BP 算法及其运动补偿方法，然后将这种算法和网格投影法在计算效率和成像质量上进行了比较。然后分析了基于因式分解快速 BP 算法的提速原理，并以此为基础引出了子孔径快速算法的一个基本准则，也就是子孔径长度和角度向分辨率的关系。通过时域和频域分析两种思路对这一关系证明后，针对不同运动误差级别，提出了非均匀孔径条件下的多级多分辨率成像方法，然后是二维运动误差下的成像及补偿，最后形成了一种可以适应任意孔径的 AFBP 快速算法。AFBP 算法快速高效，且和 BP 算法一样易于运动补偿，对于飞行扰动造成的合成孔径弯曲和不均匀性都能较好地适应。

但是，和 FFBP 算法一样，AFBP 算法是在极坐标定义图像，中间计算过程存在一定的计算冗余，当应用于小场景成像时，AFBP 算法计算效率反而不如网格 BP 法。

2.3　虚拟孔径天线配置技术

车载前视地表穿透虚拟孔径雷达的虚拟孔径几何模型如图 2-21 所示，虚拟孔径由两个发射天线和一个接收天线阵列构成，发射天线 P_{T1} 和 P_{T2} 位于接收天线阵列两端。这种虚拟孔径的系统性能分析可借用双站 SAR 的相关理论，模糊函数法[71]和距离梯度[67,176]是两类常用的双站 SAR 分析方法，但两者都作了一定的模型近似假设，仅适合分析窄带、窄积累角的双站 SAR 系统。由于车载 FLGPVAR 的带宽和波束角都较大，上述两种方法的有效性将降低。

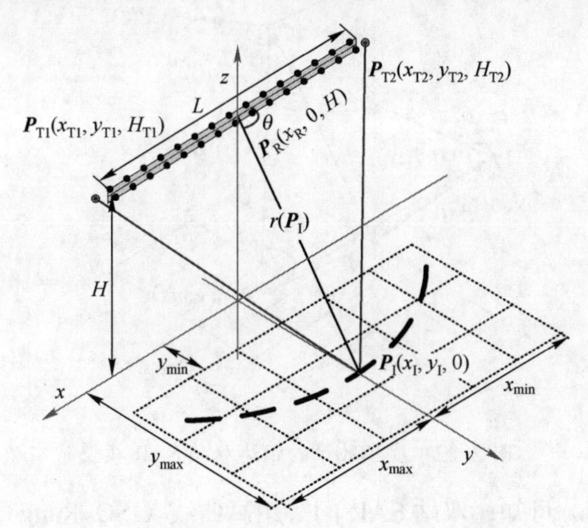

图 2-21　车载 FLGPVAR 虚拟孔径几何模型

双站配置可根据模型复杂程度分成单站配置、平移不变配置、恒速配置和一般配置四个级别，成像处理的难度依次增加。其中车载 FLGPVAR 属于恒速配置，发射站固定，是恒速配置中最简单的一种，在很多方面可与单站 SAR 相比拟，因此也可用频域法进行分析。双站 SAR 存在时间同步、频率同步和波束同步三大关键技术，而车载 FLGPVAR 只是在分析系统性能时需借助于双站 SAR 的理论，在系统控制方面仍与单站 SAR 相同，因此不存在以上三大同步的难题。

本节首先通过对双站 SAR 等多普勒曲线和等距离曲线的分析，总结双站 SAR 距离/方位旁瓣的方向特性，分别给出距离旁瓣、方位旁瓣和有效观测角相同的等效单站 SAR 模型，指出存在最优阵列配置，并给出对应的等效单站 SAR

模型；接着深入分析两者的回波频谱特性和图像频谱特性，从距离/方位分辨率的角度，定量证明两者的等价性；最后通过仿真进一步验证以上结论。

2.3.1 恒速双站合成孔径模型

恒速双站 SAR 的发射机和接收机位于两个速度恒定的载体上[69,177-179]，其速度矢量分别为$\boldsymbol{V}_{\mathrm{T}}$、$\boldsymbol{V}_{\mathrm{R}}$，发射和接收天线相位中心的位置矢量分别为：$\boldsymbol{P}_{\mathrm{T}}(t)$、$\boldsymbol{P}_{\mathrm{R}}(t)$，目标的位置矢量为$\boldsymbol{P}_{\mathrm{I}}(x_{\mathrm{I}},y_{\mathrm{I}},0)$，如图 2-22 所示。则电磁波总的传播路径为

$$\|\boldsymbol{R}\|=\|\boldsymbol{P}_{\mathrm{T}}-\boldsymbol{P}_{\mathrm{I}}\|+\|\boldsymbol{P}_{\mathrm{R}}-\boldsymbol{P}_{\mathrm{I}}\| \tag{2-54}$$

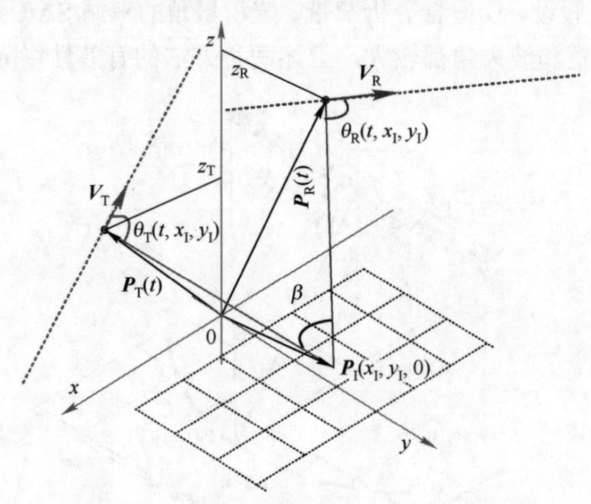

图 2-22　虚拟孔径的恒速双站 SAR 模型

从式（2-54）可知：双站 SAR 的等距离曲线（ISO-Range）为椭圆，椭圆的焦点为$\boldsymbol{P}_{\mathrm{T}}$和$\boldsymbol{P}_{\mathrm{R}}$，椭圆上的梯度为

$$\boldsymbol{G}_{\mathbf{ISO\text{-}R}}(\boldsymbol{P}_{\mathrm{I}})=\frac{\partial\|\boldsymbol{R}\|}{\partial x}i+\frac{\partial\|\boldsymbol{R}\|}{\partial y}j+\frac{\partial\|\boldsymbol{R}\|}{\partial z}k=\frac{\boldsymbol{P}_{\mathrm{T}}-\boldsymbol{P}_{\mathrm{I}}}{\|\boldsymbol{P}_{\mathrm{T}}-\boldsymbol{P}_{\mathrm{I}}\|}+\frac{\boldsymbol{P}_{\mathrm{R}}-\boldsymbol{P}_{\mathrm{I}}}{\|\boldsymbol{P}_{\mathrm{R}}-\boldsymbol{P}_{\mathrm{I}}\|} \tag{2-55}$$

式（2-55）则表明：在$\boldsymbol{P}_{\mathrm{T}}$、$\boldsymbol{P}_{\mathrm{R}}$和$\boldsymbol{P}_{\mathrm{I}}$构成的三角形中，ISO-Range 的梯度为$\boldsymbol{P}_{\mathrm{T}}$、$\boldsymbol{P}_{\mathrm{R}}$边上的中线，大小是中线长度的两倍。从$\|\mathbf{R}\|$可导出多普勒频率为

$$f_{\mathrm{d}}(t)=-\frac{1}{\lambda_{\mathrm{c}}}\frac{\partial\|\boldsymbol{R}\|}{\partial t}=-\frac{1}{\lambda_{\mathrm{c}}}\left(\frac{(\boldsymbol{P}_{\mathrm{T}}-\boldsymbol{P}_{\mathrm{I}})^{\mathrm{T}}\boldsymbol{V}_{\mathrm{T}}}{\|\boldsymbol{P}_{\mathrm{T}}-\boldsymbol{P}_{\mathrm{I}}\|}+\frac{(\boldsymbol{P}_{\mathrm{R}}-\boldsymbol{P}_{\mathrm{I}})^{\mathrm{T}}\boldsymbol{V}_{\mathrm{R}}}{\|\boldsymbol{P}_{\mathrm{R}}-\boldsymbol{P}_{\mathrm{I}}\|}\right) \tag{2-56}$$

其中，λ_{c}为信号中心频率，上标 T 表示矢量转置运算。在车载 FLGPVAR 中，$\boldsymbol{V}_{\mathrm{T}}=0$。因此等多普勒曲线（ISO-Doppler）比较简单，是通过$\boldsymbol{P}_{\mathrm{R}}$和$\boldsymbol{P}_{\mathrm{I}}$的直线，该直线与$\boldsymbol{V}_{\mathrm{R}}$夹角的余弦决定了$f_{\mathrm{d}}(t)$的大小。ISO-Doppler 上的梯度为

$$G_{\text{ISO-D}}(t) = -\frac{1}{\lambda_c}\left(\frac{\partial^2 \|\boldsymbol{R}\|}{\partial x \partial t} i + \frac{\partial^2 \|\boldsymbol{R}\|}{\partial y \partial t} j + \frac{\partial^2 \|\boldsymbol{R}\|}{\partial z \partial t} k\right) = -\left(\frac{\boldsymbol{V}_{\text{T}}\boldsymbol{\Phi}_{\text{T}}}{\lambda_c \|\boldsymbol{P}_{\text{T}} - \boldsymbol{P}_{\text{I}}\|} + \frac{\boldsymbol{V}_{\text{R}}\boldsymbol{\Phi}_{\text{R}}}{\lambda_c \|\boldsymbol{P}_{\text{R}} - \boldsymbol{P}_{\text{I}}\|}\right) \tag{2-57}$$

其中投影矩阵 $\boldsymbol{\Phi}_{\text{T}}$ 和 $\boldsymbol{\Phi}_{\text{R}}$ 分别为

$$\boldsymbol{\Phi}_{\text{R}} = \left(\boldsymbol{I}_{3\times3} - \frac{\boldsymbol{P}_{\text{R}} - \boldsymbol{P}_{\text{I}}}{\|\boldsymbol{P}_{\text{R}} - \boldsymbol{P}_{\text{I}}\|}\left(\frac{\boldsymbol{P}_{\text{R}} - \boldsymbol{P}_{\text{I}}}{\|\boldsymbol{P}_{\text{R}} - \boldsymbol{P}_{\text{I}}\|}\right)^{\text{T}}\right); \boldsymbol{\Phi}_{\text{T}} = \left(\boldsymbol{I}_{3\times3} - \frac{\boldsymbol{P}_{\text{T}} - \boldsymbol{P}_{\text{I}}}{\|\boldsymbol{P}_{\text{T}} - \boldsymbol{P}_{\text{I}}\|}\left(\frac{\boldsymbol{P}_{\text{T}} - \boldsymbol{P}_{\text{I}}}{\|\boldsymbol{P}_{\text{T}} - \boldsymbol{P}_{\text{I}}\|}\right)^{\text{T}}\right) \tag{2-58}$$

其中，$\boldsymbol{I}_{3\times3}$ 为 3 行 3 列的单位矩阵。在车载 FLGPVAR 中，ISO-Doppler 的梯度也很容易计算，是 ISO-Range 的垂线。

距离特性仅适合定性分析图像的旁瓣，通过分析和总结得出以下旁瓣理论：“距离旁瓣方向平行于 ISO-Doppler 的切线方向，距离分辨率与该方向上的距离导数有关；方位旁瓣方向平行于 ISO-Range 的切线方向，方位分辨率与该方向上的多普勒导数有关”。

在单站 SAR 中，ISO-Doppler 的切线恰好与 ISO-Range 的梯度平行，ISO-Range 的切线也恰好与 ISO-Doppler 的梯度平行，因此感觉上，距离旁瓣沿着 ISO-Range 的梯度方向分布，方位旁瓣沿着 ISO-Doppler 的梯度方向分布。而在双站 SAR 中，距离和方位旁瓣将呈现新的特点，下面将分别介绍，并对上述结论进行验证。

1. 距离旁瓣

距离旁瓣与 ISO-Doppler 的切线平行，ISO-Doppler 仅由接收阵列决定，发射机位置的变化不会对 ISO-Doppler 造成任何影响，因此 T_1、T_2 发射所获的两幅图像将具有相同的距离旁瓣。从距离旁瓣的等效性考虑，车载 FLGPVAR 的等效单站 SAR 如图 2-23 所示，其接收阵位置恰好与车载 FLGPVAR 的接收阵重合。

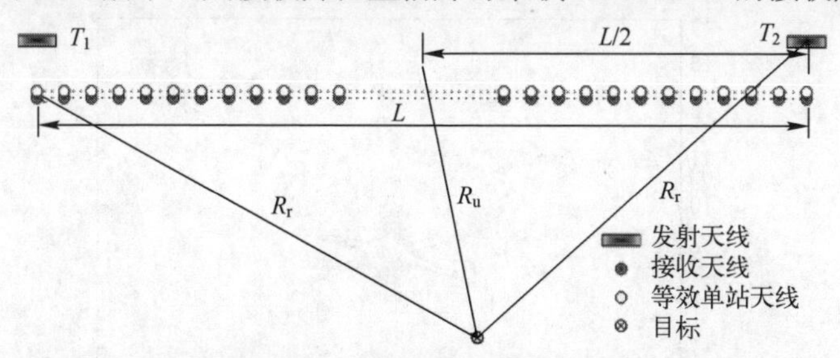

图 2-23　距离旁瓣相同的等效单站 SAR

通过仿真验证该等效单站模型的正确性，目标位于车载 FLGPVAR 接收阵的正前方 9m 处，根据旁瓣理论，距离旁瓣将平行于距离轴。图 2-24 显示了目标的对数等高线图像，图（a）和图（b）分别是 T_1 发射和 T_2 发射的双站图像，图（c）是等效单站图像，它们的距离旁瓣都平行于距离轴，与理论结果完全相符。

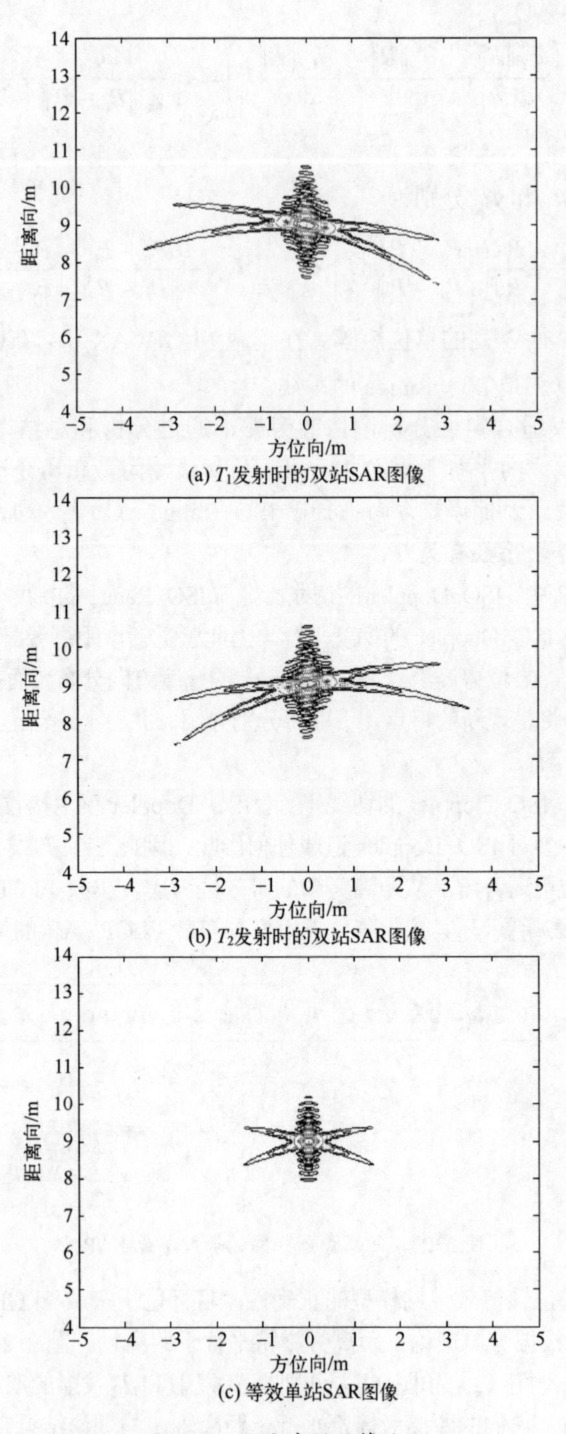

(a) T_1发射时的双站SAR图像

(b) T_2发射时的双站SAR图像

(c) 等效单站SAR图像

图 2-24 距离旁瓣的等效性

2. 方位旁瓣

方位旁瓣与 ISO-Range 的切线平行，由于切线与法线相互垂直，确定了法线，切线也随之确定。ISO-Range 是椭圆，根据几何理论，椭圆弧上某点的法线是通过该点及圆心（收发天线中点）的直线，因此收发天线中点确定的新阵列就是方位旁瓣相同的等效单站 SAR，如图 2-25 所示，与距离旁瓣相同的等效单站 SAR 是不同的。

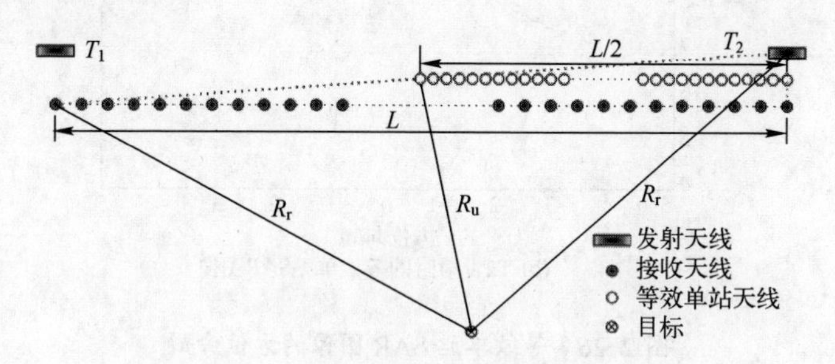

图 2-25　方位旁瓣相同的等效单站 SAR

通过仿真验证该等效单站模型的正确性，目标仍位于车载 FLGPVAR 接收阵的正前方 9m 处。图 2-26 分别显示了 T_1、T_2 发射时的等效单站 SAR 图像，分别对比图 2-24 及图 2-26 中图（a）和图（b）像，可见两图像之间的方位旁瓣相同，验证了图 2-25 所示等效单站 SAR 的正确性。

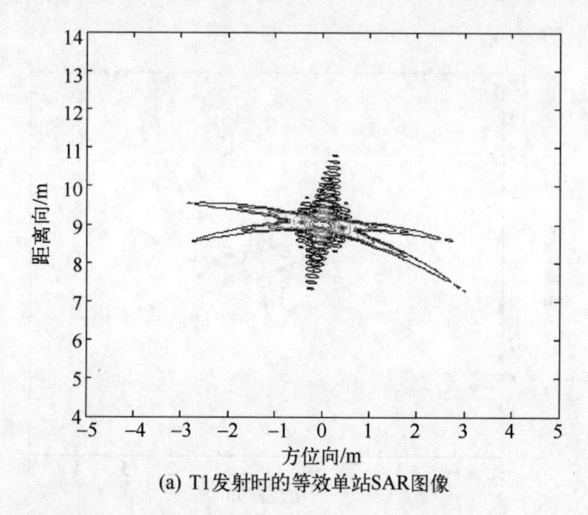

(a) T1发射时的等效单站SAR图像

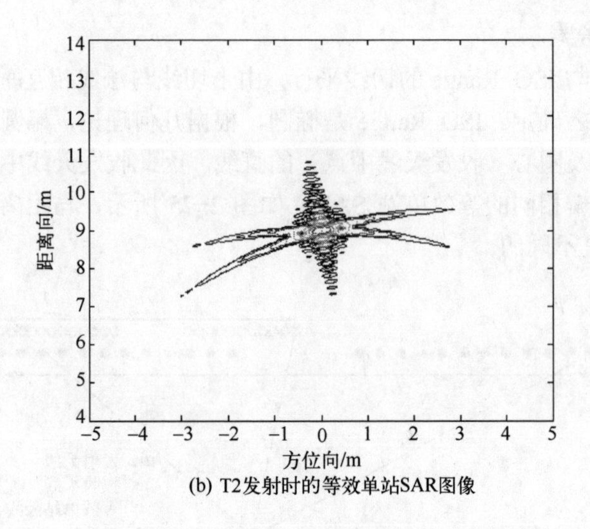

(b) T2发射时的等效单站SAR图像

图 2-26 等效单站 SAR 图像的方位旁瓣

需要注意的是超宽带 SAR 的方位旁瓣是非正交的，其形成原因与信号带宽大、阵列的波束角宽度有关。非正交旁瓣两个旁瓣间的夹角为 $\Delta\theta \approx \arctan(L/2r)$，其中 L 为阵列长度，r 为目标到阵列中心的距离[85]。车载 FLGPVAR 图像是两个双站 SAR 图像之和，最终和图像的方位旁瓣还与 T_1、T_2 的间距 ΔT 相关，当 ΔT 大于或小于 L 时，方位旁瓣均为四个，如图 2-27（a）、图 2-27（b）所示；当 ΔT 等于 L 时，方位旁瓣为两个，如图 2-27（c）所示。

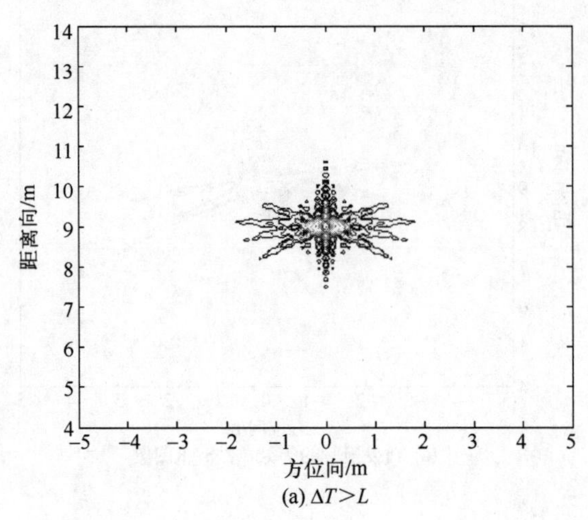

(a) $\Delta T > L$

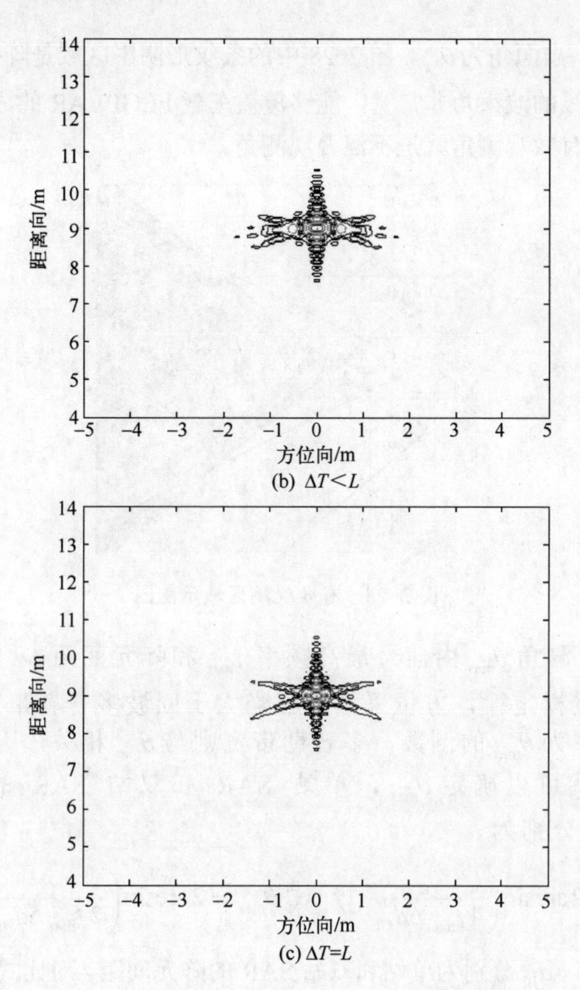

(b) $\Delta T < L$

(c) $\Delta T = L$

图 2-27　车载 FLGPVAR 图像方位旁瓣的数量

综上所述，如果车载 FLGPVAR 只具有单个发射天线，将不存在与其二维图像旁瓣完全相同的等效单站 SAR。但是车载 FLGPVAR 具有两个发射天线，只要发射天线位置配置合理，就存在方位旁瓣完全等效的等效单站 SAR。从等效模型可知，等效单站 SAR 存在的唯一条件是：T_1、T_2 位于接收阵列的两端，两者间距满足 $\Delta T = L$ 的条件，如图 2-29 所示。如果满足这些条件，二维旁瓣就完全相同。

3. 有效观测角度

车载 FLGPVAR 的有效观测角由阵列的辐射区域和不混叠观测角 $\theta_{\max}$ 共同决定，是两者的交集，如图 2-28 所示。其中阵列的辐射区域是所有阵元波束的交集，呈扇形，扇面角为θ_{At}，图 2-28 中的条纹形阴影区域是阵列的辐射区域。由于超宽带天线的波束角非常宽，能够覆盖车载 FLGPVAR 的成像区域，因此可认为系统的有效观测角就是不混叠观测角。

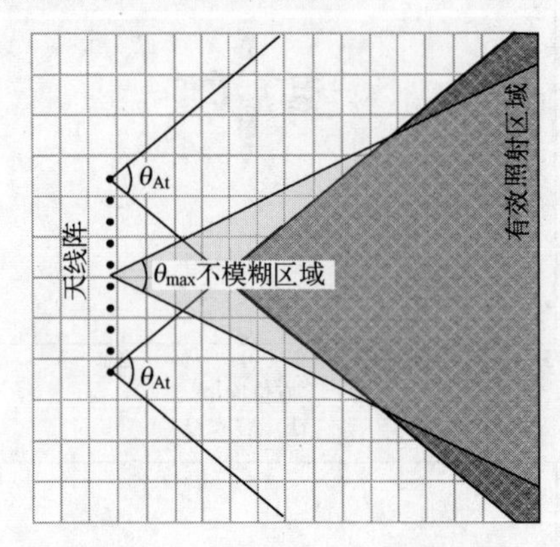

图 2-28 有效观测区域示意图

不混叠观测角θ_{max}由信号最高频率f_{max}和阵元间距Δd共同决定，根据 Nyquist 采样定律，方位采样率应当大于回波多普勒带宽的一半，其中方位采样率为θ_{max}的倒数，多普勒带宽则与θ_{max}相关，因此如果Δd和f_{max}已知，就可以确定θ_{max}，单站 SAR 和双站 SAR 的有效观测角${}^{Uni}\theta_{max}$、${}^{Bi}\theta_{max}$分别为

$$ {}^{Uni}\theta_{max} \approx 2\arcsin\left(\frac{c}{4f_{max}\Delta d_{Uni}}\right); \quad {}^{Bi}\theta_{max} \approx 2\arcsin\left(\frac{c}{2f_{max}\Delta d_{Bi}}\right) \tag{2-59} $$

其中，Δd_{Uni}和Δd_{Bi}分别为单站和双站 SAR 的阵元间距。对比式（2-59）可知：当$\Delta d_{Uni}=\Delta d_{Bi}/2$时，车载 FLGPVAR 与等效单站 SAR 具有相同的有效观测角，如图 2-29 所示。

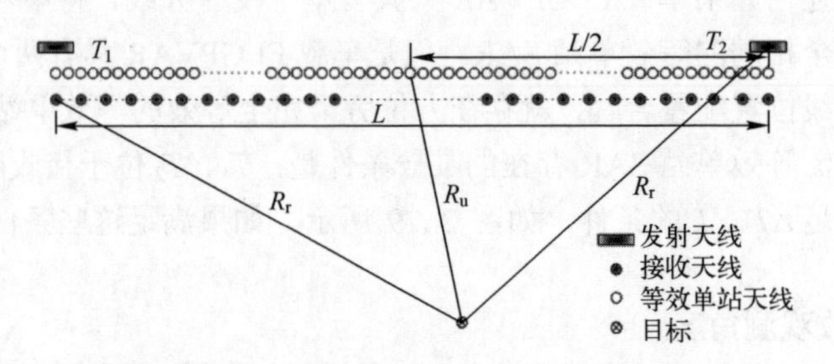

图 2-29 有效观测角相同的等效单站 SAR

通过仿真验证该等效单站模型的正确性：设发射信号中心频率 1.3GHz，

带宽 2GHz，阵元间距 0.1m，高 3.3m，共设置 9 个目标，分别位于 6m、10m 和 14m 距离上，方位位置根据需要设置，所得图像如图 2-30 所示。图 2-30（a）是 FLGPVAR 的成像结果，目标方位坐标分别为±3 和 0，图像没有混叠；图（b）是与接收阵重合的单站 SAR 的成像结果，该单站 SAR 与等效单站 SAR 相近，只是阵元间距增大一倍，图 2-30（b）中 6m 距离上±2.32m 处的两个目标出现混叠，而根据式（2-59）计算的临界混叠方位是 2.27m，理论值和仿真结果是吻合的。根据式（2-59）计算出 FLGPVAR 的临界混叠方位是 4.9m，6m 距离上±5.9m 处的目标在图 2-30（c）、图 2-30（d）中也出现了混叠现象，证明了图 2-29 模型的正确性。

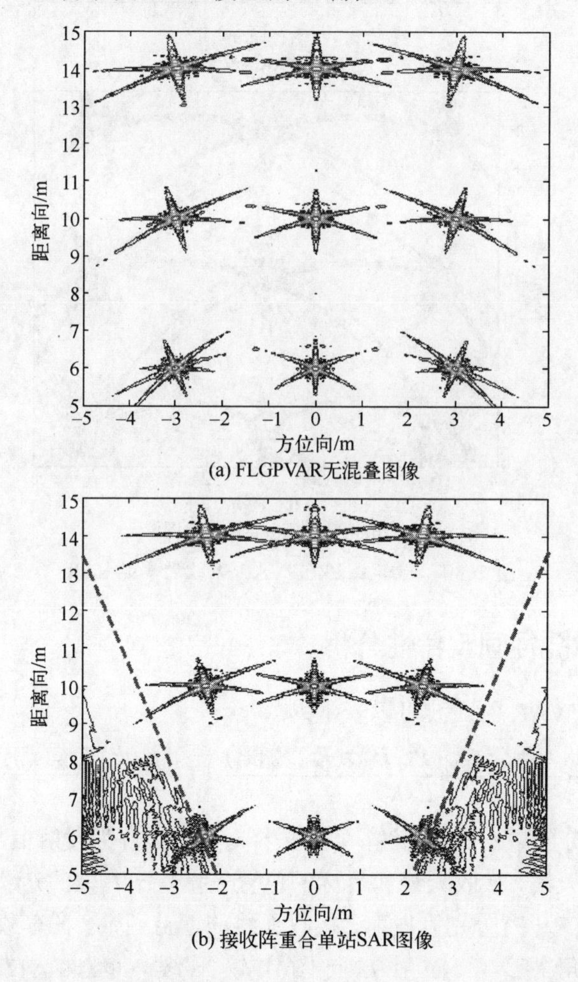

(a) FLGPVAR无混叠图像

(b) 接收阵重合单站SAR图像

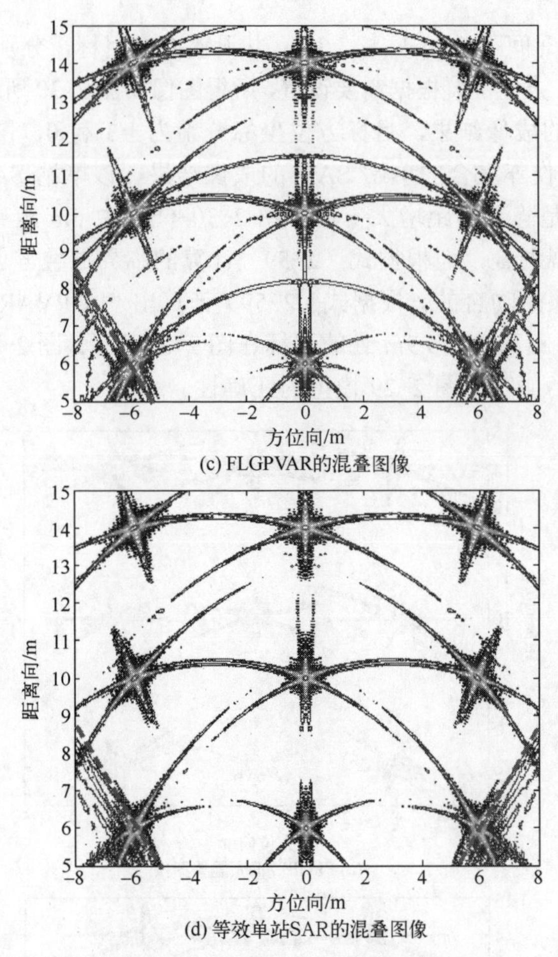

(c) FLGPVAR的混叠图像

(d) 等效单站SAR的混叠图像

图 2-30 与车载 FLGPVAR 等效的单站 SAR

2.3.2 虚拟孔径回波特性分析

车载 FLGPVAR 的回波可以表示为

$$e(t,\boldsymbol{P}_{\mathrm{R}})=\int_{V}\frac{g_{\mathrm{T}}(\boldsymbol{P}_{\mathrm{T}},\boldsymbol{P})g_{\mathrm{R}}(\boldsymbol{P}_{\mathrm{R}},\boldsymbol{P})\sigma(\boldsymbol{P}_{\mathrm{T}},\boldsymbol{P}_{\mathrm{R}},\boldsymbol{P})}{R_{\mathrm{T}}R_{\mathrm{R}}}s\left(t-\frac{r_{\mathrm{T}}(\boldsymbol{P})+r_{\mathrm{R}}(\boldsymbol{P})}{c}\right)\mathrm{d}\boldsymbol{P} \tag{2-60}$$

其中，V 为积分区域，c 为光速，t 为采样时刻，$s(t)$ 为发射信号，$\boldsymbol{P}_{\mathrm{T}}$、$\boldsymbol{P}_{\mathrm{R}}$、$\boldsymbol{P}$ 分别为发射天线、接收天线和目标的位置矢量，$\sigma(\boldsymbol{P}_{\mathrm{T}},\boldsymbol{P}_{\mathrm{R}},\boldsymbol{P})$ 是目标的 RCS，$g_{\mathrm{T}}(\boldsymbol{P}_{\mathrm{T}},\boldsymbol{P})$、$g_{\mathrm{R}}(\boldsymbol{P}_{\mathrm{R}},\boldsymbol{P})$ 分别为发射、接收天线的增益函数，在车载 FLGPVAR 中天线的波束角很大，辐射方向图比较平缓，因此 $r_{\mathrm{T}}(\boldsymbol{P})=\|\boldsymbol{P}_{\mathrm{T}}-\boldsymbol{P}\|$、$r_{\mathrm{R}}(\boldsymbol{P})=\|\boldsymbol{P}_{\mathrm{R}}-\boldsymbol{P}\|$ 近似恒定，可将其合并成一个常数 C 写入式（2-61）。发射、

接收天线到目标的距离分别为$r_{\mathrm{T}}(\boldsymbol{P})=\|\boldsymbol{P}_{\mathrm{T}}-\boldsymbol{P}\|$和$r_{\mathrm{R}}(\boldsymbol{P})=\|\boldsymbol{P}_{\mathrm{R}}-\boldsymbol{P}\|$。由于回波录取和成像都是线性运算，不失一般性，仅考虑单个目标$\boldsymbol{P}_{\mathrm{I}}=(x_{\mathrm{I}},y_{\mathrm{I}},0)^{\mathrm{T}}$的特例，如图 2-31 所示，$\boldsymbol{P}_{\mathrm{I}}$落在长$y_{\min}\sim y_{\max}$、宽$x_{\min}\sim x_{\max}$的矩形成像区域内；接收天线$\boldsymbol{P}_{\mathrm{R}}(x_{\mathrm{R}},0,z_{\mathrm{R}})$构成长度为$L$的阵列；阵列两端的发射天线位于$\boldsymbol{P}_{\mathrm{T1}}=(x_{\mathrm{T1}},y_{\mathrm{T1}},z_{\mathrm{T1}})^{\mathrm{T}}$和$\boldsymbol{P}_{\mathrm{T2}}=(x_{\mathrm{T2}},y_{\mathrm{T2}},z_{\mathrm{T2}})^{\mathrm{T}}$，所有目标位置都参考地面三维坐标系。将以上量代入式（2-60），同时假设目标的散射系数不随频率、入射角和方位角发生变化，可得

$$e(t,\boldsymbol{P}_{\mathrm{R}},\boldsymbol{P}_{\mathrm{I}})=C\frac{\sigma(x_{\mathrm{I}},y_{\mathrm{I}})}{r_{\mathrm{T}}(\boldsymbol{P}_{\mathrm{I}})r_{\mathrm{R}}(\boldsymbol{P}_{\mathrm{I}})}s\left(t-\frac{r_{\mathrm{T}}(\boldsymbol{P}_{\mathrm{I}})+r_{\mathrm{R}}(\boldsymbol{P}_{\mathrm{I}})}{c}\right)$$

$$r_{\mathrm{T}}(\boldsymbol{P}_{\mathrm{I}})=\sqrt{(x_{\mathrm{T}}-x_{\mathrm{I}})^2+(y_{\mathrm{T}}-y_{\mathrm{I}})^2+z_{\mathrm{T}}^2};r_{\mathrm{R}}(\boldsymbol{P}_{\mathrm{I}})=\sqrt{(x_{\mathrm{R}}-x_{\mathrm{I}})^2+y_{\mathrm{I}}^2+z_{\mathrm{R}}^2} \tag{2-61}$$

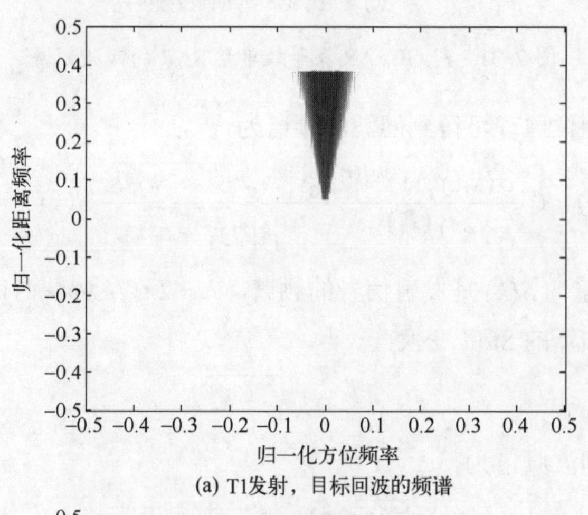

(a) T1发射，目标回波的频谱

(b) T2发射，目标回波的频谱

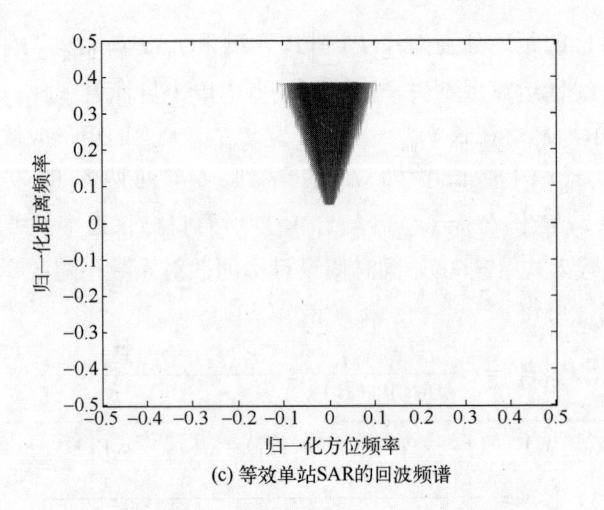

(c) 等效单站SAR的回波频谱

图 2-31 FLGPVAR 及等效单站 SAR 的回波频谱

利用驻定相位原理可得到回波的频谱为

$$E(k,k_x,\boldsymbol{P}_{\mathrm{I}})=C'\frac{\sigma(x_{\mathrm{I}},y_{\mathrm{I}})\mathrm{e}^{-\mathrm{j}kr_{\mathrm{T}}(\boldsymbol{P}_{\mathrm{I}})}}{r_{\mathrm{T}}(\boldsymbol{P}_{\mathrm{I}})}\frac{\mathrm{e}^{-\mathrm{j}k_x x_{\mathrm{I}}}\mathrm{e}^{-\mathrm{j}\sqrt{k^2-k_x^2}\sqrt{y_{\mathrm{I}}^2+z_{\mathrm{R}}^2}}}{|k|\sqrt[4]{y_{\mathrm{I}}^2+z_{\mathrm{R}}^2}}S(k) \tag{2-62}$$

其中，C' 为常量，$S(k)$ 是发射信号的频谱，$k=2\pi f/c$ 为快时间波数，f 为信号频率。进行如下的 Stolt 变换：

$$k_r=\sqrt{k^2-k_x^2} \tag{2-63}$$

变换后的回波频谱为

$$\tilde{E}(k_r,k_x,\boldsymbol{P}_{\mathrm{I}})=C'\frac{\sigma(x_{\mathrm{I}},y_{\mathrm{I}})\mathrm{e}^{-\mathrm{j}\sqrt{k_x^2+k_r^2}\,r_{\mathrm{T}}(\boldsymbol{P}_{\mathrm{I}})}}{r_{\mathrm{T}}(\boldsymbol{P}_{\mathrm{I}})}\frac{\mathrm{e}^{-\mathrm{j}k_x x_{\mathrm{I}}}\mathrm{e}^{-\mathrm{j}k_r\sqrt{y_{\mathrm{I}}^2+z_{\mathrm{R}}^2}}}{\sqrt[4]{y_{\mathrm{I}}^2+z_{\mathrm{R}}^2}\sqrt{k_x^2+k_r^2}}S(\sqrt{k_x^2+k_r^2}) \tag{2-64}$$

式（2-64）表明：不论 T_1 发射还是 T_2 发射，所录回波都具有相同形状的频谱支撑域，该支撑域在方位向的长度是等效单站 SAR 回波的一半，如图 2-31 所示。

2.3.3 虚拟孔径图像特性分析

1. 基于图像频谱的特性分析

文献[180]给出了恒速双站 SAR 的 $\omega-k$ 成像算法，先通过相位补偿将双站 SAR 模型转化为单站 SAR 模型，然后套用单站 $\omega-k$ 算法进行成像，但是由于模型转化过程要求系统的波束角较窄，因此该算法无法对车载 FLGPVAR 进行优良聚焦。文献[73]给出了符合车载 FLGPVAR 模型的非线性 CS（Nonlinear Chirp Scaling）成像算法，但是其中的一个相位补偿函数具有空变性，无法补偿所有目标的相位误差，因此将会造成图像出现畸变。$\omega-k$ 算法在处理车载 FLGPVAR 回波时也存在图像畸变的问题，畸变的根源在于式（2-64）中的空变项 $\mathrm{e}^{-\mathrm{j}\sqrt{k_x^2+k_r^2}r_{\mathrm{T}}(\boldsymbol{P}_{\mathrm{I}})}$ 无法得到完全补偿，若将式（2-64）展开，可近似表示为

$$\tilde{E}(k_r,k_x,\boldsymbol{P}_{\mathrm{I}})\approx C'\frac{\sigma(x_{\mathrm{I}},y_{\mathrm{I}})}{r_T(\boldsymbol{P}_{\mathrm{I}})\sqrt[4]{y_{\mathrm{I}}^2+z_{\mathrm{R}}^2}\sqrt{k_x^2+k_r^2}}S(f)\mathrm{e}^{-\mathrm{j}k_x\left(x_{\mathrm{I}}+\frac{k_x r_{\mathrm{T}}(\boldsymbol{P}_{\mathrm{I}})}{k_r}\right)}\mathrm{e}^{-\mathrm{j}k_r\left(\sqrt{y_{\mathrm{I}}^2+z_{\mathrm{R}}^2}+r_{\mathrm{T}}(\boldsymbol{P}_{\mathrm{I}})\right)} \tag{2-65}$$

其中，式（2-65）的第一个指数项造成方位散焦，第二个指数项造成距离平移，而校正这些畸变非常复杂，因此频域成像算法在车载 FLGPVAR 中的有效性较差。与之形成鲜明对比的是：时域成像算法不受双站模型限制，还可将两组回波聚焦到相同的平面上，以便于图像相干叠加。典型的时域算法为 BP 算法，其成像过程为

$$f(\boldsymbol{P},\boldsymbol{P}_{\mathrm{I}})=\int_L\int_0^T \mathrm{e}(\tau,\boldsymbol{P}_{\mathrm{R}},\boldsymbol{P}_{\mathrm{I}})m\left(\frac{r_{\mathrm{T}}(\boldsymbol{P})+r_{\mathrm{R}}(\boldsymbol{P})}{\mathrm{c}}-\tau\right)\mathrm{d}\tau\mathrm{d}x_{\mathrm{R}} \tag{2-66}$$

匹配滤波器 $m(t)$ 一般取为发射信号的逆序复共轭，但是从式（2-64）可知：频谱幅度与 k 成反比，当发射信号的相对带宽较大时，频谱幅度变化也较大，因此，为了补偿频谱的不平坦性，$m(t)$ 应当取为

$$m(t)=\mathcal{F}_{f\mapsto t}^{-1}\left\{|k|S(k)^*\right\} \tag{2-67}$$

其中，$\mathcal{F}_{f\mapsto t}^{-1}$ 表示傅里叶反变换，上标 * 表示取共轭运算。式（2-67）为 UWB SAR 中常用的斜坡匹配滤波器，式（2-66）、式（2-67）结合起来就是著名的滤波后向投影算法（Filtered BP），可以证明，普通 BP 是 FBP 的一阶近似[181]。

直接计算 $f(\boldsymbol{p},\boldsymbol{p}_{\mathrm{I}})$ 的值比较困难，而计算其二维频谱相对容易。虽然文献[146]给出了单站 BP 图像的二维频谱，由于单站 BP 可以看成非空变线性系统，而双站 BP 是空变线性系统，因此推导双站 BP 图像的频谱也非常困难。经过近似后可得图像的二维频谱为

$${}^{\mathrm{Bi}}F(k_x,k_y)=\int_{-\pi}^{\pi}\int_{-\pi}^{\pi}\int_{-\pi}^{\pi}{}^{\mathrm{Uni}}F(k_x,k_y)\mathcal{F}_{x_{\mathrm{I}},y_{\mathrm{I}}\mapsto k_x,k_y}\left(\mathrm{e}^{\mathrm{j}k\sqrt{(x_{\mathrm{I}}-x_{\mathrm{T}n})^2+(y_{\mathrm{I}}-y_{\mathrm{T}n})^2+z_{\mathrm{T}n}^2}}\right)\mathrm{d}k_x\mathrm{d}k_y\mathrm{d}k \tag{2-68}$$

式（2-68）表明双站 SAR 图像频谱是等效单站 SAR 图像频谱的变换，频谱面积的大小不变，因此两者的距离和方位分辨率相同。其表达式为

$$\rho_{\mathrm{r}} \approx \frac{c}{2B}; \rho_{\mathrm{a}} \approx \frac{\lambda}{2\sin(\theta/2)\cos(\phi)} \tag{2-69}$$

其中，B 为发射信号带宽，θ、ϕ 分别为波束角和等效斜视角。也有文献考虑双站角 β 对距离分辨率的影响，认为 $\rho_{\mathrm{r}} = c/(2B\cos\beta)$，但是在车载 FLGPVAR 中，$\beta$ 在 0 附近变化，最终对图像的距离分辨率影响较小。

对比图 2-31 和图 2-32 可得，双站 SAR 的图像频谱与回波频谱存在旋转关系，旋转角度等于等效斜视角；单站 SAR 的图像频谱与回波频谱相似，没有发生旋转。

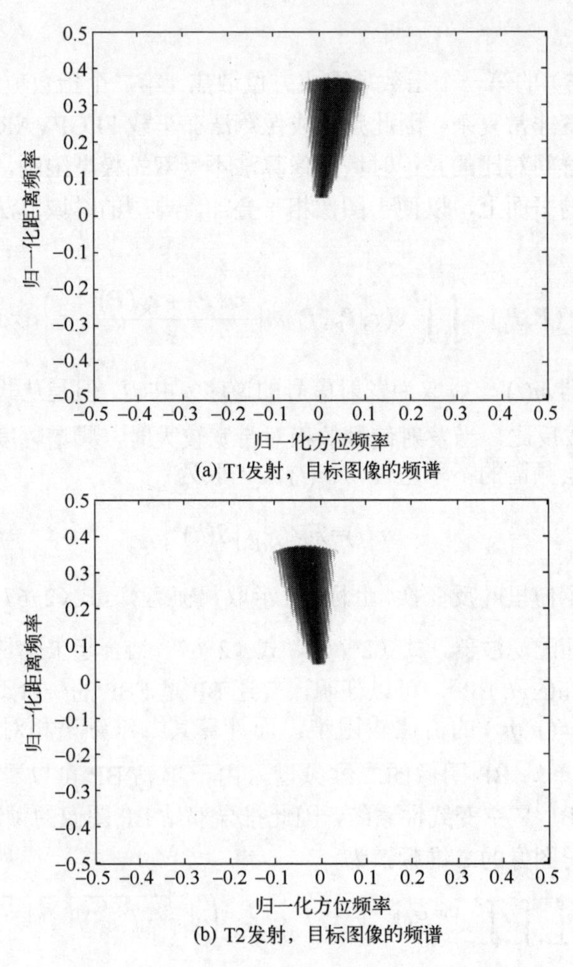

(a) T1发射，目标图像的频谱

(b) T2发射，目标图像的频谱

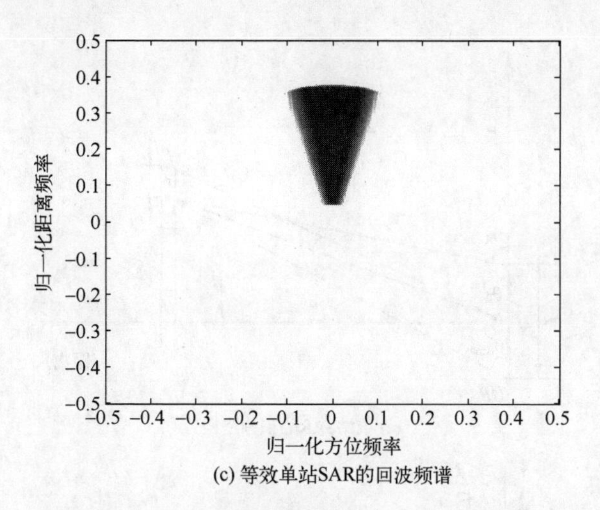

(c) 等效单站SAR的回波频谱

图 2-32　FLGPVAR 及等效单站 SAR 的图像频谱

2. 基于时域积分的方位分辨率分析

前一小节通过二维频谱分析了 FLGPVAR 的二维分辨率，这一小节将再从时域积分的角度重点对方位分辨率进行分析。

如图 2-33 所示，对于同一距离不同方位另一位置 $\boldsymbol{P}'$ 点而言，由于目标位置不同，$\boldsymbol{P}$ 和 $\boldsymbol{P}'$ 的传播距离差为

$$\Delta r_{\mathrm{Uni}}(x_{\mathrm{R}}) \approx -2\cos\theta_{\mathrm{R}}(x_{\mathrm{R}}) \times \delta_x \tag{2-70}$$

其中，x_{R} 为接收天线的方位坐标，θ_{R} 为目标 P 到接收天线的视角，δ_x 为 P 和 P' 的方位间隔，将接收回波相干积累，可获得目标 $\boldsymbol{P}'$ 处的图像：

$$I_{\mathrm{Uni}}(\delta_x) = \int \mathrm{e}\left(-\mathrm{j}\frac{2\pi\Delta r_{\mathrm{Uni}}(x_{\mathrm{R}})}{\lambda_{\mathrm{c}}}\right)\mathrm{d}x_{\mathrm{R}} \tag{2-71}$$

目标的图像可表示为

$$\begin{aligned} I_{\mathrm{Uni}}(\delta_x) &= C\frac{\lambda_{\mathrm{c}}}{\pi\delta_x}\sin\left[\frac{2\pi\delta_x}{\lambda_{\mathrm{c}}}(\cos\theta_{\mathrm{Rmin}} - \sin\theta_{\mathrm{Rmax}})\right] \\ &= 2C(\cos\theta_{\mathrm{Rmin}} - \sin\theta_{\mathrm{Rmax}})\mathrm{sinc}\left[\frac{2\delta_x}{\lambda_{\mathrm{c}}}(\cos\theta_{\mathrm{Rmin}} - \sin\theta_{\mathrm{Rmax}})\right] \end{aligned} \tag{2-72}$$

式中：C 为一常量；θ_{Rmin} 为目标 $\boldsymbol{P}$ 到接收天线的最小视角；$\boldsymbol{\theta}_{\mathrm{Rmax}}$ 为目标 $\boldsymbol{P}$ 到接收天线的最大视角。

实际接收阵列长度为 $\boldsymbol{L}$，两个发射天线 T1 和 T2 分别位于接收阵列天线的两端，两目标 $\boldsymbol{P}$ 和 $\boldsymbol{P}'$ 的放置位置不变，此时，$\boldsymbol{P}$ 和 $\boldsymbol{P}'$ 的距离差为

$$\begin{aligned} \Delta r_{\mathrm{FLGPSAR}}(x_{\mathrm{R}}) &= (OP + T_1P + T_2P) - (OP' + T_1P' + T_2P') \\ &\approx -\big(\cos(\theta_{\mathrm{R}}(x_{\mathrm{R}})) + \cos(\theta_{\mathrm{T1}}) + \cos(\theta_{\mathrm{T2}})\big) \times \delta_x \end{aligned} \tag{2-73}$$

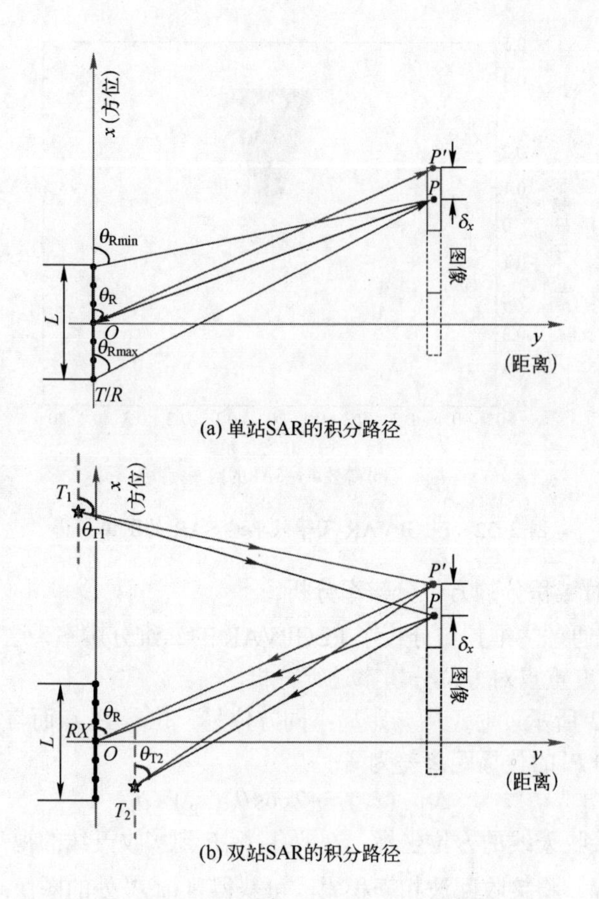

图 2-33 单站和双站 SAR 的积分路径

式中：θ_{T1} 和 θ_{T2} 为目标 $\boldsymbol{P}$ 到两个发射天线的视角。将接收回波相干积累，可获得目标的图像为

$$
\begin{aligned}
I_{\mathrm{FLGPSAR}}(\delta_x) &= \int \mathrm{e}\left(-\mathrm{j}\frac{2\pi(\Delta r_{\mathrm{Uni}}(x_{\mathrm{R}})/2+\cos(\theta_{\mathrm{T1}})\delta_x+\cos(\theta_{\mathrm{T2}})\delta_x)}{\lambda_{\mathrm{c}}}\right)\mathrm{d}x_{\mathrm{R}} \\
&= I_{\mathrm{Uni}}\left(\frac{\delta_x}{2}\right)\times\left(\mathrm{e}\left(\mathrm{j}\frac{2\pi\cos(\theta_{\mathrm{T1}})\delta_x}{\lambda_c}\right)+\mathrm{e}\left(\mathrm{j}\frac{2\pi\cos(\theta_{\mathrm{T2}})\delta_x}{\lambda_c}\right)\right) \\
&= I_{\mathrm{Uni}}\left(\frac{\delta_x}{2}\right)\times\mathrm{e}\left(\mathrm{j}\frac{\pi(\cos(\theta_{\mathrm{T1}})+\cos(\theta_{\mathrm{T2}}))\delta_x}{\lambda_{\mathrm{c}}}\right) \\
&\quad\times\cos\left(\frac{\pi(\cos(\theta_{\mathrm{T1}})-\cos(\theta_{\mathrm{T2}}))\delta_x}{\lambda_{\mathrm{c}}}\right)
\end{aligned}
\tag{2-74}
$$

上式两边取绝对值后可得

$$\left|I_{\mathrm{FLGPSAR}}(\delta_x)\right| = \left|I_{\mathrm{Uni}}\left(\frac{\delta_x}{2}\right)\right| \times \left|\cos\left(\frac{\pi(\cos(\theta_{\mathrm{T1}})-\cos(\theta_{\mathrm{T2}}))\delta_x}{\lambda_{\mathrm{c}}}\right)\right| \tag{2-75}$$

式（2-75）说明 FLGPVAR 的图像等于等效单站 SAR 图像尺度变换后与特定因式相乘。该因式与信号中心频率的波长 λ_{c} 和目标到两发射天线的视角 θ_{T1} 和 θ_{T2} 有关。对于车载 FLGPVAR 的最优天线配置，有以下关系：

$$\cos(\theta_{\mathrm{T1}})-\cos(\theta_{\mathrm{T2}}) = \cos\theta_{\mathrm{Rmin}} - \sin\theta_{\mathrm{Rmax}} \tag{2-76}$$

将式（2-76）代入式（2-74）可以推导出：

$$\begin{aligned} I_{\mathrm{FLGPSAR}}(\delta_x) &= C\frac{\lambda_{\mathrm{c}}}{\pi\delta_x}\sin\left[\frac{\pi\delta_x}{\lambda_{\mathrm{c}}}(\cos\theta_{\mathrm{Rmin}}-\sin\theta_{\mathrm{Rmax}})\right]\cos\left[\frac{\pi\delta_x}{\lambda_{\mathrm{c}}}(\cos\theta_{\mathrm{T1}}-\sin\theta_{\mathrm{T2}})\right] \\ &= C\frac{\lambda_{\mathrm{c}}}{\pi\delta_x}\sin\left[\frac{2\pi\delta_x}{\lambda_{\mathrm{c}}}(\cos\theta_{\mathrm{Rmin}}-\sin\theta_{\mathrm{Rmax}})\right] \\ &= I_{\mathrm{Uni}}(\delta_x) \end{aligned} \tag{2-77}$$

式（2-77）证明车载 FLGPVAR 的天线最优配置与等效单站 SAR 是等效的。

2.3.4 虚拟孔径等效单站合成孔径模型

综合上述分析，可知存在最优的车载 FLGPVAR 天线阵列配置，即：发射天线 T1、T2 位于接收阵列的两端，两者间距 $\Delta T = L$。从二维旁瓣的优劣来看，最优配置的方位旁瓣数量最少，为 2 个；从二维分辨率的优劣来看，最优配置的方位分辨率最高，当 $\Delta T < L$ 时，分辨率降低，当 $\Delta T > L$ 时，方位主瓣发生分裂。最优车载 FLGPVAR 阵列配置恰好对应着一个等效单站 SAR 模型，如图 2-29 所示。下面再从分辨率的角度进一步证明等效单站 SAR 模型的正确性。

仿真信号为 sinc 脉冲信号，中心频率 1.25GHz，带宽 2.5GHz，经过斜坡滤波器后取其正频谱部分，理论上脉冲的-3dB 分辨率为 0.0675m，由于目标放置在 15m 处，对应的地距分辨率为 0.690m。目标的二维频谱支撑域为三角形，积累角为 23.2°，经过斜坡滤波器后，频谱能量后移，相当于中心频率增大为 $1.25\times\sqrt{2}$ GHz，计算出理论上方位分辨率为 0.1871m。发射天线 P_{T1}、P_{T2} 分别发射获得的双站 SAR 图像如图 2-34（a）与（b）所示，图（c）是图（a）与图（b）之和，图（d）是等效单站 SAR 图像。

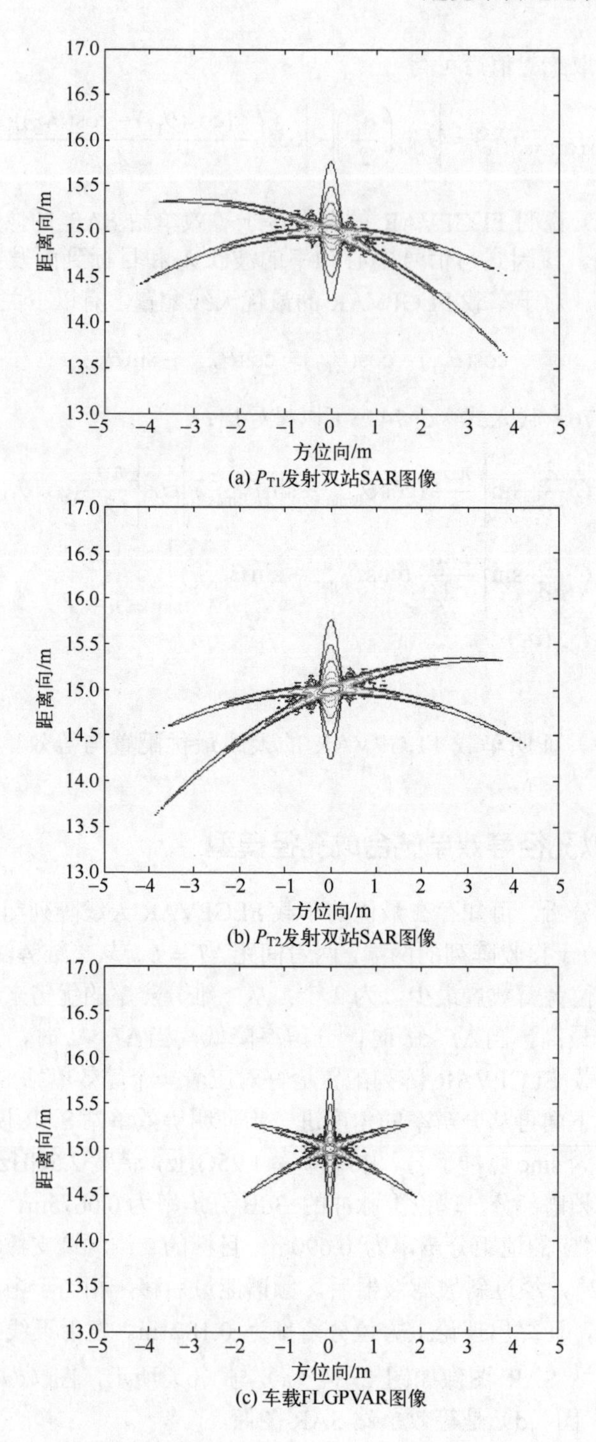

(a) P_{T1}发射双站SAR图像

(b) P_{T2}发射双站SAR图像

(c) 车载FLGPVAR图像

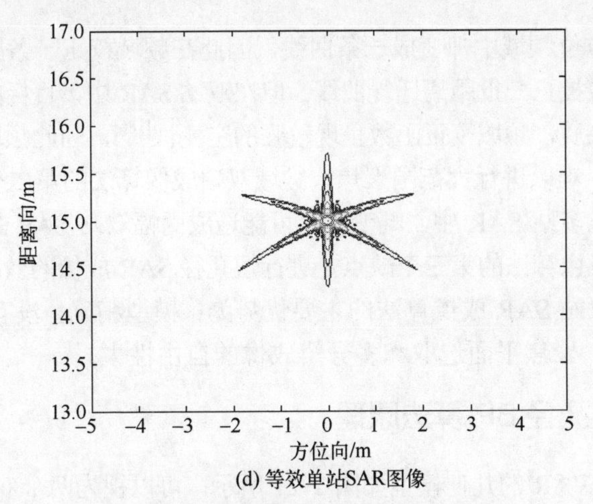

(d) 等效单站SAR图像

图 2-34　证明模型等效的仿真图像结果

表 2-4 的数据进一步证明：车载 FLGPVAR 的距离分辨率受阵列配置的影响较小；方位分辨率与阵列配置紧密相关，通过最优阵列配置，系统的方位分辨能力能够提高一倍；该表同时也进一步证明了等效单站 SAR 模型的正确性。

表 2-4　车载 FLGPVAR 与等效单站 SAR 的仿真图像指标

系统	参数					
	理论距离分辨率/m	实测距离分辨率/m	距离积分旁瓣比/dB	理论方位分辨率/m	实测方位分辨率/m	方位积分旁瓣比/dB
P_{T1} 双站 SAR	0.0690	0.0700	−9.5873	0.3742	0.3300	−5.5527
P_{T2} 双站 SAR	0.0690	0.0700	−9.5873	0.3742	0.3300	−5.5513
车载 FLGPVAR	0.0690	0.0700	−9.5873	0.1871	0.1925	−13.7005
等效单站 SAR	0.0690	0.0700	−8.5325	0.1871	0.1875	−17.9819

2.4　虚拟孔径 BP 算法

车载 FLGPVAR 虚拟孔径可等效于两个双站 SAR 之和。双站 SAR 是雷达技术近十年来发展迅速的一个分支，由于单站 SAR 经历了 50 多年的发展，成像算法已经非常成熟[182-185]，所以双站 SAR 成像算法多是在单站 SAR 的基础上进行扩展。双站 SAR 成像算法的核心技术依然是距离迁徙校正和运动补偿。由于车载 FLGPVAR 的收发天线位置固定，无须运动补偿，因此成像的核心问题是距离迁徙校正。

在单站 SAR 中，频域算法距离迁徙校正的效率远远高于时域算法的原因为：同一距离门上的目标具有形状相同的距离迁徙曲线，虽然它们在方位时域中互不重合，但是在方位频域中却变成一条曲线，因此在频域校正一条距离迁徙曲线，就相当于在时域校正一批距离迁徙曲线。但在双站 SAR 中，目标的距离迁徙曲线不再具有上述性质，频域校正函数呈现较强的空变性[186]，因此频域双站成像算法聚焦深度有限，难以进行大范围聚焦。频域双站成像算法的第二个缺点是引起图像畸变，特别在多站 SAR 中，畸变甚至可能造成两幅双站 SAR 图像无法相干叠加。频域双站成像算法的第三个缺点是进行短孔径 SAR 成像的效率很低。

时域 BP 双站 SAR 成像算法的主要优势为：模型精确，没有信号带宽和孔径形式的限制；聚焦平面选取和多分辨成像的自由性大。

2.4.1 虚拟孔径 BP 算法原理

车载 FLGPVAR 的几何模型如图 2-21 所示，可以视为两个双站 SAR 之和，采用两排天线阵参差排列配置，上下两排天线错开半个天线宽度，形成 0.1m 间隔的等效天线阵（虚拟阵），以满足方位向 Nyquist 采样率要求。发射天线 $\boldsymbol{P}_{\mathrm{T1}}(x_{\mathrm{T1}},y_{\mathrm{T1}},H_{\mathrm{T1}})$、$\boldsymbol{P}_{\mathrm{T2}}(x_{\mathrm{T2}},y_{\mathrm{T2}},H_{\mathrm{T2}})$ 放置在阵列两端，以提高图像方位分辨率[169]。接收天线阵宽为 L，中心高度为 H，成像区域为前方长度为 $y_{\min}\sim y_{\max}$、宽度为 $x_{\min}\sim x_{\max}$ 的区域，成像区域宽度可能大于 L。目标地面坐标为 $\boldsymbol{P}_{\mathrm{I}}(x_{\mathrm{I}},y_{\mathrm{I}},0)$，接收天线位置为 $\boldsymbol{P}_{\mathrm{R}}(x_{\mathrm{R}},0,H+\Delta H)$，所有坐标都以地面三维坐标系为参考。

虚拟孔径 BP 算法包含距离压缩和方位压缩两个步骤，距离压缩通过匹配滤波实现，匹配滤波一般通过快速傅里叶在频域完成，如下式所示：

$$s_{\mathrm{pc}}(t,\boldsymbol{P}_{\mathrm{R}})=\mathcal{F}^{-1}_{f\mapsto t}\left[\mathcal{F}_{t\mapsto f}\left(e(t,\boldsymbol{P}_{\mathrm{R}})\right)\times\mathcal{F}_{t\mapsto f}\left(s(t)\right)\right] \tag{2-78}$$

其中，$e(t,\boldsymbol{P}_{\mathrm{R}})$ 在式（2-60）给出，$\boldsymbol{P}_{\mathrm{R}}$ 与接收天线 l 对应，因此脉压后的信号可表示为 $s_{\mathrm{pc}}(t,l)$。$s(t)$ 为发射的窄脉冲信号，若 $s(t)$ 的相对带宽过大，还需要采用“斜坡滤波器”以防止目标散焦；

BP 方位压缩通过相干累加完成，累加前需要补偿自由空间传输时间延迟和相位延迟。对于冲击信号只需要补偿时间延迟，因此以地平面为成像平面，BP 算法的图像可表示为

$$I(x_{\mathrm{I}},y_{\mathrm{I}})=\sum_{l=1}^{L}\Big(s_{\mathrm{pc}}(t-\tau_{\mathrm{T1}}(x_{\mathrm{I}},y_{\mathrm{I}},l))+s_{\mathrm{pc}}(t-\tau_{\mathrm{T2}}(x_{\mathrm{I}},y_{\mathrm{I}},l))\Big),\quad t\geqslant 0 \tag{2-79}$$

其中电磁波从发射天线 $\boldsymbol{P}_{\mathrm{T}}$ 到图像目标点 $\boldsymbol{P}_{\mathrm{I}}$ 到接收天线 $\boldsymbol{P}_{l}$ 总的时间延迟为

$$\begin{aligned}\tau_{\mathrm{T}n}(x_{\mathrm{I}},y_{\mathrm{I}},l)=&\sqrt{(x_{\mathrm{I}}-x_{l})^2+y_{\mathrm{I}}^2+H_l^2}\Big/c\\&+\sqrt{(x_{\mathrm{I}}-x_{\mathrm{T}n})^2+(y_{\mathrm{I}}-y_{\mathrm{T}n})^2+H_{\mathrm{T}n}^2}\Big/c,\quad n=1,2\end{aligned} \tag{2-80}$$

从式（2-79）、式（2-80）可知 BP 算法主要的计算为时延计算、累加求和

及一维插值。插值方法较多，为了兼顾效率和效果，我们采用升采样与线性插值相结合的插值方法，由于升采样可通过 FFT 实现，线性插值计算量小，因此插值的整体效率较高。

2.4.2 虚拟孔径 FFBP 算法原理

BP 算法的主要缺点是计算量大、实时性差。曾经在一段时间里，BP 算法被认为不适合用于大幅面 SAR 成像，不过 BP 算法一直都是医学成像研究的热点，不断有新的快速 BP 算法涌现出来。由于 BP 算法的优势非常突出，所以也吸引了众多 SAR 领域内的学者进行算法改进研究。其中两级改进 BP 算法可将成像效率提高到 $o(N^{2.5})$，典型算法为局部 BP（LBP）[187-188]；多级改进 BP 算法可将成像效率提高到 $o(N^2\log N)$，典型算法有：四分树 BP（Quadtree BP，QBP）[62,189-190]、快速分级 BP（Fast Hierarchical BP，FHBP）[191-192]和快速因式分解 BP（FFBP）[63]。QBP 和 FHBP 算法都是将子图像投影到矩形网格上，成功用于高波段 SAR 快速成像，但处理超宽带 SAR 数据的效果较差。FFBP 算法将子图像投影到扇环形网格上，显著降低了网格内不同目标的近似距离误差，使得整幅图像的聚焦一致准确，在超宽带 SAR 成像中也获得了成功应用。

快速 BP 算法提高运算效率的关键是中间级成像的近似计算，因此快速 BP 算法需要在运算效率和聚焦性能两个指标上取折中，FFBP 通过下式控制误差，是其 FFBP 精确聚焦的基础[166]。

$$|\Delta r| \leqslant \begin{cases} d\Delta\theta/4, & d/2 \leqslant r \\ r\Delta\theta/2, & d/2 > r \end{cases} \tag{2-81}$$

其中，d 是子孔径长度，$\Delta\theta$ 是子图像角度采样间隔，r 是子孔径中心到子图像中心的距离，如图 2-35 所示。

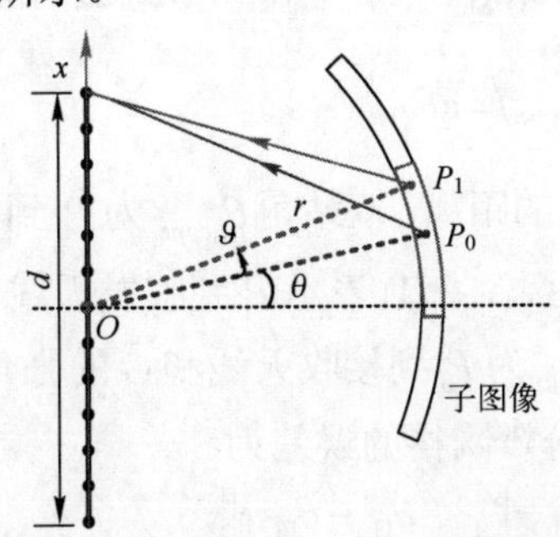

图 2-35　单站 FFBP 近似距离误差

式（2-81）的内涵为：当后向投影的子孔径长度 d 缩短时，不必采用全孔径一样密集的网格表示子图像，可以等比例地降低投影网格的角度间隔采样

$\Delta\theta$，这样既不会降低图像的聚焦质量，又能够提高算法的运算效率。其中$|\Delta r|$造成的相位误差小于 $\pi/4$ 是 $\Delta\theta$ 的约束条件，极坐标距离采样率需要满足 Nyquist 采样定律。

因此为了保证虚拟孔径 FFBP 的聚焦效果，需要首先分析双站模型下，快速 BP 算法的近似距离误差。

1. 双站快速 BP 算法的误差分析

双站 SAR 与单站 SAR 的双程等距离曲线不同，前者呈椭圆形，后者则呈圆形，从而造成 FFBP 算法的理论模型对双站 SAR 不成立，因此必须基于双站 SAR 的特性，研究适合车载 FLGPVAR 的快速 BP 算法。

双站 SAR 的等相位曲线是椭圆，明显与单站 SAR 的等相位圆不同，因此适合单站 FFBP 的扇环形子图像网格不一定在双站 SAR 中仍然有效。椭圆的长轴面曲率更小，采用矩形网格的距离近似误差更小，因此双站 SAR 子图像网格的选择是设计双站快速 BP 的理论基础。本节对两种网格的近似距离误差进行了深入分析，证明存在一个分界圆，在圆内扇环形网格更加精确，在圆外矩形网格更加精确。

1）扇环形网格的距离近似误差分析

将粗分辨子图像的聚焦网格划分成扇环形，如图 2-36 所示，其中极坐标原点为发射天线 TX 和子孔径中心 O 的中点 $\tilde{O}$，网格内的所有目标都用网格中心点 P_0 近似表示，那么对于网格内某真实目标 P_1，P_1 到收发天线的双程距离是与中心点 P_0 不同的，两者双程距离之差为

$$\begin{aligned}\Delta r &= r(0) - r(1) \\ &= \sqrt{r^2 + (\Delta l/2)^2 - \Delta l r\cos(\theta_{\text{Mid}})} + \sqrt{r^2 + (\Delta l/2)^2 + \Delta l r\cos(\theta_{\text{Mid}})} \\ &\quad - \sqrt{r^2 + (\Delta l/2)^2 - \Delta l r\cos(\theta_{\text{Mid}} - \vartheta)} - \sqrt{r^2 + (\Delta l/2)^2 + \Delta l r\cos(\theta_{\text{Mid}} - \vartheta)} \\ &\approx \sin\left(\frac{\theta_{\text{IT}} - \theta_{\text{IR}}}{2}\right)\cos(\theta_{\text{Scope}}/2)\delta_{\text{Polar}}\end{aligned} \tag{2-82}$$

其中，Δl 表示收发天线间的距离，双站角 θ_{Scope} 为 P_0 到收发天线的张角，$r(0)$ 表示 P_0 到收发天线的双程距离，$r(1)$ 表示 P_1 到收发天线的双程距离，θ_{IT} 为 P_0 到发射天线和 $\tilde{O}$ 的张角，θ_{IR} 为 P_0 到接收天线和 $\tilde{O}$ 的张角。从式（2-82）可推导出极坐标下双站 SAR 粗分辨网格的误差为

$$|\Delta r_{\text{Polar}}| \approx \left|\sin\left(\frac{\theta_{\text{IT}} - \theta_{\text{IR}}}{2}\right)\right| |\cos(\theta_{\text{Scope}}/2)| |\delta_{\text{Polar}}| \tag{2-83}$$

2）矩形网格的距离近似误差分析

将粗分辨子图像的聚焦网格划分成矩形，如图 2-37 所示，若将矩形网格

内的所有目标到收发天线的双程距离都用网格中心点 P_0 近似表示，也是存在误差的，对于网格边沿上的点 P_1，与 P_0 点的双程距离之差为

$$\begin{aligned}\Delta r &= r(0)-r(1)\\ &=\sqrt{(x_0-x_r)^2+y_0^2}+\sqrt{(x_0-x_r-\Delta l)^2+y_0^2}\\ &\quad-\sqrt{(x_0+\delta x/2-x_r)^2+y_0^2}-\sqrt{(x_0+\delta x/2-x_r-\Delta l)^2+y_0^2}\\ &\approx-\left(\cos\left(\frac{\theta_R+\theta_T}{2}\right)\cos\left(\frac{\theta_R-\theta_T}{2}\right)\right)\delta x\end{aligned} \tag{2-84}$$

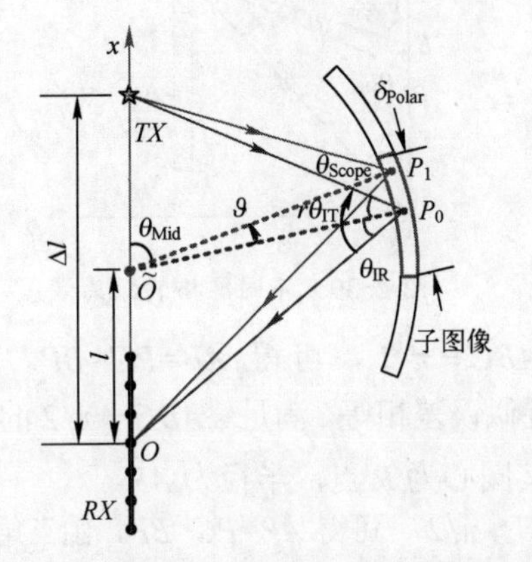

图 2-36　双站扇环形网格的距离近似误差

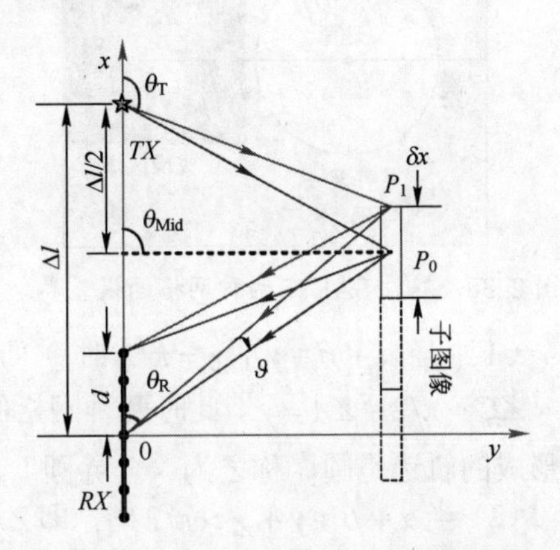

图 2-37　双站矩形网格的距离近似误差

其中，θ_T 和 θ_R 分别为发射和接收天线到子图像网格中心 P_0 的视角，从式（2-84）可以推导出：

$$|\Delta r| \leqslant |\cos(\theta_{Mid})||\cos(\theta_{Scope}/2)||\delta x| \tag{2-85}$$

式中：θ_{Mid} 为收发天线中点到 P_0 的视角。双站 SAR 可以等效成一个虚拟的单站 SAR，式的物理意义为：对于矩形子图像网格，双站 SAR 的近似误差不大于等效的单站 SAR 的近似误差。

3）两种网格的误差分界线

如图 2-38 所示，在双站 SAR 中，存在一个特殊的“分界圆”将整个二维斜距平面分为两部分，该圆以收发天线的中点为圆心、以两天线的距离为直径。在圆内，矩形子图像网格的误差更小；在圆外，扇环形子图像网格的误差更小；在圆上和在收发天线的中线上，两者的误差相同。证明如下：

在图 2-39 中，BE 为三角形 ABC 的角平分线，BP 为三角形 ABC 的中线，BH 为三角形 ABC 的高线。α、β、γ、χ、θ_{Mean} 分别为其中的角，其中

$\theta_{\text{Mean}}=(\theta_R+\theta_T)/2$，$\alpha=(\theta_{\text{IT}}-\theta_{\text{IR}})/2$，由于 BE 为三角形 ABC 的角平分线，可得 $\gamma+\beta=\alpha+\chi$。最容易证明的是 AC 平分线上的点，采用两种网格表示的近似误差相同，因为在平分线上 H、E、P 三个点是重合的，$\alpha=\beta=0$，则 $\left|\sin\left((\theta_{\text{IT}}-\theta_{\text{IR}})/2\right)\right|=\left|\cos(\theta_{\text{Mean}})\right|=0$。对于不在平分线上的点，可以分三种情况讨论。

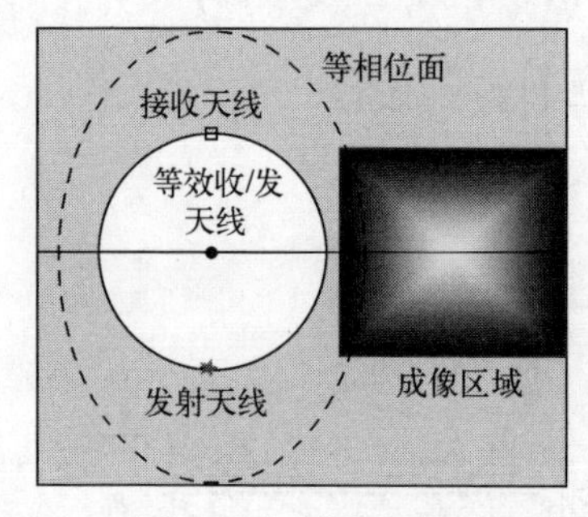

图 2-38 双站 SAR 下两种网格的误差界

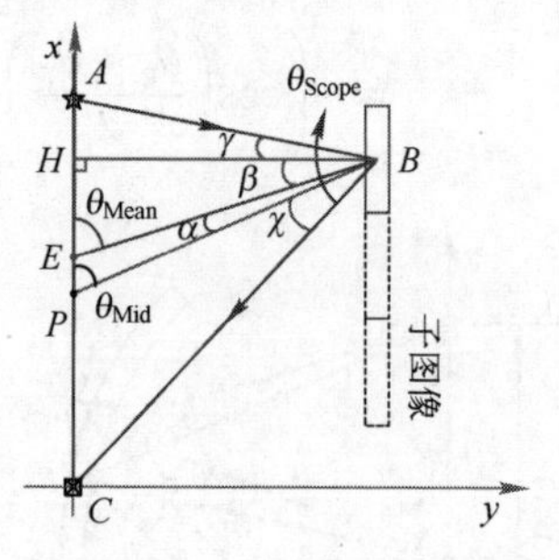

图 2-39 不同网格的距离误差

（1）当 $\alpha+\beta+\gamma+\chi=\pi/2$ 时，即 $\angle ABC=\pi/2$，可得 $AP=PC=BP$，则 $\chi=\angle C=\pi/2-\angle A=\gamma$，此时两种网格的近似误差相等。满足 $\angle ABC=\pi/2$ 的点 B 形成的轨迹是圆，称之为“分界圆”，其圆心为 P 点，半径为 AP。

（2）当 $\alpha+\beta+\gamma+\chi>\pi/2$ 时，即 $\angle ABC>\pi/2$，可得 $AP=PC<BP$，由三角形边角关系可得 $\angle C=\pi/2-\alpha-\beta-\chi>\chi$，即 $\alpha+\beta+\chi+\chi<\pi/2$，可以推导出 $\gamma>\chi$，$\alpha>\beta$，$\alpha+\theta_{\text{Mean}}>\beta+\theta_{\text{Mean}}=\pi/2$，则 $\left|\sin\left((\theta_{\text{IT}}-\theta_{\text{IR}})/2\right)\right|>\left|\cos(\theta_{\text{Mean}})\right|$，即：扇环形网格的近似误差更小。满足 $\alpha+\beta+\gamma+\chi>\pi/2$ 的点 B 在“分界圆”之外。

当 $\alpha+\beta+\gamma+\chi<\pi/2$ 时，即 $\angle ABC<\pi/2$，可得 $AP=PC>BP$，由三角形边角关系可得 $\angle C=\pi/2-\alpha-\beta-\chi<\chi$，即 $\alpha+\beta+\chi+\chi>\pi/2$，可以推导出 $\gamma<\chi$，$\alpha<\beta$，$\alpha+\theta_{\text{Mean}}<\beta+\theta_{\text{Mean}}=\pi/2$，则 $\left|\sin\left((\theta_{\text{IT}}-\theta_{\text{IR}})/2\right)\right|<\left|\cos(\theta_{\text{Mean}})\right|$，即：矩形网格的近似误差更小。满足 $\alpha+\beta+\gamma+\chi>\pi/2$ 的点 B 在“分界圆”之内。

图 2-38 中的深色区域为成像区域，虽然该区域位于“分界圆”之外，采用扇环形网格误差更小，但是成像区域也在中线附近，矩形网格的近似误差仅略大于扇环形网格的近似误差，因此采用矩形网格是可行的。由于偏离中心线越远的区域，矩形网格的近似误差越大，因此需要将两端的矩形网格加密，通过缩短 $|\delta x|$ 来保持近似误差不变，从而控制最终图像的聚焦质量，源于这种思想，下一节将给出一种基于非均匀矩形网格投影的 LBP 算法。

2. 长虚拟孔径双站 FFBP 算法的原理

采用单站 FFBP 算法进行虚拟孔径双站成像是可行的，但由于等相位曲线变为椭圆，进行子孔径合并的误差变大，提高角度维的采样率可降低误差，采样率提高量与双站配置相关，不过提高采样率会造成 FFBP 算法效率的降低。基于上一节的理论分析，可由近似距离误差推导出双站 FFBP 的极角采样率要求，设计出双站 FFBP 算法。

双站 FFBP 算法经过 S 次合并后形成全孔径 $N=\prod_{s=0}^{S-1}F_s$，其中整数 F_s 为每次合并的子孔径数目。在第 s 次子孔径合并后，子图像更新过程为

$$I_{s+1}(r_{s+1},\theta_{s+1},p)=\sum\nolimits_{q=0}^{F_s-1}I_s(r_s,\theta_s,pF_s+q) \tag{2-86}$$

其中，I_s 为第 s 次合并后的极坐标子图像，r_s、θ_s 分别为极坐标子图像的极距和极角。式（2-86）迭代的初始条件为原始回波，即：$I_0(r_0,\theta_0,p)=e(r,x_p)$。原始回波本质上是以极坐标方式记录目标的散射能量，因此原始回波可以视为第 0 级子图像。该图像只有一个角度采样，角度分辨范围为 $\theta_{\min}\leqslant\theta_0\leqslant\theta_{\max}$，由天线的波束宽度决定；第 0 级图像具有 N_r 个极距采样，范围为 $r_{\min}\leqslant r_0\leqslant r_{\max}$，由接收机波门和采样时钟决定。第 0 级图像对应的子孔径个数为 1，子孔径中心为 $C_{0,i}=x_i$，$i=0,1,\cdots,N$，与方位采样位置重合。

所有子图像的合并过程都是相同的，图 2-40 以两个孔径为例，阐述了孔径合并过程。其中“⋯*⋯”网格是子孔径#1 的聚焦位置，“⋯□⋯”网格是子孔径#2 的聚焦位置，“⋯○⋯”网格是孔径合并后新的聚焦位置。合并后的新孔径的聚焦网格与子孔径#1、#2 的网格互不重合，由于子图像是离散化的，因此需要将子图像插值到式（2-88）确定的位置上，否则两幅子图像在新的极坐标下无法相干叠加。上述图像插值是二维插值过程，相关的插值方法可参考文献[193]。原始 FFBP 用最近邻法在角度维插值方法，用频谱补零低通滤波法在极距维插值，效率较高，但精度略显不足。仿真和实测数据处理表明，而二维线性插值的效率更高，其中需要特别注意的是：SAR 系统的发射信号通常是带通信号，极距维的插值需要采用带通插值方法，否则将引入很大的误差；极角维的线性插值与传统线性插值相同，从而将式（2-86）改写为

$$I_{s+1}(r_{s+1},\theta_{s+1},p)=\sum_{q=0}^{F_s-1}\left\{\begin{aligned}&I_s(\lfloor r_s\rfloor,\lfloor\theta_s\rfloor,pF_s+q)w_\theta w_r \mathrm{e}^{\mathrm{j}4\pi\lfloor r_s\rfloor/\lambda_c}\\&+I_s(\lfloor r_s\rfloor,\lceil\theta_s\rceil,pF_s+q)(1-w_\theta)w_r \mathrm{e}^{\mathrm{j}4\pi\lfloor r_s\rfloor/\lambda_c}\\&+I_s(\lceil r_s\rceil,\lfloor\theta_s\rfloor,pF_s+q)w_\theta(1-w_r) \mathrm{e}^{\mathrm{j}4\pi\lceil r_s\rceil/\lambda_c}\\&+I_s(\lceil r_s\rceil,\lceil\theta_s\rceil,pF_s+q)(1-w_\theta)(1-w_r) \mathrm{e}^{\mathrm{j}4\pi\lceil r_s\rceil/\lambda_c}\end{aligned}\right\}\mathrm{e}^{-\mathrm{j}4\pi r_s/\lambda_c} \tag{2-87}$$

其中，$\lfloor r_s\rfloor,\lceil r_s\rceil$ 分别为第 s 级子图像中小于等于、大于 r_s 的最近采样位置，权系数 $w_r=\left(\lceil r_s\rceil-r\right)_s\big/\left(\lceil r_s\rceil-\lfloor r_s\rfloor\right)$，同理 $w_\theta=\left(\lceil\theta_s\rceil-\theta_s\right)\big/\left(\lceil\theta_s\rceil-\lfloor\theta_s\rfloor\right)$。式（2-87）

是提高 FFBP 插值精度的关键，即使处理无相位的冲激 SAR 数据，也需要严格按照公式进行插值，除非极距采样率满足$\Delta r_s \leqslant \lambda_{\min}/8$。

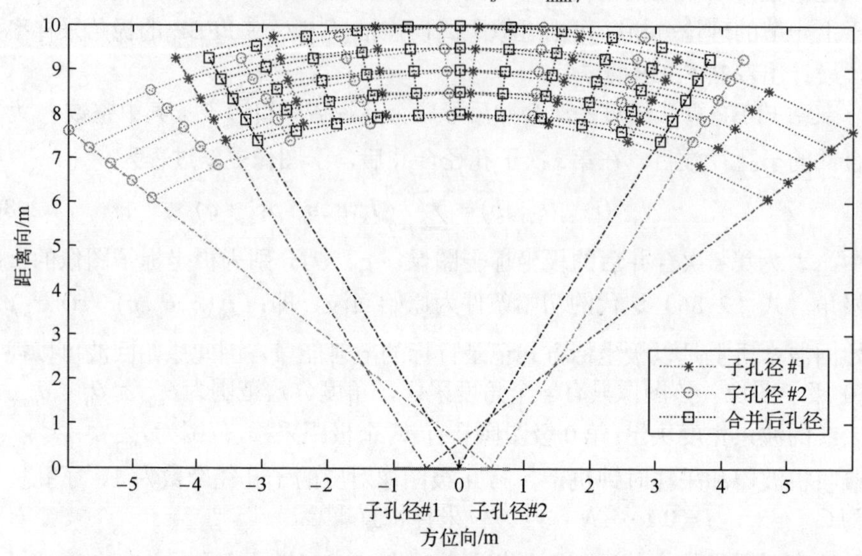

图 2-40　子孔径合并示意图

经过合并后，子孔径增长F_s倍，因此极角采样率需要提高F_s倍，以保持近似距离误差恒定。新的极距和极角r_{s+1},θ_{s+1}在合并前的子图像中的位置为

$$\begin{aligned} r_s &= \sqrt{(r_{s+1}\sin(\theta_{s+1}))^2 + (r_{s+1}\cos(\theta_{s+1}) + C_{s+1,p} - C_{s,pF_s+q})^2} \\ \theta_s &= \arcsin[r_{s+1}\sin(\theta_{s+1})/r_s] \end{aligned} \tag{2-88}$$

其中，$C_{s,p}$为第s次合并后第p个子孔径方位中心。

基于极坐标将粗分辨子图像网格划分成扇环形，如图 2-36 所示，发射天线位于 TX 处，接收子天线阵 RX 的中心为O，Δl为发射天线到O点的距离，极坐标原点$\tilde{O}$的方位坐标为l，P_0为网格中心点，P_1为网格边沿点。采用中心P_0的值来近似表示P_1是存在误差的，误差大小与P_1和P_0的双程距离误差有关，其大小为（附录 1）：

$$\left|\Delta r_{\text{Polar}}(l,0)\right|_1 \approx \left|\sin\left(\left(\theta_{\text{IT}}(l,0)-\theta_{\text{IR}}(l,0)\right)/2\right)\right|\left|\cos(\theta_{\text{Scope}}(0)/2)\right|\left|r\Delta\theta\right| \tag{2-89}$$

其中，$\theta_{\text{IT}},\theta_{\text{IR}}$均为$\tilde{O}$位置$l$的函数，当$l<0$或$l>\Delta l$时，极坐标原点$\tilde{O}$位于发射和接收天线的连线之外，同理可以推导出双程距离误差为

$$\left|\Delta r_{\text{Polar}}(l,0)\right|_2 \approx \left|\sin\left(\left(\theta_{\text{IT}}(l,0)+\theta_{\text{IR}}(l,0)\right)/2\right)\right|\left|\cos\left(\theta_{\text{Scope}}(0)/2\right)\right|\left|r\Delta\theta\right| \tag{2-90}$$

由于$(\theta_{\text{IT}}+\theta_{\text{IR}}) \leqslant \pi$，可得$\left|\Delta r_{\text{Polar}}\right|_1 \leqslant \left|\Delta r_{\text{Polar}}\right|_2$，即极坐标的原点置于收发天

线之间的误差较小，可见双站 FFBP 算法的关键是子孔径中心 $\tilde{O}$ 的设置。实验表明当子孔径中心设为发射和接收天线位置的中点，子图像的角采样率最低，FFBP 算法的效率最高，因此式（2-88）中 $C_{s+1,p}$ 为

$$C_{s+1,p}=\sum_{q=0}^{F_s-1}(C_{s,pF_s+q}+x_{\mathrm{T}n})/(2F_s),n=1,2 \tag{2-91}$$

图 2-36 和式（2-89）描述了子孔径中心 O 的误差，图 2-41 是子孔径边沿 $d/2$ 位置上 E 点的距离误差示意图，其距离误差为

$$\begin{aligned}\Delta r_{\mathrm{Polar}}(l,d/2)&=r(P_0,d/2)-r(P_1,d/2)\\&\approx\sin\left(\frac{\theta_{\mathrm{IT}}(l,d/2)-\theta_{\mathrm{IR}}(l,d/2)}{2}\right)\cos\left(\frac{\theta_{\mathrm{Scope}}(d/2)}{2}\right)r\Delta\theta\end{aligned} \tag{2-92}$$

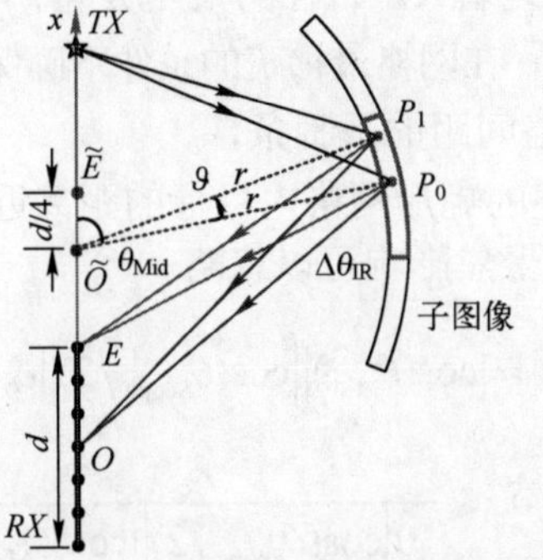

图 2-41　双站 FFBP 孔径边沿误差

式（2-92）是双站 SAR 双程距离误差的精确表达式，该距离误差的上界为

$$\begin{aligned}|\Delta r(l,d/2)|\leqslant&\left|\sqrt{r^2+(l-d/2)^2+2(l-d/2)r\cos(\theta_{\mathrm{Mid}})}-\right.\\&\left.\sqrt{r^2+(l-d/2)^2+2(l-d/2)r\cos(\theta_{\mathrm{Mid}}-\vartheta)}\right|+\\&\left|\sqrt{r^2+(\Delta l-l)^2-2(\Delta l-l)r\cos(\theta_{\mathrm{Mid}})}-\sqrt{r^2+(\Delta l-l)^2-2(\Delta l-l)r\cos(\theta_{\mathrm{Mid}}-\vartheta)}\right|\\\leqslant&\begin{cases}\Delta l\Delta\theta/4, & \Delta l/2\leqslant r\\ r\Delta\theta/2, & \Delta l/2>r\end{cases}+\begin{cases}(\Delta l+d)\Delta\theta/4, & (\Delta l+d)/2\leqslant r\\ r\Delta\theta/2, & (\Delta l+d)/2>r\end{cases}\\\leqslant&\begin{cases}(2\Delta l+d)\Delta\theta/4, & (\Delta l+d)/2\leqslant r\\ r\Delta\theta, & (\Delta l+d)/2>r\end{cases}\end{aligned} \tag{2-93}$$

该上界与单站 FFBP 类似，按照公式确定的误差上界划分子孔径和子图像网格，可以保证最终图像质量，但是效率不是最优的。对比式（2-92）、式（2-93），可知：一般情况下，前者的值远小于后者，因此在实际成像时，可尝试进一步

将图像网格稀疏化，在可容忍图像质量下获得最高的 FFBP 算法效率。

3. 短虚拟孔径双站非均匀矩形网格局部 BP 算法的原理

车载 FLGPVAR 的接收阵列的阵元较少，属于短孔径 SAR 范畴，采用双站 FFBP 处理的理论效率提高量很小，如果再计入中间环节的计算量，FFBP 实际的效率提高量更低，因此有必要研究适合短孔径的快速 BP 算法。非均匀矩形网格（Un-uniform Rectangular Griding Local BP，URG-LBP）算法便是在这一需求下产生的。

URG-LBP 算法的基本思想与原始 LBP 相同，不同的是：直接基于矩形网格投影子孔径图像，消除了原始 LBP 算法中的坐标变换的运算，同时将二维（2D）非均匀插值转换为一维（1D）非均匀插值，所以算法效率更高，但是采用矩形网格后，目标的距离近似误差增大，目标的聚焦质量下降，因此设计了中间稀两端密的特殊矩形子图像网格，在网格最稀疏的条件下确保图像聚焦优良。

1）URG-LBP 中网格间距的限制条件

根据式（2-85）描述的矩形网格内目标的距离近似误差，若距离误差小于 $\lambda_c/10$，则对最终图像的聚焦影响可以忽略。

$$|\Delta r| \approx |\cos(\theta_{\text{Mid}})||\cos(\theta_{\text{Scope}}/2)||\delta_x| \leqslant \frac{\lambda_c}{10} \tag{2-94}$$

$$\delta_x \leqslant \frac{\lambda_c}{10|\cos(\theta_{\text{Scope}}/2)||\cos(\theta_{\text{Mid}})|} \tag{2-95}$$

根据余弦定理，双站角 θ_{Scope} 的余弦值为

$$2\cos^2(\theta_{\text{Scope}}(x)/2) = \frac{\left(\frac{\Delta l}{2}+x\right)^2+\left(\frac{\Delta l}{2}-x\right)^2+2y^2-\Delta l^2}{2\sqrt{\left(\frac{\Delta l}{2}+x\right)^2+y^2}\sqrt{\left(\frac{\Delta l}{2}-x\right)^2+y^2}}+1 \tag{2-96}$$

当目标距离 y 固定时，式（2-96）等号左侧在 $x=0$ 处达到最小，最小值为 $\cos(\theta_{\text{Scope}}(x)/2)_{\min}=\sqrt{4y^2/(4y^2+\Delta l^2)}$。在车载 FLGPVAR 的成像区域中，同一距离门上的目标的双站角 θ_{Scope} 具有随方位缓变的特性，因此张角 θ_{Scope} 近似为恒定，则式（2-95）要求的网格间距可以进一步放宽为

$$\delta_x \leqslant \frac{\lambda_c}{10|\cos(\theta_{\text{Scope}}/2)||\cos(\theta_{\text{Mid}})|} \leqslant \frac{\lambda_c}{10|\cos(\theta_{\text{Mid}})|} \tag{2-97}$$

式（2-97）即为 URG-LBP 的方位采样限制条件。其物理意义为：当矩形网格位于中心时 $|\cos(\theta_{\text{Mid}})|=0$，可选用较大的网格长度值 δ_x，式（2-95）的距离近似误差依然很小；当网格偏离中心时，$|\cos(\theta_{\text{Mid}})|$ 的值增大，为了保持

式（2−95）的距离近似误差不变，应当减小网格长度值 δ_x，此时网格变密。

2）URG−LBP 中快速非均匀插值技术

将非均匀矩形网格变换到最终的均匀矩形网格时，需要进行非均匀插值，当插值精度要求较高时，运算效率急剧降低。而基于 FFT 的均匀插值，在相同精度下的计算效率较高，因此 URG−LBP 通过核函数 $x = f_k(\varsigma)$ 控制非均匀矩形网格的间距，使得在新的变量下 ς 是均匀的，从而可以利用 FFT 提高效率。

核函数应当具备以下性质：

（1）单调递增的奇函数；

（2）一阶导数是正的偶函数，二阶导数是非增函数。

其中：性质 1 是为了保证新旧矩形网格是一一对应的，并且具有相似的形式；性质 2 是为了保证在矩形网格保持中间疏两端密的性质。例如可以采用正弦函数或式（2−98）所示函数作为核函数，其中 a 为控制核函数陡峭程度的参数。

$$f_{k2}(\varsigma) = (1 - \mathrm{e}^{|\varsigma/a|}) \cdot \mathrm{sign}(\varsigma), \qquad \mathrm{sign}(\varsigma) = \begin{cases} 1, & \varsigma > 0 \\ 0, & \varsigma = 0 \\ -1, & \varsigma < 0 \end{cases} \tag{2-98}$$

即使采用核函数进行变量替换，还是存在从非均匀网格插值到均匀网格的非均匀插值的问题，然而由于经过 FFT 提高了网格采样率，舍入误差显著降低，所以仅采用最邻近插值或线性插值就可满足精度要求。

3）URG−LBP 的距离分块策略

计算收发天线到目标的时延时所用的开平方运算比较耗时，可采用线性近似能够减少运算时间，但是线性近似的精度较差，因此只能在一小段距离内进行近似，从而形成了距离分块策略。将整个距离划分成若干个距离带，用开平方计算距离带中心目标的时延，其他距离上的目标时延通过泰勒展开线性近似获得，近似表达式为

$$\tau_{\mathrm{T}n}(x_{\mathrm{I}}, y_{\mathrm{I}}, l) \approx \tau_{\mathrm{T}n}(x_{\mathrm{I}}, y_{\mathrm{c}}, l) + \left(\begin{array}{c} \dfrac{y_{\mathrm{c}}(y_I - y_{\mathrm{c}})}{c\sqrt{(x_{\mathrm{I}} - x_1)^2 + y_{\mathrm{c}}^2 + H_1^2}} \\ + \dfrac{(y_{\mathrm{c}} - y_{\mathrm{T}n})(y_{\mathrm{I}} - y_{\mathrm{c}})}{c\sqrt{(x_{\mathrm{I}} - x_{\mathrm{T}n})^2 + (y_{\mathrm{I}} - y_{\mathrm{T}n})^2 + H_{\mathrm{T}n}^2}} \end{array} \right), \qquad n = 1,2 \tag{2-99}$$

2.4.3 虚拟孔径 FFBP 算法的性能评估

快速 BP 算法需要在运算效率和聚焦性能两个指标上取折中，如果系统对

聚焦质量要求较高，就需要增加网格划分数量减小近似误差，那么运算效率就会降低；如果系统对运算效率要求更高，就可以减小网格划分数量适当增加近似误差，那么聚焦质量就会降低。因此评估虚拟孔径快速 BP 算法性能需要测试聚焦性能和算法效率两个指标。

1. 双站 FFBP 的性能

第一步评估聚焦效果。采用 0.1m 角反射器在 NTDT 车载 FLGPVAR 系统中的响应作为仿真信号，如图 2-42 所示，该信号的-10dB 带宽为 700MHz，不考虑天线和通道对发射信号的影响，同时忽略 RFI 的影响。仿真数据的方位采样点数为 128，将 FFBP 的孔径分解为 4×4×4×2，双站 FFBP 按照式（2-91）设置子孔径中心，初始角采样率为：5.82°；单站 FFBP 按照式（2-88）设置子孔径中心，初始角采样率为 5.82°、2.91°、1.45°和 0.73°。

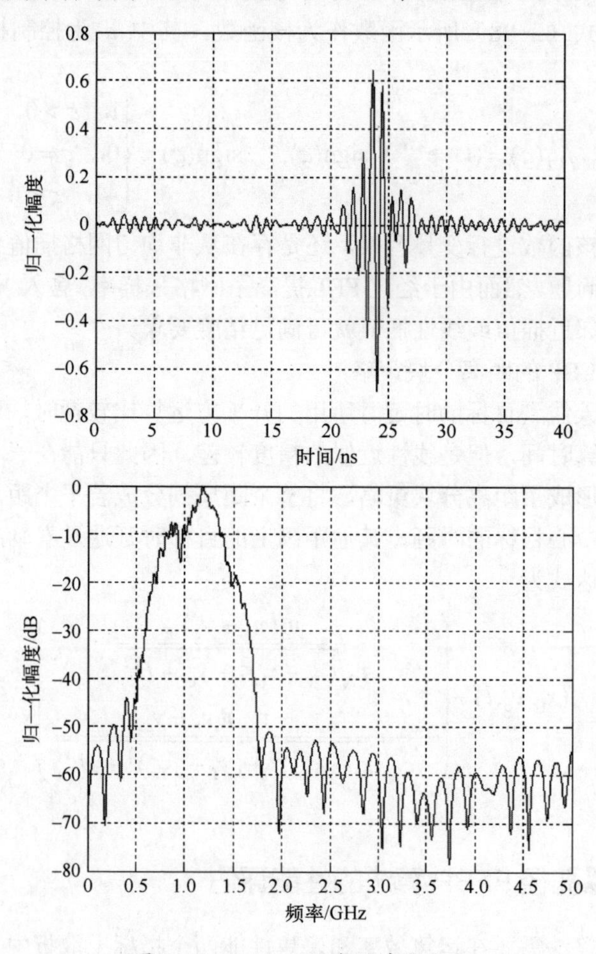

图 2-42 0.1m 三面角的冲激响应

仿真数据的 BP 图像见于图 2-43，单站 FFBP 的图像如图 2-44 所示。定义 BP 图像与 FFBP 图像之差为残留图像，在不同角采样率下，残留图像的峰值幅度分别为-2.06dB、-4.11dB、-12.90dB 和-34.74dB。由于单站 FFBP 的孔径中心选取不当，聚焦性能下降；将角采样率提高 8 倍后获得了理想的聚焦效果，但是算法效率急剧下降。结果表明了双站 FFBP 子孔径中心选取的有效性。

采用双站 FFBP 处理的图像和残留图像如图 2-45 所示，直接插值的点目标图像的旁瓣被明显抬高，峰值残留幅度为-15.12dB；而采用式（2-87）描述的相位补偿的插值，获得的图像聚焦非常理想，峰值残留幅度约为-40.02dB。结果表明了相位补偿插值的有效性。

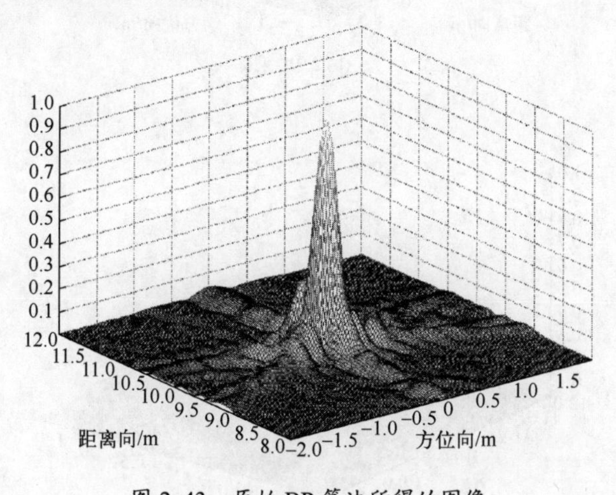

图 2-43　原始 BP 算法所得的图像

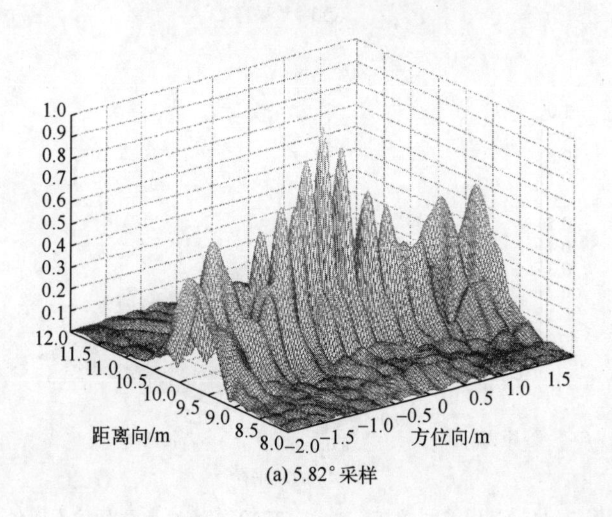

(a) 5.82°采样

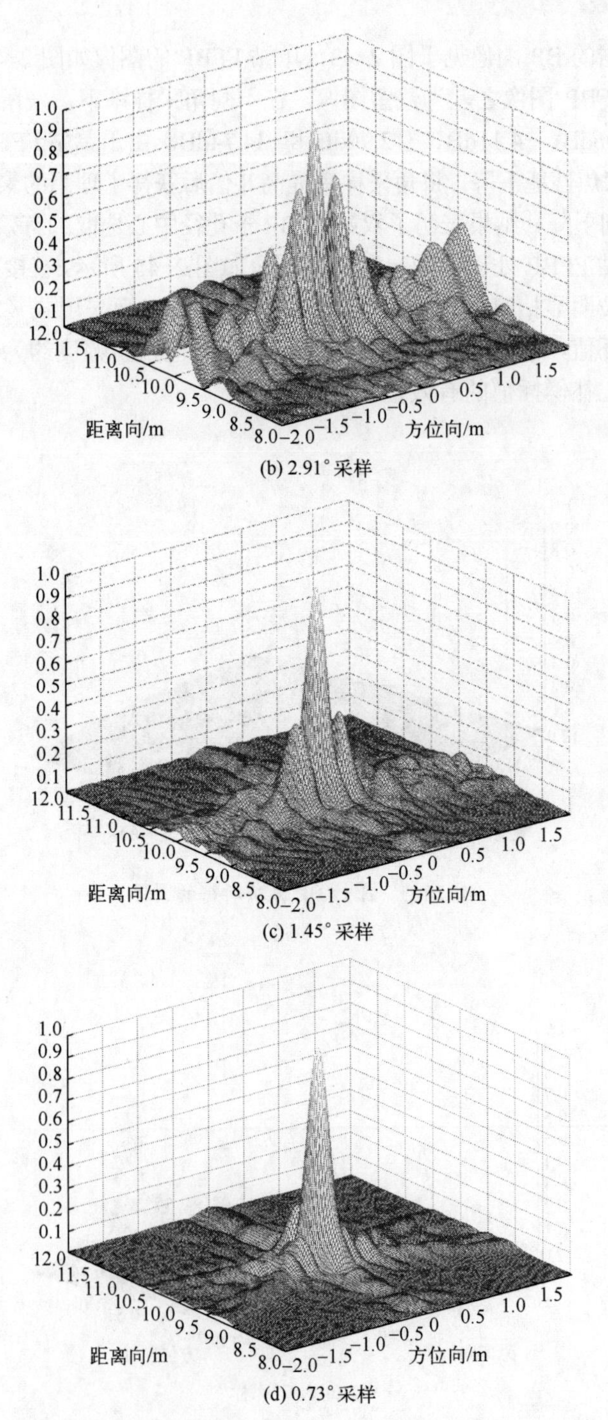

(b) 2.91° 采样

(c) 1.45° 采样

(d) 0.73° 采样

图 2-44　不同采样率下，单站 FFBP 算法的点目标仿真图像

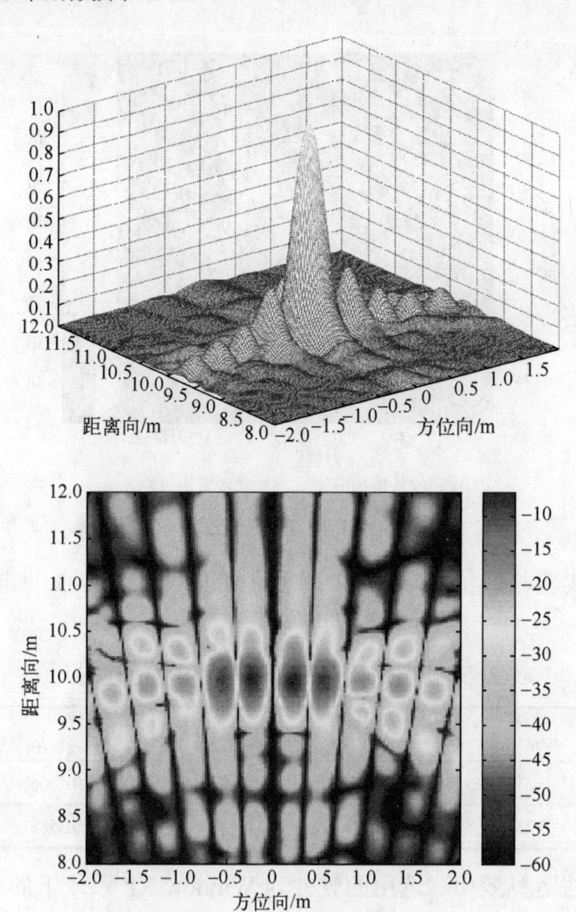

(a) 直接插值图（左）和残留图（右）

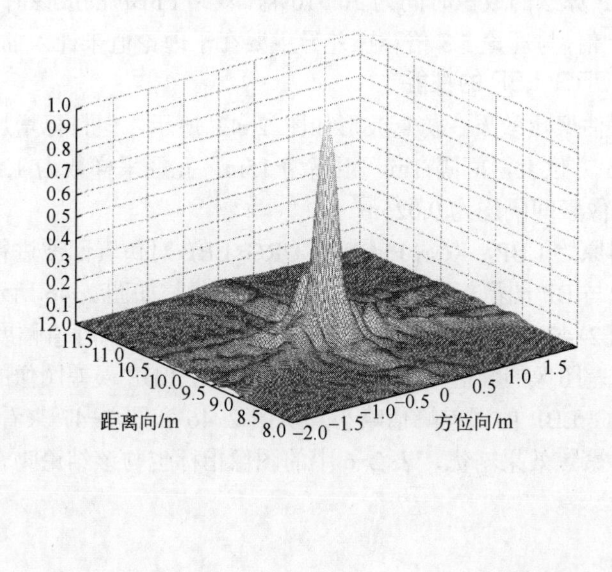

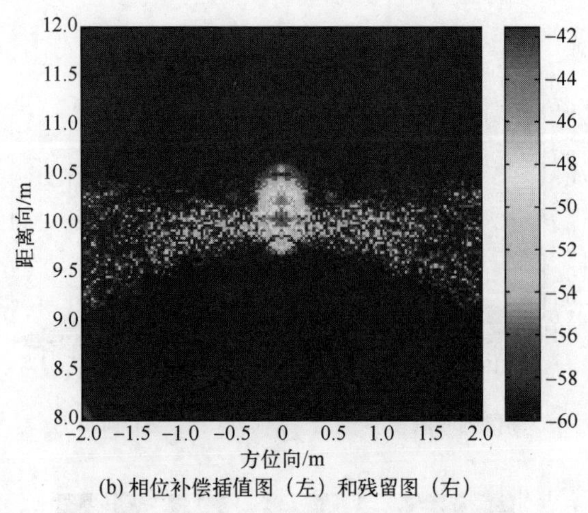

(b) 相位补偿插值图（左）和残留图（右）

图 2-45 双站 FFBP 算法的点目标仿真图像

以上两个实验验证了双站 FFBP 算法的有效性，表 2-5 的定量结果进一步验证了该结论。

表 2-5 FFBP 与 BP 所得图像的指标对比

算法	距离 分辨率/m	距离积分 旁瓣比/m	方位 分辨率/m	方位积分 旁瓣比/m	剩余图像最大 误差/m
BP	0.2350	−10.0759	0.1975	−10.4566	—
双站 FFBP	0.2350	−9.1079	0.1975	−10.3588	−40.02

第二步评估运算效率。选用的软件为 Window XP 系统下的 Matlab 6.5，图像大小为 10m×10m，像素间隔为 0.025m。每种算法重复执行 50 次以减小时间波动，实测 BP 算法的成像时间为 20.5169s，双站 FFBP 的成像时间为 8.883s，效率提高 2.31 倍，与理论 5.3 倍存在差异主要在于理论值未计入插值的计算量。

2. 双站 URG-LBP 的性能

第一步评估聚焦效果。仿真波形如图 2-42 所示，但目标增加为五个，分别位于 0～4m 方位上，间隔 1m，距离为 15m，孔径采样数为 128，图像大小为 4m×10m，像素间隔均为 0.025m。

分别利用原始 LBP，双站 FFBP 和 URG-LBP 对仿真回波进行成像，然后将这三幅图像与 BP 图像相减，获得三幅误差图像，如图 2-46 所示。误差图像的直方图如图 2-47 所示，经过测量原始 LBP 误差图像的峰值幅度为−38.3dB，双站 FFBP 误差图像的峰值幅度为−37.6dB，URG-LBP 误差图像的峰值幅度为−38.6dB，URG-LBP 的误差峰值略小。从图 2-46 和图 2-47 来看，URG-LBP 的误差较小，聚焦效果略优，表 2-6 中的图像指标也与该结论吻合。

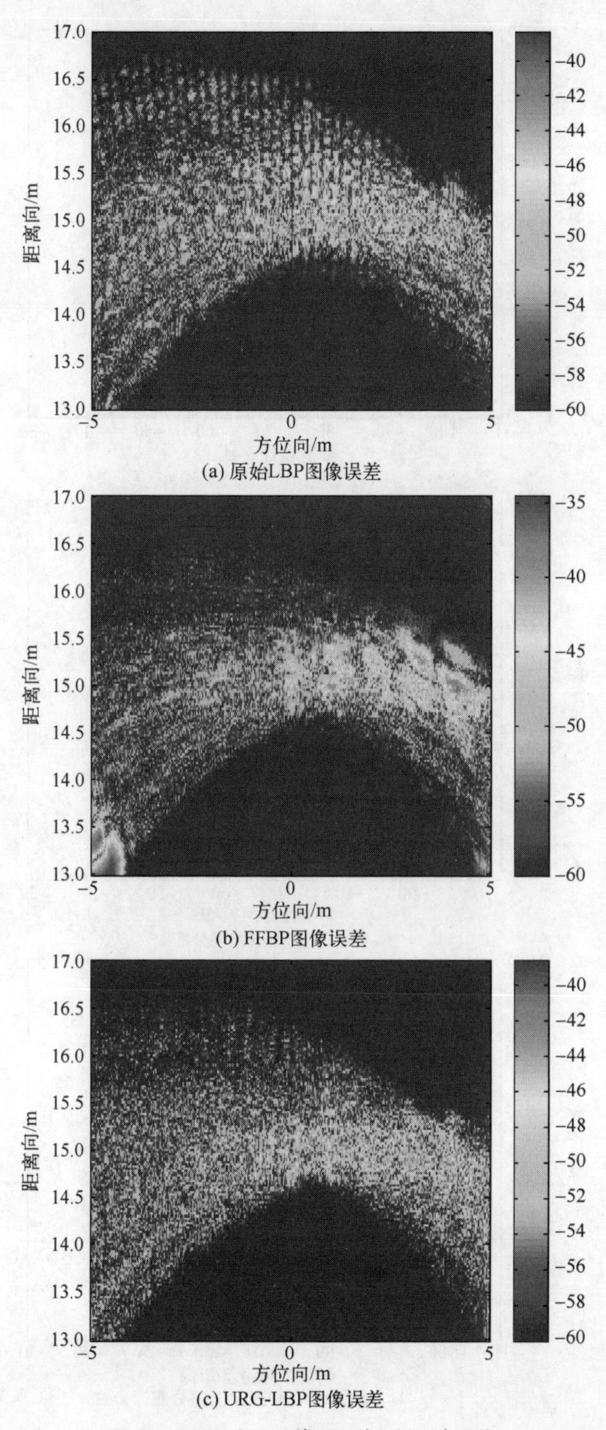

图 2-46　快速 BP 算法的相对误差图像

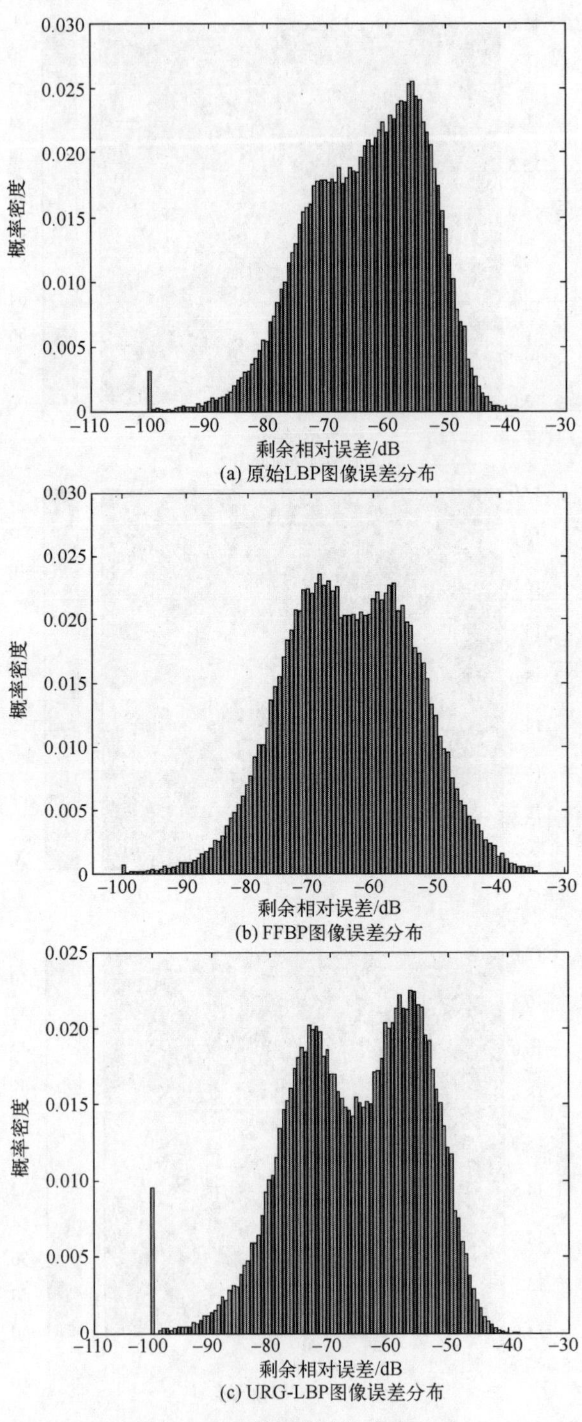

(a) 原始LBP图像误差分布

(b) FFBP图像误差分布

(c) URG-LBP图像误差分布

图 2-47 误差图像的幅度直方图

表 2-6　不同双站 BP 算法所得图像的指标

BP 算法类型	距离指标		方位指标	
	分辨率/m	积分旁瓣比/dB	分辨率/m	积分旁瓣比/dB
BP	0.2250	−8.4283	0.2750	−10.0406
原始 LBP	0.2200	−7.9511	0.2650	−7.7725
FFBP	0.2250	−8.4283	0.2750	−10.0406
URG−LBP	0.2250	−8.4283	0.2700	−9.5742

第二步评估运算效率。在保持上述聚焦效果的前提下，将图像区域扩大到 10m×10m，分别测量各快速 BP 算法的运算时间，由于 Window 操作系统是非实时的，因此每种算法重复执行 50 次以消除时间波动。各算法的运算时间见于表 2-7，可见双站 FFBP 算法的效率最高。

表 2-7　不同双站 BP 算法的成像时间

算法	实测运算时间/s	实测成像时间比	理论成像时间比
BP	20.5169	1	1
原始 LBP	10.9060	1.88	4
FFBP	8.8803	2.31	5.3
URG−LBP	7.2073	2.85	4.8

利用 URG−LBP 对车载 FLGPVAR 实测的 11 个角反射器进行成像，获得了良好的聚焦效果，如图 2-48 所示。

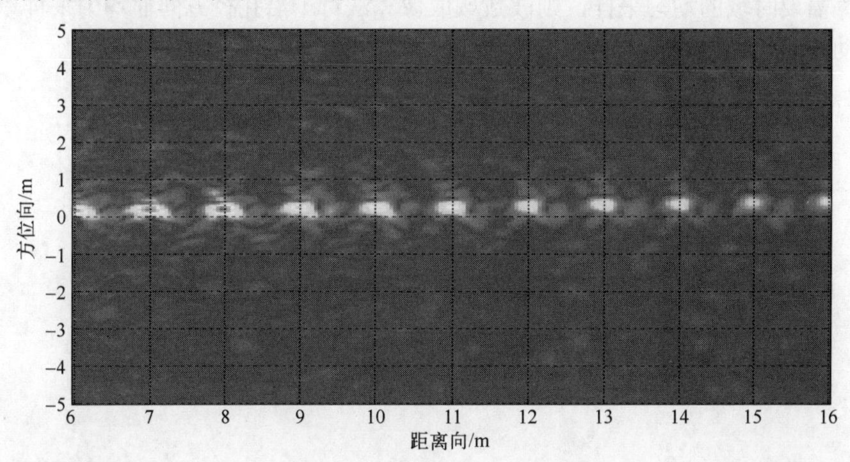

图 2-48　实测数据的双站 FFBP 图像

2.5 本章小结

超宽带 SAR 成像具有孔径长、波束宽、积累角大、运动补偿难的特点，而 BP 算法能够有效克服这些问题，因此，本章重点介绍了 BP 算法的实现，在传统 BP 的方法的基础上，基于 BP 算法的平移不变性提出了索引快速 BP 算法。然而，索引快速 BP 算法在计算复杂度上并没有得到改善，Ulander 提出的基于因式分解的快速 BP 算法能够将计算复杂度减小到 $O(N^2 \log N)$，本章分析了这种算法的提速机理，并引申出子孔径快速算法的一个基本准则，也就是子孔径长度和角度向分辨率的关系，通过时域和频域分析两种思路对这一关系进行了证明。针对不同运动误差级别，提出了非均匀孔径条件下的多级多分辨率成像方法，并分析了二维运动误差下的成像及补偿，最后形成了一种可以适应任意孔径的 AFBP 快速算法。AFBP 算法快速高效，且和 BP 算法一样易于运动补偿，对于飞行扰动造成的合成孔径弯曲和不均匀性都能较好地适应。但是，和 FFBP 算法一样，AFBP 算法是在极坐标定义图像，中间计算过程存在一定的计算冗余，当应用于小场景成像时，AFBP 算法计算效率反而不如网格 BP 法。

圆迹合成孔径成像可用于对可疑区域进行详查，针对这种侦察模式的成像算法也分为时域成像算法和频域成像算法。前者包括 TDC 算法、自相关算法和 BP 算法，其实这几种方法在本质上具有一致性，均是以电磁波时域传播过程和特点为基础，将回波相干叠加从而得到场景分布函数。Soumekh 研究了波数域的 CSAR 成像算法，这种波数域成像算法计算效率相对较高，但由于 FFT 计算需要时域的均匀采样，则波数域成像算法对于沿孔径方向非均匀采样以及运动误差较大的情况，其适应性不如时域算法。

第3章

超宽带三维成像技术

超宽带三维成像技术是合成孔径雷达技术发展的一个重要方向，在军事、民用领域都具有广泛的应用。二维合成孔径成像本质是一个投影算法，将立体空间中的目标映射到二维成像平面。该过程必将损失目标垂直二维成像平面的信息，也会出现定位误差、阴影效应及空间模糊等问题。为此，进行三维成像有助于提取更完备的目标信息，为准确定位以及后续目标识别等处理奠定基础。

本章内容包括圆周合成孔径三维成像算法、平面孔径三维成像算法以及三维图像超分辨技术。圆迹合成孔径成像可用于对可疑区域进行详查，可分为时域成像算法和频域成像算法。波数域成像算法计算效率相对较高，但要求较高，对于沿孔径方向非均匀采样以及运动误差较大的情况，其适应性不如时域算法。平面孔径的三维成像技术的研究主要针对车载 FLGPVAR 前向运动形成的虚拟平面孔径开展，提出基于 FFBP 的快速三维成像方法，提高了运算效率，可初步获取地雷目标的埋设状态。最后针对平面孔径所得三维图像的旁瓣高、深度分辨率低的缺点，研究基于 RD-RCFB 的三维图像超分辨技术，解决了车载 FLGPVAR 实测数据处理问题。

3.1 圆周合成孔径三维成像算法

3.1.1 圆周合成孔径成像模型

圆周合成孔径雷达（CSAR）的成像模型如图 3-1 所示[194]，通常载机运动在与地面平行的某一高度的水平面内，在该平面内以观测区为中心进行圆周运动，设该圆周的半径为 R_0，R_0 通常大于观测区的半径或宽度。当载机的速度不很高时，该系统在方位向压缩时仍然可以采用“停走停”的模式，由于圆周的半径是固定的，那么回波可以通过角度 θ 来表示，记为 $s(t,\theta)$，t 为快时间变量，θ 为载机转过的角度，在 CSAR 中，方位向即载机旋转的方向。实际 CSAR 系统中的方位向总是存在 N 个离散的采样位置，因此，实际回波可以表示为

$$s'(t,\theta_n)=\iint\frac{w(\theta,h,R_0,x,y)}{R^2}\zeta(x,y,h)p\left(t-\frac{2R}{\mathrm{c}}\right)\mathrm{d}x\mathrm{d}y \tag{3-1}$$

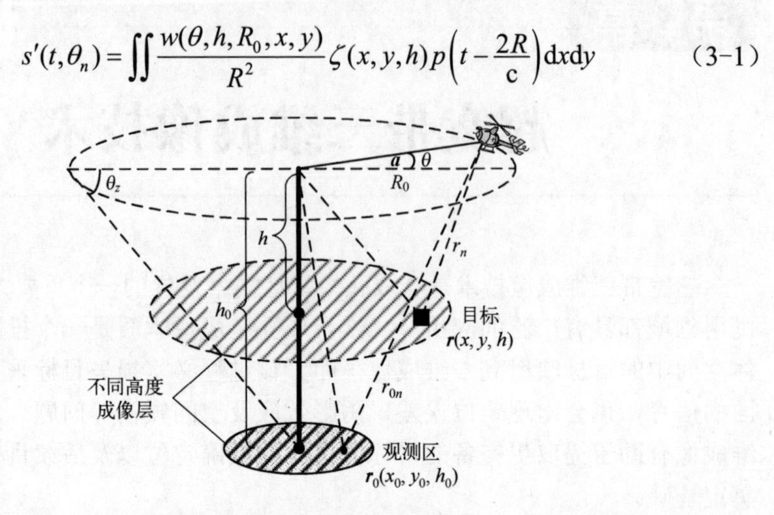

图 3-1　CSAR 的成像模型

其中，$R=\sqrt{(x-R_0\cos\theta_n)^2+(y-R_0\sin\theta_n)^2+h^2}$，$\zeta(x,y,h)$ 为观测区域场景函数，$p(t)$ 表示发射信号，$w(\theta,h,R_0,x,y)$ 表示天线方向图因子。CSAR 和传统直线 SAR 不一样，它的目的主要是详细观测某一小区域，在获得该区域全观测角高分辨率图像的同时，获取观测空间内目标三维信息。因此，CSAR 的观测区域十分小，波传播的能量衰减因子 $1/R^2$ 以及 $w(\theta,h,R_0,x,y)$ 对 CSAR 成像质量影响不大，通常在算法研究中不考虑，那么式（3-1）可简写为

$$s(t,\theta_n)=\iint\zeta(x,y,h)p\left(t-\frac{2R}{c}\right)\mathrm{d}x\mathrm{d}y \tag{3-2}$$

如果以矢量来表示三维方位，则载机所在位置可用 $\boldsymbol{a}$ 表示，观测区内某待成像点用 $\boldsymbol{r}_0$ 表示，目标所在位置用 $\boldsymbol{r}$ 表示，则有

$$s(t,\theta_n)=\int_{\text{volume}}\zeta(\boldsymbol{r})p\left(t-\frac{2|\boldsymbol{r}-\boldsymbol{a}_\theta|}{c}\right)\mathrm{d}\boldsymbol{r} \tag{3-3}$$

在后文中，为了便于区分直线 SAR 和 CSAR，CSAR 中的方位向称为角度向，这种叫法更符合 CSAR 的成像模型。下面对几个典型的时域 CSAR 成像算法进行讨论。

3.1.2 时域圆周孔径成像算法

时域相关算法（TDC）用矢量可以表示为

$$\begin{aligned} f_{\mathrm{TDC}}(\boldsymbol{r}_0) &= \iint s(t,\theta)p^*(t-t_{\theta,\boldsymbol{r}_0})\mathrm{d}t\mathrm{d}\theta \\ &= \sum_n s(t,\theta_n)p^*(t-t_{\theta,\boldsymbol{r}_0})\mathrm{d}t \end{aligned} \tag{3-4}$$

其中，$f_{\mathrm{TDC}}(\boldsymbol{r}_0)$ 表示对观测区内 $\boldsymbol{r}_0$ 点的成像结果，$p(t)$ 为发射信号，$t_{\theta,\boldsymbol{r}_0}=\dfrac{2|\boldsymbol{r}-\boldsymbol{a}_\theta|}{c}$ 表示雷达到成像点的双程时延。TDC 算法的全过程可以表示为：

（1）在 $\theta\in[0,2\pi)$ 的区间每隔 $\Delta\theta$ 的位置处，获得目标区域的雷达回波 $s(t,\theta_n)$。

（2）对每个角度 θ_n 都求雷达到待成像点 $\boldsymbol{r}_0$ 的距离延迟 $t_{\theta,\boldsymbol{r}_0}$，将发射信号延迟 $t_{\theta,\boldsymbol{r}_0}$ 后作为匹配滤波器 $p^*(t-t_{\theta,\boldsymbol{r}_0})$。

（3）对角度 θ_n 的雷达回波和 $p^*(t-t_{\theta,\boldsymbol{r}_0})$ 进行匹配滤波，取零时刻值。

（4）对所有角度重复步骤（2），再将所有结果相干叠加，得到待成像点的相对反射系数。

Ishimaru 等将光学中的共焦算法（Confocul Imaging）引入 SAR 成像，成为一种适合 CSAR 成像的时域算法[108]，这种算法通过矢量可表示为

$$f_{\mathrm{con}}(\boldsymbol{r}_0)=\sum_n\int s_n(t)h_n^*(t,\boldsymbol{r}_0)\mathrm{d}t \tag{3-5}$$

$$s_n(t)=\int_{\mathrm{volume}}\zeta(\boldsymbol{r})g_n(t,\boldsymbol{r})\mathrm{d}\boldsymbol{r} \tag{3-6}$$

其中，n 表示圆周上第 n 个采样位置，$\zeta(\boldsymbol{r})$ 为场景函数，表示实际场景随 $\boldsymbol{r}$ 变化的反射系数分布，$g_n(t,\boldsymbol{r})$ 为二维格林函数，表征波传播变化，$s_n(t)$ 可以理解为回波信号，等同于前文所述的 $s(t,\theta_n)$，$h_n(t,\boldsymbol{r}_0)$ 为共焦滤波器，每一个成像点 $\boldsymbol{r}_0$ 都有一个对应的共焦滤波器，当应用于 SAR 成像时，共焦滤波器实际上由发射信号以及波传播的相位变化函数构成：

$$h_n(t,\boldsymbol{r}_0)=F_\omega^{-1}\left[p(\omega)\exp\left(\mathrm{j}\frac{2\omega}{c}|\boldsymbol{a}-\boldsymbol{r}_0|\right)\right] \tag{3-7}$$

由于每个位置的发射信号形式都是一样的，故而该算法也可以写成

$$f_{\text{con}}(\boldsymbol{r}_0)=\sum_n\int s(t,\theta_n)p^*(t-t_{\theta,r_0})\mathrm{d}t,\ t_{\theta,r_0}=\frac{2|\boldsymbol{a}_\theta-\boldsymbol{r}|}{c} \tag{3-8}$$

比较式（3-8）和式（3-4），可以看出时域 TDC 算法和共焦算法在本质上是一样的，二者都是对不同的成像点采用不同的时延构造匹配滤波器，通过对回波信号匹配滤波并相干叠加实现对该点的成像。

在前面的介绍中，我们知道 BP 算法可以用来对任意曲线孔径 SAR 成像，那么 CSAR BP 算法可以表示为

$$f_{\text{BP}}(\boldsymbol{r}_0)=\sum_n s_{\text{M}}(t_{\theta,r_0},\theta_n),\ t_{\theta,r_0}=\frac{2|\boldsymbol{a}-\boldsymbol{r}_0|}{c} \tag{3-9}$$

其中，$s_{\text{M}}(t,\theta_n)=\int s(\tau,\theta_n)p^*(\tau-t)\mathrm{d}t$，表示将回波信号和零时刻的发射信号进行匹配滤波，然后取 $s_{\text{M}}(t,\theta_n)|_{t=t_{\theta,r_0}}$ 作为相干叠加值。而式（3-8）可以改写为

$$\begin{aligned}f(\boldsymbol{r}_0)&=\sum_n\int\left[s(\tau,\theta_n)p^*(\tau-t)\mathrm{d}\tau\right]\Big|_{t=t_{\theta,r_0}}\\&=\sum_n\int\left[s_{\text{M}}(t,\theta_n)\right]\Big|_{t=t_{\theta,r_0}}\end{aligned} \tag{3-10}$$

比较式（3-10）和式（3-9），CSAR BP 算法和其他时域算法在本质上是一样的，都是从时域再现波传播的过程，通过接收的回波向观测区逆向投影形成相干叠加，以信噪比最优为原则，反演出场景的反射系数分布。而 BP 算法较其他两种时域方法而言，主要的区别是采用统一的匹配滤波器进行匹配滤波，然后再计算双程时延。在文献[195]中对 CSAR 中的 BP 算法和 TDC 算法进行了比较，指出了 BP 算法具有更高的计算效率。

前面所述的像素点都是通过三维空间位置矢量表示的，可以表示雷达整个照射空间内任意一点，因此可以采用层析的方法重建三维场景。当观测区域距飞行平面的高度为 h 时，用 (x,y) 表示待成像点 $\boldsymbol{r}_0$，那么 BP 算法可以表示为

$$\begin{aligned}f_{\text{BP}}(x,y)&=\sum_n\int s_{\text{M}}(t,\theta_n)\delta\left(t-\frac{2R(x,y,\theta_n)}{\text{c}}\right)\mathrm{d}t\\R(x,y,\theta_n)&=\sqrt{(x-R_0\cos\theta_n)^2+(y-R_0\sin\theta_n)^2+h^2}\end{aligned} \tag{3-11}$$

通过选择不同的 h，就能实现对不同高度平面内的观测区成像。如果目标在所聚焦的层上，由于得到精确的相干叠加，目标在该层上便会聚焦。如果目标不在所聚焦的层上，由于没有得到相干叠加，目标在该层上便会散焦。而且随着远离目标，相干叠加的精确性下降，聚焦效果变差，使得图像幅度迅速下降。

得到所有层的层析图像序列后，利用等值面进行重建，就能恢复出 CSAR 观测空间的立体场景分布图。

3.1.3 波数域圆周孔径成像算法

CSAR 系统的成像模型如图 3-2 所示，雷达在角度 θ 收到的回波为

$$s(\theta,t)=\iint f(x,y)p\left(t-\frac{2\sqrt{(x-R_0\cos\theta)^2+(y-R_0\sin\theta)^2+H^2}}{c}\right)\mathrm{d}x\mathrm{d}y \tag{3-12}$$

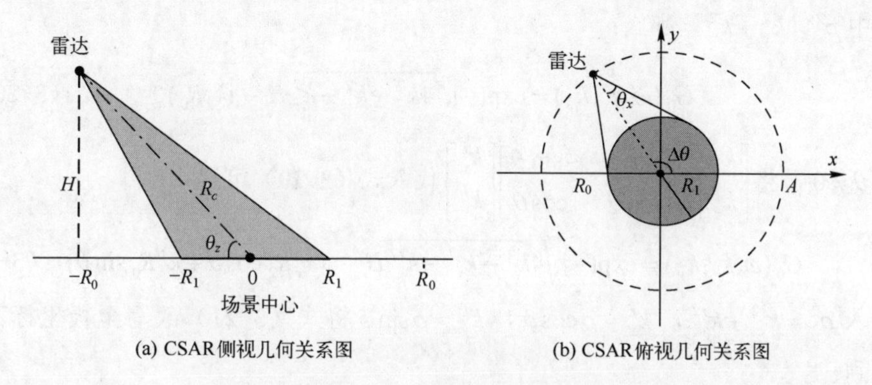

(a) CSAR侧视几何关系图　　(b) CSAR俯视几何关系图

图 3-2　CSAR 成像模型

式（3-12）关于 t 的傅里叶变换为

$$s(\theta,\omega)=\iint f(x,y)P(\omega)\exp(-\mathrm{j}2k\sqrt{(x-R_0\cos\theta)^2+(y-R_0\sin\theta)^2+H^2})\mathrm{d}x\mathrm{d}y \tag{3-13}$$

其中 $k=\dfrac{\omega}{c}$，令 $g_\theta(\omega,x,y)=\exp(-\mathrm{j}2k\sqrt{(x-R_0\cos\theta)^2+(y-R_0\sin\theta)^2+H^2})$，代入式（3-13）可得

$$s(\theta,\omega)=\iint f(x,y)P(\omega)g_\theta(\omega,x,y)\mathrm{d}x\mathrm{d}y \tag{3-14}$$

根据帕斯瓦尔定理可得

$$s(\theta,\omega)=P(\omega)\iint F(-k_x,-k_y)G_\theta(\omega,k_x,k_y)\mathrm{d}k_x\mathrm{d}k_y \tag{3-15}$$

由于坐标旋转在空间波数域具有不变性，为求 $G_\theta(\omega,k_x,k_y)$，暂设 $\theta=0$，得到

$$g_\theta(\omega,x,y)=\exp(-\mathrm{j}2k\sqrt{(x-R_0)^2+y^2+H^2}) \tag{3-16}$$

如果设 $g_0'(\omega,x,y)=\exp(-\mathrm{j}2k\sqrt{x^2+y^2+H^2})$，且 $F_{xy}\left[f(x,y)\right]$ 表示对函数 $f(x,y)$ 进行二维傅里叶变换，则有

$$\begin{cases} F_{xy}\left[g_0(\omega,x,y)\right]=G_0(\omega,k_x,k_y) \\ F_{xy}\left[g_0'(\omega,x,y)\right]=G_0'(\omega,k_x,k_y) \end{cases} \tag{3-17}$$

$$G_0(\omega,k_x,k_y)=G_0'(\omega,k_x,k_y)\exp(-\mathrm{j}k_xR_2) \tag{3-18}$$

求$G_0(\omega,k_x,k_y)$则可以转化为求$G_0'(\omega,k_x,k_y)$，由式（3-18）可得

$$G_0'(\omega,k_x,k_y)=\exp(-\mathrm{j}\sqrt{4k^2-\rho^2}H) \tag{3-19}$$

其中$\rho^2=k_x^2+k_y^2$，那么：

$$G_0(\omega,k_x,k_y)=\exp(-\mathrm{j}\sqrt{4k^2-k_x^2-k_y^2}H-\mathrm{j}k_xR_0) \tag{3-20}$$

若$\theta\neq 0$，将$\begin{bmatrix}k_x\\k_y\end{bmatrix}=\begin{bmatrix}\cos\theta & -\sin\theta\\ \sin\theta & \cos\theta\end{bmatrix}\begin{bmatrix}k_x'\\k_y'\end{bmatrix}$代入式（3-20）可得

$$G_0(\omega,k_x',k_y')=\exp(-\mathrm{j}\sqrt{4k^2-k_x'^2-k_y'^2}H-\mathrm{j}(k_x'R_2\cos\theta+k_y'R_0\sin\theta)) \tag{3-21}$$

代入$\rho^2=k_x'^2+k_y'^2$，$k_x'=\rho\cos\phi$，$k_y'=\rho\sin\phi$将式（3-21）改写至极坐标下得到

$$G_{\theta\rho}(\omega,\rho,\phi)=\exp\left(-\mathrm{j}\sqrt{4k^2-\rho^2}H-\mathrm{j}\rho R_0\cos(\theta-\phi)\right) \tag{3-22}$$

又因为$g_\theta(\omega,x,y)$的相位函数$\gamma=2k\sqrt{(x-R_0\cos\theta)^2+(y-R_0\sin\theta)^2+H^2}$，因而二维波数大小可表示为

$$\begin{aligned} k_x&=\frac{\partial\gamma}{\partial x}=2k\frac{x-R_0\cos\theta}{\sqrt{(x-R_0\cos\theta)^2+(y-R_0\sin\theta)^2+H^2}} \\ k_y&=\frac{\partial\gamma}{\partial y}=2k\frac{y-R_0\sin\theta}{\sqrt{(x-R_0\cos\theta)^2+(y-R_0\sin\theta)^2+H^2}} \end{aligned} \tag{3-23}$$

由于$x^2+y^2\leqslant R_1^2=R_0^2\sin^2\theta_x$，所以不难得到窗函数：

$$W_1(\rho,\omega)=\begin{cases} 1, & \dfrac{2k(1-\sin\theta_x)}{\sqrt{(1-\sin\theta_x)^2+\sin^2\theta_z}}\leqslant\rho\leqslant\dfrac{2k(1+\sin\theta_x)}{\sqrt{(1+\sin\theta_x)^2+\sin^2\theta_z}} \\ 0, & \text{其他} \end{cases} \tag{3-24}$$

令$\tan\phi=\left|\dfrac{k_y}{k_x}\right|=\left|\dfrac{y-R_0\sin\theta}{x-R_0\cos\theta}\right|$，可以理解为目标区域内任一点和圆形航迹上任一点连线的斜率，ϕ则是这一连线和水平轴之间的夹角，不难得到$|\phi-\theta|<\theta_x$，

定义：

$$W_2(\phi)=\begin{cases}1, & |\phi|<\theta_x \\ 0, & \text{其他}\end{cases} \tag{3-25}$$

式（3-15）可以写为

$$s(\theta,\omega)=P(\omega)\iint \rho F_{\mathrm{p}}(\rho,\phi)G_{\theta}(\omega,\rho,\phi)W_1(\rho,\phi)W_2(\phi-\theta)\mathrm{d}\rho\mathrm{d}\phi \tag{3-26}$$

将式（3-26）中和ω相关的部分单独取出来设为

$$\Lambda(\rho,\omega)=W_1(\rho,\omega)\exp(-\mathrm{j}\sqrt{4k^2-\rho^2}H) \tag{3-27}$$

将式（3-26）中和ϕ相关的部分单独取出来设为

$$\Gamma(\theta,\rho)=\rho\int F_{\mathrm{p}}(\rho,\phi)\exp(-\mathrm{j}\rho R_0\cos(\theta-\phi))W_2(\phi,\theta)\mathrm{d}\phi \tag{3-28}$$

根据式（3-27）和式（3-28），则

$$s(\theta,\omega)=P(\omega)\int \Lambda(\rho,\omega)\Gamma(\theta,\rho)\mathrm{d}\rho \tag{3-29}$$

如果上式写成矩阵的形式为

$$\boldsymbol{S}_{\theta\omega}=P_{\omega}\cdot\boldsymbol{\Gamma}_{\theta\rho}\cdot\boldsymbol{\Lambda}_{\rho\omega} \tag{3-30}$$

$\boldsymbol{\Lambda}_{\rho\omega}$在$\rho$域正交函数[196]，故：

$$\boldsymbol{\Gamma}_{\theta\rho}=P_{\omega}^{*}\cdot\boldsymbol{S}_{\theta\omega}*\boldsymbol{\Lambda}_{\rho\omega}^{\mathrm{H}} \tag{3-31}$$

其中，$\boldsymbol{\Lambda}_{\rho\omega}^{\mathrm{H}}$为$\boldsymbol{\Lambda}_{\rho\omega}$的共轭转置，$P_{\omega}^{*}$为$P_{\omega}$的共轭，通过（3-31）式可以求得$\Gamma(\theta,\rho)$如下：

$$\Gamma(\theta,\rho)=\rho F_{\mathrm{P}}(\rho,\theta)\otimes_{\theta}\exp(-\mathrm{j}\rho R_2\cos\theta)W_2(\theta) \tag{3-32}$$

其中$\otimes_{\theta}$表示关于θ的卷积，那么：

$$F_{\theta}\left[F_{\mathrm{P}}(\rho,\theta)\right]=\frac{\rho F_{\theta}\left[\exp(-\mathrm{j}\rho R_0\cos\theta)W_2(\theta)\right]}{F_{\theta}\left[\Gamma(\theta,\rho)\right]} \tag{3-33}$$

其中，F_{θ}表示关于θ的傅里叶变换，通过关于θ的反傅里叶变换即可求得$F_{\mathrm{P}}(\rho,\theta)$，再将极坐标下的$F_{\mathrm{P}}(\rho,\theta)$通过二维插值得到直角坐标下的$F(k_x,k_y)$，再进行二维逆傅里叶变换即可得到散射系数分布函数$f(x,y)$，也就是目标图像。

3.1.4 仿真结果

仍然沿用表 2-2 的雷达系统参数，巡航半径和高度均改为 40m，BP 成像算法成像结果如图 3-3 所示，改进后的波数域成像算法成像结果如图 3-4 所示。由实验结果可以看出，在系统参数相同的情况下，二者能获得相当的水平分辨率。波数域算法旁瓣更窄更低，其积分旁瓣比和峰值旁瓣比这两个指标都较高，对于反射较强分布较密的细微目标提取是有利的。而 BP 算法能获得更低的基底噪声，对于分布较为稀疏的弱目标提取是更为有利的。

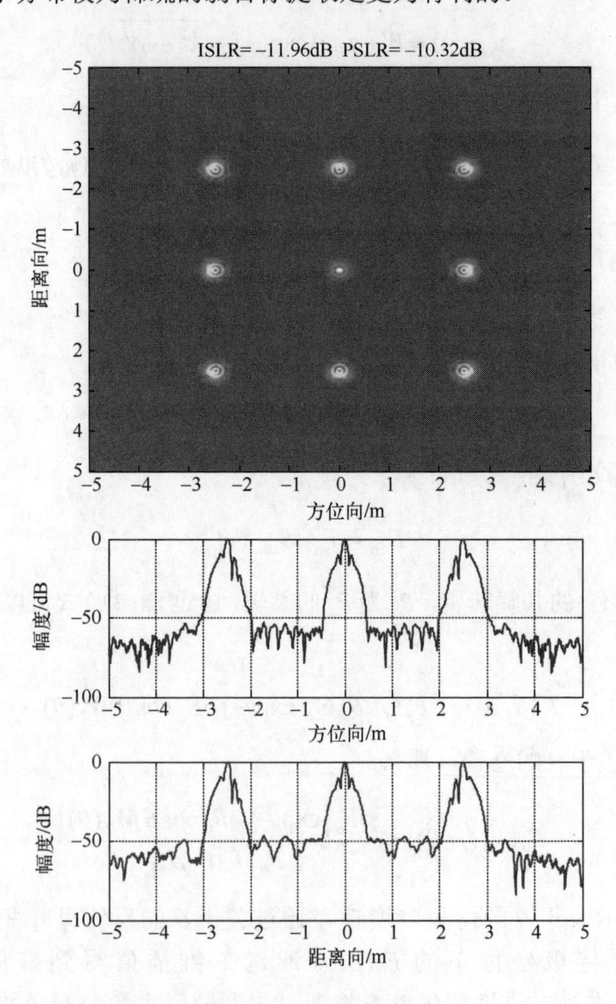

图 3-3 BP 算法成像结果

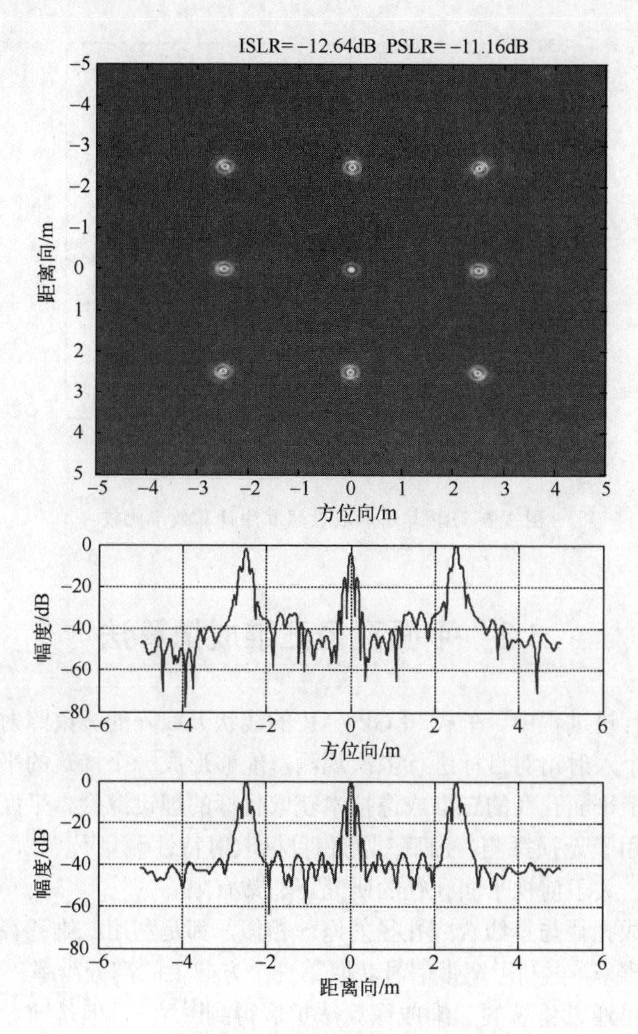

图 3-4　波数域算法成像结果

除了图像分辨率以外，我们也对二者的计算效率进行了一个初步的比较，当图像网格定义成 20m×20m，水平分辨率取为 0.025m，当回波的角度向采样点数不断增加时，二者的计算消耗时间如图 3-5 所示，对于回波数据矩阵较大或最终图像矩阵的尺寸较大（与探测范围以及分辨率的选取有关）的情况，可以使用波数域算法，以求获得更高的计算效率，但是当成像区域较小，或回波角度向采样点数较少时，可以使用 BP 成像算法，以求获得更优的运动补偿性能。

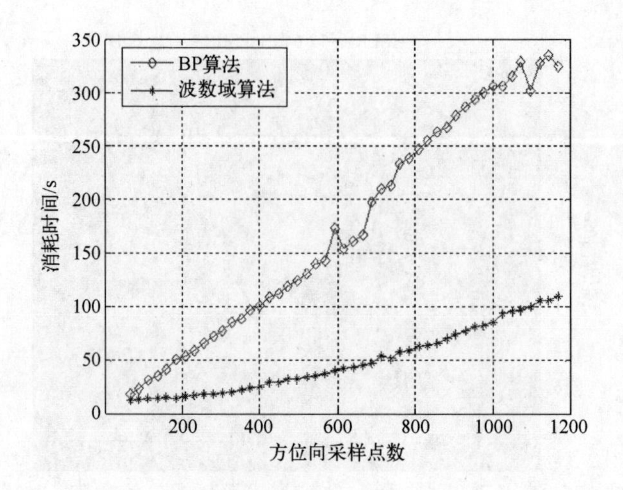

图 3-5 BP 算法和波数域算法计算效率比较

3.2 平面孔径三维成像算法

在车辆行进过程中，车载 FLGPVAR 的线状天线阵的波束照射前方一定的区域，从多个入射角对目标进行多次观测，能够形成一个稀疏的平面孔径，因此可采用基于平面孔径的三维成像技术获取目标的埋设深度。平面合成孔径原理已经开始用于无损探测、海底观测和目标散射特性测量[112,114]，它们大多属于下视平面，关于前视平面孔径的研究还非常有限。

平面合成孔径与直线合成孔径的原理相似，都是利用二维孔径获得两个方向上的高分辨率，再利用宽带信号获取第三个方向上的高分辨率。平面 SAR 三维成像算法可通过传统的二维成像算法扩展得到[115,197]，但是前者的计算量远大于后者的，因此需要研究快速的平面孔径三维成像算法。

3.2.1 平面孔径三维成像算法原理

平面孔径的二维尺寸较大，能够形成二维高分辨针状波束，再加上发射信号带宽较大，能够获取较高的距离分辨率，因此具有三维分辨能力。根据平面孔径与目标的相对位置关系，将其分成正侧视平面孔径和斜视平面孔径两类，如图 3-6 所示。前者能保持目标被孔径正面照射，在相同孔径尺寸下所达到的分辨率更高，比较典型的应用为三维 DLGPR[198]；后者比较典型的应用为暗室目标测量[45]。

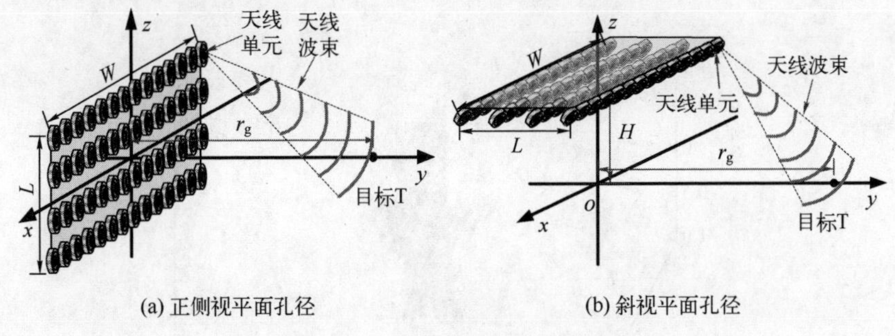

(a) 正侧视平面孔径　　(b) 斜视平面孔径

图 3-6 平面孔径 SAR 的原理图

平面孔径 SAR 成像是线孔径 SAR 成像的延伸。平面孔径 SAR 沿着三维双曲面进行相干积累，这种聚焦方法称为严格聚焦；也可以分别沿着两条正交的双曲线进行相干积累，这是对严格聚焦的一种近似，但获得的三维图像与严格聚焦差异很小[199]，因此可通过两个直线合成孔径来分析平面孔径 SAR 的分辨率，根据 SAR 原理，目标的距离分辨率 ρ_r、方位分辨率 ρ_a 和深度分辨率 ρ_d 分别为

$$\rho_r = \frac{c}{2B\cos\theta};\quad \rho_a = \frac{\lambda_c}{4\sin(\Theta/2)};\quad \rho_d = \frac{\lambda_c}{4\sin(\Phi/2)\sin(\theta)} \tag{3-34}$$

其中，θ 为俯视角，Θ 和 Φ 为二维平面孔径的水平和垂直积累角，c 为自由空间光速（浅埋目标的散焦效应很小），λ_c 为信号中心波长。

下面通过仿真来分析平面孔径的特性，采用的平面孔径长度 L 和宽度 W 均为 6m，发射信号的中心频率为 1.1GHz，带宽 1GHz。场景中仅放置一个目标，目标距孔径中心的水平距离均为 $r_g = 15\,\text{m}$，如图 3-6 所示。图 3-7 是目标的三维等值面图像，图（a）是目标在正侧视平面孔径中的图像，图（b）是目标在斜视平面孔径中的图像，可见，在斜视照射模式下，由于等效孔径变小，目标的深度分辨率大大降低。

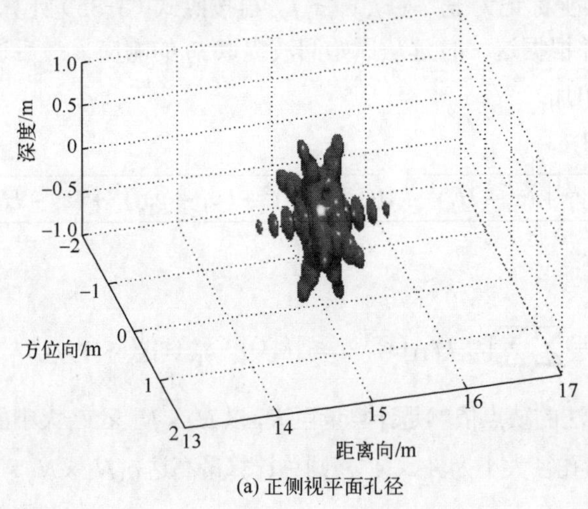

(a) 正侧视平面孔径

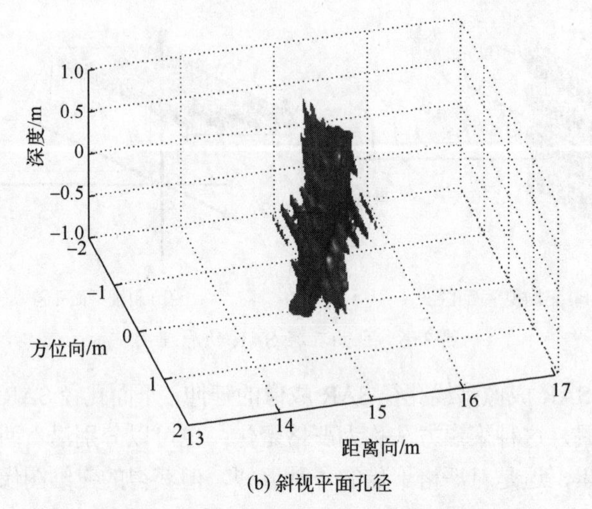

(b) 斜视平面孔径

图 3-7 平面孔径 SAR 的三维等值面图像

事实上，要获得优于 0.05m 的深度分辨率，即使采用正侧视平面孔径，所需的孔径尺寸都非常大，而采用斜视平面孔径需要更大的尺寸。由于车载 FLGPVAR 只能形成斜视平面孔径，因此其成像难度将远大于传统的正侧视平面孔径三维成像。

3.2.2 基于平面孔径的原始三维 BP 算法

平面孔径回波不适合采用频域 SAR 算法进行聚焦，与二维 FLGPVAR 聚焦不宜采用频域算法的原因相同，因此采用 BP 算法进行平面孔径三维成像。

三维 BP 算法对平面孔径回波聚焦的步骤为：首先将目标区域划分成若干个三维网格，其坐标记为 $\boldsymbol{p}_I=(x_I,y_I,z_I)$，再按照式（3-35）计算每个阵元到 $\boldsymbol{P}_I$ 的传输时延，并根据这一时延从原始回波提取 $\boldsymbol{P}_I$ 的响应，最后通过式（3-36）将所有的响应相加。

$$\tau_{\mathrm{T}n}(x_I,y_I,z_I,k,l)=\frac{\sqrt{(x_I-x_k)^2+y_I^2+(z_I-H_l)^2}+\sqrt{(x_I-x_{\mathrm{T}n})^2+(y_I-y_{\mathrm{T}n})^2+(z_I-H_{\mathrm{T}n})^2}}{c},\quad n=1,2 \tag{3-35}$$

$$I(x_I,y_I,z_I)=\sum_{l=1}^{L}\sum_{k=1}^{K}[s_{\mathrm{pc}}(\tau_{\mathrm{T1}}(x_I,y_I,z_I,k,l))+s_{\mathrm{pc}}(\tau_{\mathrm{T2}}(x_I,y_I,z_I,k,l))] \tag{3-36}$$

三维 BP 算法的缺点依然是计算量巨大，以 $N_x\times N_y\times N_z$ 大小的三维目标区域来说，如果平面孔径大小为 $A_x\times A_y$，则总计算量高达 $o(N_x\times N_y\times N_z\times A_x\times A_y)$。

从第 2 章的分析可知，二维 FFBP 能够显著提高 BP 的运算效率，将计算量从 $o(N^3)$ 降低到 $o(N^2 p\log_p N)$，本节也将利用相同的思想对三维 BP 进行改进，推导出适合平面孔径的三维 FFBP 算法。

3.2.3 平面孔径三维 FFBP 算法

三维 FFBP 有两种不同的实现方法，分别为孔径分块 FFBP 和孔径级联二维 FFBP。研究前一种方法的文献较多，其中孔径分解原理为

$$|\Delta r| \leqslant \begin{cases} \sqrt{d_x^2+d_y^2}\Delta\bar{\theta}\big/4, & \sqrt{d_x^2+d_y^2}\big/2 \leqslant \sqrt{r_x^2+r_y^2} \\ \sqrt{r_x^2+r_y^2}\Delta\bar{\theta}\big/2, & \sqrt{d_x^2+d_y^2}\big/2 > \sqrt{r_x^2+r_y^2} \end{cases} \tag{3-37}$$

式（3-37）是二维扩展，其中 d_x、d_y 分别表示 x 和 y 方向上子孔径的长度，r_x、r_y 分别表示 x 和 y 方向上目标到孔径中心的距离，$\Delta\bar{\theta}$ 表示三维角度采样间隔。在每一级孔径合并后，只要减小子图像的角度采样间隔 $\Delta\bar{\theta}$，使式（3-37）造成相位误差小于 $\pi/4$，则最终图像的聚焦质量就不会受到影响。可得孔径分块 FFBP 的运算量约为 $o\left(N_x \times N_y \times N_z \times \sum_{s=1}^{S} F_s^x F_s^y\right)$，因此比三维 BP 效率提高的倍数为

$$\frac{C_{\text{BP}}^{\text{3D}}}{C_{\text{FFBP}}^{\text{3D}}} \propto \frac{A_x A_y}{\sum_{s=1}^{S} F_s^x F_s^y} \tag{3-38}$$

其中，F_s^x、F_s^y 分别为平面孔径 x 和 y 方向的分解因式。以 64×8 点大小的平面孔径为例，如果 x 方向孔径分解为 $64 = 4\times4\times4$，y 方向孔径分解为 $8 = 2\times2\times2$，根据式（3-38）可知理论上孔径分块 FFBP 的速度可提高 21 倍。

孔径级联二维 FFBP 的原理比孔径分块 FFBP 的原理更加简单，即：依次在 x 和 y 方向上通过 FFBP 算法进行子孔径成像。可得孔径级联 FFBP 的运算量约为 $o\left(N_x \times N_y \times N_z \times (\sum_{s=1}^{S} F_s^x + \sum_{s=1}^{S} F_s^y)\right)$，因此三维 FFBP 比三维 BP 效率提高的倍数为

$$\frac{C_{\text{BP}}^{\text{3D}}}{C_{\text{FFBP}}^{\text{3D}}} \propto \frac{A_x A_y}{\sum_{s=1}^{S} F_s^x + \sum_{s=1}^{S} F_s^y} \tag{3-39}$$

如果平面孔径大小仍为 64×8，孔径分解方式不变，则理论上孔径级联 FFBP 的效率可比原始 BP 提高约 32 倍。

下面通过仿真验证孔径级联二维 FFBP 算法优良的聚焦效果和运算效率。仿真的平面孔径大小为 64×8 点，高度为 3.5m，如图 3-6（b）所示，目标位于平面孔径中心正前方 11m 处；发射信号中心频率为 1.1GHz，带宽 1GHz。先采用三维 BP 算法进行成像，然后采用孔径级联二维 FFBP 进行成像，成像区域在 *xyz* 三个方向上的大小分别为 161×161×41。将这两种算法的成像结果相减，差图像幅度的大小即可反映三维 FFBP 聚焦质量的优劣，结果表明：误差图像的最大幅度为-38.4dB。在运算时间方面，三维 BP 耗时 394.11s，三维 FFBP 耗时 20.14s，效率提高了约 19.6 倍，与理论值 32 存在一定的差异，主要是由三维插值运算量较大造成的。

为了验证三维 FFBP 算法的正确性，在此利用车载 FLGPVAR 录取了四种地雷的回波数据，分别是 84 式抛撒地雷、美式 M6A1 地雷、金属 T72 地雷和塑料 T72 地雷，除了 84 式抛撒地雷外，其他地雷均按照地雷教范要求埋设 5cm 深。车辆直线前进，形成一个 10m 长、8m 宽的稀疏平面孔径，对前方 14～24m 进行三维成像，平面像素采样率为 2.5cm；垂直方向成像区间为±1m，像素间隔 0.05m。所得三维图像分别如图 3-8～图 3-11 所示。

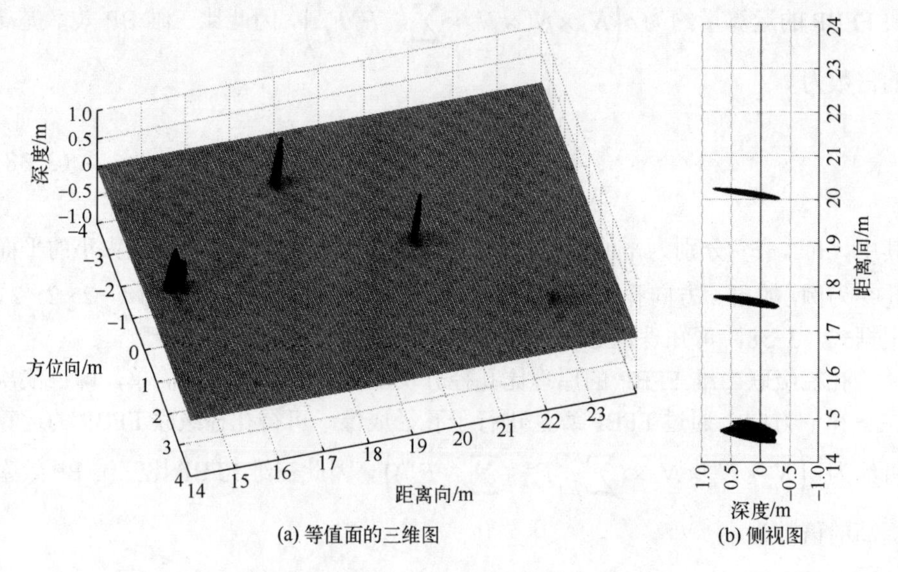

图 3-8 地表的 84 式抛撒地雷的三维图像

这四幅图像的图（a）显示的是目标的-6dB 等值面三维图，图（b）是图（a）的侧视图，图（b）可以更清楚地看出目标的埋设状态。图 3-8 可以看出，由于 84 式抛撒地雷放置于地表之上，因此目标的能量重心的高度大于 0；而其他地雷处于埋设状态，理论上能量重心高度小于 0，但是由于系统的高度分辨率有限，因此不能从图 3-9～图 3-11 中明显地发现地雷能量重心偏向地下。

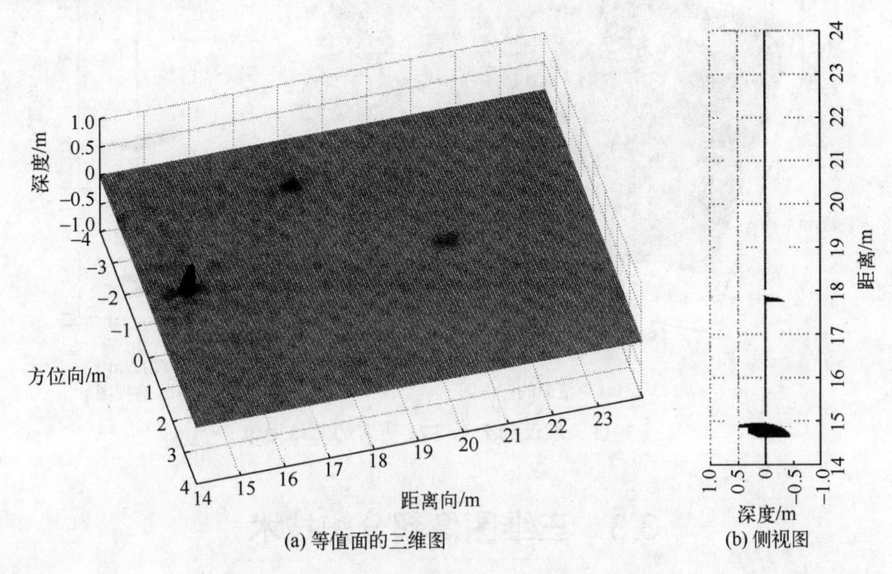

图 3-9　埋设的美式 M6A1 地雷的三维图像

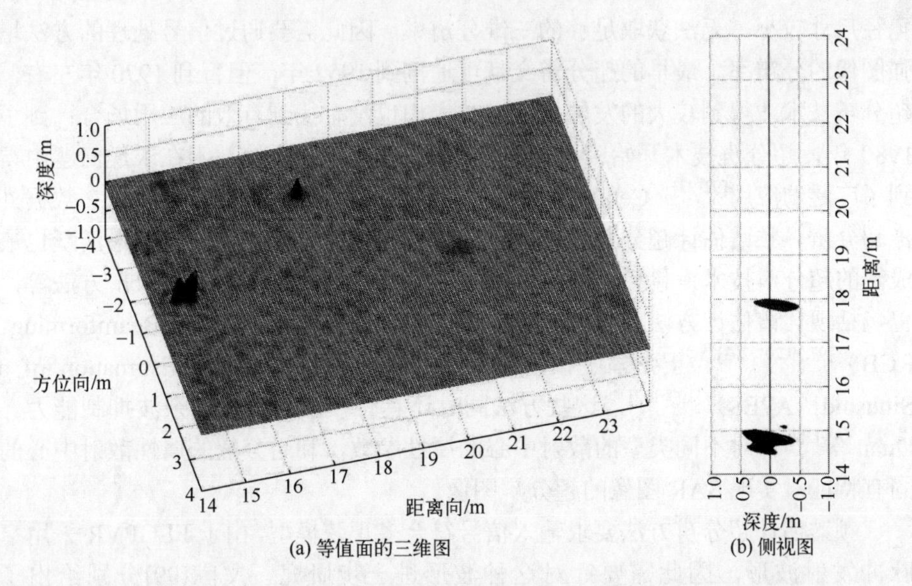

图 3-10　埋设的塑料 T72 地雷的三维图像

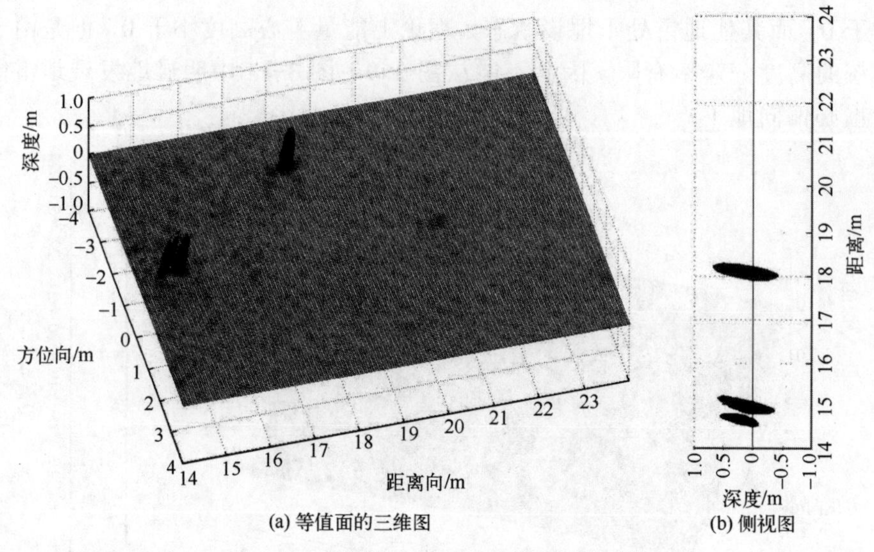

(a) 等值面的三维图　(b) 侧视图

图 3-11　埋设的金属 T72 地雷的三维图像

3.3　三维图像超分辨技术

三维分辨率是最重要的图像性能指标，由于前视 FLGPVR 形成的虚拟平面孔径尺寸较小，无法获取足够的三维分辨率，因此需要通过信号处理的方法增强图像的分辨率。最早的超分辨文献可追溯到 1952 年，但直到 1970 年左右，超分辨技术才得到较大的发展，但当时人们也没有找到有效的应用场合；到了 1980 年，超分辨技术开始应用于 SAR 图像处理，此后该技术在求逆问题中得到了广泛的应用[92-93]。Çetin[94]在其博士论文中将超分辨技术分成三类：数据外推超分辨、频谱估计超分辨和正则化超分辨。其中频谱估计是研究最活跃也最成熟的超分辨技术，包括经典的频谱估计方法，如周期图法、Welch 方法等，也包括现代谱估计方法，如稳健 Capon 波束形成（Robust Capon Beamforming，RCB）[97,99,201-203]、正弦幅度相位估计（Amplitude and Phase Estimation of a Sinusoid，APES）[100-102]，这些方法同时还具有较强的干扰和杂波抑制能力。Duan 等[200]针对不同类型的散射中心的属性参数，利用分解的属性散射中心的固有特征，实现 SAR 图像的超分辨图像。

频谱估计超分辨方法要求输入信号符合多正弦模型，由于 FLGPVR 采用窄脉冲发射波形，因此需要针对这种波形进一步研究，文献[99]分别给出了 RD-RCFB 的一维和二维表达式，下面将给出时域数据模型下的三维 RD-RCFB 算法，其基本思想是：

（1）通过增加预处理和后处理将时域模型转化成频域模型，其中预处理将时域图像变换到频域，后处理则补偿预处理引入的相位偏差；

（2）通过整形将矩阵排列成矢量，从而将三维问题转化成一维问题。

通过横比和纵比揭示三维 RD-RCFB 优良的超分辨性能，横比对象为：依次在三个轴向上处理的级联一维超分辨法，依次在三个切面方向上处理的级联二维超分辨法，纵比对象为三维 ASR 和三维 APES，两者可以分别按照文献[86]和[204]中的思想从一维扩展到三维。

3.3.1 三维 RD-RCFB 原理

1. 一维到三维的扩展

单个目标的三维 SAR 图像 $\mu(m_x,m_y,m_z)$ 可以视为三个 sinc 函数的乘积：

$$\mu(m_x,m_y,m_z)=\sigma\mathrm{sinc}\left[\frac{B_x}{f_x}(m_x-x_0)\right]\mathrm{sinc}\left[\frac{B_y}{f_y}(m_y-y_0)\right]\mathrm{sinc}\left[\frac{B_z}{f_z}(m_z-z_0)\right] \tag{3-40}$$

其中，$\mathrm{sinc}(0)=1$；当输入 x 非零时 $\mathrm{sinc}(x)=\sin(\pi x)/(\pi x)$，$B_x$、$B_y$、$B_z$ 分别表示 x、y、z 方向上的带宽；f_x、f_y、f_z 分别表示 x、y、z 方向上的采样频率；M_x、M_y、M_z 分别为 x、y、z 方向上的采样点数；x_0、y_0、z_0 分别表示目标在图像中的位置。经过逆傅里叶变换后，有效带宽内的相位历史 $\nu(n_x,n_y,n_z)$ 可表示为

$$\begin{aligned}&\nu(n_x,n_y,n_z)=\alpha(\omega_x,\omega_y,\omega_z)\mathrm{e}^{\mathrm{j}\omega_x n_x}\mathrm{e}^{\mathrm{j}\omega_y n_y}\mathrm{e}^{\mathrm{j}\omega_z n_z}\\&n_x=0,1,\cdots,N_x-1;n_y=0,1,\cdots,N_y-1;n_z=0,1,\cdots,N_z-1\\&\omega_x=\frac{2\pi x_o}{M_x};\omega_y=\frac{2\pi y_o}{M_y};\omega_z=\frac{2\pi z_o}{M_z}\end{aligned} \tag{3-41}$$

其中，N_x、N_y、N_z 分别表示 x、y、z 方向上的有效相位历史数据的长度，它们由图像带宽决定，通常小于图像的长度。实际图像还包含噪声和干扰项 $e(n_x,n_y,n_z)$，需要通过滤波进行抑制。设滤波器 $\boldsymbol{w}(\omega_x,\omega_y,\omega_z)$ 的阶数为 $T_x\times T_y\times T_z$，三维滤波可以表示成如下的矢量形式：

$$\begin{aligned}\boldsymbol{w}^{\mathrm{H}}(\omega_x,\omega_y,\omega_z)\overline{\boldsymbol{v}}_{l_x,l_y,l_z}&=\boldsymbol{\alpha}(\omega_x,\omega_y,\omega_z)[\boldsymbol{w}^{\mathrm{H}}(\omega_x,\omega_y,\omega_z)\boldsymbol{a}(\omega_x,\omega_y,\omega_z)]\mathrm{e}^{\mathrm{j}\omega l}+\\&\boldsymbol{w}^{\mathrm{H}}(\omega_x,\omega_y,\omega_z)\boldsymbol{e}_{l_x,l_y,l_z};\ l_x=0,1,\cdots,L_x-1;l_y=0,1,\cdots,L_y-1;\\&l_z=0,1,\cdots,L_z-1;\boldsymbol{\omega}=[\omega_x,\omega_y,\omega_z]^{\mathrm{T}};\boldsymbol{l}=[l_x,l_y,l_z]^{\mathrm{T}}\end{aligned} \tag{3-42}$$

其中，上标 T 和 H 分别表示矩阵转置和共轭转置，其他量为

$$\bar{\boldsymbol{v}}_{l_x,l_y,l_z} = \text{vec}\{\nu(n_x,n_y,n_z),\ n_x = l_x \cdots l_x + T_x - 1; n_y = l_y \cdots l_y + T_y - 1; n_z = l_z \cdots l_z + T_z - 1\}$$
$$\bar{\boldsymbol{e}}_{l_x,l_y,l_z} = \text{vec}\{e(n_x,n_y,n_z),\ n_x = l_x \cdots l_x + T_x - 1; n_y = l_y \cdots l_y + T_y - 1; n_z = l_z \cdots l_z + T_z - 1\}$$
$$\begin{aligned}&\boldsymbol{w}(\omega_x,\omega_y,\omega_z)\\ &=\text{vec}\{w(n_x,n_y,n_z,\omega_x,\omega_y,\omega_z),\ n_x = 0,1,\cdots,T_x - 1; n_y = 0,1,\cdots,T_y - 1; n_z\\ &= 0,1,\cdots,T_z - 1\}\end{aligned} \tag{3-43}$$

$$\begin{aligned}&\boldsymbol{a}(\omega_x,\omega_y,\omega_z) = \boldsymbol{a}_{T_z}(\omega_z) \otimes \boldsymbol{a}_{T_y}(\omega_y) \otimes \boldsymbol{a}_{T_x}(\omega_x);\\ &\boldsymbol{a}_{T_x}(\omega_x) = [\mathrm{e}^{\mathrm{j}0\omega_x} \cdots \mathrm{e}^{\mathrm{j}(T_x-1)\omega_x}]^{\mathrm{T}}; \boldsymbol{a}_{T_y}(\omega_y) = [\mathrm{e}^{\mathrm{j}0\omega_y} \cdots \mathrm{e}^{\mathrm{j}(T_y-1)\omega_y}]^{\mathrm{T}};\\ &\boldsymbol{a}_{T_z}(\omega_z) = [\mathrm{e}^{\mathrm{j}0\omega_z} \cdots \mathrm{e}^{\mathrm{j}(T_z-1)\omega_z}]^{\mathrm{T}}\end{aligned} \tag{3-44}$$

其中，vec 表示将一个矩阵的元素首尾相连重新排列形成一个列矢量；$\otimes$ 表示克罗内克积（Kronecker Product），即两个矢量所有元素两两相乘形成一个列矢量。式（3-42）是三维滤波的一种简明表示方法，它具有一维滤波的形式，而矩阵重排后的矢量仍然符合“复指数和”模型，因此可以利用一维 RD-RCFB 来处理三维数据，从而将 RD-RCFB 扩展到了三维。为了表示简洁，后续表达式都将省略与 ω_x、ω_y、ω_z 的相关性。如果限定 $\boldsymbol{w}^{\mathrm{H}}\boldsymbol{a} \equiv 1$，则可得出 α 的最小二乘估计为

$$\hat{\alpha} = \boldsymbol{w}^{\mathrm{H}}\boldsymbol{g}, \qquad \boldsymbol{g} = \frac{1}{L_x L_y L_z}\sum_{l_z=0}^{L_z-1}\sum_{l_y=0}^{L_y-1}\sum_{l_x=0}^{L_x-1}\bar{\boldsymbol{v}}_{l_x,l_y,l_z}\mathrm{e}^{-\mathrm{j}\omega l} \tag{3-45}$$

下面根据标准 CFB 来确定滤波器的系数，其原理是：寻找一个矢量 $\boldsymbol{w}$，使得在给定方向 $\boldsymbol{a}_0$ 上的输出为 1，而在其他方向上的输出最小，从而达到抑制杂波和干扰的目的，即满足以下线性约束的二次最优化：

$$\min_{\mathbf{w}} \boldsymbol{w}^{\mathrm{H}}\boldsymbol{R}\boldsymbol{w} \quad \text{s.t.}\ :\boldsymbol{w}^{\mathrm{H}}\boldsymbol{a}_0 = 1 \tag{3-46}$$

$$\hat{\boldsymbol{R}} = \frac{1}{L_x L_y L_z}\sum_{l_z=0}^{L_z-1}\sum_{l_y=0}^{L_y-1}\sum_{l_x=0}^{L_x-1}\bar{\boldsymbol{v}}_{l_x,l_y,l_z}\bar{\boldsymbol{v}}_{l_x,l_y,l_z}^{\mathrm{H}} \tag{3-47}$$

通过拉格朗日乘法可以获得最优解为：$\boldsymbol{w}_{\mathbf{o}} = \hat{\boldsymbol{R}}^{-1}\boldsymbol{a}_{\mathbf{0}} \Big/ \left(\boldsymbol{a}_0^{\mathrm{H}}\hat{\boldsymbol{R}}^{-1}\boldsymbol{a}_{\mathbf{0}}\right)$。

2. 真实旋转矢量 $\hat{\boldsymbol{a}}$ 的估计

实际上，旋转矢量 $\hat{\boldsymbol{a}}$ 并非精确已知，需要从输入数据中估计。下面将 $\hat{\boldsymbol{R}}$ 进行特征值分解，如式（3-48）所示，$\hat{\boldsymbol{R}}$ 的维数为 $\bar{T} = T_x \cdot T_y \cdot T_z$，其中信号空间包含 K 个特征值，构成 K 阶对角矩阵 $\hat{\boldsymbol{\Psi}}$，对应的特征向量矩阵为 $\hat{\boldsymbol{S}}_{\bar{T}\times K}$；噪声和干扰空间包含剩余的 $\bar{T} - K$ 个特征值，构成 $(\bar{T} - K)$ 阶对角矩阵为 $\hat{\boldsymbol{\Phi}}$，对应的特征向量矩阵为 $\hat{\boldsymbol{G}}_{\bar{T}\times(\bar{T}-K)}$。

$$\hat{\boldsymbol{R}} = \hat{\boldsymbol{S}}\hat{\boldsymbol{\Psi}}\hat{\boldsymbol{S}}^{\mathrm{H}} + \hat{\boldsymbol{G}}\hat{\boldsymbol{\Phi}}\hat{\boldsymbol{G}}^{\mathrm{H}} \tag{3-48}$$

假定真实旋转矢量$\hat{\boldsymbol{a}}$在给定矢量$\boldsymbol{a}_0$的附近，此时协方差矩阵只能由$\alpha^2\hat{\boldsymbol{a}}\hat{\boldsymbol{a}}^{\mathrm{H}}$而不是$\alpha^2\boldsymbol{a}_0\boldsymbol{a}_0^{\mathrm{H}}$来描述。因此在球形不确定集合的限制条件下，可通过协方差矩阵匹配的思想估计真实的旋转矢量。

$$\max_{\alpha,\hat{\boldsymbol{a}}}\alpha^2 \qquad \text{s.t.} \quad \hat{\boldsymbol{R}}-\alpha^2\hat{\boldsymbol{a}}\hat{\boldsymbol{a}}^{\mathrm{H}} \geqslant 0;\|\hat{\boldsymbol{a}}-\boldsymbol{a}_0\|^2 \leqslant \varepsilon \tag{3-49}$$

其中，ε是控制不确定集大小的量，滤波器维数越高，ε的取值越大，同时为了消除微小解，应满足$\varepsilon<\|\boldsymbol{a}_0\|^2=\overline{T}$。如果$\hat{\boldsymbol{a}}$在信号空间之内，经过变量替换$\boldsymbol{\zeta}_0=\hat{\boldsymbol{S}}\boldsymbol{a}_0;\boldsymbol{\zeta}=\hat{\boldsymbol{S}}\hat{\boldsymbol{a}};\overline{\varepsilon}=\varepsilon-\left\|\hat{\boldsymbol{G}}^{\mathrm{H}}\hat{\boldsymbol{a}}\right\|^2$，式（3-49）可以转化为

$$\min_{\zeta}\boldsymbol{\zeta}^{\mathrm{H}}\hat{\boldsymbol{\psi}}^{-1}\boldsymbol{\zeta} \qquad \text{s.t.}\|\boldsymbol{\zeta}-\boldsymbol{\zeta}_0\|=\overline{\varepsilon} \tag{3-50}$$

利用拉格朗日乘法求解式（3-50），其结果如式（3-51）所示，再利用式（3-50）的等式约束，可以获得参数λ的值。

$$\hat{\boldsymbol{\zeta}}=(\boldsymbol{I}+\hat{\boldsymbol{\psi}}/\lambda)^{-1}\overline{\boldsymbol{\zeta}}=\overline{\boldsymbol{\zeta}}-(\boldsymbol{I}+\lambda\hat{\boldsymbol{\psi}})^{-1}\overline{\boldsymbol{\zeta}} \tag{3-51}$$

如果$\hat{\boldsymbol{a}}$在信号空间之外，可得$\alpha=0$（在后面证明），因此不用估计$\hat{\boldsymbol{a}}$的具体值。

3. 滤波器系数的估计

在得到$\hat{\boldsymbol{a}}$后，如果仍然通过式（3-46）来设计滤波器，则其设计思想是既保留$\boldsymbol{a}_0$方向的能量，又要抑制$\boldsymbol{a}_0$的临近方向$\hat{\boldsymbol{a}}$的能量，这样将造成滤波器的范数过大，增大了输出噪声。因此需要将式（3-46）中的等式约束准则修改为$\boldsymbol{w}^{\mathrm{H}}\hat{\boldsymbol{a}}=\rho$，其中参数$\rho$接近于1，经过变量替换$\tilde{\boldsymbol{w}}=\boldsymbol{w}/\rho,\tilde{\boldsymbol{R}}=\rho^2\hat{\boldsymbol{R}}$，式（3-46）变为

$$\min_{\tilde{\boldsymbol{w}}}\tilde{\boldsymbol{w}}^{\mathrm{H}}\tilde{\boldsymbol{R}}\tilde{\boldsymbol{w}} \qquad \text{s.t.}\ \tilde{\boldsymbol{w}}^{\mathrm{H}}\hat{\boldsymbol{a}}=1 \tag{3-52}$$

1）$\hat{\boldsymbol{a}}$在信号空间内

此时可将旋转矢量表示为：$\hat{\boldsymbol{a}}=\hat{\boldsymbol{S}}\boldsymbol{\zeta}$，$\tilde{\boldsymbol{w}}=\hat{\boldsymbol{S}}\tilde{\boldsymbol{w}}_{\mathrm{S}}+\hat{\boldsymbol{G}}\tilde{\boldsymbol{w}}_{\mathrm{G}}$，则式（3-52）的最优化问题转化为

$$\min_{\tilde{\boldsymbol{w}}_{\mathrm{S}}}\tilde{\boldsymbol{w}}_{\mathrm{S}}^{\mathrm{H}}\tilde{\boldsymbol{\psi}}\tilde{\boldsymbol{w}}_{\mathrm{S}} \qquad \text{s.t.}\ \tilde{\boldsymbol{w}}_{\mathrm{S}}^{\mathrm{H}}\boldsymbol{\zeta}=1 \tag{3-53}$$

利用拉格朗日乘法求解式（3-53），获得的最优滤波器为$\tilde{\boldsymbol{w}}_{\mathrm{S}}=\tilde{\boldsymbol{\psi}}^{-1}\boldsymbol{\zeta}/(\boldsymbol{\zeta}^{\mathrm{H}}\tilde{\boldsymbol{\psi}}^{-1}\boldsymbol{\zeta})$。由于$\tilde{\boldsymbol{w}}_{\mathrm{G}}$是无关量，为了减小噪声增益，可令其等于0，从而可以推出$\tilde{\boldsymbol{w}}=\hat{\boldsymbol{S}}\tilde{\psi}^{-1}\zeta/(\zeta^{\mathrm{H}}\tilde{\boldsymbol{\psi}}^{-1}\zeta)$，即$\tilde{\boldsymbol{w}}=\tilde{\boldsymbol{R}}^{\dagger}\hat{\boldsymbol{a}}/(\hat{\boldsymbol{a}}^{\mathrm{H}}\tilde{\boldsymbol{R}}^{\dagger}\hat{\boldsymbol{a}})$，其中$\tilde{\boldsymbol{R}}^{\dagger}=\hat{\boldsymbol{S}}\tilde{\psi}^{-1}\hat{\boldsymbol{S}}^{\mathrm{H}}$是$\tilde{\boldsymbol{R}}$的摩尔—彭罗斯伪逆（Moore-Penrose Pseudoinverse）。再由$\rho\tilde{\boldsymbol{w}}^{\mathrm{H}}\boldsymbol{a}_0=1$可以得到：$\rho=(\hat{\boldsymbol{a}}^{\mathrm{H}}\tilde{\boldsymbol{R}}^{\dagger}\hat{\boldsymbol{a}})/(\hat{\boldsymbol{a}}_0^{\mathrm{H}}\tilde{\boldsymbol{R}}^{\dagger}\hat{\boldsymbol{a}})$。最后通过变换关系$\boldsymbol{w}=\rho\tilde{\boldsymbol{w}}$可得

$$\boldsymbol{w}=\hat{\boldsymbol{R}}^{\dagger}\hat{\boldsymbol{a}}/(\boldsymbol{a}_0{}^{\mathrm{H}}\hat{\boldsymbol{R}}^{\dagger}\hat{\boldsymbol{a}}) \tag{3-54}$$

得到滤波器系数后，由式（3-45）、式（3-51）和式（3-52）可得频谱的

估计值为

$$\hat{\alpha} = \frac{\boldsymbol{a}_0{}^{\mathrm{H}}\hat{\boldsymbol{S}}(\boldsymbol{I}+\lambda\hat{\boldsymbol{\psi}})^{-1}\hat{\boldsymbol{S}}^{\mathrm{H}}\boldsymbol{a}_0}{\boldsymbol{a}_0{}^{\mathrm{H}}\hat{\boldsymbol{S}}(\boldsymbol{I}+\lambda\hat{\boldsymbol{\psi}})^{-1}\hat{\boldsymbol{S}}^{\mathrm{H}}\boldsymbol{a}_0} \tag{3-55}$$

2）$\hat{\boldsymbol{a}}$ 在信号空间外

此时可将旋转矢量表示为：$\hat{\boldsymbol{a}} = \hat{\boldsymbol{S}}\zeta + \hat{\boldsymbol{G}}\boldsymbol{\xi}$，因此式（3-52）转化为

$$\min_{\tilde{\boldsymbol{w}}_{\mathrm{S}},\tilde{\boldsymbol{w}}_{\mathrm{G}}} \tilde{\boldsymbol{w}}_{\mathbf{S}}^{\mathrm{H}}\tilde{\boldsymbol{\psi}}\tilde{\boldsymbol{w}}_{\mathrm{S}} \quad \text{Subject} \quad \text{to:}\tilde{\boldsymbol{w}}_{\mathbf{S}}^{\mathrm{H}}\boldsymbol{\zeta} + \tilde{\boldsymbol{w}}_{\mathbf{G}}^{\mathrm{H}}\boldsymbol{\xi} = 1 \tag{3-56}$$

式（3-56）允许存在微小解，该微小解为 $\tilde{\boldsymbol{w}}_{\mathbf{S}} = 0$，$\tilde{\boldsymbol{w}}_{\mathbf{G}} = \xi/\|\xi\|^2$，可见滤波器落在噪声空间内，由于输入样本落在信号空间内，因此获得的频谱估计值为0。

4. 时域输入 RD-RCFB 的实现方案

综上所述，处理时域输入信号的 RD-RCFB 算法的实现过程为：

（1）预处理。利用逆 FFT 将图像变换到频域，按照从负频到正频的递增顺序重新排列频谱。根据各个方向上的有效频率范围 $\boldsymbol{F}_{\mathbf{b}}=[f_x^l,f_x^h,f_y^l,f_y^h,f_z^l,f_z^h]^{\mathbf{T}}$ 截取频谱分量，形成输入相位历史矢量 $\bar{\boldsymbol{v}}_{l_x,l_y,l_z}$。

（2）按照式（3-47）计算相位历史数据的协方差矩阵。按照式（3-48）进行特征值分解，并将特征值分为信号子空间和噪声干扰子空间。

（3）计算 $\bar{\varepsilon} = \varepsilon - \left\|\hat{\boldsymbol{G}}^{\mathrm{H}}\hat{\boldsymbol{a}}\right\|^2$。如果 $\mathrm{e}_r^{\varDelta}$，则频谱估计值为0；否则，通过式（3-56）计算目标频谱。

（4）后处理。预处理中的频谱重排造成频谱位置循环移动，需要在时域进行校正，校正函数为

$$H(m_x,m_y,m_z) = \mathrm{e}^{-\mathrm{j}\frac{2\pi f_x^l m_x}{f_x}}\mathrm{e}^{-\mathrm{j}\frac{2\pi f_y^l m_y}{f_y}}\mathrm{e}^{-\mathrm{j}\frac{2\pi f_z^l m_z}{f_z}} \tag{3-57}$$

3.3.2 三维 RD-RCFB 与级联 RD-RCFB 算法对比分析

本节通过对比分析三维 RD-RCFB 与级联一维、级联二维 RD-RCFB 的性能。仿真数据都是由长宽均 6m、二维间隔 0.1m 的平面合成孔径生成，如图 3-7（a）所示。目标数目在图 3-7（a）的基础上增加到 7 个，均为理想点目标，中心目标在平面孔径的法线方向上，距其中心 15m，其他 6 个目标位于中心目标前后、左右和上下各相距 0.5m 的位置上。发射信号的波形和频谱如图 2-42 所示，它取自系统的 0.1m 三面角反射器的实测响应，其中心频率约为 1.1GHz，−10dB 带宽约为 0.7GHz。采用 BP 算法进行成像，图像在 x、y、z 轴向上的范围均为 2m，像素间隔分别为 0.0125、0.0125、0.05m，因此三维图像的大小为 161×161×41，如图 3-12 所示，可见 z 轴上的三个目

标无法分辨开。由于三维图像不易于直接显示，需通过切面图和等幅度曲面图间接反映，因此图 3-12～图 3-17 的右侧图像均为三维图像在 x 和 y 轴的切面图，左侧图像均为 z 轴的切面图和归一化-6dB 等幅度曲面。

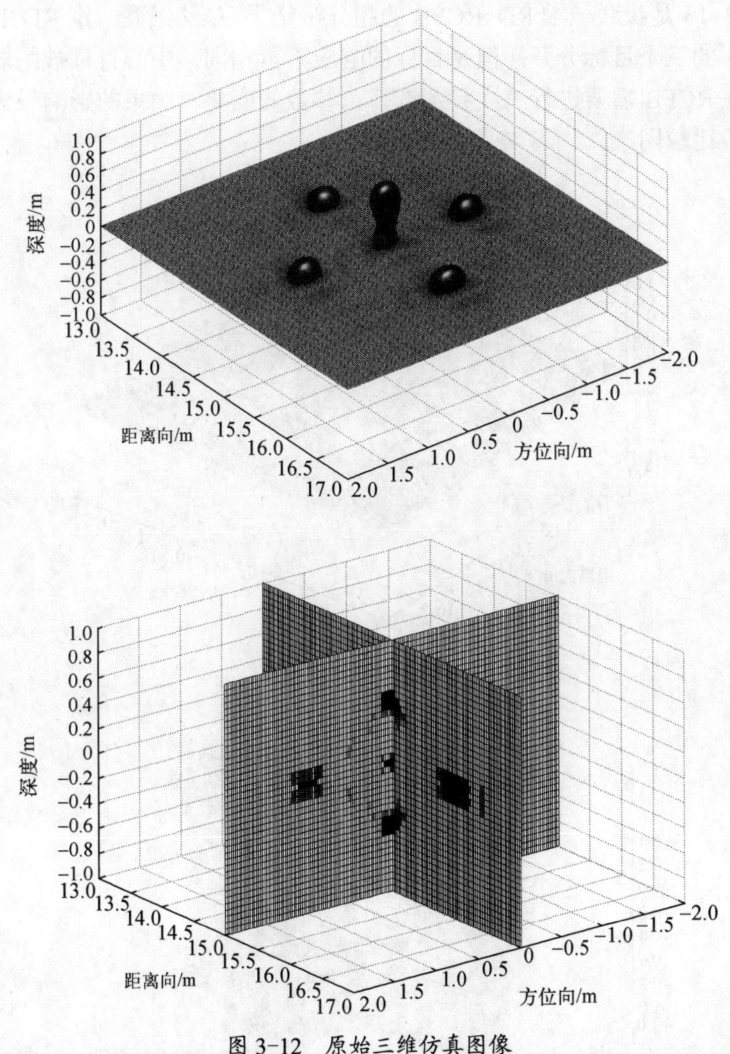

图 3-12　原始三维仿真图像

1. 级联一维 RD-RCFB 的超分辨性能

级联一维 RD-RCFB 分别沿着 x、y、z 三个轴向进行处理，处理顺序对结果的影响较大，需要遍历六种处理顺序来决定最优结果，因此计算量较大。经验结论是：先处理样本较小的方向，后处理样本较大的方向，效果最优；其原因可能是：RD-RCFB 处理改变了样本的统计特性，大样本可以在一定程度上消除该不利影响。仿真时的处理顺序为 z、x、y，预处理的归一化频率截取范围为$[-0.35,-0.05,-0.35,0.35,-0.3,0.3]^{\mathrm{T}}$，获得的历史数据其大小为 48×97×25；三个滤波器的阶数分别取为 20、20、10，阈值 ε 分别取为 1、1、1.5。

图 3-13 是级联一维 RD-RCFB 的超分辨结果。虽然级联一维 RD-RCFB 可将 z 轴上的三个目标分开；但是目标的响应不再相同，中心目标被削弱。级联一维 RD-RCFB 需要进行三次参数选择，参数的变化对结果的影响较大，确定最优参数比较困难。

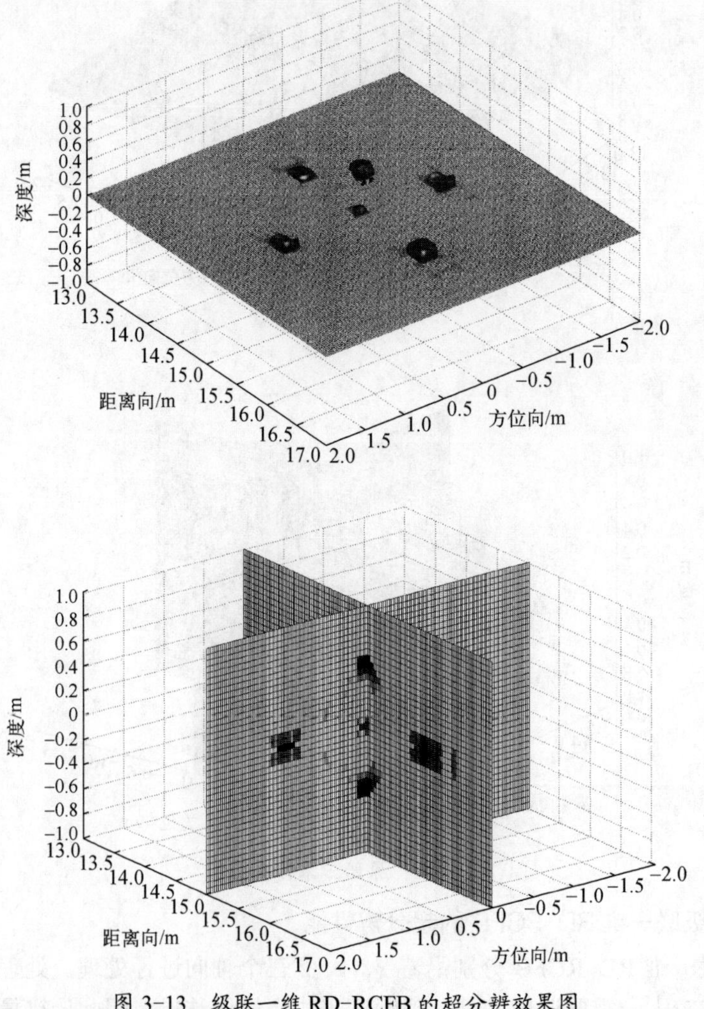

图 3-13 级联一维 RD-RCFB 的超分辨效果图

2. 级联二维和一维 RD-RCFB 的超分辨性能

由于存在三个切面，级联二维 RD-RCFB 也需要遍历六次以寻找最优解，因此计算量更大。实际上，级联二维 RD–RCFB 和一维 RD–RCFB 可获得相近的效果，并且计算量更小，因此仿真中，先用二维 RD–RCFB 对 y、z 切面进行超分辨，再用一维 RD–RCFB 对 x 轴进行超分辨。预处理时的归一化频率截取范围为 $[-0.35,-0.05,-0.25,0.25,-0.35,0.35]^{\mathrm{T}}$，相位历史其大小为 48×81×29；两个滤波器的阶数分别取为 20、4×10，阈值 ε 分别取为 1、2.5。

图 3–14 是级联二维 RD–RCFB 和一维 RD–RCFB 的超分辨结果。虽然能够将 z 轴上的三个目标分辨开，但是该方法也存在目标的响应不一致的问题。该方法也对参数的选择敏感，较难确定最优的参数。

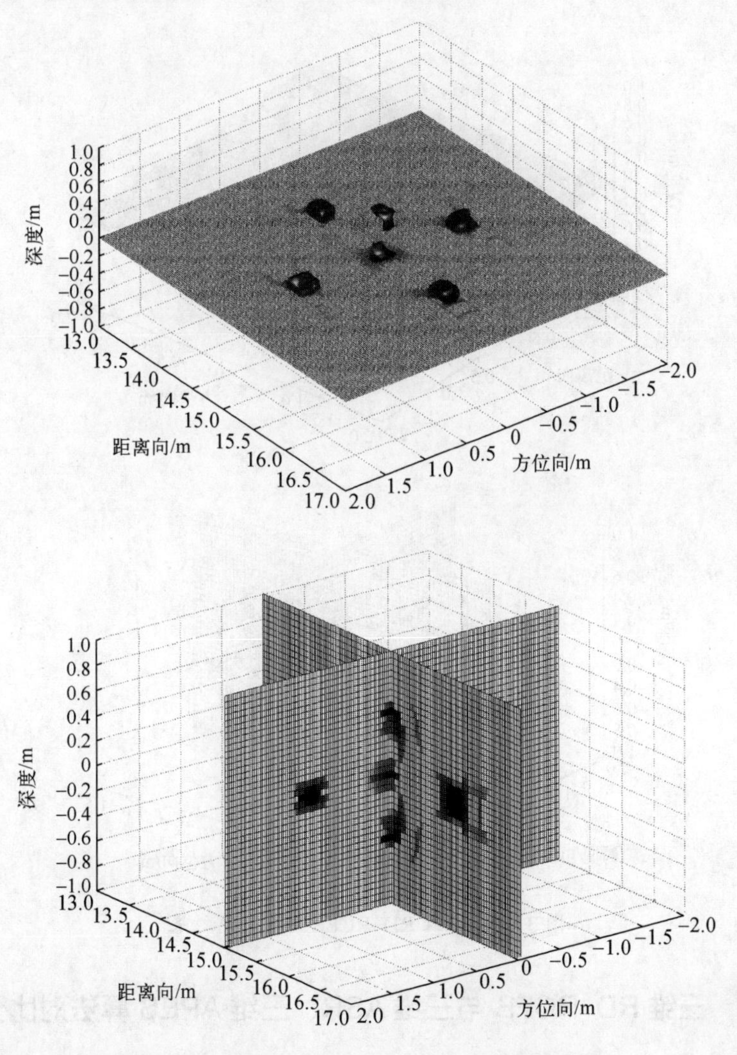

图 3–14　级联二维 RD–RCFB 的超分辨效果图

3. 三维 RD-RCFB 的超分辨性能

由于仿真用计算机的内存有限，无法直接处理原始图像，因此需要在 x、y 轴向上对图像进行 2 倍抽取，将数据减小为 81×81×41。预处理时的归一化频率截取范围为 $[-0.5,-0.05,-0.15,0.15,-0.35,0.35]^{\mathrm{T}}$，相位历史大小为 36×25×29；滤波器的阶数取为 4×4×4，阈值 ε 取为 1.5。

图 3-15 是三维 RD-RCFB 的超分辨结果。结果表明 z 轴上三个目标被有效分开，各目标的旁瓣得到有效抑制，并且目标响应的一致性较好。

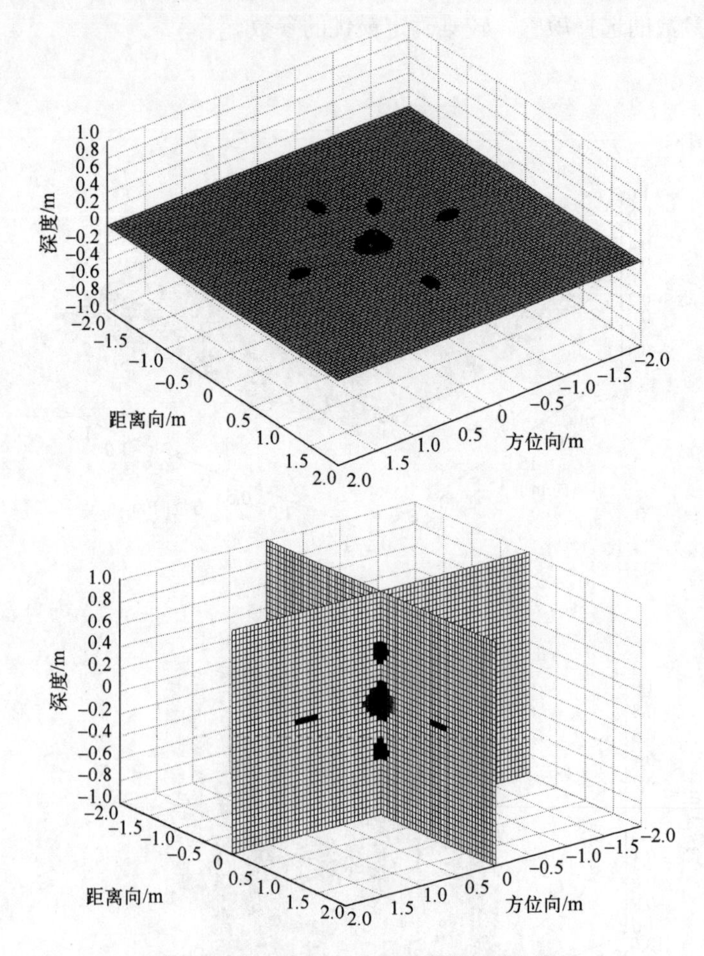

图 3-15 三维 RD-RCFB 的超分辨效果

3.3.3 三维 RD-RCFB 与三维 ASR、三维 APES 算法对比分析

本节通过对比分析三维 RD-RCFB 与三维 ASR、三维 APES 的性能。

1. 三维 ASR 的超分辨性能

采用与文献[87]类似的方法将 ASR 扩展到三维，滤波器阶数取为 10×10×5，阈值取为 1。图 3-16 是三维 ASR 的超分辨结果，可见三维 ASR 能够将 z 轴上的三个目标分辨开，但是旁瓣抑制效果非常有限，三维图像只是比原始图像略有改善。

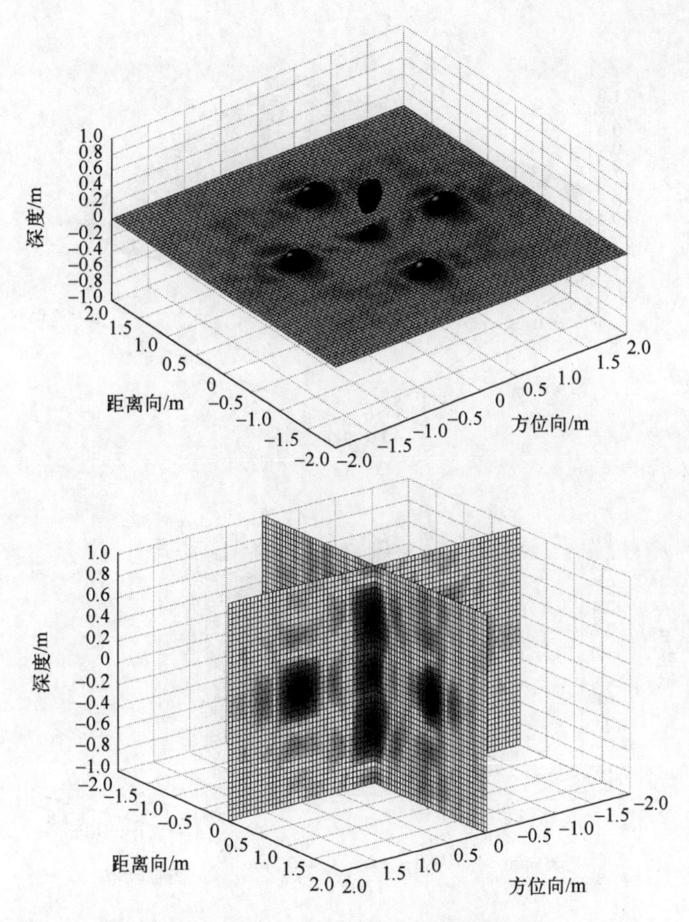

图 3-16　三维 ASR 的超分辨效果图

2. 三维 APES 的超分辨性能

三维 APES 的扩展过程与三维 RD-RCFB 相同，三维 APES 对应的最优滤波器为

$$\boldsymbol{w}_{\mathbf{o}} = \hat{\boldsymbol{Q}}^{-1}\boldsymbol{a}_{\mathbf{0}} \Big/ (\boldsymbol{a}_{0}^{\mathbf{H}}\hat{\boldsymbol{Q}}^{-1}\boldsymbol{a}_{\mathbf{0}}) \tag{3-58}$$

其中，$\hat{\boldsymbol{Q}} = \hat{\boldsymbol{R}} - \overline{\boldsymbol{g}\boldsymbol{g}^{\mathbf{H}}}$，与标准 CFB 对应的最优滤波器的形式相同。预处理时的

归一化频率截取范围为$[-0.5,-0.20,-0.125,0.125,-0.15,0.15]^{\mathrm{T}}$，滤波器阶数取为4×4×3。图3-17是三维APES的超分辨结果，所得图像几乎与原图像相同，超分辨能力非常差。出现这种现象的原因为：APES对频谱的平坦性要求很高，但是实际图像的频谱并不满足这一要求。

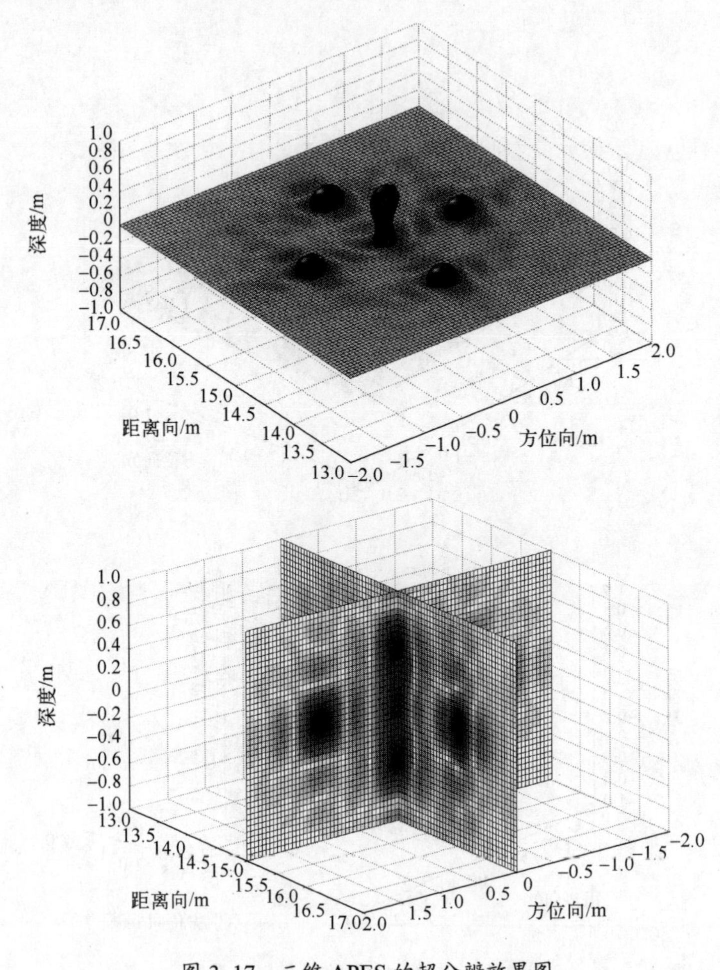

图3-17 三维APES的超分辨效果图

3. 对比结论

对比图3-13～图3-17可知：三维RD-RCFB的超分辨性能最优，比级联RD-RCFB的效果更优的原因是：后者经过第一级RD-RCFB处理后，样本的统计特性发生变化，此外，参数选取相互影响，难以确定最优参数，但是三维RD-RCFB不存在这些问题。

三维RD-RCFB比三维ASR和三维APES的效果更优的原因为：ASR的

出发点是抑制旁瓣，超分辨性能有限，而 APES 对信号模型的要求很高，容忍误差的能力有限，但是三维 RD-RCFB 可将模型误差等效为旋转矢量误差，稳健性好，并且可选用更高阶的滤波器获得更高的分辨率。

三维 RD-RCFB 的计算量和存储量也非常大。其中存储量以 6 为指数递增，因此在处理大块数据时，应采用"分块+拼接"的方式以降低存储量需求。表 3-1 是三种处理方式的运算时间，其中三维 RD-RCFB 的运算时间排列第二。由于仿真用兼容计算机内存容量有限，三维 RD-RCFB 和三维 APES 处理的部分数据是原始数据的 1/4，测量时间分别为 100.875s 和 271.968s，根据处理时间与数据量的关系，完整数据的处理时间是部分数据处理时间的 16 倍，即表 3-1 中第 4 列和第 6 列的结果。

表 3-1　各方法的运算时间比较

方法	一维 RD-RCFB	二维 RD-RCFB	三维 RD-RCFB	三维 ASR	三维 APES
处理时间/s	372.2	482.7	1614.0	479.3280	4351.5

3.4 本章小结

圆迹合成孔径成像可用于对可疑区域进行详查，针对这种侦察模式的成像算法可分为时域成像算法和频域成像算法。前者包括 TDC 算法、自相关算法和 BP 算法，其实这几种方法在本质上具有一致性，均是以电磁波时域传播过程和特点为基础，将回波相干叠加从而得到场景分布函数。Soumekh 研究了波数域的 CSAR 成像算法，这种波数域成像算法计算效率相对较高，但由于 FFT 计算需要时域的均匀采样，则波数域成像算法对于沿孔径方向非均匀采样以及运动误差较大的情况，其适应性不如时域算法。

然后针对车载 FLGPVAR 前向运动形成的虚拟平面孔径，研究了基于平面孔径的三维成像技术，针对平面孔径三维成像计算量巨大的缺点，提出基于 FFBP 的快速三维成像方法，提高了运算效率，初步获取了目标的埋设状态。

最后针对平面孔径所得三维图像的旁瓣高、深度分辨率低的缺点，研究了基于 RD-RCFB 的三维超分辨技术，通过时域输入到频域模型的变换，解决了车载 FLGPVAR 实测数据处理问题，通过仿真比较了三维 RD-RCFB 与级联 RD-RCFB、三维 ASR、三维 APES 的处理效果，验证了三维 RD-RCFB 的优越性能。

第4章

地雷目标电磁建模

地雷探测所遇到的传输媒质复杂多样，电磁波在不同类型、不同湿度土壤中的传输特性不同，因而探地雷达的探测性能具有不可预测性；地下目标散射信号的形成主要是因为目标与背景媒质之间存在电磁特性差异，所以埋地目标的电磁散射特性对所处环境有很强的依赖性。

地雷目标相对于其他探测目标体积小，而且为了适应现代战争的需求，地雷的设计从金属外壳逐渐换成了塑料外壳，内部金属含量也越来越少，使得地雷回波常常湮没在杂波中，无法检测。

解决这些问题的基础和关键是掌握电磁波在媒质中的传播规律，了解埋地地雷的电磁散射特性，利用地雷与杂波电磁特征的差异来检测地雷，提高地雷的检测概率。

4.1 半空间目标电磁建模方法概述

目标电磁散射特性研究是电子信息技术领域内的一项重要的共性基础研究，在雷达系统设计及权威评价、隐身与反隐身突防、目标分类与识别、精确制导、远程预警和跟踪等军事应用中都有着十分重要的意义[205]。目标电磁散射特性可以通过理论仿真和测量得到，两者之间是相辅相成的。根据测量结果可以取得对目标基本散射现象的了解，验证理论仿真结果的正确性，但是室内测量对目标的大小有一定的限制，而室外测量则由于不利气候条件的限制，要减少 35%的工作时间[206]。这时，对目标电磁散射特性的理论仿真和分析就成为了更为快捷简便的手段，而且根据理论仿真结果又可以指导测量。

4.1.1 电磁散射计算方法简介

在计算机出现之前，分析目标电磁散射的方法基本都是解析方法。它虽然可以得到目标响应封闭形式的解析解，具有物理意义直观、表达方式简洁等优点，但是只能计算一些简单目标的电磁散射问题，例如球体、无限长圆柱等，远远不能满足日益复杂的实际应用。随着计算机技术的飞速发展，对于更为复杂目标的数值方法、高频近似方法及混合方法等电磁计算方法逐渐发展起来，并得到了广泛应用[207-208]，图 4-1 总结了目前电磁散射计算所用到的主流方法。

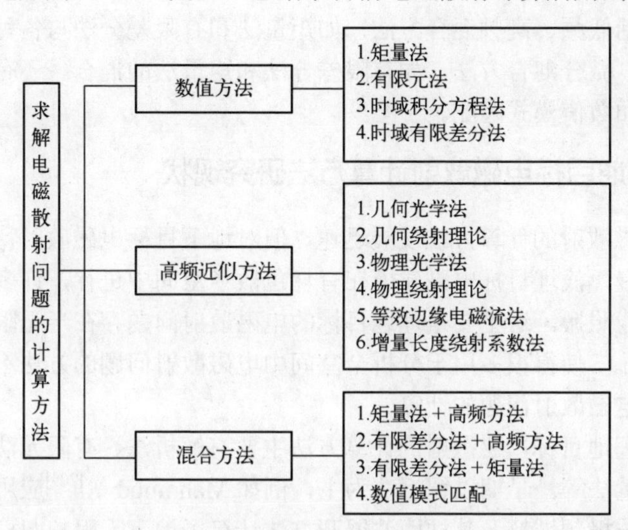

图 4-1　电磁散射的计算方法

自 20 世纪 60 年代以来，数值方法随着计算机技术的进步不断发展和完善，出现了很多有效的计算方法，按求解方程的类型可分为积分方程法和微分方程法，按求解方法可分为频域法和时域法。因此，求解散射问题的出发点有四种方式：频域积分方程、频域微分方程、时域积分方程和时域微分方程。矩量法（Method of Moment，MoM）、有限元法、时域积分方程法和时域有限差分法（Finite-Difference Time-Domain Method，FDTD）为分别对应这四种方式的典型数值方法。

高频近似方法是利用电磁波在高频时类似于光波的本地特性，典型方法包括物理光学法（Physical Optics，PO）、几何绕射理论、物理光学法、物理绕射理论、等效边缘电磁流法和增量长度绕射系数法等，在问题分析中假设目标各部分均独立地散射能量，不考虑相互间的耦合效应，因此，不用生成矩阵且计算速度快，极大地节省了计算机资源。近似方法活跃于 20 世纪 50 年代至 70 年代，理论已非常成熟，现多用于各种电磁仿真软件和混合方法的研究中。

数值方法计算结果精度高，计算量大，所需存储空间高，因此计算速度较慢，一般用于低频区或谐振区小尺寸目标的散射分析。高频近似方法虽然计算速度快，但是计算结果精度低，广泛用于高频区电大尺寸目标的散射计算。数值方法和高频近似方法各有其优点和适用范围，对实际中的具体问题，若用单一的方法求解，有时虽然能解，但并不是最佳方案，且解算过程颇为复杂，于是将多种方法结合起来取长补短的混合法日益受到人们的重视。严格来说，混合法并不是一个具体的方法，而是寻求解决问题方案的一种思路。近年来发展的混合法包括低频、高频混合方法，如矩量法和有限差分法与各种高频方法的混合；积分、微分混合方法，如有限差分法和矩量法的混合；还有数值、解析混合方法，如数值模式匹配。

4.1.2 埋地目标电磁散射计算方法研究现状

尽管电磁散射的计算方法发展迅速，但对地下目标电磁散射特性的理论分析却进展缓慢，浅埋目标电磁建模在有耗色散半空间中进行，许多成熟的自由空间方法不能照搬。这主要是埋地目标的电磁散射问题存在半无限大有耗媒质界面（地表面），使得很多用于分析全空间中电磁散射问题的方法不能直接应用于地下目标电磁散射问题的计算。

已用于埋地目标电磁散射的计算方法主要有解析法、有限元法、时域有限差分法、矩量法等。早期以解析法为主，例如 Mahmoud 等[209]应用平面波在有耗平面分层传播频域解及其柱面波展开方法计算了地下无限长圆柱在时谐场激励下的表面电流。Chang[210]、Hill[211]等用频域积分方程的波恩近似推导了平面波的散射矩阵解，但是波恩近似法仅适用于目标和背景介电常数相差不大的情形。随后各种数值方法被应用于此问题的研究，例如，O'Neill 等[212]用有限元法计算了半空间平面波照射下任意形状和材料的目标的电磁散射特性。Demarest 等[213]利用 FDTD 计算了平面波入射下埋地目标散射场的问题。1990年，Michalski 等[214]在前人工作的基础上，提出了适于分析任意分层、任意形状及任意跨嵌导体目标的混合位积分方程形式及相应的格林函数公式，其中的 C 类公式非常适合 RWG 基（由 Rao、Wilton 和 Glisson 提出的一种著名的基于三角面元剖分的模型方法）的 MoM 分析任意形状目标的电磁散射，从而促进了 MoM 在地下目标电磁散射计算中的应用。具有代表意义的就是 Vitebskiy[122,215-217]根据频域 MoM 计算了埋地理想导体旋转体和细导线的时域散射信号。为了提高运算效率和解决任意形状复杂电大尺寸目标的电磁散射问题，Geng 等[218-220]把快速多极子方法引入半空间环境中目标散射的计算，Cui 等[221]利用共轭梯度迭代结合快速傅里叶变换（Fast Fourier Transform，FFT）来求解积分方程。近来，对于随机粗糙表面下目标的电磁散射研究[221-227]增大了分层介质中目标电磁散射计算的实用价值。ARL 和 SRI 均对矩量法和物理光学法进行了改进，将它们用于浅埋地雷和未爆物的电磁建模中[20,117-119,122,228-230]。

PO 采用了高频近似，计算效率比 MoM 大幅度提高，但计算低频区目标散射时存在一定误差。超宽带 SAR 浅埋目标探测系统往往会将频段上限取到 GHz 量级（如 BoomSAR 工作频段为 50～1200MHz，FLGPR 工作频段为 300～3000MHz，Rail-GPSAR 工作频率为 300～1900MHz），因此 PO 的高频近似条件在超宽带 SAR 地雷和未爆物电磁建模中基本满足。ARL 和 SRI 利用 PO 和 MoM 的仿真结果分别结合其 BoomSAR 和 FLGPR 实测结果提出了若干对地雷和未爆物鉴别非常有利的特征：如金属地雷具有双峰特征，未爆物具有正侧闪烁特征等。

国内对于埋地目标的散射问题多用 FDTD 法和积分方程法分析。兰康等[231]利用 FDTD 法求解了有耗媒质中二维柱状目标的散射场，张清河[232]、王敏锡等[233]用 FDTD 法计算了有耗媒质中二维目标的瞬时电磁散射，张晓燕等[234]用 FDTD 法求解了有耗媒质中三维金属目标的散射场。方广有等[235]利用 FDTD 法研究了地下三维目标的电磁散射特性。于继军等[236-237]利用 Michalski 的混合位积分方程计算了埋地金属物体的电磁散射问题，徐利明[238]建立了半空间介质目标的体积分方程来求解目标的电磁散射，肖东山[239]利用稳定的双共轭梯度-快速傅里叶变换算法计算了分层媒质中目标的散射，孙晓坤利用频域方法对浅埋地雷的电磁特性和识别方法进行了深入的研究[240]。

由国内外的研究成果可以看到目前应用于计算埋地目标电磁散射的方法主要有 MoM 和 FDTD，虽然 FDTD 法具有求解非均匀介质和时域问题的天然优势，但 FDTD 利用有限的计算空间来模拟无限大开放空间的电磁散射计算时，存在着诸多问题，如吸收边界条件的设置、场值传递过程中不可避免的误差累积以及对整个求解空间离散带来的大量未知量，这导致了对计算机存储量的巨大需求和难以保证的计算精度，而 MoM 自动满足辐射边界条件，通过格林函数直接描述求解域中任意两个未知量的相互作用，使得求解区域仅限于目标表面或目标体内，避免了这些问题，从而大大提高了运算效率。

4.2　基于矩量法的地雷目标电磁建模

4.2.1　矩量法基本原理

矩量法[241-243]是 R.F.Harringtong 于 1968 年提出的一种十分有效的数值计算方法。由于在求解过程中，需要计算广义矩量，故此种方法称为矩量法。事实上，MoM 是将算子方程化为矩阵方程，然后求解该矩阵方程的方法。假设待求解的场问题可以用以下算子方程描述：

$$L(f)=g \tag{4-1}$$

对于式（4-1）的 MoM 解，可以归纳为四个基本步骤：

1. 离散化过程

这一过程的主要目的在于将算子方程化为代数方程，其具体步骤是：

（1）在算子 L 的定义域内适当地选择一组线性无关的基函数 $f_1,f_2,\cdots,f_n$（或称展开函数）；

（2）将所求未知函数表示成该组基的有限项线性组合；

$$f=\sum_{n=1}^{\infty}\alpha_n f_n \approx f_N=\sum_{n=1}^{N}\alpha_n f_n \tag{4-2}$$

（3）将式（4-2）代入式（4-1），利用算子的线性，将算子方程化为代数方程，即

$$\sum_{n=1}^{N}\alpha_n L(f)=g \tag{4-3}$$

于是，求解 f 的问题转化为求解系数 α_n 的问题。

2. 取样检验过程

为了使 f 的近似函数 f_N 与 f 之间的误差极小，必须进行取样检验，在抽样点上使加权平均误差为零，从而确定未知系数 α_n，这一过程的基本步骤是：

（1）在算子 L 的值域内适当地选择一组线性无关的权函数（又称检验函数）$w_1,w_2,\cdots,w_m\,(m=1,2,\cdots,N)$；

（2）将权函数与式（4-3）取内积进行取样检验，则

$$\langle L(f_n),w_m\rangle=\langle g,w_m\rangle \tag{4-4}$$

（3）将式（4-4）化为矩阵形式：

$$\boldsymbol{l}_{mn}\boldsymbol{\alpha}_n=\boldsymbol{g}_m \tag{4-5}$$

式中：$\boldsymbol{l}_{mn}=\begin{bmatrix}\langle L(f_1),w_1\rangle,\langle L(f_2),w_1\rangle,\ldots,\langle L(f_N),w_1\rangle\\ \langle L(f_1),w_2\rangle,\langle L(f_2),w_2\rangle,\ldots,\langle L(f_N),w_2\rangle\\ \ldots\\ \langle L(f_1),w_N\rangle,\langle L(f_2),w_N\rangle,\ldots,\langle L(f_N),w_N\rangle\end{bmatrix}$；$\boldsymbol{\alpha}_n=[\alpha_1,\alpha_2,\cdots,\alpha_N]^{\mathrm{T}}$；$\boldsymbol{g}_m=\left[\langle g,w_1\rangle,\langle g,w_2\rangle,\cdots,\langle g,w_N\rangle\right]^{\mathrm{T}}$，T 表示矩阵转置。于是，求解代数方程的问题转化为求解矩阵方程的问题。

3. 矩阵求逆过程

一旦得到矩阵方程，通过常规的矩阵求逆或求解线性方程组，就可以得到

矩阵方程的解

$$\boldsymbol{\alpha}_n = \boldsymbol{l}_{nm}{}^{-1}\boldsymbol{g}_m \tag{4-6}$$

其中，$\boldsymbol{l}_{nm}{}^{-1}$ 为矩阵 $\boldsymbol{l}_{mn}$ 的逆矩阵。

4. 原问题的解

将求得的系数 α_n 代入式（4-2），便得到原算子方程的近似解。

下面通过 MoM 求解混合位面积分方程简化后的线积分方程，以得到金属埋地地雷的电磁散射场。

4.2.2 金属地雷积分方程的建立

对于分层背景问题，可以建立不同的积分方程和相应的格林函数。例如，Michalski 等[214]在前人工作的基础上，提出的混合位积分方程形式及混合位并矢格林函数公式；Cui 等[244]给出了多层媒质中求解非均匀介质结构的体积分方程及相应的位型格林函数；徐利明[238]针对半空间介质目标电磁散射问题，给出了一种体积分方程方法，并推导了相应的半空间电场型并矢格林函数。其中，Michalski 的混合位积分方程及混合位并矢格林函数由于以下优点在分层及半空间背景中得到了广泛应用[214]：

（1）与场型格林函数相比，位型格林函数具有低阶的奇异性，更容易进行数值计算；

（2）混合位格林函数考虑了目标位于不同介质层的情况，具有很好的普适性。

鉴于以上原因，我们采用混合位格林函数来表示地雷的积分方程，下面利用等效原理进行推导。

1. 等效原理

所谓等效原理[245-246]即在某一区域内能够产生同样场的该区域外的两种源，对该区域内的场是等效的，这时对该区域的场来说，这两种源的一种源是另一种的等效源。因此电磁场的实际源可以用它的等效源代替，实际源的边值问题的解可以用等效源的边值问题的解来代替。它的一个重要用途就是告诉我们如何分解问题才能保证与原问题一致，等效原理的形式很多，下面介绍在混合位积分方程推导中要用到的一种形式。

如果源在体积 V 内，当求取 V 外某一点的场时，可以假设 V 内的场为零，等效源 $\boldsymbol{J}$ 、$\boldsymbol{M}$ 在包围 V 的封闭面 S 上，它们满足：

$$\begin{aligned}\boldsymbol{J} &= \hat{\boldsymbol{n}} \times \boldsymbol{H} \\ \boldsymbol{M} &= \boldsymbol{E} \times \hat{\boldsymbol{n}}\end{aligned} \tag{4-7}$$

其中，$\hat{\boldsymbol{n}}$ 为 S 面上的单位法向矢量。由边界连续性条件可知，此等效问题中 V 外的场在边界 S 的切向上与原问题一样。根据唯一性定律可知此问题的解与原问题的解在 V 外一样。如果源在 V 外，求 V 内的场时，可作同样处理。

2. 金属地雷的混合位积分方程

图 4-2 为埋地金属地雷的散射模型，上半空间（区域一）为空气介质，其介电常数和磁导率分别为 ε_0、μ_0，地雷埋藏在下半空间（区域二）的土壤介质中，土壤可看作有耗色散均匀媒质，其相对介电常数和磁导率分别为 ε_{r}、μ_{r}。从区域一中向区域二发射平面电磁波 $(\boldsymbol{E}^{\mathrm{inc}}, \boldsymbol{H}^{\mathrm{inc}})$，下面将针对埋地金属地雷建立混合位积分方程。

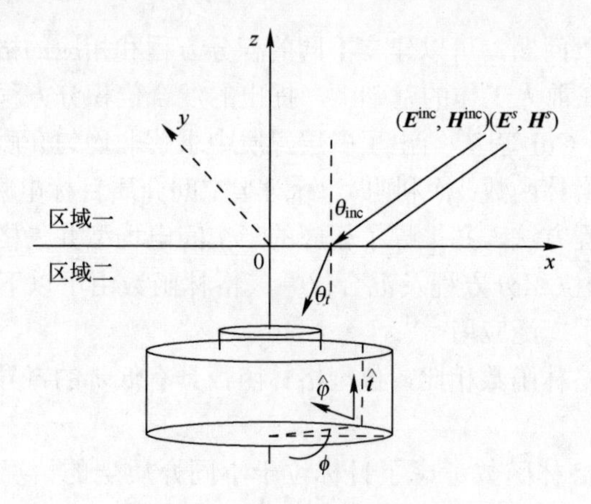

图 4-2 埋地金属地雷散射模型

当入射波 $\boldsymbol{E}^{\mathrm{inc}}$ 照射到金属地雷上时，应用上述等效原理，散射场可等效为金属地雷表面的等效源产生的场，等效源满足式（4-7）。由于金属表面的切向电场为零，则等效磁流源为零，散射场表达式中只含有等效电流源，根据 Michalski 等提出的混合位格林函数[214]，金属地雷的散射电场可以表示为如下形式：

$$\boldsymbol{E}^{s}(\boldsymbol{r}) = -\mathrm{j}\omega\mu_0\mu_{\mathrm{r}}\int_s \vec{\boldsymbol{K}}_{\mathrm{A}}(\boldsymbol{r},\boldsymbol{r}')\cdot\boldsymbol{J}(\boldsymbol{r}')\mathrm{d}s' - \frac{\nabla}{\varepsilon_0\varepsilon_{\mathrm{r}}}\int_s K_{\varphi e}(\boldsymbol{r},\boldsymbol{r}')q(\boldsymbol{r}')\mathrm{d}s' \quad (4-8)$$

其中，$\boldsymbol{r}$、$\boldsymbol{r}'$ 分别为观察点和源点，$\mathbf{J}(\boldsymbol{r}')$、$q(\boldsymbol{r}')$ 为入射场在地雷表面引起的电流密度和电荷密度，它们之间的关系，可用连续性方程表示如下：

$$-\mathrm{j}\omega q(\boldsymbol{r}') = \nabla_s'\cdot\boldsymbol{J}(\boldsymbol{r}') \quad (4-9)$$

$\vec{\boldsymbol{K}}_{\mathrm{A}}(\boldsymbol{r},\boldsymbol{r}')$、$K_{\varphi e}(\boldsymbol{r},\boldsymbol{r}')$ 为电流源对应的矢量和标量位格林函数：

$$\vec{\boldsymbol{K}}_{\mathrm{A}}(\boldsymbol{r},\boldsymbol{r}') = (\hat{\boldsymbol{x}}\hat{\boldsymbol{x}}+\hat{\boldsymbol{y}}\hat{\boldsymbol{y}})K_{\mathrm{A}}^{\mathrm{xx}} + \hat{\boldsymbol{x}}\hat{\boldsymbol{z}}K_{\mathrm{A}}^{\mathrm{xz}} + \hat{\boldsymbol{y}}\hat{\boldsymbol{z}}K_{\mathrm{A}}^{\mathrm{yz}} + \hat{\boldsymbol{z}}\hat{\boldsymbol{x}}K_{\mathrm{A}}^{\mathrm{zx}} + \hat{\boldsymbol{z}}\hat{\boldsymbol{y}}K_{\mathrm{A}}^{\mathrm{zy}} + \hat{\boldsymbol{z}}\hat{\boldsymbol{z}}K_{\mathrm{A}}^{\mathrm{zz}} \quad (4-10)$$

根据金属体表面的切向电场为零可得

$$\hat{\boldsymbol{n}}\times\boldsymbol{E}^{s}(\boldsymbol{r})+\hat{\boldsymbol{n}}\times\boldsymbol{E}^{\mathrm{inc}}(\boldsymbol{r})=0 \tag{4-11}$$

将式（4-8）、式（4-9）代入式（4-11）可得

$$\hat{\boldsymbol{n}}\times\boldsymbol{E}^{\mathrm{inc}}(\boldsymbol{r})=\hat{\boldsymbol{n}}\times[\mathrm{j}\omega\mu_0\mu_{\mathrm{r}}\int_s \overline{\overline{\boldsymbol{K}}}_{\mathrm{A}}(\boldsymbol{r},\boldsymbol{r}')\cdot\boldsymbol{J}(\boldsymbol{r}')\mathrm{d}s'+\frac{\mathrm{j}\nabla}{\omega\varepsilon_0\varepsilon_{\mathrm{r}}}\int_s K_{\phi e}(\boldsymbol{r},\boldsymbol{r}')\nabla_s'\cdot\boldsymbol{J}(\boldsymbol{r}')\mathrm{d}s' \tag{4-12}$$

这就是金属地雷的混合位电场积分方程（Mixed-Potential Electric-Field Integral Equation，MP-EFIE），$\boldsymbol{J}(\boldsymbol{r}')$ 为所求的未知量。

对于地雷这样具有旋转对称性的物体，我们希望利用其结构特点化简以上方程来得到更为有效的计算式。为了使地雷的旋转特性更易表述，我们引入 $(\hat{\boldsymbol{\varphi}},\hat{\boldsymbol{t}},\hat{\boldsymbol{n}})$ 坐标系，其与直角坐标系 $(\hat{\boldsymbol{x}},\hat{\boldsymbol{y}},\hat{\boldsymbol{z}})$ 的几何关系为

$$\begin{aligned}\hat{\boldsymbol{\varphi}}&=-\sin\phi\hat{\boldsymbol{x}}+\cos\phi\hat{\boldsymbol{y}}\\ \hat{\boldsymbol{t}}&=\sin\gamma\cos\phi\hat{\boldsymbol{x}}+\sin\gamma\sin\phi\hat{\boldsymbol{y}}+\cos\gamma\hat{\boldsymbol{z}}\\ \hat{\boldsymbol{n}}&=\cos\gamma\cos\phi\hat{\boldsymbol{x}}+\cos\gamma\sin\phi\hat{\boldsymbol{y}}-\sin\gamma\hat{\boldsymbol{z}}\end{aligned} \tag{4-13}$$

其中，γ 为 $\hat{\boldsymbol{t}}$ 与 z 轴之间的夹角，若 $\hat{\boldsymbol{t}}$ 指向 z 轴则 γ 为负，反之为正。在 $(\hat{\boldsymbol{\varphi}},\hat{\boldsymbol{t}},\hat{\boldsymbol{n}})$ 坐标系中 $\boldsymbol{J}(\boldsymbol{r}')$ 与入射场在地雷表面的切向场可以表示为

$$\begin{aligned}\boldsymbol{J}(\boldsymbol{r}')&=\hat{\boldsymbol{t}}J_{\mathrm{t}}+\hat{\boldsymbol{\varphi}}J_{\phi}\\ \hat{\boldsymbol{n}}\times\boldsymbol{E}^{\mathrm{inc}}(\boldsymbol{r})&=\hat{\boldsymbol{t}}E_{\phi}^{\mathrm{inc}}-\hat{\boldsymbol{\varphi}}E_{t}^{\mathrm{inc}}\\ \hat{\boldsymbol{n}}\times\boldsymbol{H}^{\mathrm{inc}}(\boldsymbol{r})&=\hat{\boldsymbol{t}}H_{\phi}^{\mathrm{inc}}-\hat{\boldsymbol{\varphi}}H_{t}^{\mathrm{inc}}\end{aligned} \tag{4-14}$$

众所周知，对于自由空间中的旋转体，表面感应电磁流是 ϕ' 的周期函数，入射场是 ϕ 的周期函数，格林函数则为 $\xi(\phi-\phi')$ 的周期函数。这样，感应电磁流、入射场、格林函数可分别表示为 ϕ'、ϕ、ξ 的傅里叶基数形式。当地雷埋于地下时，表面感应电磁流和入射场仍然具有与自由空间中相同的周期性。但是根据半空间格林函数的表达式 $K_{\mathrm{A,F}}^{xz}$ 和 $K_{\mathrm{A,F}}^{yz}$ 均不是 ξ 的周期函数，为此我们扩展了 Vitebskiy 等[215]的方法引入新的函数 $K_{\mathrm{A,F}}^{\rho z}$，它们具有 ξ 的周期性，而且 $K_{\mathrm{A,F}}^{xz}$ 和 $K_{\mathrm{A,F}}^{yz}$ 均可由 $K_{\mathrm{A,F}}^{\rho z}$ 表示：

$$K_{\mathrm{A,F}}^{xz}=(\rho'\cos\phi'-\rho\cos\phi)K_{\mathrm{A,F}}^{\rho z},K_{\mathrm{A,F}}^{yz}=(\rho'\sin\phi'-\rho\sin\phi)K_{\mathrm{A,F}}^{\rho z} \tag{4-15}$$

(ρ,ϕ,z) 为场点 (x,y,z) 在圆柱坐标系中的坐标，(ρ',ϕ',z') 为源点 (x',y',z') 在圆柱坐标系中的坐标。这样，自由空间中对旋转体的化简方法在半空间中也适用，感应电流、格林函数、入射场可表示如下：

$$J_t(t',\phi') = \sum_{m=-\infty}^{\infty} J_{tm}(t')\mathrm{e}^{\mathrm{j}m\phi'}, J_\phi(t',\phi') = \sum_{m=-\infty}^{\infty} J_{\phi m}(t')\mathrm{e}^{\mathrm{j}m\phi'}$$

$$M_t(t',\phi') = \sum_{m=-\infty}^{\infty} M_{tm}(t')\mathrm{e}^{\mathrm{j}m\phi'}, M_\phi(t',\phi') = \sum_{m=-\infty}^{\infty} M_{\phi m}(t')\mathrm{e}^{\mathrm{j}m\phi'}$$

$$K(t,t',\xi) = \frac{1}{2\pi}\sum_{m=-\infty}^{\infty} K_m(t,t')\mathrm{e}^{\mathrm{j}m\xi}, G(t,t',\xi) = \frac{1}{2\pi}\sum_{m=-\infty}^{\infty} G_m(t,t')\mathrm{e}^{\mathrm{j}m\xi} \quad (4\text{-}16)$$

$$E_t^{\mathrm{inc}}(t,\phi) = \sum_{m=-\infty}^{\infty} E_{tm}^{\mathrm{inc}}(t)\mathrm{e}^{\mathrm{j}m\phi}, E_\phi^{\mathrm{inc}}(t,\phi) = \sum_{m=-\infty}^{\infty} E_{\phi m}^{\mathrm{inc}}(t)\mathrm{e}^{\mathrm{j}m\phi}$$

$$H_t^{\mathrm{inc}}(t,\phi) = \sum_{m=-\infty}^{\infty} H_{tm}^{\mathrm{inc}}(t)\mathrm{e}^{\mathrm{j}m\phi}, H_\phi^{\mathrm{inc}}(t,\phi) = \sum_{m=-\infty}^{\infty} H_{\phi m}^{\mathrm{inc}}(t)\mathrm{e}^{\mathrm{j}m\phi}$$

其中，$K_m(t,t') = \int_{-\pi}^{\pi} K(t,t',\xi)\cos m\xi \mathrm{d}\xi$。$K$ 代表 $K_{\mathrm{A,F}}^{xx}$、$K_{\mathrm{A,F}}^{zz}$、$K_{\mathrm{A,F}}^{\rho z}$ 或 K_φ。将式（4-16）代入式（4-12），利用方程两边 m 次谐波前系数相等可得

$$\begin{aligned}
E_{tm}^{\mathrm{inc}}(t) = {}& \mathrm{j}\omega\mu_0\mu_\mathrm{r}\int_{t'}\Bigg[\rho'\mathrm{e}^{\mathrm{j}m\phi}\left[\frac{K_{m+1}^{xx}(t,t')+K_{m-1}^{xx}(t,t')}{2}\sin\gamma\sin\gamma' + K_m^{zz}(t,t')\cos\gamma\cos\gamma'\right.\\
&+\left(\rho'\frac{K_{m+1}^{\rho z}(t,t')+K_{m-1}^{\rho z}(t,t')}{2} - \rho K_m^{\rho z}(t,t')\right)\sin\gamma\cos\gamma' + \left(\rho\frac{K_{m+1}^{\rho z}(t,t')+K_{m+1}^{\rho z}(t,t')}{2}\right.\\
&\left.\left.-\rho' K_m^{\rho z}(t,t')\right)\cos\gamma\sin\gamma'\right]J_{tm}(t') + \rho'\mathrm{e}^{\mathrm{j}m\phi}\left[\left(\frac{K_{m-1}^{xx}(t,t')-K_{m+1}^{xx}(t,t')}{2\mathrm{j}}\sin\gamma\right.\right.\\
&\left.\left.+\rho\frac{K_{m-1}^{\rho z}(t,t')-K_{m+1}^{\rho z}(t,t')}{2\mathrm{j}}\cos\gamma\right)J_{\phi m}(t')\right]\Bigg]\mathrm{d}t' + \frac{\mathrm{j}}{\rho\omega\varepsilon_0\varepsilon_r}\frac{\partial}{\partial t}\left[\rho\int_{t'}\mathrm{e}^{\mathrm{j}m\phi}\left[\frac{\partial}{\partial t'}(\rho' J_{tm}(t'))\right.\right.\\
&\left.\left.+\mathrm{j}mJ_{\phi m}(t')\right]K_{\phi em}(t,t')\mathrm{d}t'\right]\\
E_{\phi m}^{\mathrm{inc}}(t) = {}& \mathrm{j}\omega\mu_0\mu_\mathrm{r}\int_{t'}\left[\rho'\mathrm{e}^{\mathrm{j}m\phi}\left[\frac{K_{m+1}^{xx}(t,t')-K_{m-1}^{xx}(t,t')}{2\mathrm{j}}\sin\gamma' + \rho'\frac{K_{m+1}^{\rho z}(t,t')-K_{m-1}^{\rho z}(t,t')}{2\mathrm{j}}\cos\gamma'\right]\right.\\
&\left.\times J_{tm}(t') + \rho'\mathrm{e}^{\mathrm{j}m\phi}\left[\frac{K_{m-1}^{xx}(t,t')+K_{m+1}^{xx}(t,t')}{2}\right]J_{\phi m}(t')\right]\mathrm{d}t'\\
&+\frac{\mathrm{j}}{\rho\omega\varepsilon_0\varepsilon_r}\frac{\partial}{\partial\phi}\left[\int_{t'}\mathrm{e}^{\mathrm{j}m\phi}\left[\frac{\partial}{\partial t'}(\rho' J_{tm}(t')) + \mathrm{j}mJ_{\phi m}(t')\right]K_{\phi em}(t,t')\mathrm{d}t'\right]
\end{aligned} \quad (4\text{-}17)$$

这样一个矢量面积分方程就转化成两个标量线积分方程，即把求解三维目

标的电磁散射问题转化为了求解二维目标的电磁散射问题，大大缩减了计算量。

4.2.3 电磁建模结果分析

1. 散射场

前面推导了电压矩阵和阻抗矩阵中元素的表达式，并解决了计算中存在的 Sommerfeld 积分和奇异性积分的计算问题，那么根据 $\boldsymbol{I}=\boldsymbol{Z}^{-1}\boldsymbol{V}$ 便可解得等效电磁流系数矩阵 $\boldsymbol{I}$，从而得到了地雷外表面上的等效电流密度 $\boldsymbol{J}$ 和等效磁流密度 $\boldsymbol{M}$（金属地雷表面等效磁流密度为 0），则上半空间中任意一点的散射电场可表示为

$$\begin{aligned}\boldsymbol{E}^{s}(\boldsymbol{r})=&-\mathrm{j}\omega\int_{s_1}\vec{\vec{\boldsymbol{K}}}_{\mathrm{A}}(\boldsymbol{r},\boldsymbol{r}')\cdot\boldsymbol{J}(\boldsymbol{r}')\mathrm{d}s'-\frac{\mathrm{j}}{\omega}\nabla\int_{s_1}K_{\phi e}(\boldsymbol{r},\boldsymbol{r}')\nabla\cdot\boldsymbol{J}(\boldsymbol{r}')\mathrm{d}s'\\&-\nabla\times\int_{s_1}\frac{1}{\varepsilon_0\varepsilon_{\mathrm{r}}}\vec{\vec{\boldsymbol{G}}}_{\mathrm{F}}(\boldsymbol{r},\boldsymbol{r}')\cdot\boldsymbol{M}(\boldsymbol{r}')\mathrm{d}s'\end{aligned}\tag{4-18}$$

需要说明的是，这里散射源点和场点不在同一区域，应选择格林函数进行计算。

2. 土壤的介电特性

土壤一般为耗散媒质，介电特性可用复介电常数张量描写。对于各向同性的均匀介质，相对介电常数是标量，用下式表示：

$$\varepsilon_{\mathrm{r}}=\varepsilon'-\mathrm{j}\varepsilon''\tag{4-19}$$

其中，ε' 表示介质的色散特性，ε'' 为介质的损耗因子。

介电常数的测量方法很多，主要包括谐振腔法、传输线法和自由空间波法。考虑到地物样品的不规则性和多样性，目前测量地物介电常数主要采用传输线法。其中同轴线法是地物介电常数宽带测量较为准确和方便的测量技术。在此对于土壤的测量是基于安捷伦（Agilent）E8362B PNA 系列网络分析仪和同轴线测量系统，康士峰等[247]对其测量原理做了详细介绍，这里不再重述。因为含水量是土壤介电常数的决定性因素，因此我们测量了湖南某地黏土含水量为 5%～20%时介电常数在不同频率下的数值，如图 4-3 所示。图 4-3（a）、（b）分别为相对介电常数实部、虚部的变化曲线。

在测量过程中，随着探头所受的压力增大，介电常数也一直发生变化。图 4-3 是我们不断增加对探头压力，当介电常数稳定后的结果，并进行了多次测量，最后取平均值。由图可知，黏土介电常数随含水量的增加而增大，但不呈线性关系，开始时随着含水量的增加而缓慢增加，当含水量达到某一值后介电常数随含水量的增加而急剧增加。在含水量一定的情况下，高频段的介电常数基本与频率无关。

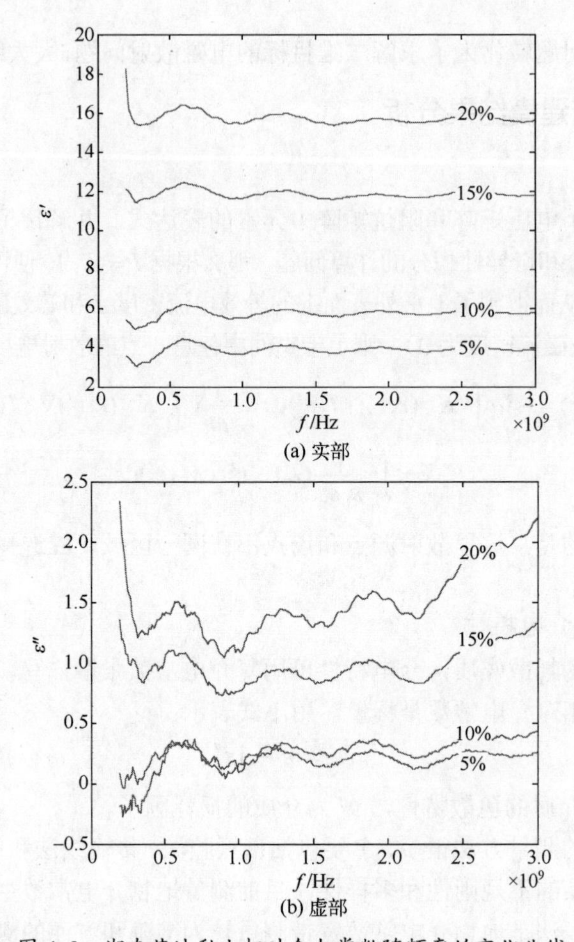

图 4-3　湖南某地黏土相对介电常数随频率的变化曲线

3. 金属地雷的电磁散射特性

根据前文所述方法，我们计算了 M6A1 地雷的散射场。M6A1 金属反坦克地雷的光学照片如图 4-4 所示，地雷外壳下圆柱高 h=6.8cm，半径为 16.5cm，上圆柱高 1.7cm，半径为 9.5cm。地雷的散射能力采用了 RCS 来表征。

图 4-4　M6A1 金属反坦克地雷光学照片

根据实际土壤的介电常数，图 4-5 给出了不同入射角度、埋设深度和土壤特性下地雷散射回波的比较。对比结论表明：地雷目标的 RCS 幅度随着土壤含水量、地雷埋设深度、电磁波入射角的增大而衰减。详细分析如下：①当土壤含水量从 5%增加到 15%时，不同埋设深度下，地雷 RCS 曲线的幅度和形状有所变化，但曲线的走势比较相似，在 1～1.1GHz 内的频域凹口特点明显；②当入射角有 10° 以上的变化时，地雷 RCS 曲线的凹口位置才会有较大的变化。

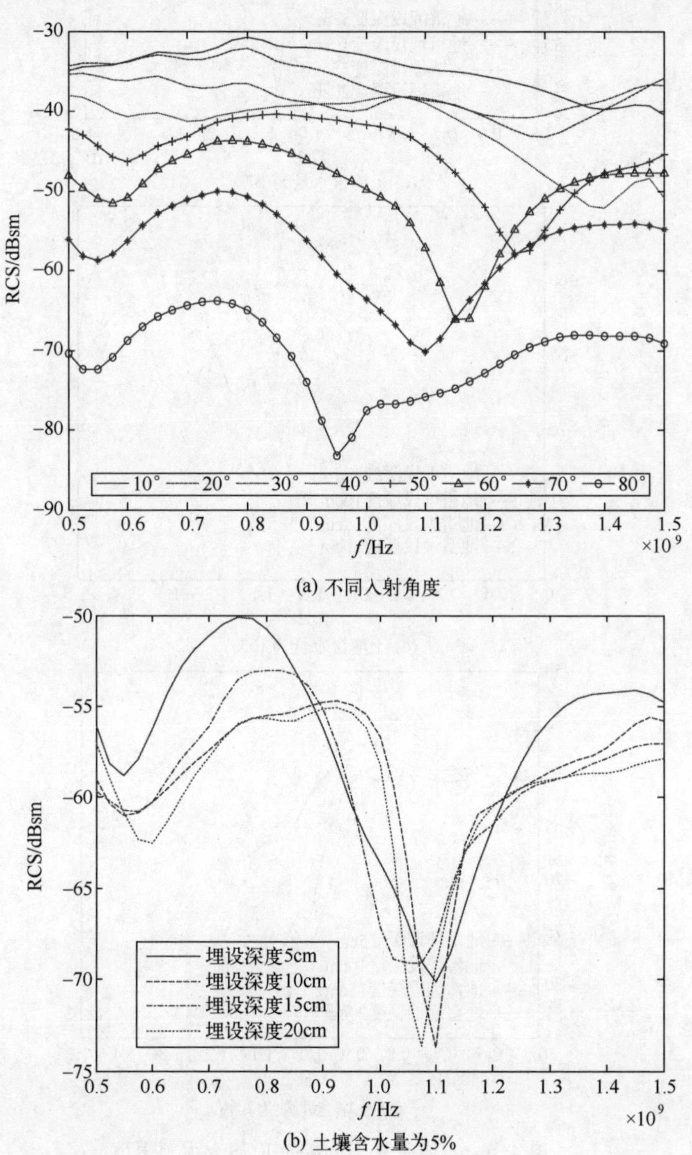

(a) 不同入射角度

(b) 土壤含水量为5%

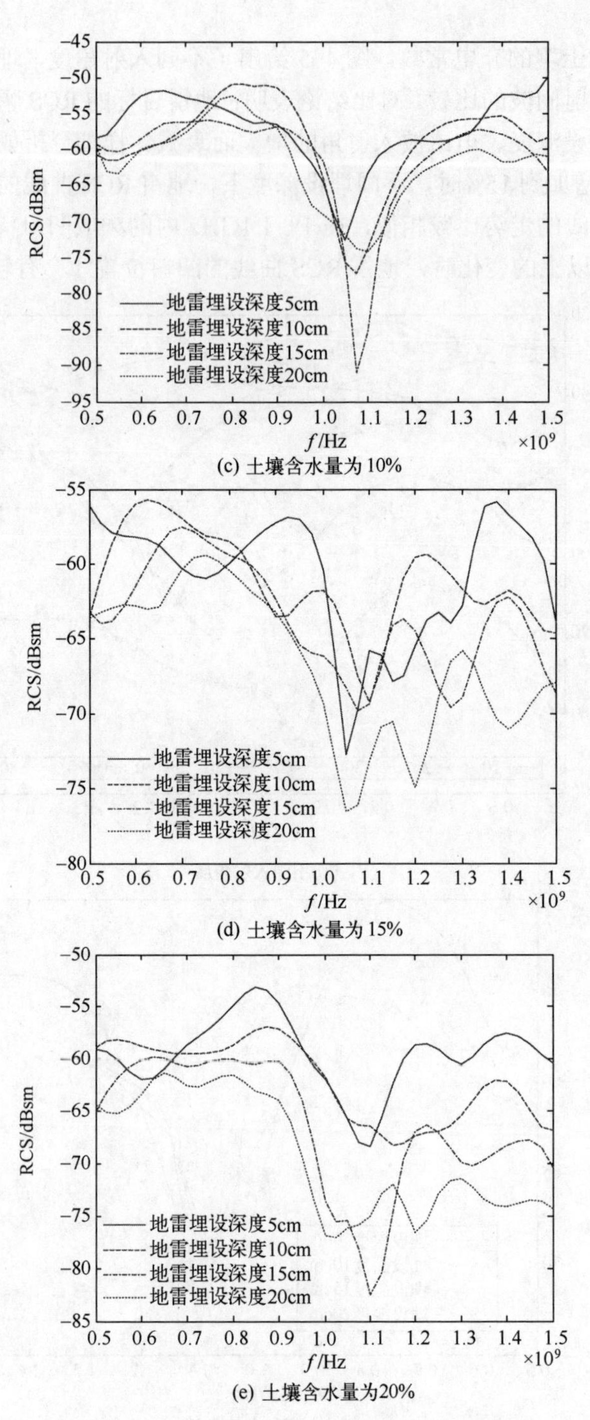

(c) 土壤含水量为 10%

(d) 土壤含水量为 15%

(e) 土壤含水量为20%

图 4-5 不同条件下地雷的 RCS 仿真结果

以 70° 入射角为例，将 MoM 计算得到的 0.5～1.5GHz 频段内地雷的单位频率响应变换到时域，结果分别如图 4-6（a）和图 4-6（b）所示。图中有较为明显的双峰，其间隔为 1.33ns；双峰之间的凹点与最高峰值的比值约为 0.25，近似-12dB。该图说明，双峰是地雷一维响应曲线的显著特征。图 4-6（b）实际上给出了理想地雷目标的一维斜距像，在地雷二维图像中是过地雷中心的斜距向切线。由于斜距向具有双峰，所以在二维图像中，地雷成像结果与接近的两个散射中心的成像相类似，这是地雷目标成像特有的现象，可以作为图像匹配的模板特征，用以和其他目标或杂波区别。

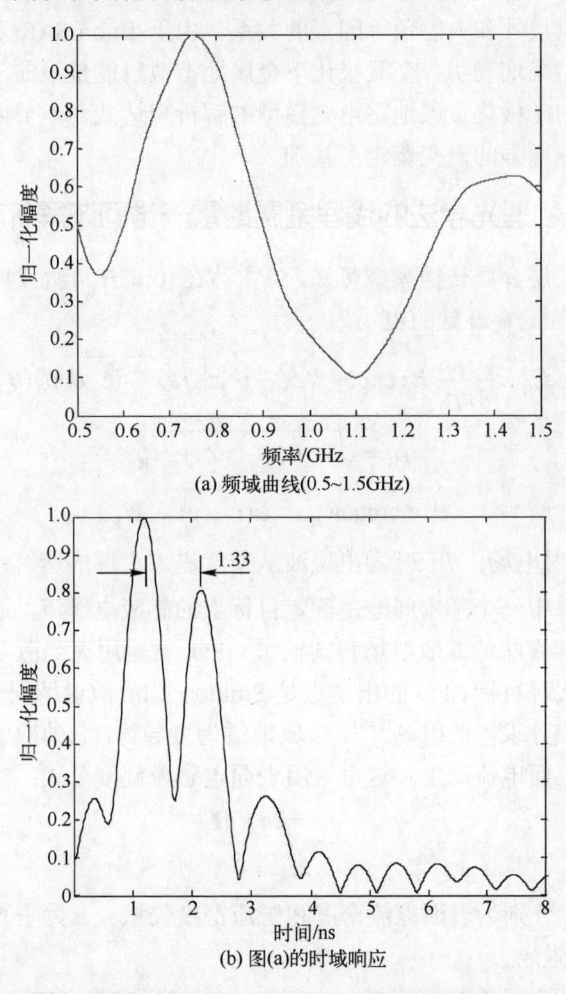

图 4-6　M6A1 地雷的时/频域回波曲线

4.3 基于物理光学法的地雷目标电磁建模

虽然数值仿真表明，金属地雷具有双峰特征，却不能定量说明双峰特征与哪些因素有关。Pambudi 等[123]将金属地雷简化成旋转轴垂直地面的圆柱体，研究了金属地雷电磁特性的解析表达式，但是他们的推导过程不详细，并且对透射系数等处的讨论不符合实际情况。本节利用物理光学法（PO）详细推导了浅埋金属地雷一维回波模型，进而得到浅埋金属地雷二维电磁模型，定量分析了双峰特征与地雷尺寸和入射角等因素的关系。由于 BoomSAR 和 FLGPR 的理论建模和实测结果均表明，交叉极化下金属地雷散射能量很弱，因此本节只推导 VV 极化和 HH 极化金属地雷电磁模型的解析表达式。本节内容为下一节金属地雷双峰特征增强的研究奠定了基础。

4.3.1 基于物理光学法的浅埋金属地雷一维回波解析表达式

由电磁波二层介质传播模型可知，当雷达在$(0,u,H_{\mathrm{R}})$处发射的电磁波经地面折射到在地下(x,y,z)处的电场为

$$\boldsymbol{E}_{\mathrm{it}} \approx \frac{1}{4\pi\rho_3}\boldsymbol{E}_0 \exp(-\mathrm{j}k\rho_3 - \mathrm{j}k|z|\sqrt{\varepsilon_{\mathrm{r}} - \sin^2\theta_{\mathrm{i}}})T_1(\theta_{\mathrm{i}}) \tag{4-20}$$

$$\rho_3 = \sqrt{x^2 + (u-y)^2 + H_{\mathrm{R}}^2} \tag{4-21}$$

$$\theta_{\mathrm{i}} = \arctan(\sqrt{x^2 + (u-y)^2} / H_{\mathrm{R}}) \tag{4-22}$$

式中：$\boldsymbol{E}_0$为发射电场；$T_1(\theta_{\mathrm{i}})$为电磁波从空气进入土壤的透射系数。

散射场计算中一个基本问题是确定目标上的感应电磁流，通过感应电磁流就可以利用标准方法计算散射场和其他量。PO 就是用充当散射场激励源的表面感应电磁流代替目标。PO 的出发点是 Stratton-Chu 散射场积分方程，通过对感应场的近似积分求得散射场[248]。金属地雷为良导体，它的散射场由入射电磁波照射引起的表面电流产生。这里采用表面电磁流旋度公式：

$$\boldsymbol{J}_{\mathrm{s}} = 2\boldsymbol{n} \times \boldsymbol{H}_{\mathrm{i}} \tag{4-23}$$

$$\boldsymbol{M}_{\mathrm{s}} = 0 \tag{4-24}$$

式中：$\boldsymbol{J}_{\mathrm{s}}$和$\boldsymbol{M}_{\mathrm{s}}$分别为表面电流密度和磁流密度矢量；$\boldsymbol{n}$为垂直表面的单位矢量；$\boldsymbol{H}_{\mathrm{i}}$为入射磁场。

建立局部球坐标系$(\rho,\theta_{\mathrm{i}},\phi)$，$0 \leqslant \theta_{\mathrm{i}} < \pi/2$表示空气半空间。不失一般性，在局部球面坐标系中，可以设入射波沿$\varphi = 0$方向入射，散射波沿$\varphi = \pi$方向回

到雷达接收天线。于是由表面电流产生的散射电场幅度为

$$E_s(\rho,\theta_{\mathrm{i}},\pi;x,y,z)=\frac{\mathrm{j}k\eta}{4\pi\rho_3}\int_S\exp[-\mathrm{j}k(\rho_3+|z|\sqrt{\varepsilon_{\mathrm{r}}-\sin^2\theta_{\mathrm{i}}}-x\sin\theta_{\mathrm{i}})]T_2(\theta_{\mathrm{i}})\boldsymbol{p}_{\mathrm{r}}(\theta_{\mathrm{i}})\cdot\boldsymbol{J}_s\mathrm{d}s \tag{4-25}$$

式中：$\eta=120\pi$ 为自由空间的波阻抗；S 表示目标表面的照明部分；$\boldsymbol{p}_{\mathrm{r}}$ 为接收天线极化单位矢量；$T_2(\theta_{\mathrm{i}})$ 为电磁波从土壤返回空气的透射系数；V 极化和 H 极化时的 $\boldsymbol{p}_{\mathrm{r}}^{\mathrm{V}}$ 和 $\boldsymbol{p}_{\mathrm{r}}^{\mathrm{H}}$ 与 x、y 和 z 方向的单位矢量 $\boldsymbol{a}_x$、$\boldsymbol{a}_y$ 和 $\boldsymbol{a}_z$ 的关系为

$$\boldsymbol{p}_{\mathrm{r}}^{\mathrm{V}}(\theta_{\mathrm{i}})=\frac{1}{\sqrt{\varepsilon_{\mathrm{r}}}}(-\boldsymbol{a}_x\sqrt{\varepsilon_{\mathrm{r}}-\sin^2\theta_{\mathrm{i}}}+\boldsymbol{a}_z\sin\theta_{\mathrm{i}}) \tag{4-26}$$

$$\boldsymbol{p}_{\mathrm{r}}^{\mathrm{H}}(\theta_{\mathrm{i}})=\boldsymbol{a}_y \tag{4-27}$$

浅埋金属地雷可以简化成半径为 a、高度为 h 的圆柱体，地雷上表面距地面距离为 z_{n}。计算式（4-25）的积分可得地雷散射场为

$$E_s(k,\theta_{\mathrm{i}})=\frac{aE_0}{8\pi^2\rho_3^2\sqrt{\varepsilon_{\mathrm{r}}}}\exp\left[-\mathrm{j}2k(\rho_3+z_{\mathrm{n}}\sqrt{\varepsilon_{\mathrm{r}}-\sin^2\theta_{\mathrm{i}}})\right]\times T_1(\theta_{\mathrm{i}})T_2(\theta_{\mathrm{i}})Q(ka,kh,\theta_{\mathrm{i}},\varepsilon_{\mathrm{r}}) \tag{4-28}$$

式中：

$$Q(ka,kh,\theta_{\mathrm{i}},\varepsilon_{\mathrm{r}})=\frac{-\mathrm{j}\pi\sqrt{\varepsilon_{\mathrm{r}}-\sin^2\theta_{\mathrm{i}}}}{\sin\theta_{\mathrm{i}}}\mathrm{J}_1(2ka\sin\theta_{\mathrm{i}})+\frac{\sin\theta_{\mathrm{i}}}{\sqrt{\varepsilon_{\mathrm{r}}-\sin^2\theta_{\mathrm{i}}}}\times\left[1-\exp(-\mathrm{j}2\mathrm{j}kh\sqrt{\varepsilon_{\mathrm{r}}-\sin^2\theta_{\mathrm{i}}})\right]\int_{\pi/2}^{\pi}\exp(-2\mathrm{j}ka\sin\theta_{\mathrm{i}}\cos\phi')\cos\phi'\mathrm{d}\phi' \tag{4-29}$$

其中，$\mathrm{J}_1(\cdot)$ 为贝塞尔函数。当 $ka\sin\theta_{\mathrm{i}}\to\infty$ 时，式（4-29）的极限为

$$Q(ka,kh,\theta_{\mathrm{i}},\varepsilon_{\mathrm{r}})\to-0.5\sqrt{\frac{\pi}{\mathrm{j}ka\sin\theta_{\mathrm{i}}}}\exp(2\mathrm{j}ka\sin\theta_{\mathrm{i}})\frac{\varepsilon_{\mathrm{r}}}{\sin\theta_{\mathrm{i}}\sqrt{\varepsilon_{\mathrm{r}}-\sin^2\theta_{\mathrm{i}}}}\times\left[1-\mathrm{j}\left(1-\frac{\sin^2\theta_{\mathrm{i}}}{\varepsilon_{\mathrm{r}}}\right)\exp(-4\mathrm{j}ka\sin\theta_{\mathrm{i}})-\frac{\sin^2\theta_{\mathrm{i}}}{\varepsilon_{\mathrm{r}}}\exp(-2\mathrm{j}kh\sqrt{\varepsilon_{\mathrm{r}}-\sin^2\theta_{\mathrm{i}}})\right] \tag{4-30}$$

对于实际土壤，$|\varepsilon_{\mathrm{r}}|$ 一般远大于 1，故式（4-30）可以进一步简化为

$$Q(ka,kh,\theta_{\mathrm{i}},\varepsilon_{\mathrm{r}})\approx-0.5\sqrt{\frac{\pi\varepsilon_{\mathrm{r}}}{\mathrm{j}ka\sin\theta_{\mathrm{i}}}}\exp(2\mathrm{j}ka\sin\theta_{\mathrm{i}})\frac{1-\mathrm{j}\exp(-4\mathrm{j}ka\sin\theta_{\mathrm{i}})}{\sin\theta_{\mathrm{i}}} \tag{4-31}$$

因此超宽带 SAR 在 $(0,u,H_{\mathrm{R}})$ 处的一维回波频谱为

$$S(k;u)=\frac{-aT_1(\theta_{\mathrm{i}})T_2(\theta_{\mathrm{i}})}{16\pi^2\rho_3^2\sqrt{\varepsilon_{\mathrm{r}}}\sin\theta_{\mathrm{i}}}\sqrt{\frac{\pi\varepsilon_{\mathrm{r}}}{\mathrm{j}ka\sin\theta_{\mathrm{i}}}}P(k)[\exp(-\mathrm{j}2k\rho')+\exp(-\mathrm{j}2k\rho'')] \tag{4-32}$$

式中：ρ' 和 ρ'' 分别表示浅埋金属地雷在径向上两个散射点的位置，具体如下式所示：

$$\rho' \approx \rho_3 + z_{\mathrm{n}}\sqrt{\varepsilon'_{\mathrm{r},\infty} - \sin^2\theta_{\mathrm{i}}} - a\sin\theta_{\mathrm{i}} \tag{4-33}$$

$$\rho'' \approx \rho_3 + z_{\mathrm{n}}\sqrt{\varepsilon'_{\mathrm{r},\infty} - \sin^2\theta_{\mathrm{i}}} + a\sin\theta_{\mathrm{i}} \tag{4-34}$$

通过式（4-33）和式（4-34）可知，浅埋金属地雷的一维回波具有双峰特征，峰值对应的时延分别为

$$t_1 \approx 2(\rho_3 - a\sin\theta_{\mathrm{i}} + z_{\mathrm{n}}\sqrt{\varepsilon'_{\mathrm{r},\infty} - \sin^2\theta_{\mathrm{i}}})/c \tag{4-35}$$

$$t_2 \approx 2(\rho_3 + a\sin\theta_{\mathrm{i}} + z_{\mathrm{n}}\sqrt{\varepsilon'_{\mathrm{r},\infty} - \sin^2\theta_{\mathrm{i}}})/c \tag{4-36}$$

式（4-32）～式（4-36）为超宽带 SAR 在孔径位置$(0,u,H_{\mathrm{R}})$处，浅埋金属地雷一维回波模型。在快时间 t 域表示的回波就是对 $S(k)$进行一维逆傅里叶变换，即

$$s(t;u) = \mathcal{F}_{k\to t}^{-1}[S(k;u)] \tag{4-37}$$

4.3.2 浅埋金属地雷二维电磁特征分析

超宽带 SAR 沿方位向匀速直线运动，在每个孔径位置发射宽带脉冲 $p(t)$，回波是快时间 t 和孔径位置 u 的二维函数：

$$\begin{aligned} s(t,u) = \iiint & a_{\mathrm{M}}(x',u-y',z',k,\theta_{\mathrm{a}})a_{\mathrm{P}}(x',u-y',z') \times \\ & p\left(t - \frac{2}{\mathrm{c}}\sqrt{r^2+(u-y)^2}\right)\mathrm{d}x'\mathrm{d}y'\mathrm{d}z' \end{aligned} \tag{4-38}$$

式中：$a_{\mathrm{M}}(x,y,z,k,\theta_{\mathrm{a}})$ 表示浅埋金属地雷的电磁特性；$a_{\mathrm{P}}(x,y,z)$ 表示理想浅埋点目标特性。将透射系数对回波的影响放在浅埋金属地雷电磁特性函数中，理想浅埋点目标回波为

$$s_{\mathrm{P}}(t,u) = \iiint \frac{1}{16\pi^2\rho_3^2} g(x,y,z) \otimes_t p(t) \otimes_t \mathcal{F}_{k\to t}^{-1}\left\{\left[-\mathrm{j}2k(\rho_3 + \mathrm{j}z\sqrt{\varepsilon_{\mathrm{r}} - \sin^2\theta_{\mathrm{i}}})\right]\right\}\mathrm{d}x\mathrm{d}y\mathrm{d}z \tag{4-39}$$

因此式（4-38）还可以表示为

$$s(t,u) = s_{\mathrm{M}}(t,u) \otimes_{t,u} s_{\mathrm{P}}(t,u) \tag{4-40}$$

式中：$s_{\mathrm{M}}(t,u)$ 表示浅埋金属地雷特性对回波的影响，

$$s_{\mathrm{M}}(t,u) = \mathcal{F}_{k\to t}^{-1}\left[\frac{-aT_1(\theta_{\mathrm{i}})T_2(\theta_{\mathrm{i}})}{16\pi^2\varepsilon_{\mathrm{r}}\sin\theta_{\mathrm{i}}}\sqrt{\frac{\pi\varepsilon_{\mathrm{r}}}{\mathrm{j}ka\sin\theta_{\mathrm{i}}}}\right] \otimes_t [\delta(t-t_1) + \delta(t-t_2)] \tag{4-41}$$

利用自相关 BP（self-correlation BP，SBP）算法补偿折射和色散的影响，取补偿深度为地雷埋设深度。浅埋金属地雷 SBP 算法处理后的 SAR 图像为

$$f(r,y) \approx f_{\mathrm{M}}(r,y) \otimes_{r,y} f_{\mathrm{SBP}}(r,y) \tag{4-42}$$

式中：$f_{\mathrm{SBP}}(r,y)$ 为 $s_{\mathrm{P}}(t,u)$ 的 SBP 算法处理结果；$f_{\mathrm{M}}(r,y)$ 表征地雷散射函数 $a_{\mathrm{M}}(\cdot)$ 对最后成像结果的影响。

这里需要强调的是，式（4-42）用的是≈符号，因为金属地雷的双峰不能同时精确聚焦，这一点将在下一节进行研究。$f_{\mathrm{M}}(r,y)$ 表征了金属地雷的双峰特征，如果地雷上表面中心的三维坐标为 $(x_{\mathrm{n}}, y_{\mathrm{n}}, -z_{\mathrm{n}})$，双峰在成像平面中大致出现在 $(\sqrt{x_{\mathrm{n}}^2 + H_{\mathrm{R}}^2} - a\sin\theta_{\mathrm{i}}, y_{\mathrm{n}})$ 和 $(\sqrt{x_{\mathrm{n}}^2 + H_{\mathrm{R}}^2} + a\sin\theta_{\mathrm{i}}, y_{\mathrm{n}})$ 处。

4.3.3 理论建模结果与实测结果对比

名义入射角为 60° 时，VV 极化和 HH 极化下，地雷理论计算和实测的二维包络幅度图如图 4-7 所示，其中图 4-7（c）中地雷右侧的亮点为一干扰杂波。

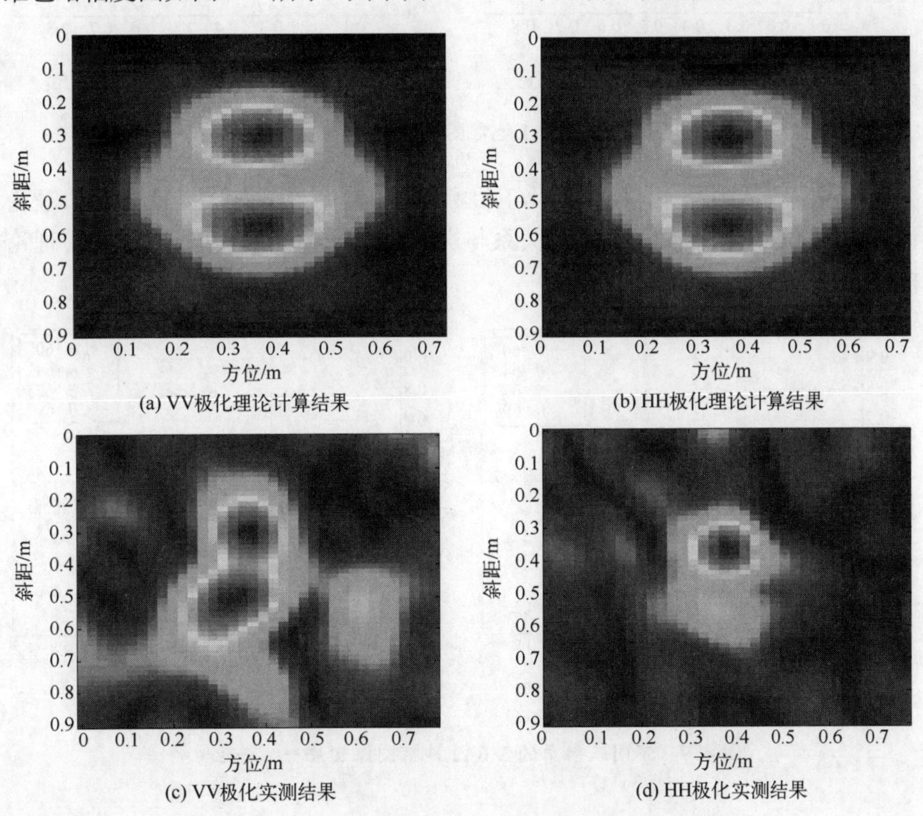

(a) VV极化理论计算结果　(b) HH极化理论计算结果

(c) VV极化实测结果　(d) HH极化实测结果

图 4-7　M6A1 地雷电磁仿真和实测的 SAR 图像

名义入射角为 60° 时，理论计算和实测的地雷一维斜距像如图 4-8 所示。理论计算得到的地雷双峰间距约 0.25m，实测结果约 0.19m。理论计算结果与实测结果的差异主要来自两个方面原因：一是理论模型采用的 PO 利用了高频近似；二是把金属地雷作为理想圆柱体存在一定误差。但理论建模定量分析了金属地雷的双峰结构与地雷尺寸和成像几何等因素的关系，这对金属地雷特征提取有重要的指导意义。

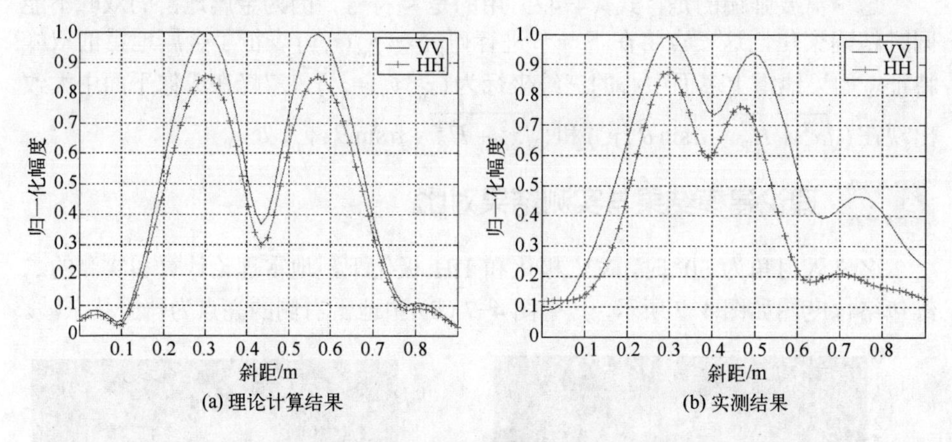

(a) 理论计算结果　　(b) 实测结果

图 4-8　M6A1 地雷图像切片一维斜距像

不同名义入射角下，VV 极化下目标中心一维斜距像如图 4-9 所示。理论计算的散射强度与名义入射角的关系与实测结果基本吻合，进一步验证了理论模型的正确性。

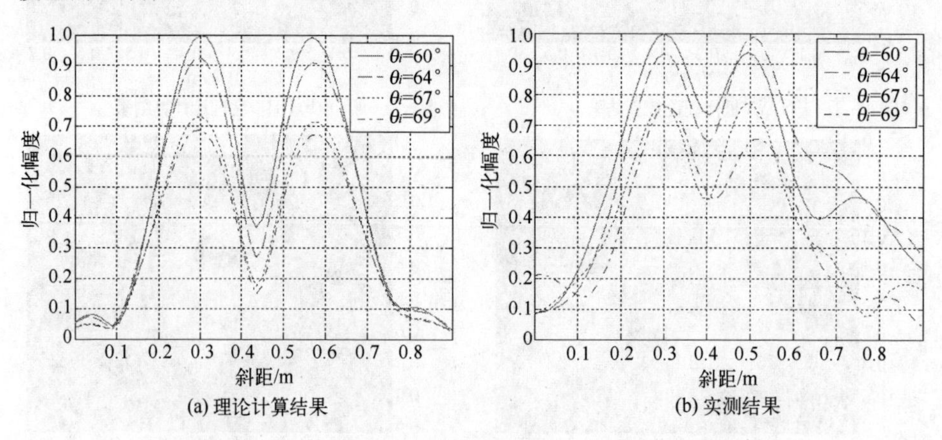

(a) 理论计算结果　　(b) 实测结果

图 4-9　不同入射角的 M6A1 地雷图像切片一维斜距像

4.4 本章小结

本章对半空间目标电磁建模方法进行了概述，并选取矩量法和物理光学法分别进行深入研究。

在矩量法分析中，首先根据埋设地雷的电磁模型建立了混合位积分方程，利用地雷的旋转对称特性将矢量面积分方程转化成了标量线积分方程，从而把地雷三维电磁散射计算转化为了二维电磁散射计算，显著降低了运算量。接着设计了合适权函数对离散化过程进行简化，推导了矩阵方程中电压矩阵和阻抗矩阵的表达式，并对阻抗矩阵中大量出现的 $\int_{t_1}^{t_2} K(G)_{\mathrm{m}}(t_{\mathrm{q}},t')\mathrm{d}t'$ 形式的积分提出了近似计算方法。随后研究了半空间格林函数中 Sommerfeld 积分的快速计算方法，根据求解埋地金属地雷散射场中场源点的分布情况，把 Sommerfeld 积分分为两类，利用离散复镜像计算第一类 Sommerfeld 积分，结合驻相法计算第二类 Sommerfeld 积分，显著提高了运算效率。然后总结了阻抗矩阵中奇异性积分不同形式，利用加减奇异项法推导完成了对低阶奇异性积分的计算，并根据地雷的结构特点将高阶奇异性积分降阶为低阶奇异性积分，解决了高低阶奇异性积分的计算问题。最后利用矩量法对埋设的 M6A1 地雷电磁计算仿真，分析了入射角度、埋设深度和土壤特性对地雷散射回波的影响，获得了金属地雷的时域双峰特征。

在物理光学法分析中，建立了浅埋金属地雷二维电磁模型，得到了浅埋金属地雷一维回波解析表达式，定量分析了浅埋金属地雷双峰结构与成像几何和地雷尺寸等因素的关系；比较了电磁建模结果与实测结果，验证了地雷双峰理论计算方法的正确性。

在电磁建模后，根据电磁建模结果，对金属地雷双峰特征进行增强。基于金属地雷双峰结构特征和 SAR 成像原理，得到了金属地雷双峰不可能同时精确聚焦的结论，提出了金属地雷双峰特征增强算法，实测数据处理验证了双峰特征增强对检测性能的改善效果。

最后，针对基于剪切波频散成像的金属地雷目标四维散射函数估计和基于序列浮动前选算法的有效特征选择问题，利用实测数据验证了提取的特征不仅包含了双峰信息，而且包含了地雷散射方位不变信息，能够有效提高金属地雷检测性能。

第5章

地雷目标检测与鉴别

预筛选是自动目标识别（Automatic Target Recognization，ATR）的一个重要组成部分，旨在预先提取疑似目标，从而有效降低目标鉴别的运算量。由于低空平台搭载的SAR系统探测区域大，为快速提取场景中地雷，需要先对图像进行预筛选处理，提取其中的疑似地雷目标。

地雷作为构成地雷场的元素目标，体积小，散射强度弱，在SAR图像中呈现为弱小目标，自动提取难度大，进而影响由其构成的地雷场区域的判定。同时，由于地雷所处的地表环境复杂，对应区域的图像分布非平稳，以致在检测率较高的情况下，场景中虚警也较多，边界标定的准确度变差。为此，为保证较高检测率的情况下降低虚警，前期预筛选处理便显得极为重要。

SAR图像的预筛选通常包含相干斑抑制、CFAR检测、形态学滤波、聚类四个步骤。为便于说明，称其为第一类流程。SAR图像中的相干斑是由每个分辨单元接收到的多个散射子雷达电磁回波相干积累形成的，它严重影响图像的解译。典型的相干斑抑制方法包括Lee滤波器[249]、Kuan滤波器[250]、Frost滤波器[251]以及MAP滤波器[252]，均是基于相干斑噪声统计特性的空域滤波算法。在平稳SAR图像中，这些滤波器能较好地保留边缘及目标特征。但随着SAR图像分辨率的提高，其非平稳特性也随之增强，这些滤波器性能相应下降。本书采用全变分（total variation）[253-254]滤波器进行相干斑抑制，它通过求取图像梯度变化最小，实现图像这一非连续函数的近似及重构，使得图像中噪声得到抑制。它在高分辨的图像中能取得较好的相干斑抑制效果，且能较好保留目标边缘特征。CFAR被广泛应用于SAR目标检测，是一类利用目标灰度与其周围的杂波灰度存在差异，进而进行分离的算法。当目标信杂比较高时，CFAR能够获得较好的检测效果。同时，为降低虚警，预筛选算法常采用形态学滤波[255-256]以去除大小和目标差别较大杂波。而为了得到目标ROI的中心坐标，形态学滤波后还需要对图像进行聚类[257]。

在上述的预筛选流程中，ROI 中心提取涉及很多的参数选择，如结构元素半径、结构元素形状以及聚类半径等，它们之间互相影响，使得处理效果很难达到最佳，并且由于形态学滤波和典型聚类算法计算量通常与待处理像素数相关，运算效率较低。由于形态学和聚类都可以完成对特定尺寸和形状的目标的筛选，因此本章提出一种仅利用网格聚类算法的 ROI 中心提取方法——基于目标面积的网格聚类算法[258]，并用于预筛选，称为第二类流程。该算法对第一类流程进行了改进，将 SAR 图像的预筛选流程改为相干斑抑制、CFAR 检测、网格聚类三个步骤。它针对 CFAR 检测的结果，仅依靠基于面积特征的网格聚类算法就可以完成典型预筛选流程中形态学和典型聚类两个步骤的功能。基于面积特征的网格聚类算法不需要限定网格中目标的形状，只是对占空比进行了分析，能以较小的计算代价获得更好的聚类效果，并去除大小和地雷目标差异较大的杂波。

在低空平台搭载的 SAR 系统图像中，地雷目标图像较弱，这导致检测过程中漏警增多。为了保证较高的检测率，CFAR 检测器的虚警率参数设置较高，常产生大量虚警。通过大量实测数据的分析发现，第二类流程仅利用目标的灰度和面积特征，相比第一类流程有进步，但是无法剔除灰度接近、面积接近的杂波。为了进一步降低虚警，需进一步研究形状特征在检测中的应用，故而本章考虑在 CFAR 检测之前引入形态分量分析（Morphological Component Analysis，MCA）[259-260]，先利用扩展分形对目标进行映射，将目标变为点目标，然后再使用稀疏表示分离目标以提高信杂比，再进行检测。MCA 的思想是：只要地雷目标和其他杂波目标之间存在形态差异，就可以构造一个超完备字典，使得它们在该字典中稀疏特性不同，并利用不同原子重构图像实现目标和杂波的分离。

由于曲波（Curvelet）[261]对线性突变的表示优势，以及离散余弦变换（Discrete Cosine Transform，DCT）[262]对突变点的表示优势，Curvelet 和 DCT 联合构造的超完备字典在 MCA 中常常见到。针对地雷检测，接下来的问题是 MCA 能够较好地分离点状和线状目标，但对块状目标处理效果不明显。由于 SAR 图像具有很高的分辨率，其中的很多目标表示为块状结构，并且它们的边界缓变，因此很难利用 MCA 将地雷等元素分布目标从 SAR 图像中分离出来。针对这个问题，借鉴扩展分形的思想[263-264]，利用地雷目标的形态特性，将其映射为一个点目标，然后将扩展分形后的目标点通过 MCA 分离出来。由于 MCA 算法需要通过迭代实现，为了降低运算量，对其中的各分量进行约束以加快收敛速度，称为 MCACC 算法。结合扩展分形和 MCACC 的预筛选，可以在较短时间内实现地雷目标分离，在较高检测率条件下保持较低的虚警率。

5.1 预筛选检测算法分析

5.1.1 预筛选算法

SAR 元素目标提取包括预筛选和鉴别两个部分。预筛选能够有效发现图像中的感兴趣目标，降低后续鉴别复杂度和运算量。但是，由于相干斑噪声的影响和 SAR 图像的非连续性，预筛选常常需要多个算法配合才能获取较好的处理效果。典型元素目标预筛选流程包括相干斑抑制、检测、形态学滤波和聚类四个部分，如图 5-1 所示。SAR 图像经元素目标预筛选输出 ROI 中心，用以提取 ROI 及其特征，进而进行鉴别。

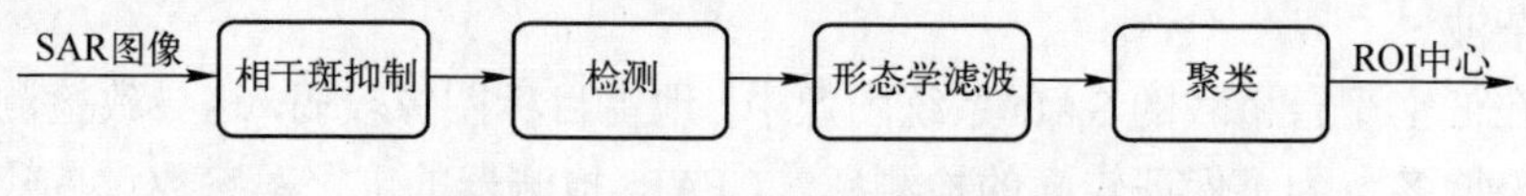

图 5-1　典型元素目标预筛选流程

相干斑噪声的存在，使 SAR 图像解译难度提升，影响后续处理的准确度，因此，元素目标预筛选算法首先要进行相干斑的抑制，以减弱其作用[265-266]。一个直接的观点是相干斑抑制算法应在去除噪声的同时尽量保持目标边缘特征。但由于常见相干斑抑制算法为利用统计特性的空域滤波算法，在模型失配情况下滤波效果变差，因此，本章采用全变分算法，利用梯度准则函数最小实现噪声抑制，能够对图像有效平滑并保持边缘。

由于预筛选的操作对象是整幅图像，所以检测时一般采用相对简单、可靠性较高的方法，如基于局部灰度特征的 CFAR 算法。它通过单个像素幅度和某一阈值的比较达到检测目标像素的目的。在给定虚警率的情况下，CFAR 中的检测阈值由周围杂波的统计特性决定，为了防止目标泄漏到背景中，用于计算杂波统计特性的像素位于以测试像素为中心的一个空心正方形内，该正方形的内边长应比期望的目标尺寸要大，以保证该用于估计杂波统计特性的区域内不包含目标像素，该正方形的外边长的选择应使该区域包含足够多的像素以得到精确的杂波统计特性估计。

形态学滤波用来去除大小和元素目标差异较大的杂波。一般情况下，形态学滤波通过对结构元素大小和形状的选择，首先对图像进行腐蚀操作，去掉尺寸不符合元素目标的较小杂波，然后对图像进行膨胀操作，从而保持图像中元素目标。为了去除场景中尺寸较大的杂波，形态学滤波也采用去小杂波类似的方法，先得到去掉目标的图像，然后用原图像减去该图像，则可以得到去除大尺寸杂波后的图像。

聚类主要是针对形态学滤波后的块状区域的中心，用以获取 ROI 进行后续处理。通过半径和点数的设置，聚类算法也可以实现不同尺寸杂波的去除。但是由于 SAR 图像的非连续性，它无法判别杂波的形状。因此，在典型元素目标预筛选过程中，形态学滤波和聚类既相互补充，又相互重叠，这导致算法流程复杂。为此，本章提出一种基于面积特征的网格聚类算法，利用表示面积特征的占空比将形态学滤波和网格聚类结合起来，则典型的预筛选流程修改为如图 5-2 所示。

图 5-2　基于面积特征的预筛选算法流程

地雷目标的预筛选是本章研究的重点，它在 SAR 图像中表现为弱的块状小目标，检测过程中常常存在大量的漏警。为了提高检测率，需要对地雷目标进行增强，提高它们的信杂比（Signal-to-Clutter Ratio，SCR）。地雷场中地雷的布设数量一般较多，布设手段和方法也具有一致性，所以它们的形态在图像中具有一致性。针对这种现象，在检测之前采用形态分量分析，利用形状分离目标，形成基于形态特征的预筛选算法，称为第三类流程，如图 5-3 所示。

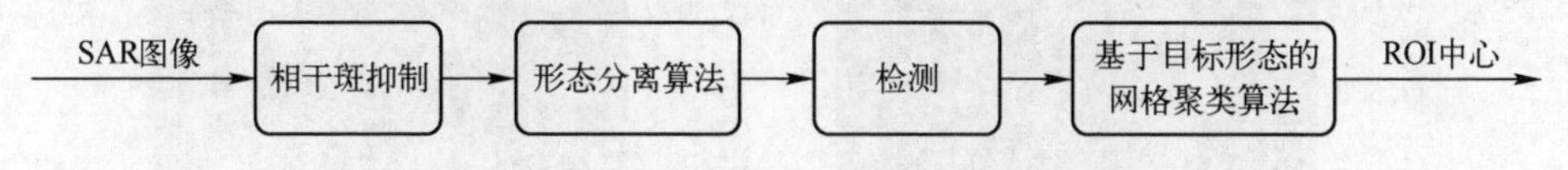

图 5-3　基于形态特征的预筛选算法流程

根据图 5-1～图 5-3 可以看出，相干斑抑制和检测是三个预筛选检测流程中共有的部分。下面将先给出基于全变分的相干斑抑制算法，然后对 CFAR 检测器在地雷检测中的适应性进行分析。

5.1.2 基于全变分的相干斑抑制

传统的相干斑抑制算法希望在抑制相干斑的同时尽量保持目标边缘特征，都高度依赖于相干斑的准确建模。而当那些模型发生失配时，抑制效果将变差。全变分已经证明是一种有效的相干斑抑制算法。假设 SAR 图像 $s(r,x)$，其中 (r,x) 是图像中一点，则相干斑抑制后的图像 $\hat{s}$ 可以通过下式计算：

$$\min_{\hat{s}} \int_{\Omega} |\nabla \hat{s}| \mathrm{d}r\mathrm{d}x \quad \text{s.t.} \ \frac{1}{2}\int_{\Omega} (s-\hat{s})^2 \mathrm{d}r\mathrm{d}x \leqslant \sigma^2 \tag{5-1}$$

其中，∇ 表示梯度，Ω 表示区域边界，为求解上式最优问题，式（5-1）可以

表示为

$$\hat{s}=\arg\min_{\hat{s}}\left\{\int_{\Omega}\left|\nabla\hat{s}\right|\mathrm{d}r\mathrm{d}x+\frac{\lambda_1}{2}\int_{\Omega}(s-\hat{s})^2\mathrm{d}r\mathrm{d}x\right\} \tag{5-2}$$

其中，$\lambda_1\geqslant 0$ 表示拉格朗日乘子，在最小值点，公式的导数等于 0。所以对式（5-2）两边求导数可以得到

$$\nabla\cdot\left(\frac{\nabla\hat{s}}{\left|\nabla\hat{s}\right|}\right)+\lambda_1(s-\hat{s})=0 \tag{5-3}$$

为求解式（5-3），可采用文献[267]中的最陡梯度下降法。图 5-4（a）给出了飞艇载 SAR 获取的原始图像。在该场景中，根据求解式（5-2）时设置迭代次数为 20，Ω 值等于图像的大小（950×950 像素），采用变分法相干斑抑制的前后效果如图 5-4 所示。图 5-4（a）显示了存在由白色虚线框标出的 13 颗地雷，图 5-4（b）给出了采用全变分算法的相干斑抑制后图像。通过比较全变分前后图像，可以看出全变分能够有效平滑图像并保持较好的图像边缘。

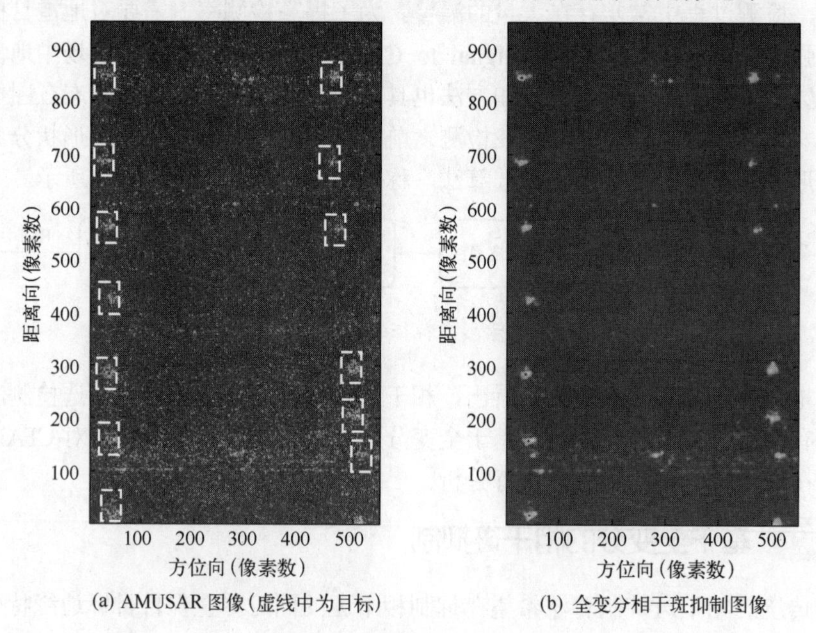

(a) AMUSAR 图像(虚线中为目标) (b) 全变分相干斑抑制图像

图 5-4 相干斑抑制结果图

5.1.3 恒虚警检测方法的适用性分析

恒虚警（CFAR）方法是图像目标检测领域研究最为广泛、最为深入，也是目前较为实用的一类方法[268–271]。它利用局部图像的统计特性进行分类，适

合地雷这类小目标的检测。下面将对CFAR在SAR中的元素目标检测进行研究，在给出检测流程的基础上，分析 SAR 图像中的杂波分布。

1. 检测流程分析

在实际情况中，由于元素目标所处的背景往往比较复杂，因此不可能使用固定阈值来检测目标，需要自适应地确定检测阈值。在虚警概率给定的情况下，CFAR 首先根据目标所处周围背景杂波的统计特性求取检测阈值，然后将待检测像素和它进行比较，判断其是否为目标点。CFAR 检测流程如图 5-5 所示。

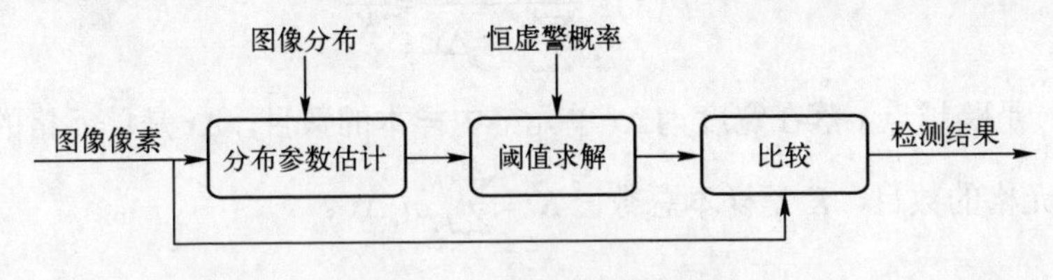

图 5-5　CFAR 检测流程图

其中，恒虚警概率和图像分布是 CFAR 检测流程中的两个关键因素，恒虚警概率根据检测前期望的虚警概率大小设为一常数，图像分布则反映杂波背景统计特性。下面为检测器的详细流程：

（1）统计图像分布，设定检测的恒虚警概率；

（2）遍历图像中的每个像素，根据滑动窗中目标区、保护区和背景区等的大小，以及其他准则（如选大准则、选小准则）圈定邻域像素，并利用它们估计分布的参数；

（3）基于这些参数计算出局部阈值 T ；

（4）将该测试像素值和 T 进行比较，小于阈值置零，大于阈值则保留；

（5）判断整幅图像是否处理完，若否，则移到下一个像素并返回到第 2 步。

2. 杂波分布统计

在给定虚警率的情况下，检测阈值由杂波的统计特性决定。不同的杂波模型导致不同的检测结果，模型的适配程度影响检测的精度。统计分布一般由概率密度函数（Possibability Denstity Function，PDF）表示，而 PDF 估计方法主要有两种：参数法和非参数法[272-273]。如果能从理论上假定参数的分布形式，整个问题就可以化为对有限数量参数的估计，称为参数法；然而在很多情况下，不能做出由一组参数刻画密度函数的假定，这时就必须求助于密度估计的非参数方法，即不事先规定密度函数的结构形式。常规的非参数的方法主要有直方图法、k 近邻法、基函数展开法和基于核函数的方法。

对于实测数据，由于在统计前不知道 PDF 的具体形式，适用非参数法进行概率密度估计。直方图法简单易用，具有无须保留采样点的优点，是构造样本PDF的经典算法。利用直方图统计SAR图像分布，首先通过直方图估计图像像素的实际分布，然后与典型概率密度函数进行比较，利用均值平方误差最小将图像分布归为某一典型概率密度函数。

在一维情况下，实轴被划分成等距离间隔的单元格（图5-6），x点处的密度估计可表示为

$$\hat{p}(x)=\frac{n_j}{\sum_j^N n_j\Delta x}=\frac{n_j}{K} \tag{5-4}$$

其中，n_j是跨越点x落在宽度为Δx单元格中样本的数目，Δx是单元格的大小，N是单元格的数目，K是样本总数，$K=\sum_j^N n_j\Delta x$。

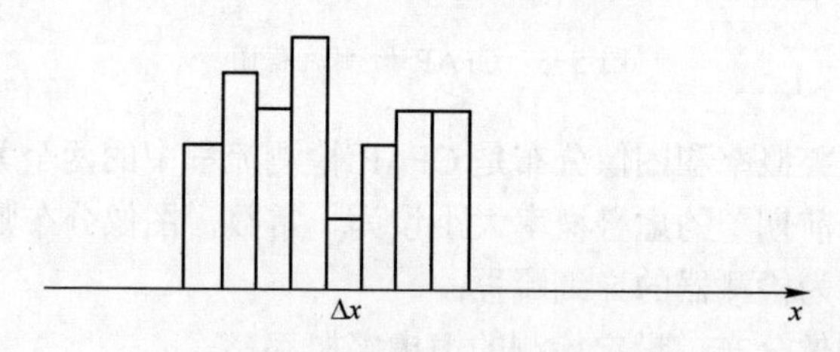

图5-6 直方单元格示意图

在实际统计中，为了与经典PDF进行比较，需要对直方图归一化处理，然后对归一化后的值进行拟合。归一化表达式为

$$\hat{f}(x)=\frac{n_j\times N}{(X_{\max}-X_{\min})\times K} \tag{5-5}$$

其中，$X_{\max}$为统计样本的最大值，$X_{\min}$为统计样本的最小值。

为了确定实际分布与典型PDF的逼近程度，采用实际分布和典型概率密度函数曲线的误差平方和（Sum-of-Squared-Error，SSE）来定量分析其逼近程度。它的定义：

$$\mathrm{SSE}(\hat{f}(x))=\sum(\hat{f}(x)-f(x))^2 \tag{5-6}$$

其中，$\hat{f}(x)$是实际的密度函数，$f(x)$是典型的密度函数。$\mathrm{SSE}(\hat{f}(x))$越小，其对应的概率密度曲线与实际分布越相近；反之，则差异较大。

图5-7所示为实际分布以及相应参数估计的典型概率密度函数。可以看出，单视图像的杂波与韦布尔分布最接近。为定量分析，采用式（5-6）定义的SSE对其进行分析，经五次统计得到表5-1，与图5-7观测结果相符。

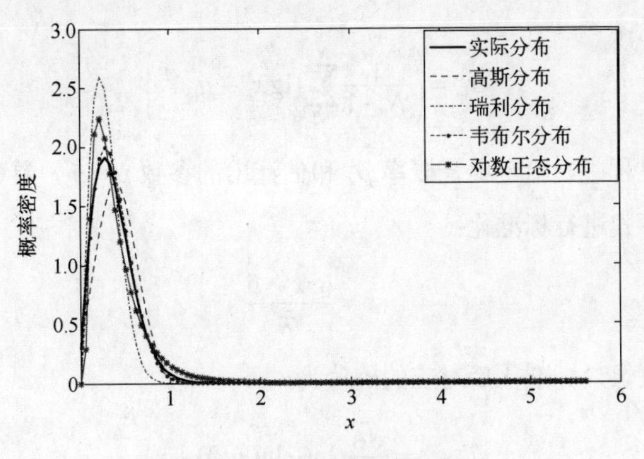

图 5-7　SAR 图像分布图

表 5-1　实际分布与典型概率密度函数之间的 SSE

数量	SSE			
	高斯	瑞利	韦布尔	对数正态
1	1.5945	2.2768	0.1288	1.0304
2	1.7043	2.9194	0.1692	1.0828
3	1.8605	4.4261	0.0987	1.3824
4	2.2015	9.0597	0.1574	2.2012
5	1.7990	4.0514	0.1795	1.3676

3. 分布参数估计

根据上述分析，本章处理图像符合韦布尔分布，因此，在针对 SAR 图像使用 CFAR 检测时，需对其参数进行估计。韦布尔分布的概率密度为

$$f_{\mathrm{w}}=\frac{\beta}{\alpha^{\beta}}x^{\beta-1}\exp\left(-\frac{x^{\beta}}{\alpha^{\beta}}\right)u(x) \tag{5-7}$$

其中，$\alpha>0$ 为尺度参数，$\beta>0$ 为形状参数。在实际统计过程中，选取参数 $\beta=\pi/\sqrt{6}\alpha$，$\alpha^{\beta}=\exp(\beta\times\mu_{\lg}+\gamma)$，$\gamma$ 为欧拉常数，$\gamma=0.5764$。$\mu_{\lg}$，$\sigma_{\lg}$ 分别为 $\lg x$ 的均值和标准差。令参与统计的样本为 $x_i(i=1,2,\cdots,N)$，则

$$\mu_{\lg}=\frac{1}{N}\sum_{i=1}^{N}\lg(x_i) \tag{5-8}$$

$$\sigma_{\lg}=\left(\frac{1}{N-1}\sum_{i=1}^{N}(\lg x_i-\mu_{\lg})^2\right)^{\frac{1}{2}} \tag{5-9}$$

在检测过程中，给定虚警概率 p_f 和估计出的参数 $\tilde{\mu}$、$\tilde{\sigma}$，首先对图像的各像素值通过下式进行标准化：

$$\tilde{x}=\frac{\lg x-\tilde{\mu}}{\tilde{\sigma}} \tag{5-10}$$

则可求得图像像素标准化后对应的阈值为

$$T_{\text{CFAR}}=\frac{\sqrt{6}}{\pi}(\ln(-\ln(p_f))+\gamma) \tag{5-11}$$

当样本符合韦布尔分布时，其参数都是对数值处理结果。为此，可以在检测前将图像进行对数变换，然后在对数图像上估计参数以实现快速 CFAR 检测，最后将检测结果通过指数变换恢复。图 5-8（a）给出了一幅大场景图像，而图 5-8（b）给出了其相应的 CFAR 检测结果。为了避免对弱目标的漏检，这里 CFAR 的虚警概率设置较高。检测后的图像中残留大量的自然杂波像素，直接对其进行聚类以提取 ROI 计算量大，影响后续鉴别。因此，在保证一定检测率的情况下，应利用形状等特征进一步降低虚警。

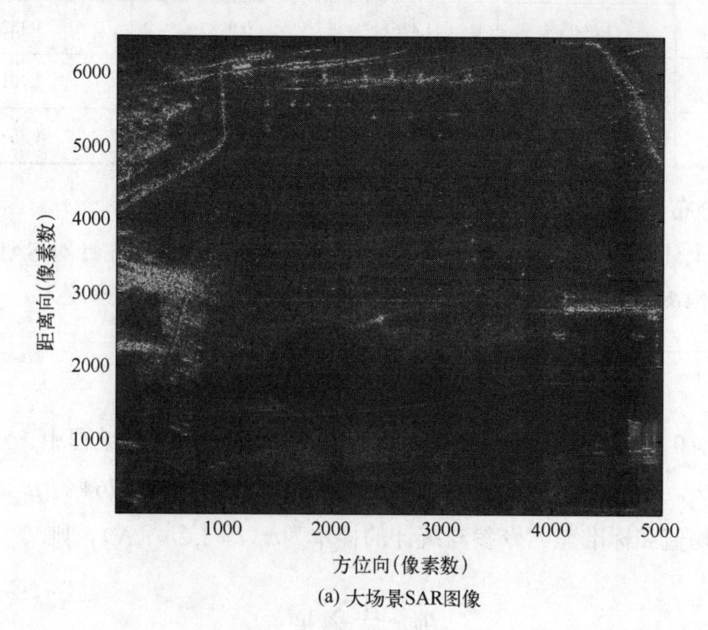

(a) 大场景SAR图像

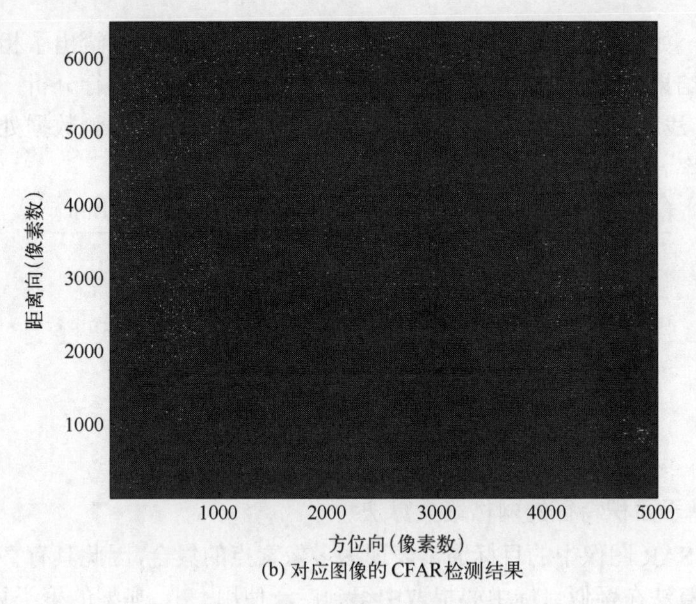

(b) 对应图像的 CFAR 检测结果

图 5-8　检测结果图

5.2　地雷目标检测

5.2.1　基于网格聚类的检测算法

ROI 提取的准确性和低虚警率是保证较好鉴别性能及降低鉴别运算量的关键。ROI 的提取与其中心的选取密切相关，一般为 ROI 中心的矩形邻域。通过预筛选流程分析可知，在 ROI 中心提取的第一类流程中，形态学滤波是非线性滤波算法，它通过结构元素参数调整，并结合数学形态学腐蚀、膨胀运算实现对图像中杂波的去除。传统聚类算法则是通过比较点与已有聚类中心之间的距离进行分类。如存在距离小于设定的阈值，则将该点归入相应的距离最小的类，并通过加权更新类中心，否则形成新的类，类中心即为 ROI 中心。

本节的算法改进可表示为图 5-9（b）所示，基于面积特征的预筛选算法对典型预筛选算法的改进集中在形态学滤波和聚类上。为此，针对地雷目标预筛选，本节主要研究基于面积特征的网格聚类算法：①对传统聚类算法进行总结，根据它们面临的问题提出对应聚类算法，分析该算法要实现的功能，并给出相应的算法流程；②研究如何根据目标先验信息进行聚类参数设计，选取网格窗以及确定去除杂波的阈值，为聚类实现进行必要准备；③详细分析该聚类流程关键步骤，如网格划分、杂波去除以及聚类中心提取等，并给出了相应的仿真图像处理结果；④根据处理流程，对该算法的计算复杂度进行分析；⑤结合超宽带 SAR 浅埋目标提取这一实际应用，给出了本节方法的实测数据处理结果以及计算效率。

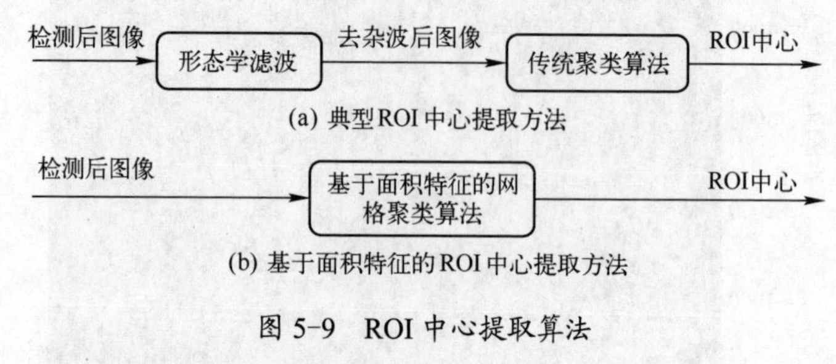

图 5-9 ROI 中心提取算法

1. 基于面积特征的网格聚类算法

由于 SAR 图像中的目标通常表现为多像素点的集合，因此具有直观易用特性的聚类算法在疑似目标中心提取中得到广泛使用[274]。典型的聚类算法有 K-均值法、谱系法以及基于密度和基于网格的聚类算法等[275–278]。K-均值法需要在聚类之前确定聚类个数，而 SAR 图像 ATR 则很难满足这一要求，并且由于该算法通常采用固定的聚类半径，这常常会导致大目标呈现出多个聚类中心。谱系法又称层次法，它通过合并间距最小的类对实现目标聚类，具有简单易用的特点，但对孤立点和噪声敏感。而基于密度的聚类算法能够对任意形状的目标实现聚类，并有效去除孤立杂波，但在数据量较大时，其运算效率较低。基于网格的聚类算法先利用网格窗将数据空间划分成不重叠的网格单元，而后将相邻高密度单元相连形成一类，而把低密度单元当作孤立点去除。由于网格聚类只受限于划分的网格数，具有较高的计算效率，因此其广泛应用于数据挖掘、数据压缩等领域，但由于其划分网格的窗的选取具有随意性，使得该算法在处理边缘、噪声和孤立点方面具有局限性。

传统的聚类算法虽然是一种无监督分类算法，但其用以聚类的聚类半径和距离准则的确定却与最终的聚类效果密切相关，这启发我们，对于特定类型的目标，是否可以通过对目标先验信息的获取来选取最合适的聚类准则，从而实现更好的聚类效果。据此，本节提出一种利用目标先验信息的网格聚类算法，该算法首先对目标进行先验信息分析，给出网格划分准则，然后依此对图像进行网格划分并计算其占空比，之后再进行目标预鉴别以去除形状和目标差异较大的杂波，有效降低了虚警率，在减少聚类中心提取计算量的同时也在较大程度上降低了后续目标鉴别的处理负担。但是该方法对于目标特性的一致性和分布特性都提出了一定的要求，如目标面积和形状应基本相似，相邻目标不能相接。对于地雷场探测，其中包含的地雷往往为随机稀疏分布，且同一地雷场中的地雷目标基本属于同一型号，符合本算法的前提假设。同时，基于以上原理，该算法还可用于利用 SAR 图像的森林普查中树木密度的统计、医学检验中各种细胞的筛选和统计等，应用前景广阔。

与经典网格聚类算法[279-280]不同，本节所提聚类方法需要解决两个关键问题：一是如何结合先验信息去除大小杂波对目标实现预鉴别；二是如何确定目标在网格中的位置。目标形状和大小具有一致性，这启发我们可以将检测图像划分为预先设定格子大小的网格，在每个局部格子内部进行目标特征的统计，并将该格子及其邻域格子的统计结果综合分析，在保证较好聚类效果的情况下有效地解决目标的预鉴别与定位问题。由于本章使用的先验信息是表现目标面积的占空比特征，因此该聚类算法也称为基于面积特征的网格聚类算法，包括聚类参数设计、图像网格划分、小杂波去除、大杂波去除和聚类中心提取五个部分。其中聚类参数设计为网格窗和阈值的选择提供依据，是该聚类算法的预处理部分，而后续的四个部分则是该算法的实时处理部分，依次按顺序实现，为算法关键步骤。基于面积特征的网格聚类算法信息处理流程如图 5-10 所示。

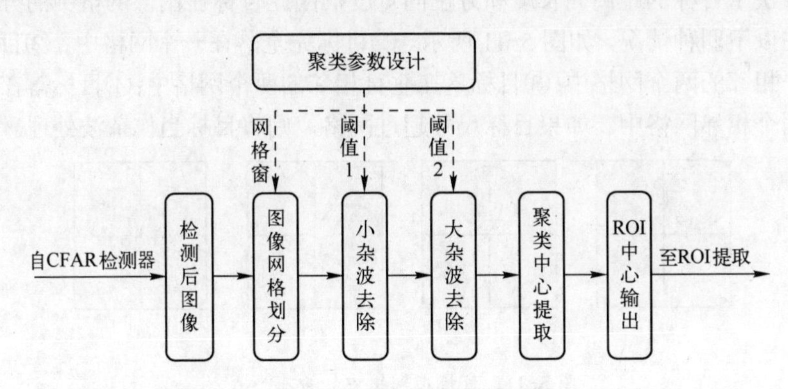

图 5-10　基于面积特征的网格聚类算法流程

2. 聚类算法参数设计

1）网格窗生成

一般基于网格的聚类算法，在划分网格的过程中，网格窗的大小仅考虑计算效率，与目标形状、尺寸大小等因素无关。对于目标形状尺寸基本相似且具备稀疏性的应用，引入目标先验知识将极大地提高聚类的性能和计算效率，本小节基于目标先验信息给出了网格窗划分准则。

由于雷达入射波的空变性以及地杂波、噪声等因素影响，使得目标在雷达图像中的尺寸与自身物理尺寸存在一定差异。为在聚类过程中控制漏警率，可根据检测概率及目标样本的分布特性确定聚类网格窗的尺度。设目标距离向窗长度为H，方位向窗宽度为W，在目标样本较少时，H、W可以分别为样本中长宽的最大值。而当目标样本较多时，可对样本二维尺寸的分布特性进行统计分析。一般情况下，当目标形状在图像中具有较好一致性时，可近似认为噪声影响在其距离向长度和方位向宽度变化中占主导作用，并根据大数定理，它们服从正态分布。对检测后图像中目标样本距离向长度和方位向宽度进行统计，并分别计算其均值和标准差，用μ_{H}、σ_{H}、μ_{W}、σ_{W}表示，则网格窗可分别通过以下公式计算：

$$\begin{cases} H = \mu_{\mathrm{H}} + \xi\sigma_{\mathrm{H}} \\ W = \mu_{\mathrm{W}} + \xi\sigma_{\mathrm{W}} \end{cases} \tag{5-12}$$

其中，ξ为网格窗尺度因子，大小只与检测概率P_{d1}相关：$\xi = \Phi^{-1}(P_{\mathrm{d1}})$。$\Phi^{-1}(\cdot)$为标准高斯分布函数的逆函数。

2）阈值确定

当图像网格划分确定后，目标在网格中所占位置也随之确定。由于网格窗大小取决于目标的距离向长度和方位向宽度，因此目标在图像网格中的分布形式存在以下四种情况，如图5-11所示。①目标完全落在一个网格中；②目标落在水平相邻的两个网格中；③目标落在垂直相邻的两个网格中；④目标落在“田”字形四个相邻网格中。如果目标尺寸超过网格，则将目标当作杂波处理。

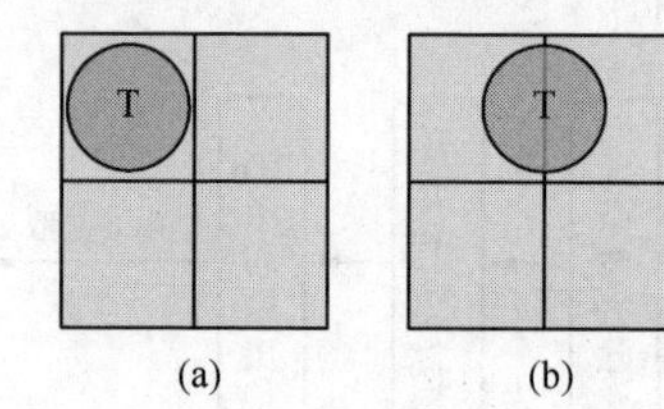

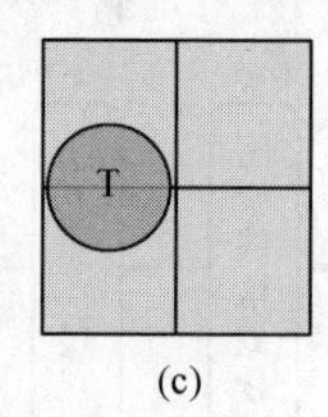

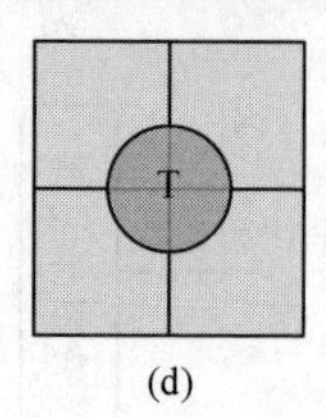

图5-11　目标在网格中的分布形式

为判断目标在网格中的分布形式，本章引入占空比这一概念，其定义为网格中非零像素数与网格所有像素数的比值，用D表示。由定义可知，占空比具有一定的统计意义，取值范围为$[0,1]$，如果网格中没有非零像素，网格占空比则为0。可以通过计算网格占空比确定目标位置以及聚类中心，并利用阈值对大小杂波进行去除，其基础为单网格占空比分析。

在此首先考虑网格中只包含目标或杂波的情况。当目标完全落在单个网格中时，该网格占空比用D_{T}表示。而如果目标只有部分落入网格时，该网格占空比则在$(0, D_{\mathrm{T}})$之间。由于环境、噪声、误差等因素造成目标图像尺寸与实际尺寸存在一定偏差，进而影响其网格占空比，针对这种情况，可通过对目标样本的单网格占空比进行统计，得到其均值 μ_{D_T} 和标准差 σ_{D_T}。

杂波的形状多种多样，面积有小有大，其网格占空比也在 $(0,1]$ 随机分布，用 D_C 表示。当网格中杂波很小时，其占空比接近 0，而如果杂波的面积很大，完全占据整个网格时，占空比则为 1。

小杂波是指图像中面积小于目标的杂波。不同类型的图像以及不同的检测算法获得的杂波不同，导致杂波占空比复杂多变。因为 SAR 图像存在斑点噪声，所以通过局部检测器进行检测时常常存在大量小杂波，并且其占空比分布与指数函数类似；而通过全局分割算法进行检测时，小杂波的数量则较少。因此，无法给出适合所有情况的去小杂波阈值。针对这种情况，本节先对小杂波的网格占空比设置一个粗阈值 D_{CS}，然后统计占空比小于 D_{CS} 且幅度值非零的网格的均值 μ_{D_C} 及标准差 σ_{D_C}。其中，D_{CS} 一般取目标网格占空比的最小值。则去小杂波的阈值可以表示为

$$T_S = \mu_{D_C} + \alpha\sigma_{D_C} \tag{5-13}$$

其中，α 为虚警概率 P_{fa1} 决定的值。当小杂波分布满足正态分布时，$\alpha = \Phi^{-1}(1 - P_{fa1})$。

大杂波是指图像中面积大于目标的杂波。依据目标在图 5-11 中的四种分布情况，可以通过邻域网格融合判决方法对大杂波进行判定，包括四种情况：①单网格判定；②水平邻域网格融合判定；③垂直邻域网格融合判定；④“田”字形邻域网格融合判定。如图 5-12 所示，为表述方便，将相邻的四个网格分别定义为 g_1、g_2、g_3、g_4。在去大杂波阈值设定过程中，需要考虑以下三种情况：①网格中只有目标；②网格中只有杂波；③网格中同时存在目标和小杂波。

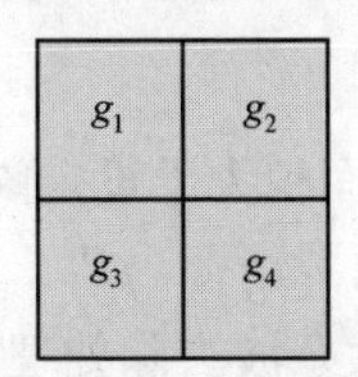

图 5-12　相邻的四网格示意图

在情况①和②中，本章首先使检测率 P_{d2} 恒定以保证在去大杂波的过程中保持较高的检测率，然后通过目标占空比分布计算其对应的目标阈值 $\mu_{D_T} + \gamma\sigma_{D_T}$，其中 γ 为检测因子。当目标面积变化主要由噪声引起时，目标在固定网格中的占空比也应满足高斯分布，则 $\gamma = \Phi^{-1}(P_{d2})$。而在情况③中，为防止将含有小杂波的目标网格作为大杂波去除，应加入去小杂波分量

$\mu_{D_C}+\beta\sigma_{D_C}$，其中虚警因子 β 由虚警概率 P_{fa2} 决定。

综上所述，用于去大杂波的四种阈值由式（5-14）给出，每个阈值由目标阈值分量和去小杂波阈值分量两部分组成，参与判决的网格数越多，则相应的去小杂波阈值分量越大。

$$\begin{cases} g_1,g_2,g_3,g_4 & :T_L^1=(\mu_{D_T}+\gamma\sigma_{D_T})+(\mu_{D_C}+\beta\sigma_{D_C}) \\ g_1+g_2 & :T_L^{12}=(\mu_{D_T}+\gamma\sigma_{D_T})+(2\mu_{D_C}+\sqrt{2}\beta\sigma_{D_C}) \\ g_1+g_3 & :T_L^{13}=(\mu_{D_T}+\gamma\sigma_{D_T})+(2\mu_{D_C}+\sqrt{2}\beta\sigma_{D_C}) \\ g_1+g_2+g_3+g_4 & :T_L^{1234}=(\mu_{D_T}+\gamma\sigma_{D_T})+(4\mu_{D_C}+2\beta\sigma_{D_C}) \end{cases} \tag{5-14}$$

3. 关键步骤分析

图 5-10 给出了基于面积特征的网格聚类算法流程，为便于算法实现，本小节对流程中除聚类参数设计外的环节进行逐步说明：

1）图像网格划分

根据先验信息中获得的窗 (H,W) 对图像划分网格并计算其占空比，得到网格占空比图像，表示为 $f_D(y,x), y=1,2,\cdots,M, x=1,2,\cdots,N$，其中 M,N 分别为网格图像距离向和方位向大小。

2）小杂波去除

小杂波去除是指将图像中面积小于设定阈值的杂波进行去除。当阈值为 T_S 时，则将该网格占空比置 0，即将小尺寸杂波去除，依此遍历整幅网格图像后得到新的网格占空比图像 f_D'。公式表示为

$$f_D'=\begin{cases} f_D, & f_d \geqslant T_S \\ 0, & 其他 \end{cases} \tag{5-15}$$

3）大杂波去除

大杂波去除是指将图像中面积大于设定阈值的杂波进行去除。取图像 f_D' 中任意一点 (y',x') 用 $f_D'^1$ 表示，$f_D'^2$、$f_D'^3$、$f_D'^4$ 则分别对应点 $(y',x'+1)$、$(y'+1,x')$、$(y'+1,x'+1)$，则大杂波去除处理流程为：遍历 f_D'（遍历时，方位向最右侧和距离向最远端网格都有参与，不再单独处理），对其中任意点 $f_D'^1$，判断它是否大于阈值 T_L^1，如果大于阈值，则把该网格标为大杂波，否则比较 $f_D'^1+f_D'^2$ 与阈值 T_L^{12}，如果大于阈值，则把该网格及相邻网格 $(y',x'+1)$ 标为大杂波，否则，对 $f_D'^1+f_D'^3$ 及 $f_D'^1+f_D'^2+f_D'^3+f_D'^4$ 进行类似处理，将标为大杂波的网格占空比置 0，得到新网格占空比图像 f_D''。去大杂波详细处理流程如图 5-13 所示。

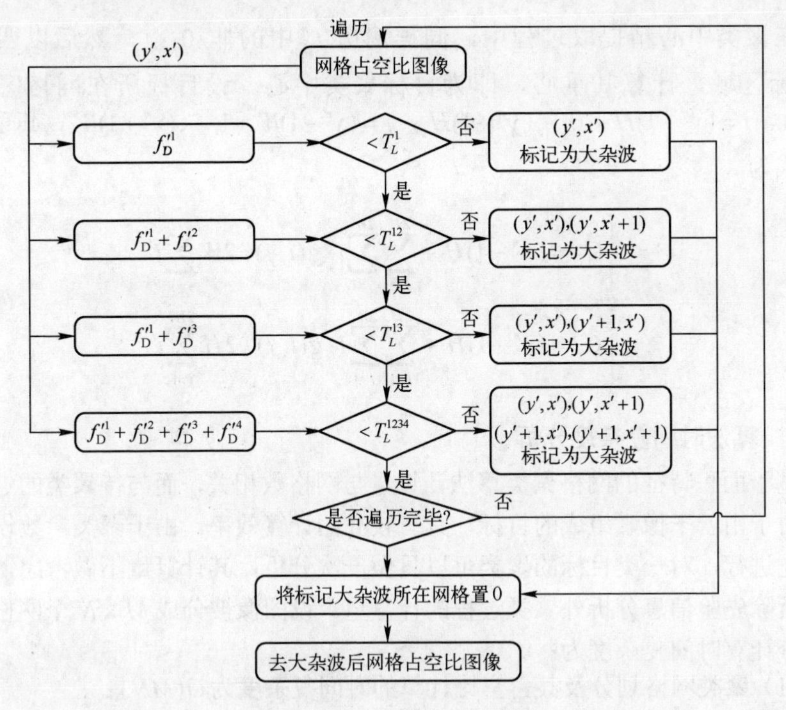

图 5-13　大杂波去除流程图

4）聚类中心提取

聚类中心提取根据计算的精细程度可分为两类：一类为粗提取，计算速度高但与实际 ROI 中心有一定偏差；另一类为精提取，位置准确度高。在聚类中心粗提取过程中，先遍历 f_D'' 中的非零值点 (m,n)，设其网格中心坐标为 (C_{ym},C_{xn})，然后判断其相邻网格是否为非零值点，如果都为 0 值，则聚类中心坐标为

$$\begin{cases} C_y = C_{ym} \\ C_x = C_{xn} \end{cases} \tag{5-16}$$

其中，(C_y,C_x) 为聚类中心坐标。如果 (m,n) 的邻域存在 N 个非零值点，且其对应的网格中心坐标为 (C_{yk},C_{xk})，$k=1,2,\cdots,N$。则聚类中心坐标为

$$\begin{cases} C_y = \dfrac{1}{N}\displaystyle\sum_{k=1}^{N} C_{yk} \\ C_x = \dfrac{1}{N}\displaystyle\sum_{k=1}^{N} C_{xk} \end{cases} \tag{5-17}$$

在聚类中心精提取过程中，同样遍历 f_{D}'' 中的非 0 点，然后以四网格为目标区域，计算其重心，即为目标聚类中心。设目标所在网格区域为 $g(i,j)$，$i=(y''-1)H+1,\cdots,(y''+1)H$，$j=(x''-1)W+1,\cdots,(x''+1)W$，其重心计算公式为

$$\begin{cases} C_y=(y''-1)H+\sum_{i=1}^{2H}\sum_{j=1}^{2W} i\cdot g(i,j)/2W\sum_{i=1}^{2H} i \\ C_x=(x''-1)H+\sum_{i=1}^{2H}\sum_{j=1}^{2W} i\cdot g(i,j)/2H\sum_{i=1}^{2W} i \end{cases} \tag{5-18}$$

4. 算法时间复杂度分析

基于面积特征的网格聚类算法计算量与网格数相关，而与待聚类的点数无关，对于由若干像素组成的目标，具有较高的计算效率。由于聚类参数设计可以事先进行，对一类目标的聚类可以只做一次分析，其计算量不做考虑，因此只分析除先验信息分析外聚类过程的计算量。设图像被分成 $M\times N$ 个网格，则各部分计算时间复杂度为:

（1）聚类网格划分及其占空比计算的时间复杂度为 $O(MN)$；

（2）去小杂波过程较为简单，计算时间复杂度为 $O(MN)$；

（3）在去大杂波的过程中，包括大杂波判断和去除两个方面，时间复杂度分别为 $O(4MN-4M-4N+4)$、$O\left(MN\right)$。

（4）聚类中心提取阶段，考虑到粗提取方法运算量很小，只针对精提取聚类中心的方法进行分析。假设图像中共聚出 K 个目标，并选取计算量最大的情况，即目标落在四个网格中，则时间复杂度为 $O(8KHW+2KH+2KW)$。

本章聚类算法的时间复杂度为上述四个部分的总和，可表示为 $O(7MN-4M-4N+4+8KHW+2KH+2KW)$。可以看出，由于 M、N 的值与 H、W 的大小密切相关，当图像给定时，聚类计算量仅与网格数及聚类中心数相关。当 $K\ll MN$ 时，聚类中心的变化对算法耗时影响较小。

5.2.2 基于形态分离的检测算法

由 5.1 节可以看出，面积特征的引入能够有效降低虚警率。面积特征是元素目标形态特征的一种。针对地雷场这一类特殊的应用，可以利用更加精确的形态特征对它们进行增强，提高信杂比，从而能够在保证较高检测率的情况下实现虚警减少。MCA 由 Starck 等提出，是一种利用形态差异的分析方法，常被用于盲源分离、图像修复等方面。MCA 具有优秀的形态分析能力，研究者

基于 MCA 元素目标增强算法，实现了基于形态特征的预筛选，进一步降低虚警率[259]。

根据预筛选流程分析，基于形态特征的预筛选在基于面积特征预筛选基础上增加了形态分离算法。该算法利用形态差异提高地雷目标的信杂比，其核心是 MCA 算法。因此，本节首先对 MCA 算法在形态分离中的适用性进行分析，其次提出相应的形态分离算法及流程，最后给出实验结果。

1. MCA 算法的适用性分析

MCA 算法利用不同目标在不同形状字典中的稀疏性进行分类。由于 Curvelet 和 DCT 能够分别稀疏表示线和奇异点，它们在 MCA 中有着举足轻重的作用。受此启发，研究地雷目标在 Curvelet 和 DCT 字典中的稀疏性，以分析 MCA 算法的适用性。下文将给出 Curvelet 和 DCT 的简单介绍，然后通过仿真给出地雷稀疏性分析。

Curvelet 是小波对线性目标表示的一个补充。Candes 等将他们的工作进行了发展，得到了第二代的 Curvelet 变换，即将频率域划分成多个子带。频率越低，子带的带宽越小。针对每个子带，分别将它们按照极角分割成多个区域。所以，Curvelet 的每个基础元素对角度敏感并具有各向异性。Curvelet 在去噪、纹理分析等图像处理中具有重要的意义。

DCT 在图像压缩中被广泛采用，同时在人脸识别中也有大量研究。研究人员使用 DCT 变换图像到一个特征空间中，然后再使用算法对特征进行分类。DCT 系数可以手动获取它们的高频信息或低频信息。图像（大小：$I \times J$）的 DCT 变换及其反变换可以表示为

$$\begin{cases} \hat{S}_{kl} = \sqrt{\dfrac{2}{I}}\sqrt{\dfrac{2}{J}}\displaystyle\sum_{i=0}^{I-1}\sum_{j=0}^{J-1}\hat{s}(i,j)\cos\left[\dfrac{(2i+1)k\pi}{2I}\right]\cos\left[\dfrac{(2j+1)l\pi}{2J}\right] \\ \hat{S}(i,j) = \sqrt{\dfrac{2}{I}}\sqrt{\dfrac{2}{J}}\displaystyle\sum_{i=0}^{I-1}\sum_{j=0}^{J-1}\hat{s}_{kl}\cos\left[\dfrac{(2i+1)k\pi}{2I}\right]\cos\left[\dfrac{(2j+1)l\pi}{2J}\right] \end{cases} \tag{5-19}$$

为分析地雷的稀疏特性，首先仿真圆形的目标，包括两个分布目标和一个近似点目标，如图 5-14（a）所示，图中左侧的目标接近实际 SAR 图像中的地雷目标，其他目标用于比较。图 5-14（b）给出了使用 Curvelet 高频稀疏的重构图像。可以看出，不管目标的大小如何，其边缘重构明显。图 5-14（c）给出了 DCT 高频系数的重构图像，可以发现块目标的中心被去除，但是最小的目标几乎被全部重构出了，这就提示我们可以将地雷映射成点目标，然后再通过 DCT 分量提取目标。

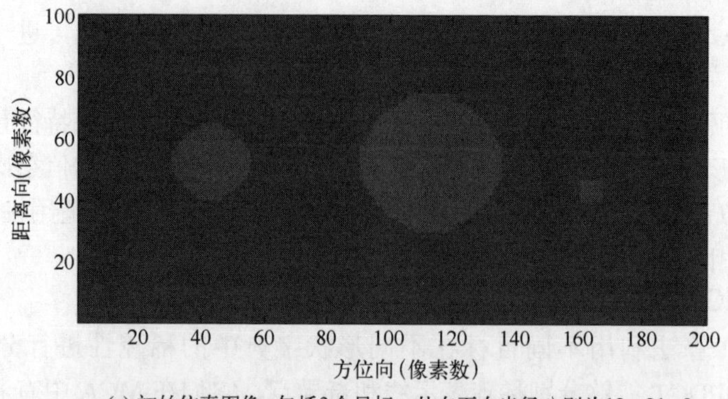

(a) 初始仿真图像，包括3个目标，从左至右半径分别为12、21、3

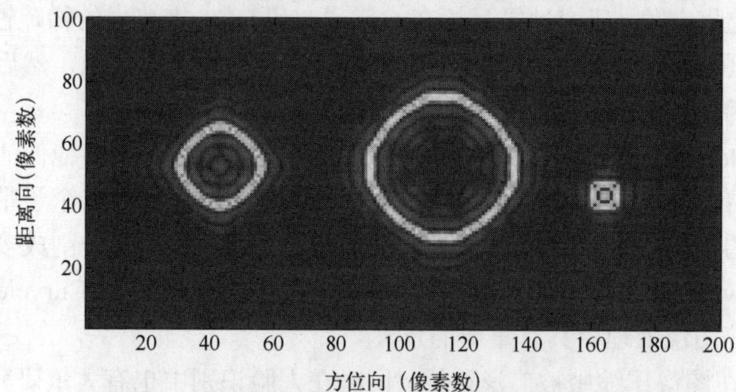

(b) 利用Curvelet的高频稀疏重构的图像

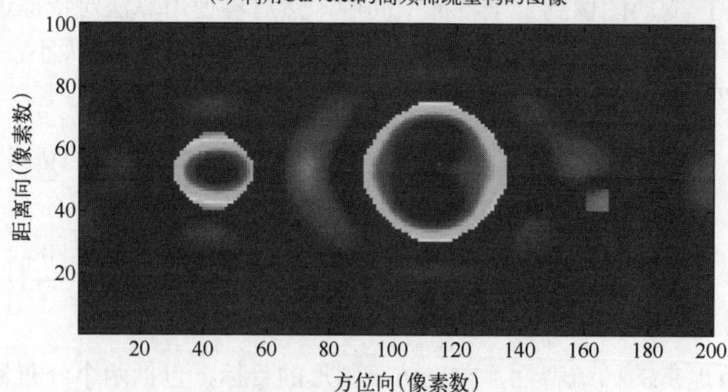

(c) 利用DCT的高频稀疏重构的图像

图 5-14　地雷目标在 Curvelet 和 DCT 字典中稀疏性仿真结果图

2. 形态分离算法

形态分离算法是基于形态特征进行预筛选的关键算法，其核心是元素目标形状的有效利用。大量地雷目标在 SAR 图像中表现为块状小目标，且具有一致性。针对这种现象，可以利用形态分离算法提高信杂比。下文首先给出形态分离算法流程，然后在此基础上对其中的步骤进行详细分析。

1）算法流程

算法包括两个步骤：形态映射和 MCACC 分析（图 5-15）。根据分析，地雷目标既不能被 Curvelet 稀疏，又不能被 DCT 稀疏表示，需要设计一个形态映射函数将其映射成点目标，进而能够被 MCA 分离。扩展分形是一种非线性映射，能够提取分布特性，通过窗参数的调节可以将地雷映射成一个强散射点。针对形态映射后的强散射点，利用 MCA 算法对图像进行分离，可在 DCT 分量中提取地雷目标。但是 MCA 经多次迭代实现，计算量大。MCACC 是 MCA 的改进，它对各分量进行约束，加速收敛以减少迭代次数，提高计算效率。

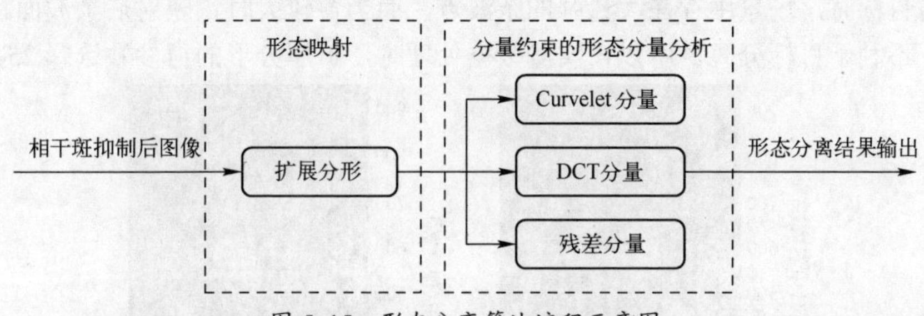

图 5-15　形态分离算法流程示意图

形态分离算法处理后，地雷目标的信杂比逐步提高，原因在于：①扩展分形能够增强地雷幅度；②通过 MCACC 提取地雷分量能够去除杂波和噪声。所以，该算法能有效提高信杂比，使得检测获得较好的效果。下文将分别对扩展分形和 MCACC 进行讨论。

2）扩展分形映射

扩展分形特征能够表示目标的形态特性，利用它将地雷目标映射成点目标。为了给出扩展分形的公式，首先定义 $e_x^{\varDelta}$，$e_r^{\varDelta}$：

$$\begin{cases} e_r^{\varDelta}(r,x)=\sum\limits_{\alpha=1}^{W_1}\sum\limits_{\beta=1}^{W_2}\left|\hat{s}(r+\varDelta+\alpha,x+\beta)-\hat{s}(r-\varDelta+\alpha,x+\beta)\right|^2 \\ e_x^{\varDelta}(r,x)=\sum\limits_{\alpha=1}^{W_1}\sum\limits_{\beta=1}^{W_2}\left|\hat{s}(r+\alpha,x+\varDelta+\beta)-\hat{s}(r+\alpha,x-\varDelta+\beta)\right|^2 \end{cases} \tag{5-20}$$

其中，$\varDelta$ 是最小间隔，W_1 和 W_2 分别是 r 和 x 的滑动窗。所以在这些方向扩展分形公式可以表示为

$$\begin{cases} E_r(r,x)=\dfrac{1}{2}\log_2\left(\dfrac{e_r^{\varDelta}(r,x)}{e_r^{2\varDelta}(r,x)}\right) \\ E_r(r,x)=\dfrac{1}{2}\log_2\left(\dfrac{e_r^{\varDelta}(r,x)}{e_r^{2\varDelta}(r,x)}\right) \end{cases} \tag{5-21}$$

所用到的扩展分形特征 E_{rx} 是 E_r 和 E_x 的均值，表示为

$$E_{rx}=\frac{E_r+E_x}{2} \tag{5-22}$$

根据式（5-20）、式（5-21）和式（5-22），我们知道扩展分形对目标大小敏感。因此，这使得通过选择窗的大小以及间隔来映射地雷图像到点目标成为可能。

图 5-16 给出了扩展分形映射后的结果，不同的图像代表选择不同窗大小时的映射结果。根据图 5-16（c）我们看出当窗大小选择与地雷的大小接近时，地雷目标能映射成为强散射点。如图 5-16（a）和图 5-16（b）所示，当窗小于地雷目标时，场景中存在大量强的杂波点，而当窗较大时，映射后杂波面积较大，不利于目标分离。所以在实测数据处理时，扩展分形的窗参数选择 25。

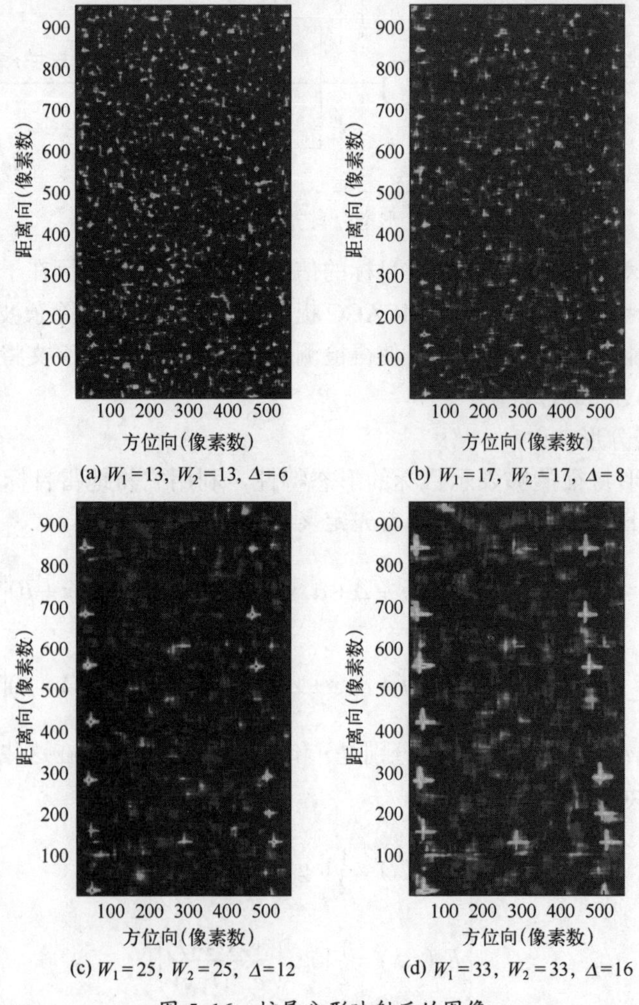

图 5-16 扩展分形映射后的图像

3. 分量约束的形态分量分析

因为 MCA 采用具有快速实现的字典，能够有效减小计算量和存储空间。但是 MCA 要经多次迭代才能实现对图像的稀疏分解，这又导致计算量增大。针对上述现象，为减小 MCA 算法的迭代次数，并获取好的稀疏表示性能，MCACC 算法被提出，图 5-17 给出了其处理流程图，可以分为 6 个主要步骤，下面为详细流程：

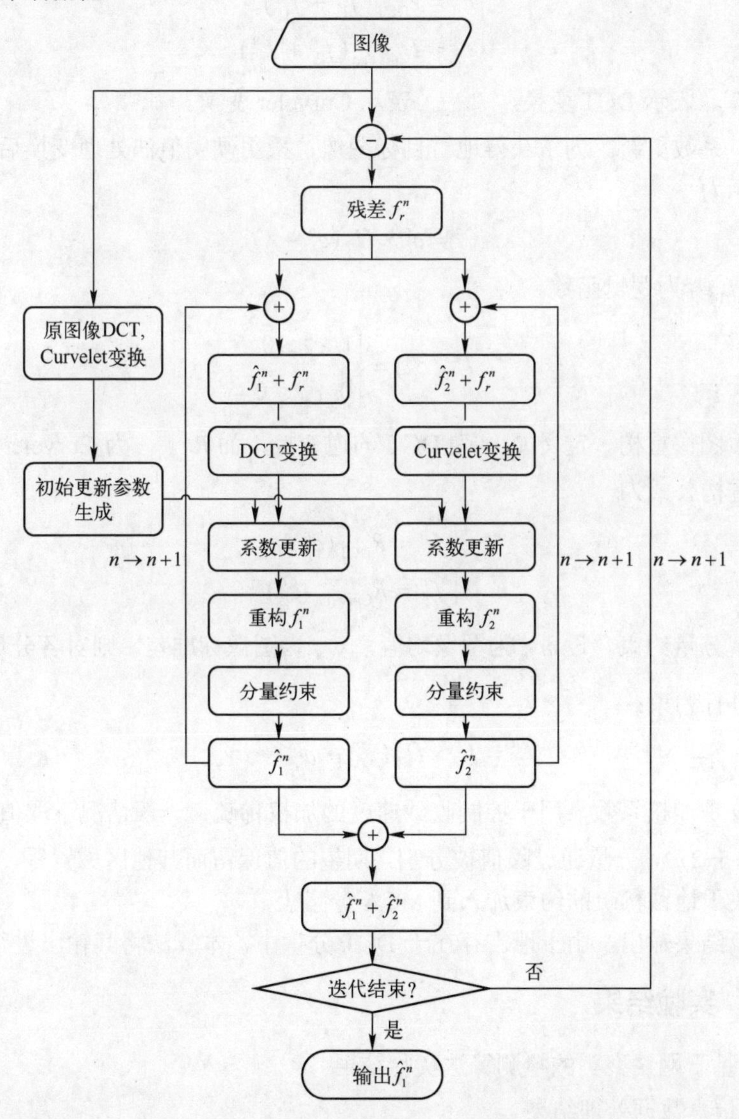

图 5-17　约束分量的形态分量分析处理流程图

（1）初始化参数估计。定义图像经 DCT 和 Curvelet 变换后的系数为 c_i（$i=1,2$），取 $\delta_i=\max(c_i)$，则对每次迭代，$\lambda=(\delta_i-\eta)/(N-1)$，其中 N 是迭代次数，η 是停止标准。

（2）图像分解。对图像进行 DCT 和 Curvelet 变换，设它们第 n 次迭代时产生的系数为 c_i^n（$i=1,2$）。c_i^n 可由下式产生：

$$\begin{cases} c_1^n = T_{\mathrm{DCT}}(f_1^n + f_{\mathrm{r}}^n) \\ c_2^n = T_{\mathrm{Curvelet}}(f_2^n + f_{\mathrm{r}}^n) \end{cases} \tag{5-23}$$

其中，T_{DCT} 表示 DCT 变换，T_{Curvelet} 表示 Curvelet 变换。

（3）系数更新。为了获得地雷目标图像，采用硬阈值法处理变换后系数，公式表示为

$$\hat{c}_i^n = c_i^n \times H_{\mathrm{T}}(c_i^n - \lambda) \tag{5-24}$$

其中，$H_{\mathrm{T}}(\cdot)$ 为逻辑函数。

$$H_{\mathrm{T}}(c_i^n) = \begin{cases} 1,\ c_i^n > 0; \\ 0,\ c_i^n \leqslant 0 \end{cases} \tag{5-25}$$

（4）图像重构。定义 R_{DCT} 为 DCT 的逆变换，而 R_{Curvelet} 为 Curvelet 的逆变换，则重构公式为

$$\begin{cases} f_1^n = R_{\mathrm{DCT}}(\hat{c}_1^n) \\ f_2^n = R_{\mathrm{Curvelet}}(\hat{c}_2^n) \end{cases} \tag{5-26}$$

（5）分量约束。设 $m_{f_i^n}$ 为图像均值，$v_{f_i^n}$ 为图像标准差，则对各分量 f_i^n 通过下式进行约束：

$$f_i^n = f_i^n \times H_{\mathrm{T}}(f_i^n - m_{f_i^n} - \mu v_{f_i^n}) \tag{5-27}$$

其中，μ 是加权系数，用于控制收敛速度的加权稀疏，一般情况下取值为 2。根据式（5-27），分量通过阈值被分割，期望的值保留而其他区域置零，从而形成一个关于地雷稀疏的约束加入到 MCA 分量上。

（6）结果输出。由于地雷存在于 DCT 分量中，本算法将其输出进行检测。

5.2.3 实验结果

1. 基于网络聚类的检测算法实验结果

1）仿真数据处理结果

通过对仿真图像的处理来进一步说明基于面积特征的网格聚类算法信息

处理流程，尤其是对大小杂波的抑制能力。图 5-18（a）为200×200（像素）的二值仿真图像，其中目标为虚线框所圈定的4个圆形（直径为20个像素），其余均为杂波。根据待聚类图像的大小（即目标的先验信息）选取 x 轴和 y 轴都为20个像素的窗对图像进行网格划分，得到图 5-18（b）。图 5-18（c）～（f）为聚类过程中各个步骤产生的图像。图 5-18（c）为 10×10 网格占空比，其中网格颜色越深，表示该网格占空比值越大。图 5-18（d）、（e）分别为去小杂波和去大杂波网格占空比，其图像网格颜色意义与图 5-18（c）相同。在仿真过程中，根据目标在图像中的分布情况直接设定去杂波的阈值，即 $T_{\mathrm{s}}=0.1$，$T_{\mathrm{L}}^{1}=0.1$，$T_{\mathrm{L}}^{12}=T_{\mathrm{L}}^{13}=1.03$，$T_{\mathrm{L}}^{1234}=1.23$。图 5-18（f）为图（e）经过式（5-18）计算的聚类中心。可以看出，本章中聚类算法，能够对目标进行有效聚类，并在聚类过程中去除形状差异较大的其他目标。

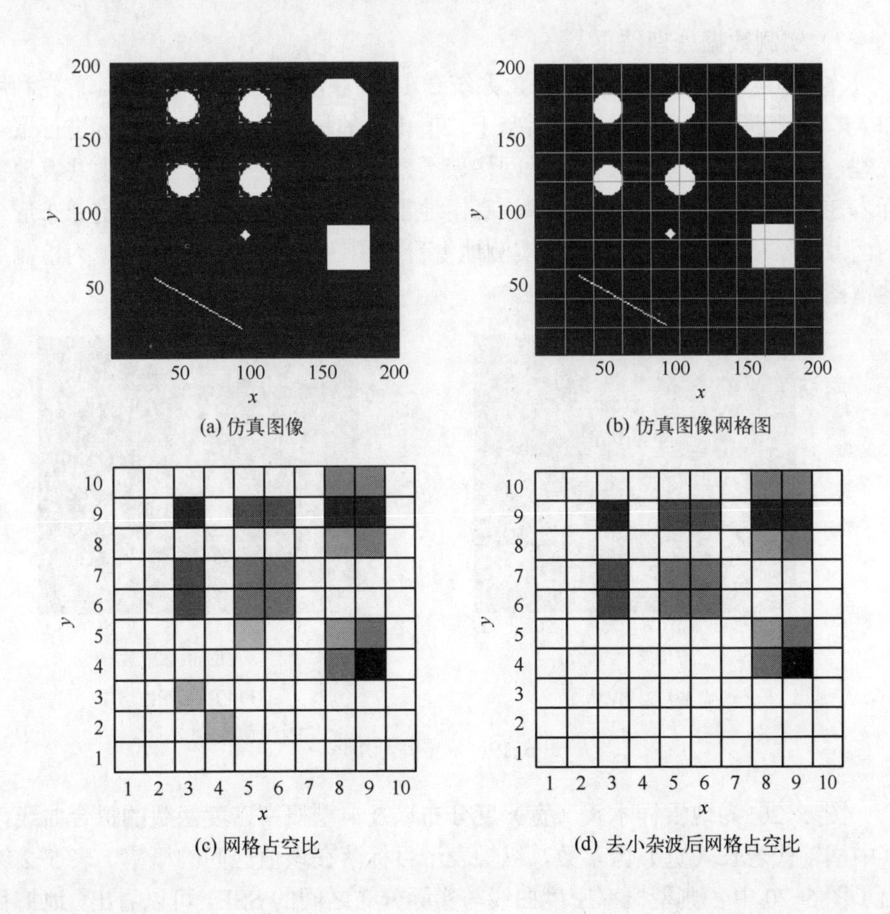

(a) 仿真图像　　(b) 仿真图像网格图

(c) 网格占空比　　(d) 去小杂波后网格占空比

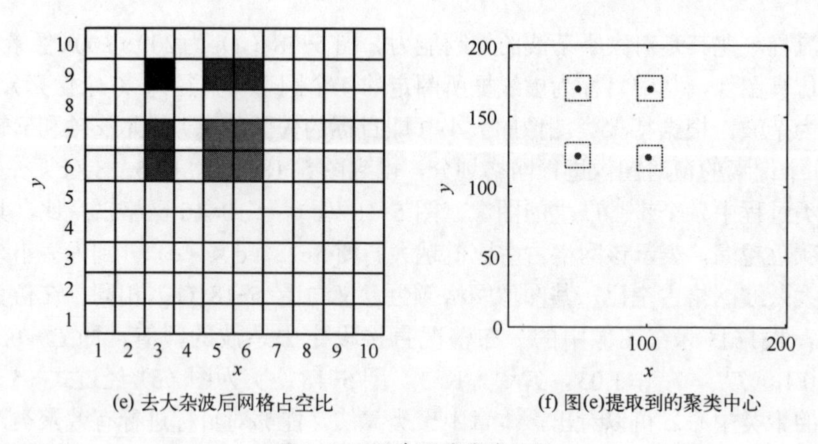

(e) 去大杂波后网格占空比　(f) 图(e)提取到的聚类中心

图 5-18　仿真图像聚类结果

2）实测数据处理结果

本章实验数据源自 AMUSAR 系统 2010 年获取的外场图像数据。首先利用 CFAR 检测获得检测图像，然后基于二值化后的检测图像对地雷目标进行聚类处理，并对典型处理方法和本章网格聚类方法进行比较分析。实验中共有地雷样本 325 个。由于系统的分辨率较高，地雷在图像中表现为具有一定分布形状的面散射结构，图 5-19（a）为实测地雷目标图像切片，图 5-19（b）为检测后地雷图像切片以及对应的网格窗。

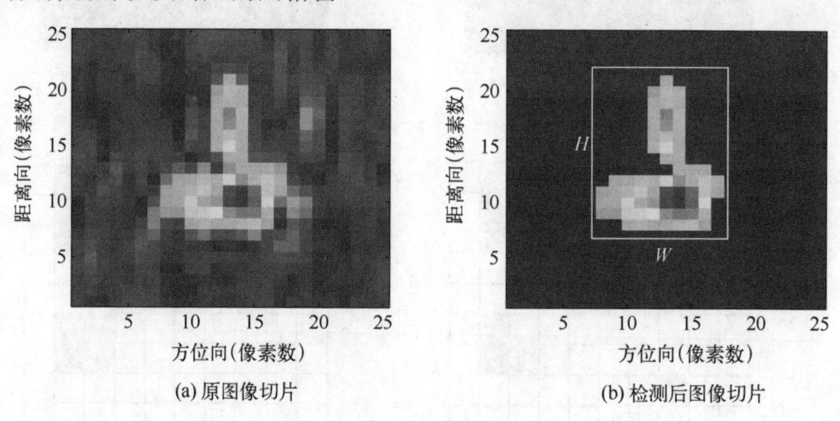

(a) 原图像切片　(b) 检测后图像切片

图 5-19　地雷目标图像

图 5-20 为地雷样本长（宽）度分布以及典型概率密度函数的拟合曲线，其中横轴代表长（宽）像素数，纵轴表示目标落在该值区间的概率。表 5-2 给出了图 5-20 中各典型概率密度曲线与实际分布之间的 SSE。可以看出，地雷目标的长（宽）度值分布最接近高斯分布。

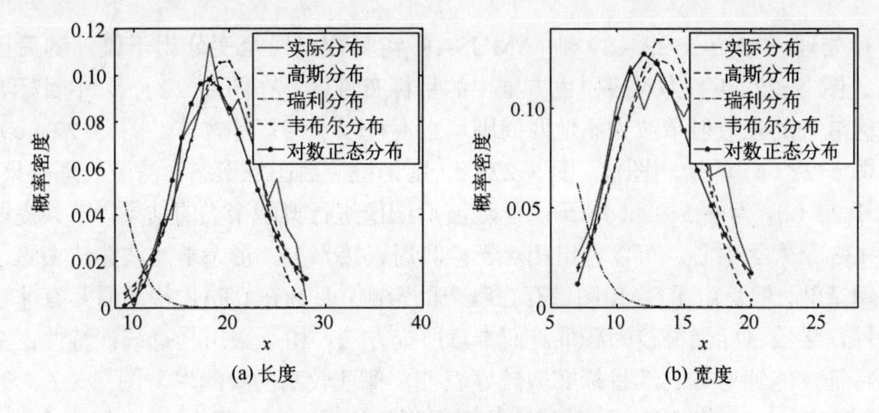

(a) 长度　　(b) 宽度

图 5-20　目标长宽值分布

表 5-2　概率密度曲线与目标长（宽）实际分布之间的 SSE

类型	高斯分布	瑞利分布	韦布尔分布	对数正态分布
长度	0.0018	0.0771	0.0033	0.0025
宽度	0.0040	0.0940	0.0065	0.0044

由于地雷威胁很大，地雷场探测对漏警较为敏感，为了尽可能提高探测率指标，选择目标样本中长宽的最大值作为网格窗的长宽进行占空比计算，图 5-21 为目标和杂波占空比统计概率分布，横轴为占空比，纵轴为落在该取值空间的概率，其中杂波分布为任意选取一块无目标的区域（即只包含杂波）对其进行占空比统计得到。与目标相比，只包含杂波的网格占空比分布范围广，但其大多数值集中在 0 值附近。

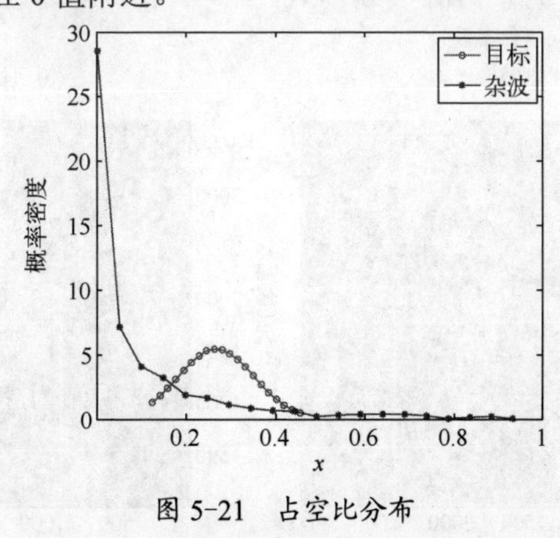

图 5-21　占空比分布

图 5-9 给出了两种 ROI 中心提取算法，下面通过实测数据的处理结果来对比两种检测后处理方式的处理性能。为便于比较，选取图 5-8 中的部分图像

进行处理，如图 5-22（a）为 AMUSAR 实测数据经全变分相干斑抑制后图像，图 5-22（b）为对应白色方框中的目标布置图，在图 5-22（a）中目标布置区域外的强散射杂波为场地四周围墙水泥柱以及路灯等物体。图 5-22（c）为图 5-22（a）的检测图像。图 5-22（d）则为检测后图像形态学滤波处理结果。图 5-22（e）为图 5-22（d）形态学滤波后图像进行典型聚类的结果，一共提取到 133 个聚类中心。可以看出相对于检测后直接聚类，形态学滤波算法去除了大量杂波，但是由于 SAR 图像存在噪声的影响，目标在 CFAR 检测后具有非连续性，导致目标漏警较为严重。而本章所提方法，由于采用具有统计特性占空比特征，能够对非连续目标实现较好表征，保证较高的检测率。图 5-22（f）为图 5-22（c）通过网格聚类算法处理得到的结果，一共得到 82 个聚类中心。可以看出，本章算法达到了比形态学滤波聚类算法更好的疑似目标提取效果，在实现对目标有效聚类的同时去除了大量杂波，减少聚类中心提取个数，可以降低后续鉴别的运算量。

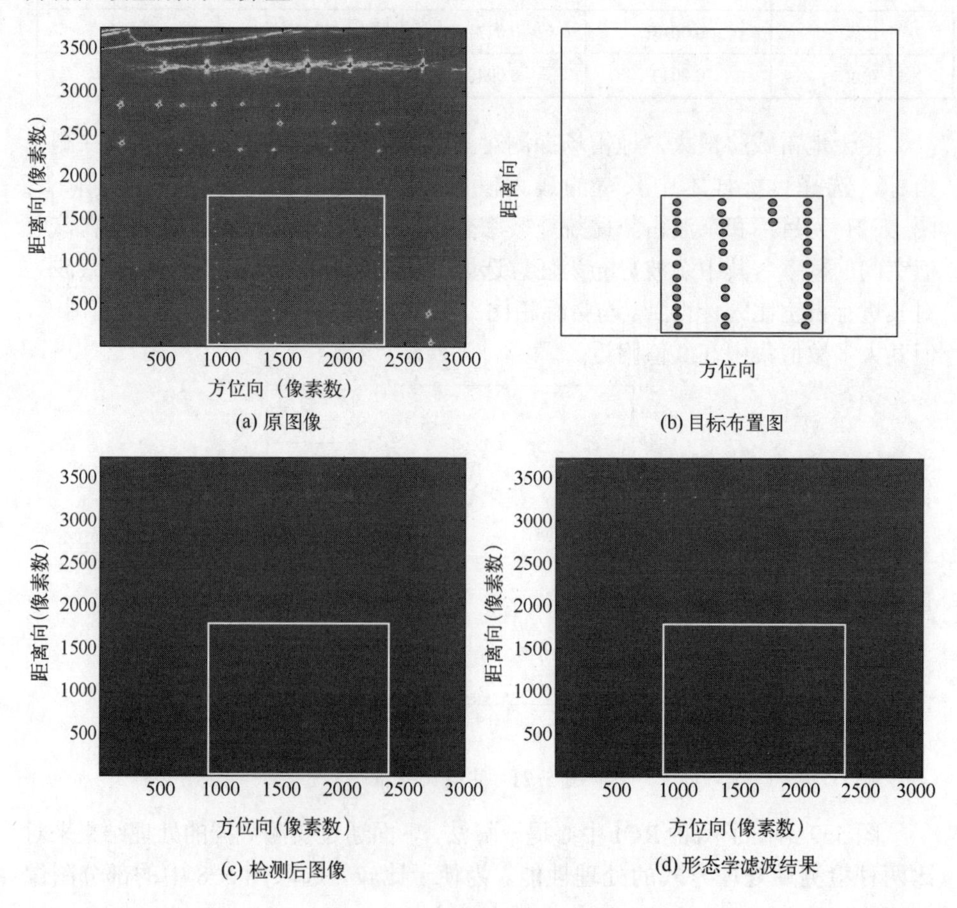

(a) 原图像　(b) 目标布置图

(c) 检测后图像　(d) 形态学滤波结果

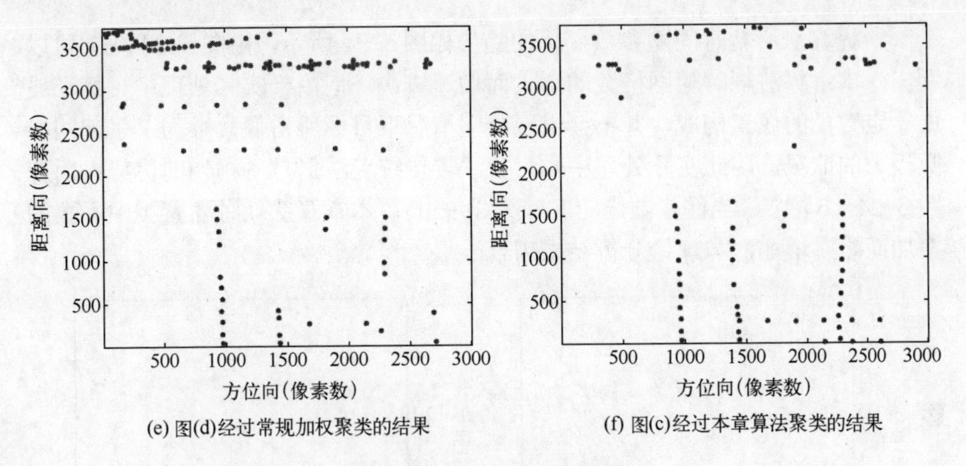

(e) 图(d)经过常规加权聚类的结果　　(f) 图(c)经过本章算法聚类的结果

图 5-22　实测数据处理结果

3）计算效率

为了在实际计算环境中考察两种处理流程的计算效率，实验采用了相同的计算设备，对其输入完全相同的二值化检测图像，并仅计算其实际 CPU 时间，以排除操作系统冗余开销对结果的影响。在实现图 5-22 所示的实验结果的同时，记录由图 5-22（c）图像得到图 5-22（e）和图 5-22（f）的耗时，分别为 4.49s 和 2.11s。

根据算法时间复杂度分析，在聚类算法中，本章方法具有计算效率高的特点。图 5-23 为传统聚类算法和本章算法（网格数固定为 19950）计算时间随聚类点数增加的变化图，可以看出传统算法计算时间随聚类点数的增加快速增加。由于本章算法的计算时间主要与图像网格划分的疏密有关，在网格数固定的情况下，它变化不大。

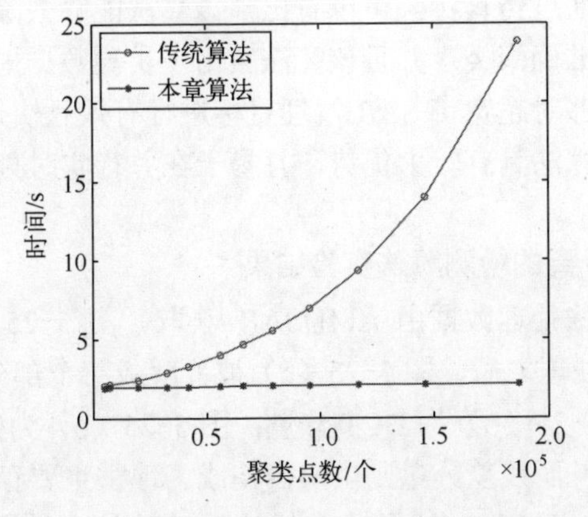

图 5-23　聚类随处理点数变化的计算时间图

所提算法所耗时间随参数变化的趋势如图 5-24 所示，由图 5-24（a）可以看出，本章算法耗时随网格数的增大而增速较快，但由于实际处理中目标一般由一定数量的像素构成，并不会出现极端情况下目标所占像素数为 1 引起网格数极大的情况，因此实际处理中本章算法较传统算法仍具备相当的优势；而在图 5-24（b）中，当网格数固定时（为 19950），本章算法耗时随聚类中心数的增加而略有增加，与理论分析结果吻合。

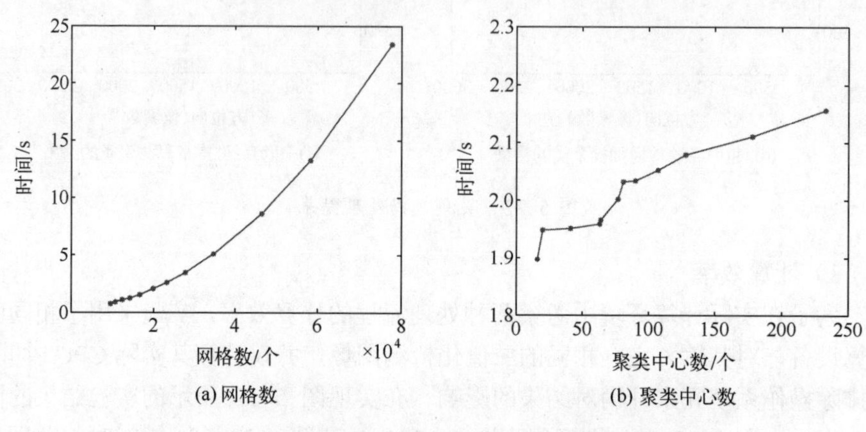

图 5-24 本章算法随参数变化的计算时间图

针对检测后图像中存在的大量虚假目标，形态学滤波和聚类的 ROI 中心提取流程较为复杂且计算量很大，对此提出一种基于目标先验信息分析的检测图像网格聚类算法。该算法先对目标先验信息进行统计，然后基于邻域网格融合判定对图像中杂波预鉴别，再提取 ROI 中心。该算法将目标形状的先验知识用于聚类过程中的图像网格划分、杂波去除，获得较好的聚类性能，并能够有效降低聚类运算量。通过仿真实验可以看出，该算法能够去除与目标差异较大的杂波，实现目标的准确聚类。并且该算法应用于实测数据地雷中心提取，在较低虚警的情况下能够对超宽带 SAR 浅埋目标进行有效且快速聚类，在性能和计算速度上相对典型算法具有较大优势，且易于在并行实时处理中实现，具有很好的应用前景。

2. 基于形态分离的检测算法实验结果

本节提出的算法处理数据由 AMUSAR 获取。图 5-25 为本章所提算法处理结果。MCACC 处理之后，图 5-25（c）被分解成三个部分：图 5-25（a）为 Curvelet 分量；图 5-25（b）为 DCT 分量；图 5-25（c）为残差分量。Curvelet 分量主要包含杂波，而残差分量则由噪声构成。地雷主要存在于图 5-25（b）中的 DCT 分量。图 5-25（d）是本章检测算法的处理结果，即将 DCT 分量用 CFAR 检测。检测后低于阈值的像素点置零，而高于阈值的像素被保留。在图 5-25（d）中，场景里所有地雷都被检测到且虚警较少。

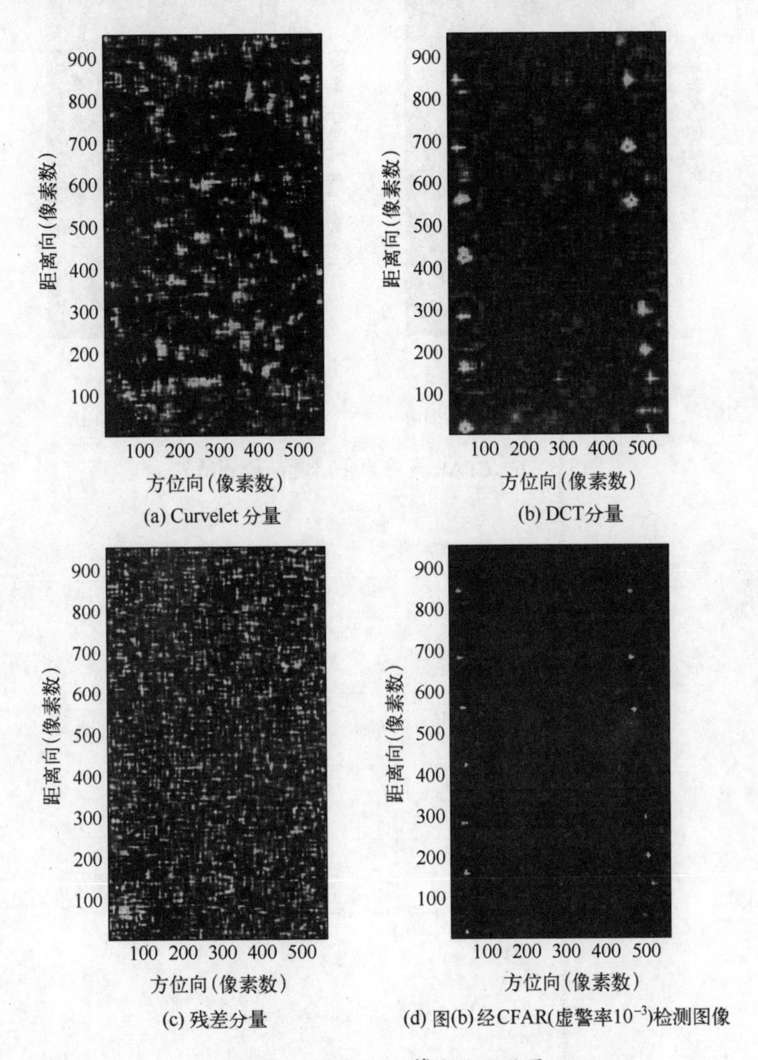

(a) Curvelet 分量　(b) DCT分量

(c) 残差分量　(d) 图(b)经CFAR(虚警率10^{-3})检测图像

图 5-25　MCACC 算法处理结果

图 5-26 给出了全变分后以及扩展分形后图像的检测图像。可以看出，检测后图像中存在大量虚警，为了获取更加精确的结论，采用接收机工作特性（Receive Operating Characteristic，ROC）曲线进行分析。图 5-27 给出了各阶段处理的 ROC 曲线，可见表现与期望值相同，当各步都执行时，第三步产生最好的处理结果。

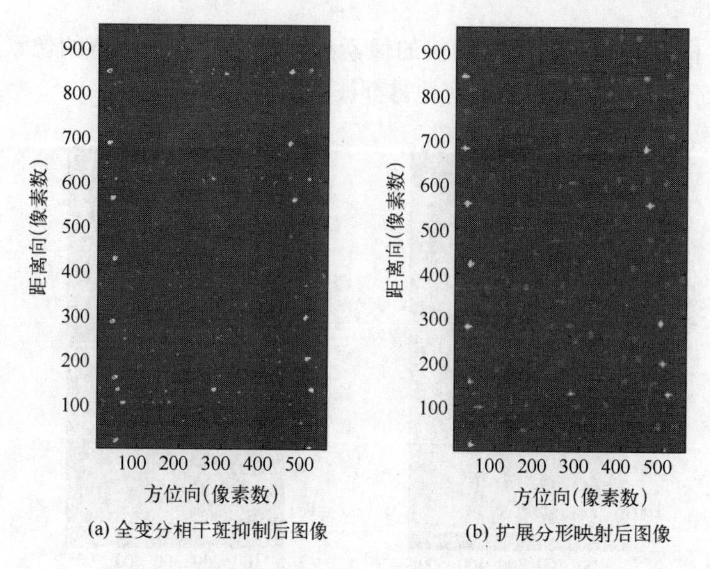

(a) 全变分相干斑抑制后图像　(b) 扩展分形映射后图像

图 5-26　CFAR 虚警取 10^{-3} 时的检测结果

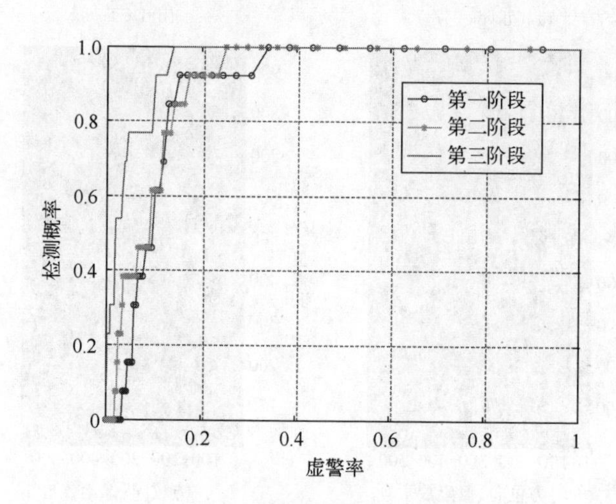

图 5-27　各阶段的 ROC 曲线

5.3　地雷目标鉴别

经过元素目标预筛选处理，大部分杂波造成的虚警已经被剔除，但与地雷目标形状特性相似的杂波目标，例如树干、土坑、石块等依然存在，影响点集目标鉴别。为此，需要进一步提取地雷目标有效特征用于鉴别。关于特征提取和鉴别的算法已经有了大量研究。时域的灰度和形状特征是首先被考虑的对象，如感兴趣区域（ROI）的最大值、SCR、双峰特征等[282-283]。由于SAR具有大带宽的特点，频谱特征是另一类常见的特征。Kositsky等[284]利用物理光学法证明金属地雷具有时域双峰结构特征。孙晓坤等[285]利用矩量法计算地雷在频域的雷达散射截面曲线，发现地雷与特定频率电磁波谐振造成频域上的"双峰"。为统一地雷时域和频域特性，Sun等[286]对地雷ROI的一维距离像剖面进行时频变换，其时频图像中同时包含时域双峰信息和频域谐振信息，但未给出时频变换的理论依据。

由电磁仿真可知，时域双峰和频域双峰是地雷目标的重要特征。由于噪声的影响，通过极值等传统算法提取ROI中地雷目标时域双峰的准确度不高，进而影响鉴别性能。为此，提出基于图像稀疏分解的特征提取及鉴别算法：首先建立二维Garbor字典，然后根据匹配追踪算法提取能表示双峰结构的原子，训练字典集，最后使用训练字典集对目标进行重构，并利用重构误差判断其是否在子字典中稀疏，进而判别其是否为目标。该算法不能提取频域双峰特征，且没有注意到目标散射特性。低频SAR有大的积累角，其图像中的目标也就可以获取相应角度范围的回波，方位向回波包含的目标散射特征丰富，提取时频域方位特征用于鉴别是一个重要研究方向。

特征提取后的分类器设计同样很重要，因而设计适合上述特征的鉴别器一直是领域研究热点。Wang等[84]使用费歇尔线性判别（Fisher Linear Discrimination，FLD）分类器，将特征向量投影到一维特征空间进行分类，但对特征提取要求很高；Williams等[287]使用非平衡逻辑回归（Imbalanced Logistic Regression，ILR）作为分类器，但是当信噪比不高时分类效果不佳。然而这些算法的特征提取和鉴别是相互独立的，对特征自身的优势利用不足，需要研究针对不同的特征提取方法采用不同的鉴别算法。

地雷可以看成旋转体，其回波或散射强度在距离其最近的孔径两侧对称分布。而大多数杂波由于不具有旋转结构，其回波形态随方位角变化明显，散射强度具有正侧闪烁效应。因此，可以利用目标方位特征序列对其进行鉴别。目前，子孔径方法是提取目标方位特征序列的主要方法[52,288-289]：①首先利用预筛选获取疑似目标ROI位置；其次在相应位置的各子孔径图像中选取序列ROI切片，并分别基于此提取疑似目标时域和频域特征；最后将得到方位特征序列应用于隐马尔可夫模型（Hidden Markov Model，HMM）等序列鉴别器。该类算法的子孔径以牺牲图像分辨率和目标信噪比得到，从而引入了诸多问题，如当子孔径数量较多时，受信噪比和分辨率的限制，基于子孔径ROI提取的特征不够精确，如基于局部极值提取的时域双峰特征对噪声较为敏感。②当子孔径数量较少时，虽然单个ROI的特征准确性提高，但方位向特征数减小，稳健性降低，使得整体鉴别性能下降，如少数几条回波较大突变引起的序列子孔径特征剧烈变化。

事实上，一维回波可以认为是与雷达距离相同的点的散射的积累。但是，将目标散射从回波中进行分离具有一定的难度。针对上述问题，本章提出一种从 ROI 中分离目标回波的方法。目标的响应在二维图像中强于一维图像，因此可以在二维图像中较为快速地实现目标分割。根据成像模型，可以根据图像和回波之间的关系重构地雷散射，并基于此进行方位特征提取：首先针对 ROI 图像估计其各方位回波响应；其次利用时频原子提取时域双峰间距和频率凹点，进而得到随方位角变化的特征序列。时频分析已被证明适合目标描述，但是传统的时频分析存在一定的缺陷，如 Wigner-Ville 存在交叉项[290]。一种基于超完备字典的稀疏时频表示算法被采用[291-292]，其中原子为一维 Gabor 原子。同时，针对这些特征设计贝叶斯决策的鉴别器，计算获得疑似目标新的特征矢量，采用马氏距离进行判别[293]。

本章对地雷散射特性进行分析。根据抛撒地雷一般布设在地表的情况，首先建立地表地雷散射模型，然后通过 XFDTD 软件对其进行仿真，观察其时域和频域回波，得到地雷在一定的频带范围内具有双峰结构的特点，在后续的讨论中，将研究如何提取这个特征用于鉴别[123]。

5.3.1 基于图像稀疏分解的特征提取及鉴别

由地雷散射特性分析可知，它的 ROI 图像存在双峰结构。为此，本节试图在图像中提取双峰特征[294]。由于 SAR 图像的非连续性，以及噪声的影响，通过局部极值等方法提取双峰特征存在难度。因此，这里设计基于图像稀疏分解的特征提取及鉴别算法，将杂波和地雷进行分离。

1. 算法处理流程

基于图像稀疏分解的地雷特征提取及鉴别算法流程如图 5-28 所示，算法处理框架包括训练阶段和测试阶段两个部分。由于第 2 章利用全变分算法进行了相干斑抑制，为了降低噪声的影响，本节处理的 ROI 图像为相干斑抑制后的图像，并且通过事先确定的位置提取出来。在训练阶段，首先对训练样本在超完备二维 Gabor 字典中稀疏分解，通过对它们原子的分析，选择相应范围内的原子形成二维 Gabor 子字典；其次基于该子字典进行图像稀疏分解，得到稀疏系数和相应的原子；再次，选择一定数目的原子，对样本进行重构，得到重构误差；最后，分析地雷和杂波的重构误差的统计特性，得到它们的误差分布用于分类。在测试阶段，对疑似目标感兴趣区域利用子字典稀疏分解并选择与前面相同数目的原子进行重构，根据重构误差判断其是否在子字典中稀疏，进而判别其是否为目标。下文将对该算法进行详细分析。

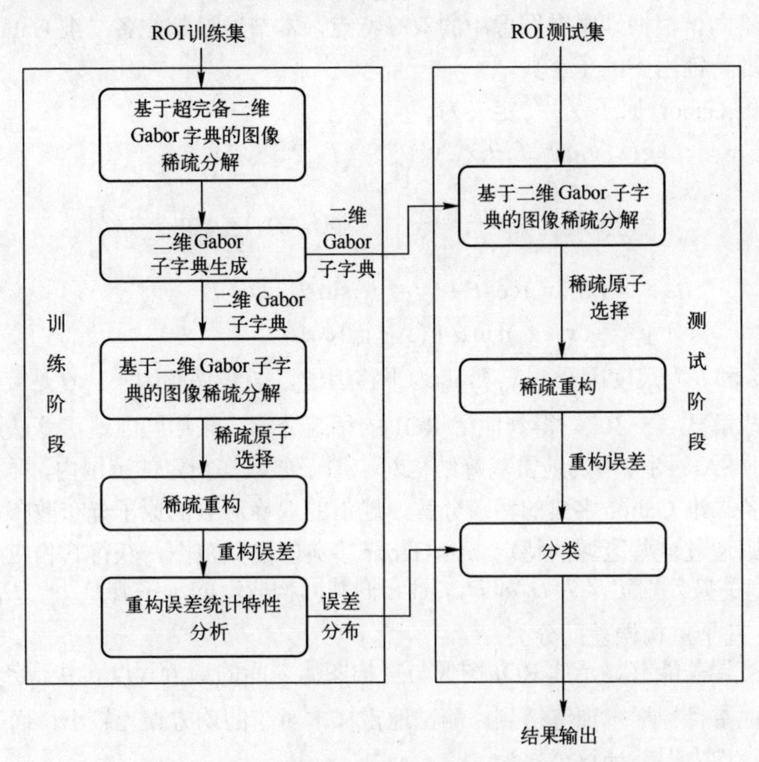

图 5-28 基于图像稀疏分解的特征提取及鉴别算法流程

2. 算法关键技术分析

通过图 5-28 可以看出，二维 Gabor 子字典是 ROI 图像分解的前提。生成能够稀疏表示地雷目标的子字典是该算法的关键技术之一。由于目标和杂波的重构误差存在差异，可以通过它们的分布形式进行分类。研究如何利用重构误差进行分类非常必要。因此，基于重构误差分类也是该算法的另一关键技术。

1）子字典生成

本节通过图像稀疏分解提取特征和鉴别，这里首先给出稀疏分解的基本理论[295-296]。考虑图像 $\hat{\boldsymbol{s}}$ 能表示为如下的组合：

$$\hat{\boldsymbol{s}} = \boldsymbol{D}_{\mathrm{G}}\boldsymbol{\alpha} \tag{5-28}$$

其中，$\boldsymbol{D}_{\mathrm{G}}$ 为字典矩阵，$\boldsymbol{\alpha}$ 为系数。当 $\boldsymbol{\alpha}$ 中的非零系数的数量较少时，则表示 f 在字典 $\boldsymbol{D}_{\mathrm{G}}$ 中稀疏，$\boldsymbol{\alpha}$ 为稀疏系数。稀疏分解可以表示为下面最优化问题的解：

$$\min\|\boldsymbol{\alpha}\|_0 \quad \text{s.t.}\ \hat{\boldsymbol{s}} = \boldsymbol{D}_{\mathrm{G}}\boldsymbol{\alpha} \tag{5-29}$$

其中，$\|\cdot\|_0$ 是 ℓ_0 范数。

可以看出，字典的设计至关重要。然而，针对不同的 D_{G}，$\boldsymbol{\alpha}$ 中非零项的数目也不同。根据地雷在图像中的双峰特点，本节通过超完备二维 Gabor 字典设计提取特征用到的子字典。

二维 Gabor 原子[297-298]定义为

$$\begin{aligned}
&g(x,y,a,b,f,\theta,x_0,y_0)\\
&=\frac{1}{ab}\exp\left[-\pi\left(\frac{x_{\mathrm{t}}^2}{a^2}+\frac{y_{\mathrm{t}}^2}{b^2}\right)\right]\left[\exp(\mathrm{j}2\pi f x_{\mathrm{t}})-\exp\left(-\frac{\pi^2}{2}\right)\right]\\
&x_t=(x-x_0)\cos\theta+(y-y_0)\sin\theta\\
&y_t=-(x-x_0)\sin\theta+(y-y_0)\cos\theta
\end{aligned} \tag{5-30}$$

其中，a 和 b 为尺度因子，x_0 和 y_0 为平移因子，f 是调制因子，θ 是旋转角。

为求解式（5-30），得到地雷 ROI 的稀疏分解，采用匹配追踪算法进行求解。由于 SAR 图像中的地雷双峰结构对应原子参数在一定的范围内，样本集通过超完备二维 Gabor 字典的稀疏分解，地雷的双峰对应的原子分布散布在一定区域，则通过这些区域的特定二维 Gabor 字典的参数范围，获得其相应的子字典。两个字典分别定义为 D_1 和 D_2，且它们共同构成新的子字典 $D_{\mathrm{sub}}=\{D_1,D_2\}$。

2）基于重构误差的分类

均方误差能够显示原 ROI 图像与重构图像之间的逼近程度。由于字典 D_{sub} 由大量地雷目标样本训练得到，测试地雷样本对应的均方误差较小，而杂波恰好相反。均方误差计算公式为

$$E=\|s-\hat{s}\|_2 \tag{5-31}$$

其中，$\|\cdot\|_2$ 是 ℓ_2 范数。

在训练阶段，对大量地雷样本的重构均方误差进行统计，得到其分布特征和用于分类的阈值。在测试阶段，本章假设疑似目标的重构均方误差是 s_{MSE}，则相应的分类函数可表示为

$$g(s_{\mathrm{MSE}})=\begin{cases}1, & s_{\mathrm{MSE}}\leqslant T_{\mathrm{MSE}}\\ -1, & s_{\mathrm{MSE}}\geqslant T_{\mathrm{MSE}}\end{cases} \tag{5-32}$$

其中，$g(s_{\mathrm{MSE}})=1$ 表示疑似目标为地雷，相反，如果 $g(s_{\mathrm{MSE}})=-1$，疑似目标为杂波。

5.3.2 基于时频分析的特征提取及鉴别

基于图像稀疏分解的特征提取及鉴别只考虑地雷目标在时域图像中的双峰特征，没有考虑频域双峰结构。由于目标时频域信息量更加丰富，能够更加

准确地表述目标特性，因此，本节希望提取目标的时频特征用于鉴别。一个直接的时频特征提取方法是基于 ROI 切片的一维距离剖线进行时频变化，然后将时频变换图像输入到鉴别器。该算法将图像剖线近似为目标的散射回波，易受噪声和杂波影响。这里首先对该算法面临的问题进行详细分析，然后在此基础上提出一种基于回波重构的稀疏时频特征及鉴别算法。新算法根据旋转体沿方位向的电磁散射特性，利用贝叶斯判决准则进行鉴别。

1．基于距离剖线的时频特征提取分析

基于 ROI 切片的一维距离剖线提取时频表示特征，其包括距离剖线选择和时频变换方式选择两个方面的内容。一方面，传统算法一般采用过目标中心的一维距离剖线。为降低噪声影响，联合多个距离剖线进行主分量分析方法也在部分文献中被采用。另一方面，时频变换有线性和非线性两类，小波变换（Wavelet Transformation，WT）[299-301]和 Choi-Williams 分布（Choi-Williams Distribution，CWD）[302]分别是其中最常见的算法，在传统时频表示中也最常用。

为了对基于距离剖线的时频特征提取进行详细分析，首先简单介绍一下成像模型。当飞行状态为“走—停—走”模式时，电磁波也完成一个发收循环。在实测数据中，SAR 采用正侧视条带二维成像方式[303]。在这种工作模式下，雷达运动方向与其天线波束指向垂直。为了保证图像方位分辨率不随距离变化，实际系统常采用具有固定积累角的后向投影算法，简称固定积累角 BP（Constant Integration Angle BP，CIABP）算法[146]。

令 Φ 为积累角，而 r、x 分别表示斜距、方位位置，它们确定的 $r-x$ 成像平面称为斜距平面。设图像 $f(r,x)$ 由固定积累角 Φ 中所有回波通过 CIABP 算法合成得到，(r,x) 对应目标在图像中的坐标。当目标相对于雷达天线的入射方位角为 φ 时，其回波可认为是雷达在 $f-\varphi$ 域对目标的散射特性进行的测量，表示为 $e(f,\varphi)$。与之相应，成像算法可以看成 $f-\varphi$ 域到 $r-x$ 域的映射。$e(f,\varphi)$ 在时域 $t-u$ 又可以表示为 $e(t,u)$，t 为快时间，而 u 为慢时间（方位孔径位置）。成像可表示为

$$s(r,x)=\iint t^2 e(t,u)\delta\left(t-\frac{2}{c}R(r,x,u)\right)\mathrm{d}t\mathrm{d}u \tag{5-33}$$

其中，$R(r,x,u)$ 为目标到天线的距离，c 为光速。

目标的多维散射特性与目标回波密切相关，令 $\varphi=\arctan\dfrac{t}{u}$，则目标多维散射函数 $A(r,x,f,\varphi)$ 估计值为

$$A(r,x,f,\varphi)\approx E(t,f,u) \tag{5-34}$$

$E(t,f,u)$是经过位置搬移和辐射校正的$e(t,u)$时频变换，即$t^2e(t,u)\delta\left(t-\frac{2}{c}R(r,x,u)\right)$的时频变换。当目标ROI一维距离剖线选取经过目标中心时，可以近似认为目标处于合成其图像的全孔径中心，即$x=0$，表示为$s(r,x=0)$，其时频表示为$S(r,x=0,f)$。设$E(t,f,u)$变换方式与得到$S(r,x=0,f)$的变换方式相同。由式（5-33）和式（5-34）可以看出，当时频变换满足线性特性时，如小波变换，则$S(r,x=0,f)$为目标多维散射函数在全孔径中的累加

$$S(r,x=0,f)=\int_{\varphi=\Phi}A(r,x,f,\varphi)\mathrm{d}\varphi \tag{5-35}$$

而当时频变换不具有线性特性时，$S(r,x=0,f)$表达的含义更为复杂。基于CWD对$s(r,x=0)$变换可得

$$\begin{aligned}S(r,x=0,f)=&\iiint s\left(r_2+\frac{r_1}{2}\right)\Psi(r_1,r_3)\\&\times\exp[\mathrm{j}2\pi r_3(r-r_2)]\exp(-\mathrm{j}2\pi fr_1)\mathrm{d}r_1\mathrm{d}r_2\mathrm{d}r_3\end{aligned} \tag{5-36}$$

其中，$\Psi(\cdot)$为抑制交叉项的核函数

$$\Psi(r_1,r_3)=\exp[-\alpha_r(r_1r_3)^2] \tag{5-37}$$

其中，α_r非负，为距离向的平滑参数，控制交叉项抑制程度。将式（5-33）代入式（5-37）可得

$$\begin{aligned}S(r,x=0,f)=&\iiint\left[\iint t^2e(t,u)\delta\left(t-\frac{2}{c}R\left(r_2+\frac{r_1}{2},x=0,u\right)\right)\mathrm{d}t\mathrm{d}u\right]\\&\cdot\left[\iint t^2e(t,u)\delta\left(t-\frac{2}{c}R\left(r_2-\frac{r_1}{2},x=0,u\right)\right)\mathrm{d}t\mathrm{d}u\right]^*\\&\cdot\Psi(r_1,r_3)\cdot\exp[\mathrm{j}2\pi r_3(r-r_2)]\exp(-\mathrm{j}2\pi fr_1)\mathrm{d}r_1\mathrm{d}r_2\mathrm{d}r_3\end{aligned} \tag{5-38}$$

可以看出，由于CWD时频变换具有非线性特性，目标$S(r,x=0,f)$表现为其反射回波经全孔径积累后的时频变换。

结合式（5-35）和式（5-38）知，$S(r,x=0,f)$与目标在全孔径中的散射密切相关，不同距离剖线的时频变换不能表现目标方位散射变化规律，并且$S(r,x=0,f)$作为$s(r,x)$在$x=0$处距离剖线时频变换，对$x=0$选取规则敏感。由于噪声的影响，当$x=0$位置发生偏移时，$S(r,x=0,f)$所表示的孔径也会发生变化，进而影响其对目标描述的准确性，这使得通过时频表示提取的多个样本特征存在差异，鉴别性能降低。当联合多个距离剖线降噪时，目标对应图像中孔径也存在不确定性，影响特征描述目标的准确度，减弱通过其去除杂波的效果。图5-29为某一地雷的ROI切片及其不同距离剖线对应的CWD分布。

由 ROI 切片图像显然可见，地雷在时域也存在双峰结构。从图 5-29 给出的不同距离剖线的 CWD 分布可以看出，选择不同的距离剖线，其时频变换结果差异较大。基于传统时频表示的目标特征提取算法对距离剖线的选择非常敏感，易受噪声影响。而 ROI 中心一般通过灰度最大值、重心等方法形成，很难做到完全精确，因此使得选择的距离剖线很难位于 $x=0$ 处，使得距离剖线无法准确反映目标散射特性，其时频表示也存在较大偏差。为此，有必要研究更加准确的目标回波提取方法以取得更好的目标特性。

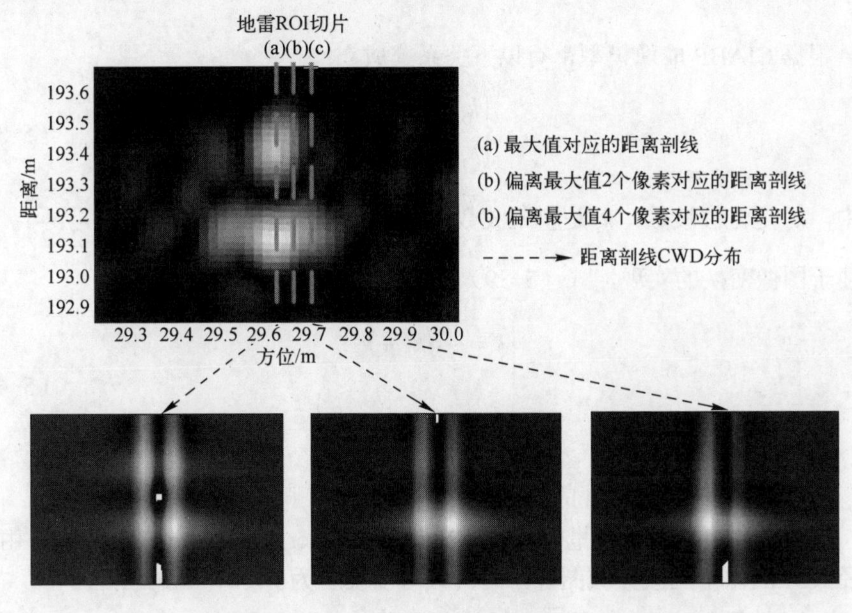

图 5-29　地雷 ROI 切片及其不同距离剖线对应的 CWD 分布

2. 基于稀疏时频表示的特征提取及鉴别算法

基于稀疏时频表示的特征提取及鉴别算法使用双峰特征的方位序列变化特性：首先，该算法基于 ROI 图像估计目标回波，提取方位散射回波；其次，通过稀疏时频表示提取序列方位散射特征；最后，通过大量样本进行统计，分析得到特征的统计分布，然后计算各类地雷后验概率，并输入采用马氏距离的分类器。下文对该算法进行详细介绍。

1）地雷目标方位响应估计

由于 SAR 对目标观测时，其回波可认为是与雷达天线距离相同的多个散射中心响应之和，很难直接从中分离出目标响应。并且，由于目标响应较弱，从一维回波中分割出来也存在困难。因此，需要研究一种能够准确提取目标回波响应的算法（图 5-30）。本章提出一种从目标 ROI 图像切片估计其各方位响应的方法，利用目标在二维图像中信杂比较其在一维回波中强这一特点，首先对目标进行空域分割；其次通过二维傅里叶变换、波数域到频率—方位角域映射、逆傅里叶变换（IFFT）三步处理，分离目标各个方位上的响应。

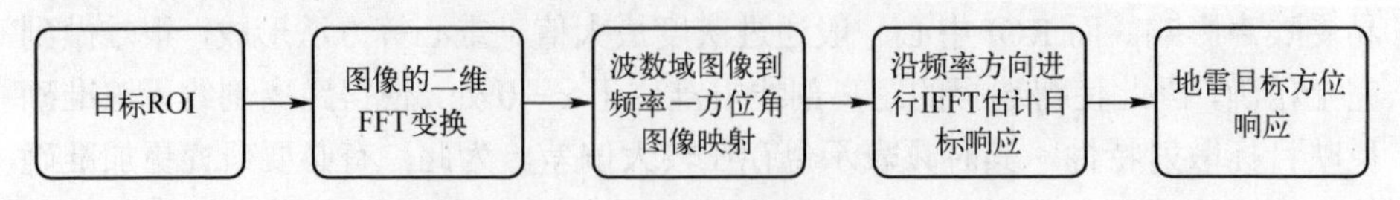

图 5-30 地雷目标方位响应估计流程

根据 CIABP 成像模型，有以下关系式成立：

$$\begin{cases} k_{\mathrm{x}} = 2k\sin\varphi \\ k_{\mathrm{r}} = 2k\cos\varphi \end{cases} \tag{5-39}$$

其中，k_{x} 是方位波数，k_{r} 是斜距波数，$k = 2\pi f / c\varphi$ 的取值范围是$\left[-\dfrac{\pi}{2},\dfrac{\pi}{2}\right)$。为了便于图像变换的实现，式（5-39）转换为

$$\begin{cases} k = \dfrac{1}{2}\sqrt{k_{\mathrm{x}}^2 + k_{\mathrm{r}}^2} \\ \varphi = \arctan\left(-\dfrac{k_{\mathrm{x}}}{k_{\mathrm{r}}}\right) \end{cases} \tag{5-40}$$

基于式（5-40），估计的目标散射估计流程可整理为：

（1）通过 2 维快速傅里叶变换（2D Fast Fourier Transform，2D-FFT）由全孔径 ROI 图像得到波数域图像，用公式可以表示为$s(r,x) \to \overline{S}(k_{\mathrm{x}},k_{\mathrm{r}})$。

（2）利用式（5-40）将$\overline{S}(k_{\mathrm{x}},k_{\mathrm{r}})$映射成$\hat{s}(f,\varphi)$。

（3）通过沿距离方向的 1 维傅里叶逆变换将$\hat{s}(f,\varphi)$变换成$\hat{s}(t,\varphi)$。

$\hat{s}(f,\varphi)$是目标方位角为φ的散射估计。获取目标 ROI 的过程可等效为空域滤波的过程，它能有效抑制与目标到天线相同距离上强散射点的影响，提高估计的准确度。

利用式（5-40）的关系式，可以将$\overline{S}(k_{\mathrm{x}},k_{\mathrm{r}})$映射到$k-\varphi$域中，得到各个入射角下的目标的频域响应。在$k-\varphi$域中，沿方位角$\varphi$做逆傅里叶变换，就能得到目标在该方位角对应的时域回波估计$\hat{s}_{\varphi}$。图 5-31（a）为回波通过所成的地雷 ROI 切片，而图 5-31（b）则为相应的各方位响应估计。可以看出，估计得到的目标各方位响应与图 5-31（a）中回波的双峰分布形式相同。

2）稀疏时频表示提取特征

地雷时域和频域上同时存在双峰结构，所以它的时频图像呈现“＃”结构，

具有稀疏特性。因此，可以通过时频字典的选择，提取少量的时频原子表示地雷目标。

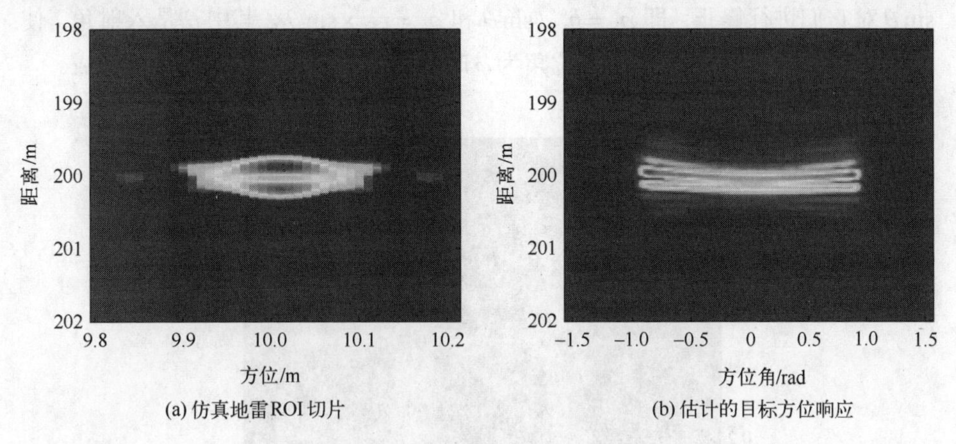

(a) 仿真地雷ROI切片　(b) 估计的目标方位响应

图 5-31　目标 ROI 及其方位散射

稀疏时频表示公式为

$$\hat{\boldsymbol{s}}_{\varphi} = \boldsymbol{D}_{\mathrm{TF}}\boldsymbol{\alpha}_{\mathrm{TF}} \tag{5-41}$$

其中，D_{TF} 为由时频原子构成的超完备字典，$\boldsymbol{\alpha}_{\mathrm{TF}}$ 是信号投影在字典中的系数矢量。为得到较少非零系数，式（5-41）可以表示为如下的最优化公式：

$$\min_{\boldsymbol{\alpha}_{\mathrm{TF}}}\|\boldsymbol{\alpha}_{\mathrm{TF}}\|_0 \quad \text{s.t. } \hat{s}_{\varphi} = \boldsymbol{D}_{\mathrm{TF}}\boldsymbol{\alpha}_{\mathrm{TF}} \tag{5-42}$$

一维 Gabor 时域和频域原子是一种常见的时频原子，定义为

$$\begin{cases} g_{\rho}(t) = \dfrac{1}{\sqrt{a}} g\left(\dfrac{t-b}{a}\right)\mathrm{e}^{\mathrm{i}\tau t} \\ G_{\rho}(w) = \sqrt{a}G[a(w-\tau)]\mathrm{e}^{-\mathrm{i}(w-\tau)b} \end{cases} \tag{5-43}$$

其中，$g(t)$ 和 $G(w)$ 都为高斯函数，且 $\rho = (a,b,\tau)$ 是时频参数，并分别表示尺度因子、平移因子、旋转因子。通过调节参数 ρ，可以控制原子在时域和频域的分辨率以及原子能量在图像中的位置。

为求解式（5-43）中的系数，常常采用[267,304]匹配追踪（Matching Pursuit，MP）算法，MP 算法是一类启发最优求解算法。考虑到地雷在时域和频域上的双峰特点，原子应按照如下规则进行搜索：①遍历时域，寻找能够表示时域双峰的两个原子，定义为 $\rho_1 = (a_1,b_1,\tau_1)$ 和 $\rho_2 = (a_2,b_2,\tau_2)$；②遍历频域，寻找能够表示频域双峰的两个原子，定义为 $\rho_3 = (a_3,b_3,\tau_3)$ 和 $\rho_4 = (a_4,b_4,\tau_4)$。图 5-32 显示了时频原子和时域、频域双峰之间的关系。因为地雷是旋转体，它的双峰

随方位成规则变化，所以定义两个新的变量$b_{21}=b_2-b_1$和$\tau_{43}=\tau_4-\tau_3$，由地雷电磁散射特性分析可知，b_{21}和τ_{43}随目标到天线的距离变化而变化。通过因子$\sin\theta$对它们进行修正，即$\rho_b=b_{21}/\sin\theta$和$\rho_\tau=\tau_{34}\times\sin\theta$，其中$\theta$是入射角。使$\boldsymbol{\rho}^\varphi=[\rho_b,\rho_\tau,\rho_1,\rho_2,\rho_3,\rho_4]^{\mathrm{H}}$为方位角为$\varphi$时的列矢量，由$I=14$个特征构成。

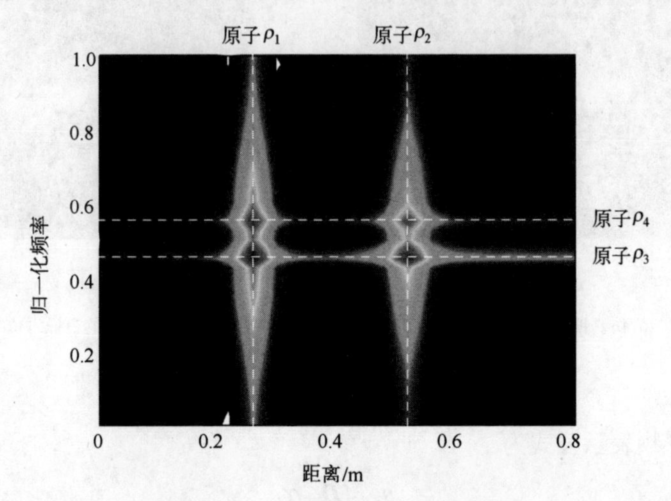

图 5-32 稀疏时频表示与双峰间距及频域凹点关系示意图

通过地雷目标方位响应估计，得到地雷在积累角范围内各个方向的响应，然后对这些方位进行等间隔采样，并分别进行稀疏时频表示，得到它们的方位时频原子，并利用这些原子提取时频域双峰间距等特征，形成序列方位特征。

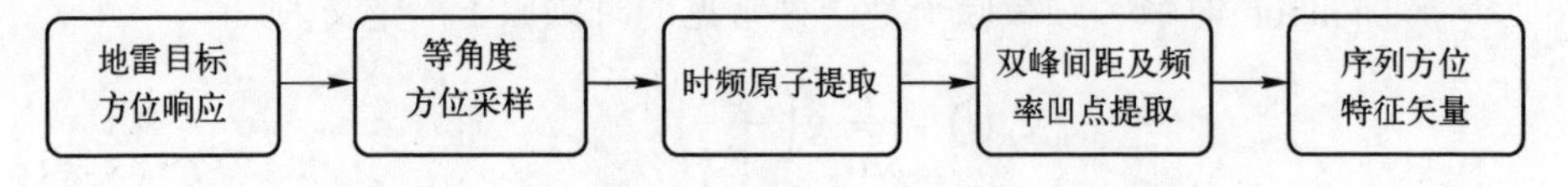

图 5-33 基于稀疏时频提取序列方位特征的流程图

针对不同的方位角，地雷的散射特性不同，所以序列方位特征通过方位采样获得。此处取方位采样数$N=11$，用方位采样数替代φ，则序列方位特征可以表示为$\rho^o=[\rho^1,\rho^2,\cdots,\rho^N]$。

3. 基于贝叶斯判决准则的鉴别

鉴别时，希望除训练样本以外的测试样本得到正确分类。基于类后验概率的最小误差贝叶斯判决准则是最典型的一类鉴别算法[305]。而且，一个目标有该类的最大后验概率，则它就属于该类。定义目标类为ω_1，而杂波类为ω_2。

针对序列方位特征矢量中的每个特征，采用 Kolmogorov-Smirnov（K-S）检验[306]算法来获取它们的条件概率分布。考虑到地雷在图像中具有相似性而杂波差异较大，需重点关注地雷的分布特性。W 是地雷样本数，样本 $w(1\leqslant w\leqslant W)$ 中特征 $i(1\leqslant i\leqslant I)$ 的方位采样 $n(1\leqslant n\leqslant N)$ 为 $v_n^i(w)$，则样本的最大和最小值可以通过下式获得

$$\begin{cases} v_n^i(\max)=\underset{1\leqslant w\leqslant W}{\arg}\ \max(v_n^i(w)) \\ v_n^i(\min)=\underset{1\leqslant w\leqslant W}{\arg}\ \min(v_n^i(w)) \end{cases} \tag{5-44}$$

将 $\left[v_n^i(\min),v_n^i(\max)\right]$ 等间隔划分，间隔长度是 $\varDelta=\dfrac{v_n^i(\min)-v_n^i(\max)}{L}$，当间隔数为 L 时，离散的条件概率 $P_{n,i}(l|\omega_1)$ 可以表示为

$$P_{n,i}(v_n^i|\omega_1)=\frac{W_\varDelta\times L}{\left[v_n^i(\max)-v_n^i(\min)\right]\times W} \tag{5-45}$$

其中，$W_\varDelta$ 是落在值 l 区域中的采样数。拟合实测数据曲线，计算获得一个连续的 $\widetilde{P}_{n,i}(v_n^i|\omega_1)$。

定义序列方位特征中一个测试样本 $v_n^i(t)$，则 ω_1 的后验概率为

$$P_{n,i}(\omega_1|v_n^i(t))=\frac{P_{n,i}(v_n^i(t)|\omega_1)P(\omega_1)}{P_{n,i}(v_n^i(t))} \tag{5-46}$$

其中，$P(\omega_1)$ 是 ω_1 的先验概率，$P_{n,i}(v_n^i(t))$ 是 $v_n^i(t)$ 的先验概率，但是它们两个的值都很难确定。而且，类别 ω_2 由于杂波分布的不确定性，其后验概率很难确定。为了解决上述问题，我们用 $P_{n,i}(v_n^i(t)|\omega_1)P(\omega_1)$ 替代 $P_{n,i}(\omega_1|v_n^i(t))$。可以看出，$P_{n,i}(t)$ 能够表示类别 ω_1 的发生概率，$P_{n,i}(t)$ 越大，发生的概率越大；反之，发生的概率越小。为了简化，下文仍然按照概率的概念进行推导。

序列方位特征的每一行包含一个特征方位序列（Azimuth-sequence Feature, ASF）。可以看出，当每一个特征都具有较高的发生概率 $P_{n,i}(t)$ 时，就可以将它归于类 ω_1。所以连乘法可以通过所有 ASFs 的乘积进行判断。函数可以表示为

$$P(\omega_1|v^i(t))=\prod_{n=1}^{N}P_{n,i}(t)=\prod_{n=1}^{N}P(v_n^i(t)|\omega_1) \tag{5-47}$$

其中，$P(\omega_1|v^i(t))$ 可以认为是描述测试样本在 ω_1 中的方位后验概率。

根据式（5-47），计算 $\boldsymbol{\rho}^o$ 中序列方位特征方位后延概率，所有 $P(\omega_1|v^i(t))$（$1\leqslant i\leqslant I$）将构成一个新的矢量 $\boldsymbol{v}$。根据提取方法，所有特征具有相似的目标描述能力。所以我们采用基于马氏距离的联合特征鉴别。这种新特征矢量构成

的新的训练样本表示为$\boldsymbol{V}=\{\boldsymbol{v}_1,\boldsymbol{v}_2,\cdots,\boldsymbol{v}_W\}$。计算样本的协方差矩阵为

$$\zeta=\frac{1}{M-1}\sum_{m=1}^{M}(\boldsymbol{v}_m-\overline{\boldsymbol{v}})(\boldsymbol{v}_m-\overline{\boldsymbol{v}})^{\mathrm{T}} \tag{5-48}$$

其中，$\overline{\boldsymbol{v}}$ 为样本均值 $\boldsymbol{v}_m$ （$1\leqslant m\leqslant W$），$\overline{\boldsymbol{v}}=\frac{1}{W}\sum_{m=1}^{W}\boldsymbol{v}_m$ 。一个样本到样本集的马氏距离由下式给出：

$$d(\boldsymbol{v}_m,\overline{\boldsymbol{v}})=\sqrt{(\boldsymbol{v}_m-\overline{\boldsymbol{v}})^{\mathrm{T}}\zeta^{-1}(\boldsymbol{v}_m-\overline{\boldsymbol{v}})} \tag{5-49}$$

与目标相比，杂波散射随方位具有很大的变化，其相应的$P(\omega_1|v^i(t))$值很小。所以相应的去杂波问题可以看作一类分类问题。假设杂波样本集存在一个超球面，则其半径由杂波到杂波样本集的距离统计得到。定义d_{T}是超球面的半径。若$\boldsymbol{v}_t$是一个测试样本，它通过下式进行分类：

$$\begin{cases}d(\boldsymbol{v}_t,\overline{\boldsymbol{v}})>d_{\mathrm{T}},\ \boldsymbol{v}_t\in\omega_1\\ d(\boldsymbol{v}_t,\overline{\boldsymbol{v}})\leqslant d_{\mathrm{T}},\ \boldsymbol{v}_t\in\omega_2\end{cases} \tag{5-50}$$

图 5-34 给出了基于贝叶斯判决准则的鉴别处理流程。在训练阶段，计算地雷类的后验概率，然后针对杂波计算其到样本集中的杂波集马氏距离，并统计它们的分布特性，设定阈值用于分类。在测试阶段，首先计算测试样本到杂波样本集的马氏距离，然后跟预先设定的阈值比较，如果距离超过阈值，则认为样本属于地雷类；反之，则属于杂波类。

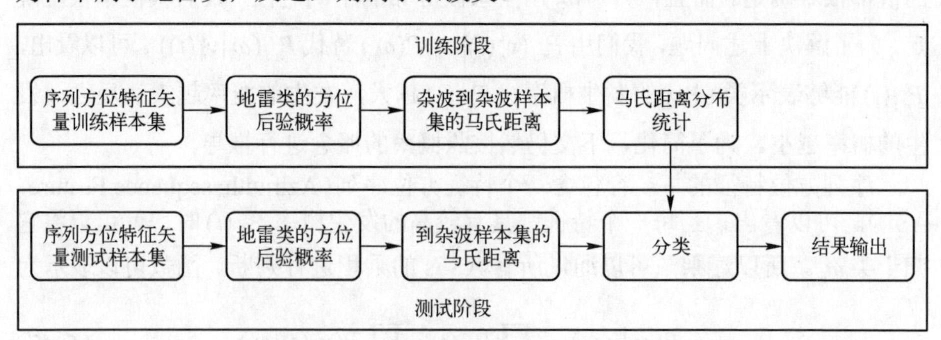

图 5-34 基于贝叶斯判决准则的鉴别处理流程

5.3.3 引入判别分量的特征提取及鉴别

1. 算法原理分析

鉴别性能的好坏是判定特征优劣的重要依据。为了提取鉴别效果更好的特

征，在稀疏时频表示的原子搜索过程中引入鉴别分量。而在稀疏时频特征提取过程中实现鉴别参数的训练，将使鉴别算法流程简化。设第 j 个样本 X_j 对应的标签为 y_j，当样本为地雷时 $y_j=1$，反之，$y_j=-1$。基于线性判决准则进行鉴别的鉴别器参数为 C，则其训练过程可表示为

$$C=\arg\min_{C}\sum_{N}\left\|y_j-C\boldsymbol{v}_j\right\|_2+\left\|C\right\|_2 \tag{5-51}$$

X_{t} 为测试样本，目标判别函数为

$$f(X_{\mathrm{t}})=\begin{cases}1, & X_{\mathrm{t}}\text{为目标}\\ -1, & X_{\mathrm{t}}\text{为杂波}\end{cases} \tag{5-52}$$

即

$$f(X_{\mathrm{t}})=\mathrm{sgn}(C\boldsymbol{v}_i) \tag{5-53}$$

考虑到稀疏表示的过程就是特征提取的过程，输出用于鉴别，为了获取具有更好鉴别能力的特征，这里将鉴别器参数训练过程和特征提取过程进行联立，可以表示为

$$\begin{gathered}<C,\boldsymbol{v}_i>=\arg\min_{C,\boldsymbol{v}_i}\sum_{N}\left(\left\|X_i-D\boldsymbol{\alpha}_i\right\|_2+\left\|y_i-C\boldsymbol{v}_i\right\|_2\right)+\left\|C\right\|_2\\ \text{s.t.}\left\|\boldsymbol{\alpha}_i\right\|_0<T_{\mathrm{h}},i=1,2,\cdots,N\end{gathered} \tag{5-54}$$

其中，T_{h} 为阈值，且 $T_{\mathrm{h}}\ll M$。式（5-54）可以通过下述迭代算法求得最优解：

设 C 为 0，估计特征矢量矩阵 $\boldsymbol{v}_i$；

（1）令 $\boldsymbol{v}_i$ 固定，计算 C；

（2）令 C 固定，计算 $\boldsymbol{v}_i$；

（3）重复（2）和（3），直到满足迭代终止条件。

2. 算法应用分析

由上述算法原理分析可知，引入判决分量的特征提取及鉴别算法能够有效地应用于基于图像稀疏分解的特征提取及鉴别算法和基于稀疏时频表示的特征提取和鉴别算法中，进一步优化它们的原子特征提取，可实现较好的鉴别性能，下面将对它们的求解公式进行分析。

基于图像稀疏分解的特征提取及鉴别算法便于一维 Gabor 子字典提取原子，则式（5-54）可以表示为

$$\begin{gathered}<C,\boldsymbol{v}_i>=\arg\min_{C,\boldsymbol{v}_i}\sum_{N}\left(\left\|X_i-D_{\mathrm{G}}\boldsymbol{\alpha}_i^G\right\|_2+\left\|y_i-C\boldsymbol{v}_i\right\|_2\right)+\left\|C\right\|_2\\ \text{s.t.}\quad\left\|\boldsymbol{\alpha}_i^G\right\|_0<T_{\mathrm{G}},i=1,2,\cdots,N\end{gathered} \tag{5-55}$$

其中，$\boldsymbol{\alpha}_i^{\mathrm{G}}$ 为原子系数矢量，T_{G} 为阈值，根据实际处理情形，常常令 $\left\|\boldsymbol{\alpha}_i^G\right\|_0=2$。

基于稀疏时频表示的特征提取及鉴别算法流程较为复杂，包括三个阶段：第一阶段，提取方位散射的稀疏时频特征；第二阶段，序列方位特征矢量由方位采样得到；第三阶段，基于贝叶斯判决准则得到新的特征矢量。为了将鉴别分量引入该算法，只在第一阶段引入鉴别分量，可以将第一阶段的特征矢量直接输出到线性鉴别器以获取某一方位的最优鉴别性能。则式（5-54）可以表示为

$$\begin{gathered}<C,\boldsymbol{\nu}_i>=\underset{C,\boldsymbol{\nu}_i}{\operatorname{argmin}}\sum_N\left(\left\|X_i-D_{\mathrm{TF}}\boldsymbol{\alpha}_i^{\mathrm{TF}}\right\|_2+\left\|y_i-C\boldsymbol{\nu}_i\right\|_2\right)+\|C\|_2 \\ \text{s.t.}\quad\left\|\boldsymbol{\alpha}_i^{\mathrm{TF}}\right\|_0<T_{\mathrm{TF}},i=1,2,\cdots,N\end{gathered} \tag{5-56}$$

其中，$\boldsymbol{\alpha}_i^{\mathrm{TF}}$ 为原子系数矢量，T_{TF} 为阈值，根据实际处理情形，一般令 $\left\|\boldsymbol{\alpha}_i^{\mathrm{TF}}\right\|_0=4$。

5.3.4 实验结果

1. 基于图像稀疏分解的特征提取及鉴别实验结果

针对某次实验，共收集 45 颗地雷和 82 个杂波样本感兴趣区域切片。地雷样本由人工提取，而杂波样本则是恒虚警检测器的虚警。图 5-35 为地雷感兴趣区域图像。从全变分去噪前后的图像可以看出，滤波后的图像更加平滑，噪声得到有效抑制，同时地雷边缘也得到较好的保持。

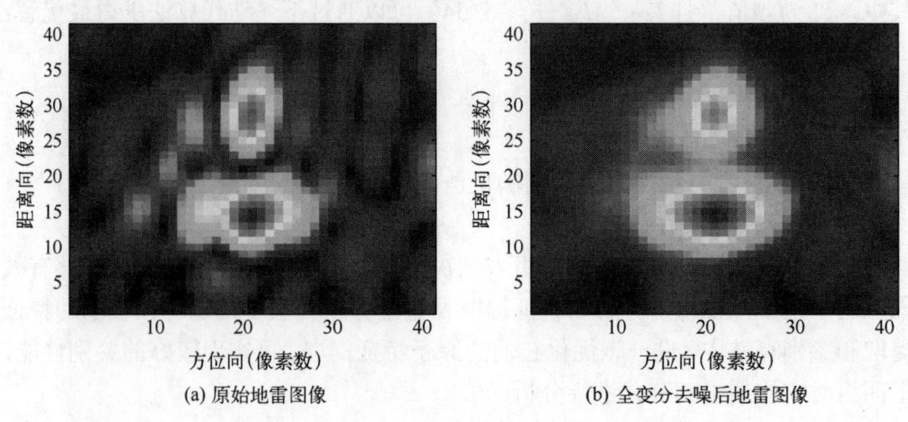

(a) 原始地雷图像　　(b) 全变分去噪后地雷图像

图 5-35　地雷 ROI 图像（大小：41×41 像素）

字典获取是特征提取的关键，地雷样本用于训练，得到子字典 D_{sub}，图 5-36 为其中部分原子。图 5-37 为图 5-35（b）通过子字典 D_{sub} 中两个原子重构图像，可以看出，其双峰结构明显。

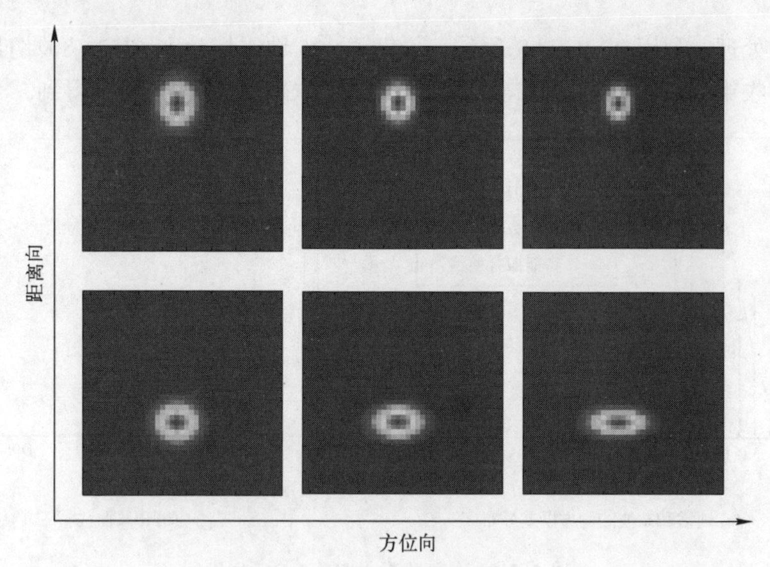

图 5-36　D_{sub} 中部分原子

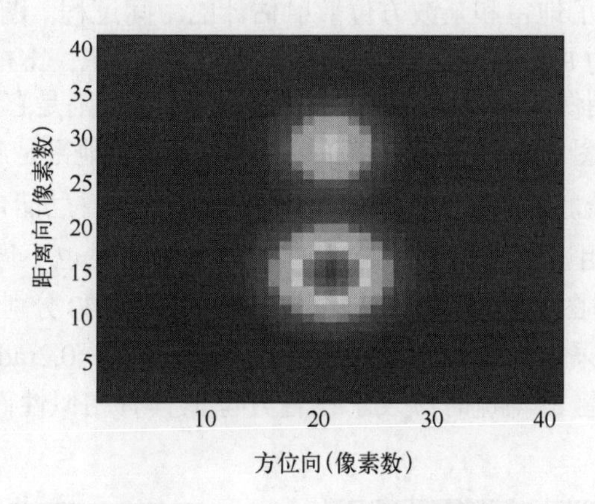

图 5-37　利用两个原子重构的图像

图 5-38（a）给出了训练样本的均方误差分布，它的纵坐标为概率密度，横坐标为检测均方误差。结果表现与期望值相同，而地雷和杂波的均方误差有较大差异。目标和杂波的重构误差分布都可以用高斯曲线拟合，而且两者的均值和方差都具有较大的差异，可以用于分类。针对目标分布，通过检测率的设定，可以得到阈值，进而对杂波进行去除。图 5-38（b）为图 5-38（a）的 ROC 曲线。

2. 基于稀疏时频表示的特征提取与鉴别实验结果

为了验证基于稀疏时频表示的特征提取及鉴别算法的有效性，进行大量实测数据处理。利用 AMUSAR 系统，收集了 325 地雷切片和 1252 杂波切片。地雷样本收集通过手动标定获得，而杂波则是由 CFAR 检测器输出得到。

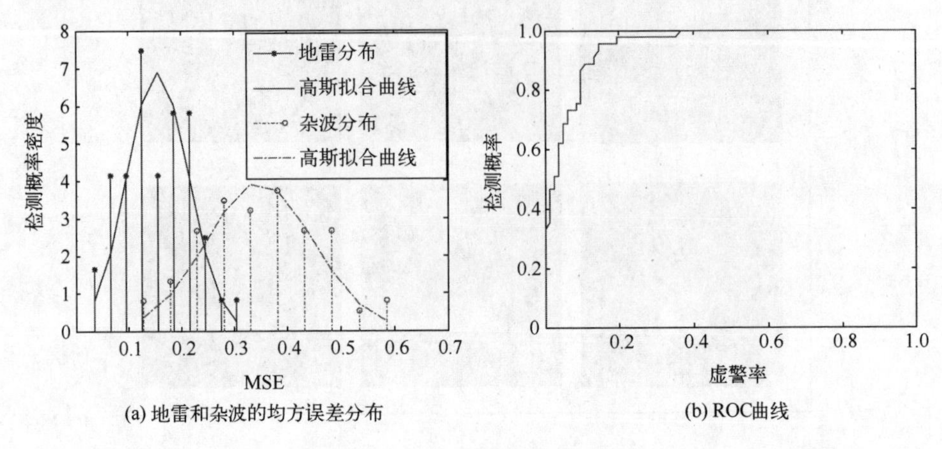

(a) 地雷和杂波的均方误差分布 (b) ROC曲线

图 5-38 均方误差分布及 ROC 曲线

图 5-39 显示了地雷和杂波方位散射估计的中间过程。图（a）和图（e）分别为地雷和杂波的 ROI 图像，它们具有相似的结构。图（b）和图（f）分别是它们的 $k_x - k_r$ 域图像，呈扇形分布。图（c）和图（g）则是它们对应的 $f - \varphi$ 域图像。图（d）和图（h）是它们对应的 $t - \varphi$ 域图像。地雷是旋转体，散射随方位规则变化。而杂波尤其是人造目标，一般情况下，有二面角等结构，与地雷有很大的不同。相应的，地雷和杂波的散射变化特性也不同。这个观点可由图 5-39 证明，同时图 5-40 更进一步地说明该观点。图 5-40 分别给出了图 5-39（d）和（h）三个角度采样的稀疏时频表示。方位角分别是-0.2rad、0 和 0.2rad。如图 5-40 所示，地雷的稀疏时频表示在各方位上具有相似性而杂波变化的差异较大。

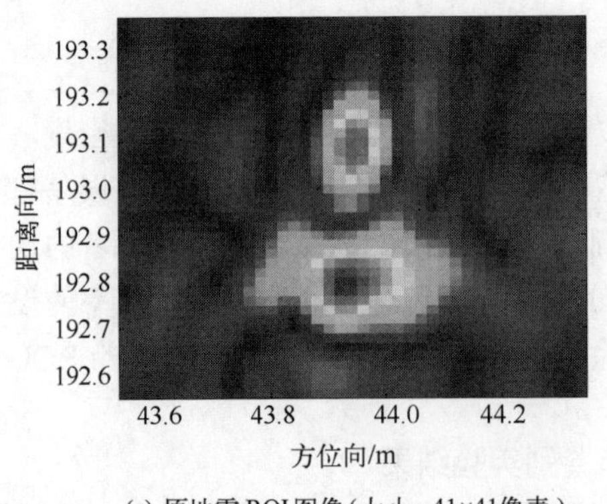

(a) 原地雷 ROI 图像（大小：41×41像素）

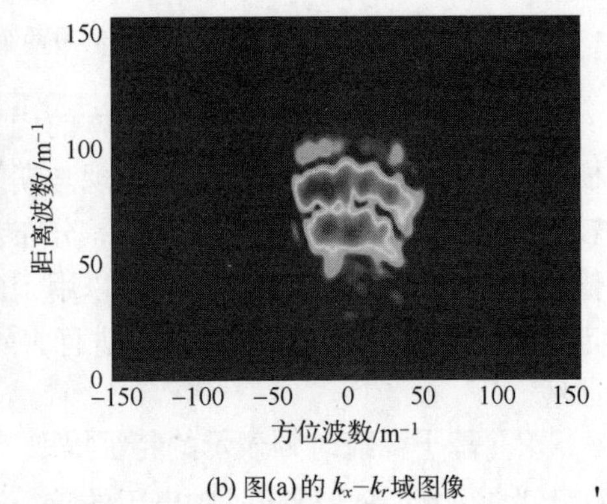

(b) 图(a)的 $k_x - k_r$ 域图像

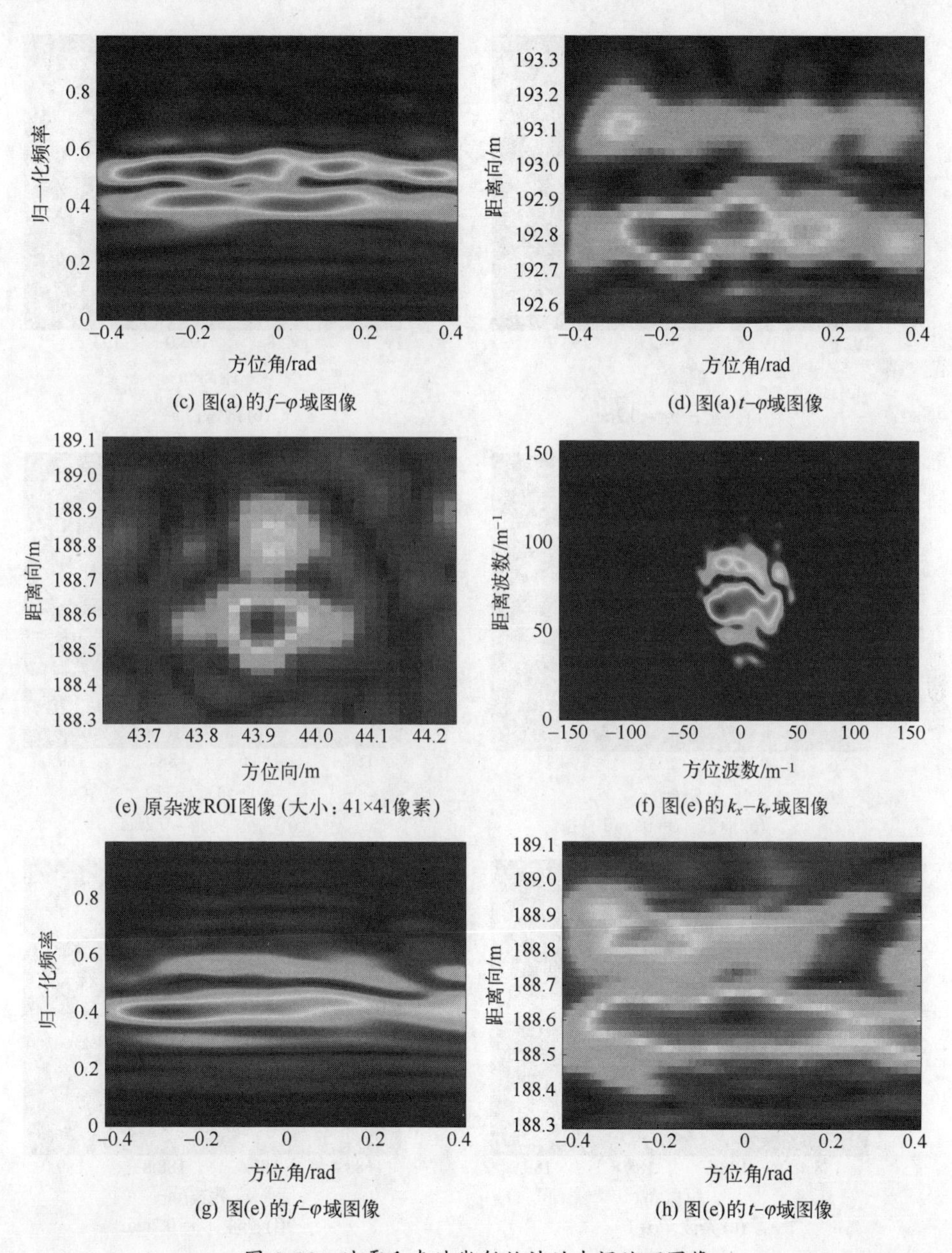

(c) 图(a)的 f–φ 域图像　　(d) 图(a) t–φ 域图像

(e) 原杂波ROI图像 (大小：41×41像素)　　(f) 图(e)的 k_x–k_r 域图像

(g) 图(e)的 f–φ 域图像　　(h) 图(e)的 t–φ 域图像

图 5-39　地雷和杂波散射估计的中间处理图像

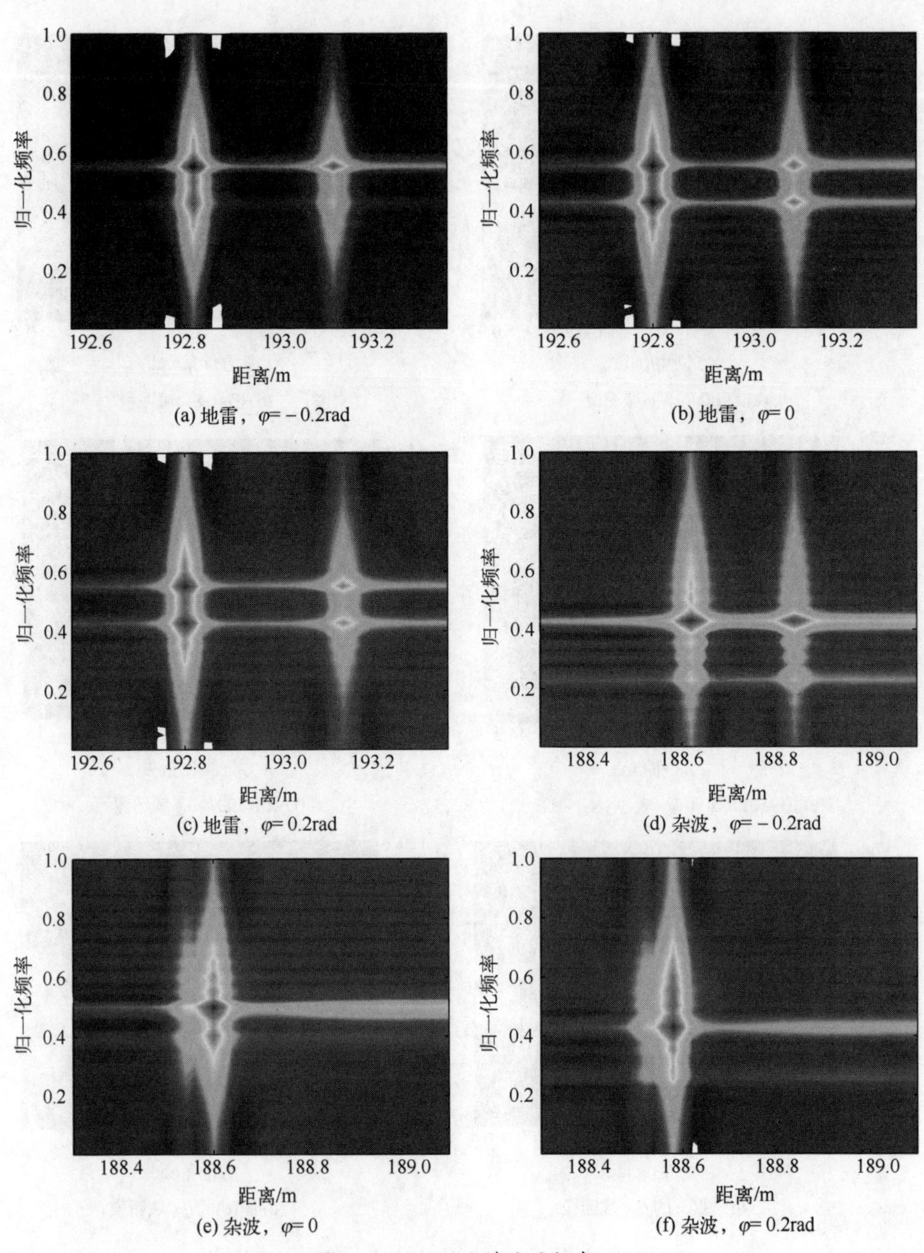

图 5-40 ROI 的稀疏时频表示

为分析序列方位特征矢量中特征的分布特性，同样采用 SSE 分析实测数据分布和经典概率密度函数之间的逼近程度。典型 PDF 包括高斯分布、瑞利分布、韦布尔分布和对数正态分布，如图 5-41 所示。同样表 5-3 表明特征 1 和特征 2 与高斯分布之间的 SSE 最小。

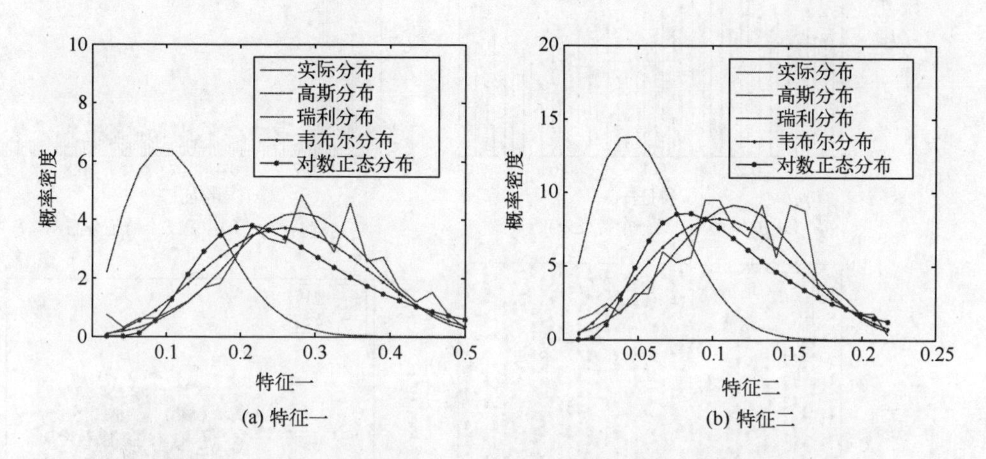

图 5-41　$\rho^{\varphi}(\varphi=0)$ 中特征的实际分布和经典概率密度函数拟合曲线

表 5-3　实测数据分布和经典概率密度函数之间的 SSE

特征类型	高斯分类	瑞利分布	韦布尔分布	对数正态分布
特征 1	0.52	3.21	0.64	0.96
特征 2	1.34	6.51	1.62	2.34

本节特征提取由三步构成：第一，提取方位散射的稀疏时频特征；第二，序列方位特征矢量由方位采样得到；第三，基于贝叶斯判决准则得到新的特征矢量。在图 5-42（a）~（c）中，可以看到地雷很难从杂波中分离，特别是许多杂波与地雷有相似的特征值。但是在图 5-42（d）中，特征通过以上三步映射，许多杂波离目标距离越来越远。其中 $\boldsymbol{v}^1$、$\boldsymbol{v}^2$ 是 $\boldsymbol{V}$ 中的第一和第二特征。通过比较不同阶段的特征鉴别性能，图 5-43 给出了它们的 ROC 曲线，表现与期望相同，故本章提出的鉴别器算法获得最好的鉴别结果。

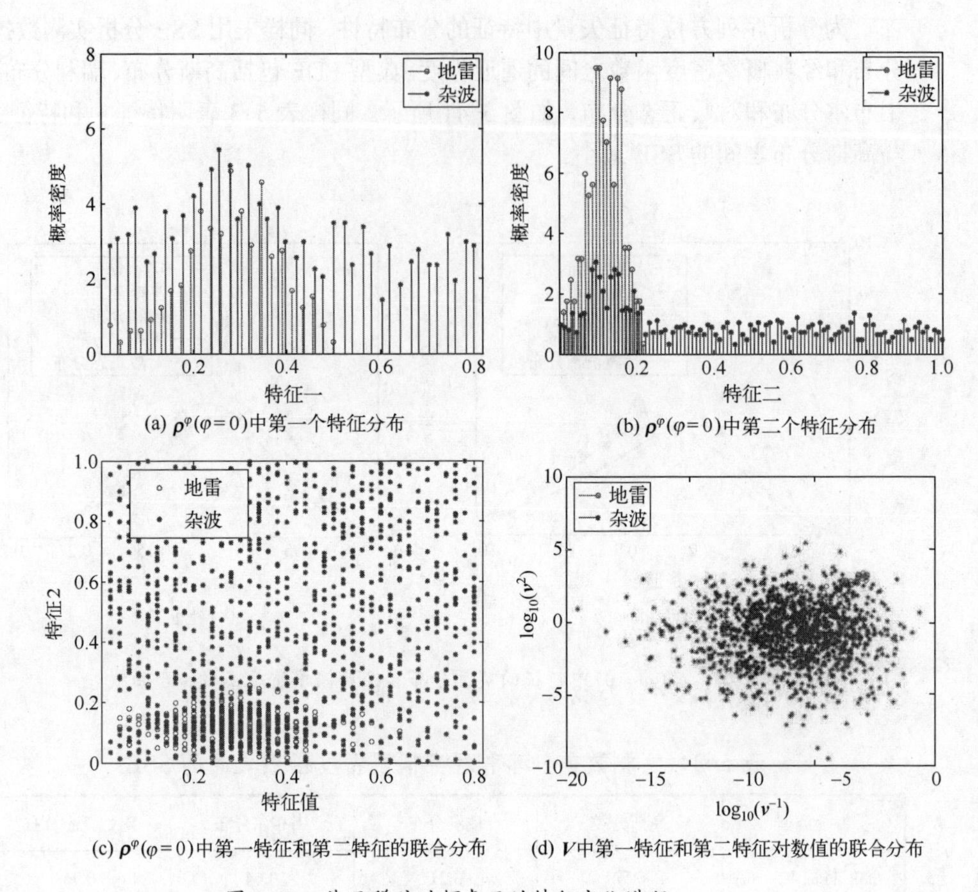

(a) $\rho^{\varphi}(\varphi=0)$中第一个特征分布 (b) $\rho^{\varphi}(\varphi=0)$中第二个特征分布

(c) $\rho^{\varphi}(\varphi=0)$中第一特征和第二特征的联合分布 (d) $\boldsymbol{V}$中第一特征和第二特征对数值的联合分布

图 5-42 基于稀疏时频表示的特征变化进程

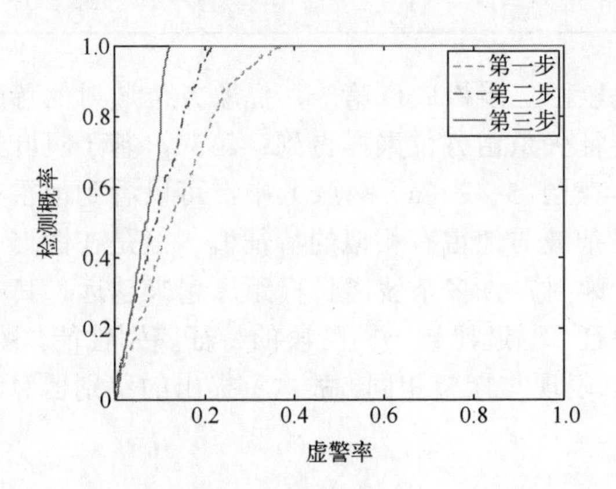

图 5-43 不同阶段的 ROC 曲线

3. 引入鉴别分量的特征提取与鉴别实验结果

图 5-44 给出了加入鉴别分量和无鉴别分量时鉴别的 ROC 曲线。可以看出，在稀疏特征提取过程中加入鉴别分量，能提高所提特征的稳健性，进一步增强其鉴别能力的 ROC 性能。

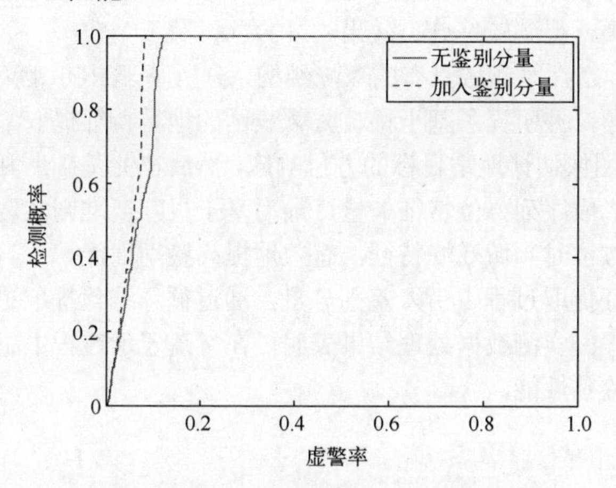

图 5-44　引入鉴别分量的鉴别算法 ROC 曲线

5.4　本 章 小 结

本章基于灰度特征、形态特征研究了三种地雷目标的预筛选算法，主要工作有：

（1）分析元素目标预筛选流程，提出引入形状特征进行目标预筛选的思路，为在较低虚警的情况下获得高的检测率奠定基础。

（2）研究了基于面积特征的预筛选算法：该算法将典型预筛选算法中的形态学滤波和聚类进行综合，提出基于面积特征的网格聚类算法，在较短时间内实现对目标有效聚类的同时去除了大量杂波，减少聚类中心提取个数，降低后续鉴别的运算量。

（3）研究了基于形态特征的预筛选算法：首先对 MCA 算法的适用进行分析，然后提出形态分离算法，采用扩展分形映射将地雷目标映射成为点目标，再利用 MCACC 对元素目标进行分离，提高目标信杂比，进一步降低虚警率。

本章基于目标电磁特性分析分别研究地表地雷目标特征提取及鉴别问题，主要内容和结论有：

（1）建立了地表金属地雷二维电磁模型，得到了地雷一维回波解析表达式，定量分析了地雷时域双峰结构与成像几何和地雷尺寸等因素的关系，并分析了频域凹点与成像几何和地雷尺寸之间的关系，给出了频域双峰产生的原因。

（2）针对地雷 ROI 图像中存在的双峰结构，给出了基于图像稀疏分解的特征提取及鉴别算法流程，并对其关键技术进行详细分析，利用重构误差对地雷和杂波进行分类，得到较好分类效果。

（3）针对地雷在时频域具有的双峰结构，分析基于 ROI 距离剖线时频分析算法存在的问题，并研究了基于稀疏时频表示的地雷特征提取鉴别算法：首先通过 ROI 切片图像估计地雷目标的方位响应，然后在此基础上利用稀疏时频表示提取特征并形成序列方位特征矢量，最后基于贝叶斯准则实现地雷的鉴别。算法利用目标方位时频域双峰特征，有效地提高鉴别性能。

（4）在特征提取过程中引入鉴别分量，通过循环迭代提取更有效的特征，优化了算法流程。实测数据处理结果表明，在稀疏表示过程中引入鉴别分量能够有效地提高鉴别性能。

第6章

地雷场提取与标定

地雷场是指特定的一块区域，其中按照一定正面、纵深和密度布设反坦克或步兵地雷，以实现阻碍、杀伤敌人战略战术目的[307–309]。它是现代战争中的一类能杀伤敌人的主要障碍物，通常火箭弹、飞机、车辆等布雷设备通过抛撒或机械布设[310–313]。在作战时，需要对其进行标定以确定边界或者对部队的威胁程度。因此，地雷场提取及标定是地雷场检测的核心，也是地雷预筛选和鉴别的最终目的[314]。从目标检测的角度看，地雷场包含大量独立的地雷目标，属于典型的点集目标。故地雷场检测也是点集目标检测。与点集目标检测关键步骤相对应，地雷场检测的主要内容包括疑似地雷场提取、地雷场统计特征分析、地雷场鉴别及边界标定三个方面的主要内容，如图 6-1 所示。

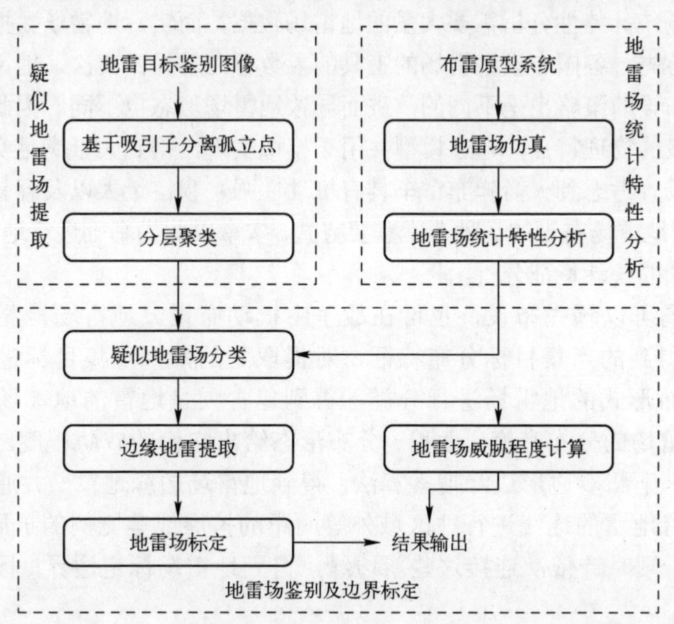

图 6-1　地雷场提取及标定

通过第 5 章的雷场元素目标预筛选和地雷场元素目标鉴别，在保证一定检测率的情况下，场景中的虚警数量大幅减少。但是由于大场景地表环境复杂，目标漏警和虚警依然存在，且可能形成虚假雷场。为此，需要根据一定的准则进行疑似点集目标提取以进行进一步的鉴别和边界标定。在地雷目标鉴别后，场景中常常存在较多的孤立点。而这些孤立点不构成地雷场，对部队的威胁也较弱，但它们增加点集目标提取的运算量，所以本章将引入吸引子的概念，通过其来评价地雷对地雷场的贡献度，然后使用地雷场样本训练获取阈值，将低于阈值的孤立地雷进行去除。元素目标的数量是点集目标的一个重要指标，考虑到地雷场中可能包含多个地雷，本章利用分层聚类算法[315-316]将去除孤立点后的地雷进行分类，提取到具有一定数量元素目标的疑似点集目标。

地雷场提取的准确率也可称为地雷场的识别率。在实际数据处理过程中，地雷场的识别率和其边界标定精度是地雷场标定的研究重点。地雷场特征的提取为地雷场识别提供依据，是提高地雷场识别率的关键。不同类型的地雷场具有不同的特征或参数。如规则地雷场其地雷往往分布在一条或几条线上，而抛撒地雷场中的地雷则随机分布。一般情况下，抛撒地雷场的布设通过火箭弹或直升机等工具实现，可重复操作，因此，其分布具有统计特性[307-308,317]。

地雷场统计特性分析需要大量的地雷场数据，而实际地雷场数据的获取存在困难：首先，各国布设地雷场的工具的参数存在差异；其次，地雷场的作用不同，其布设的策略也是不同的，进而导致地雷场形态也不同。因此，需要根据布雷手段的物理特点，建立模型并用于模拟实现，得到大量满足实际情况的仿真地雷场。考虑到火箭弹布雷车具有机动性强、载雷量大以及容易操作的特点，是当前地雷场布设的一种非常重要方式，本章以此为基础进行地雷场仿真，并进行后续的统计特征分析。

地雷场可以预先布设，也可在战争中机动布设。地雷场检测根据统计特性分析得到的点集目标分布特征，对提取到的疑似点集目标进行鉴别，将不同分布形式的地雷场进行分类，得到包含大量地雷的地雷场。然后根据这些地雷场的分布密度、面积、分布形态给出它们的威胁程度。最后在此基础上，基于凸多边形边缘搜索算法，得到地雷场边缘地雷，并通过地雷场中心和边缘地雷的连线进行往区域外等间距的扩展或等比例的扩展，得到新的边缘点，顺时针依次连接这些新边缘点得到地雷场标定边界，标识场景威胁程度。

6.1　疑似地雷场提取

点集目标由大量的点目标构成，但并不是所有由多个点构成的点集目标都可以归为一类。这类目标都有自己的特点，构成点数目具有不确定性，排列形式也具有不确定性。如路上的车队包含多少车，如何排列具有不确定性。地雷场也是一样，其分布甚至更为复杂，每一个地雷场中包含多少地雷，它们的分布形式又是如何，很难有一个确定的描述。为了提取实际地雷场，需要先提取疑似地雷场，通过对它们进行统计特征分析，进而形成威胁评估和标定。

经过地雷目标检测与鉴别基础上，本章分析的数据为具有较高置信度的点目标及其坐标位置。考虑到 SAR 观测场景复杂，常常存在大量杂波，与周围联系不紧密的点也较多，所以首先通过吸引子判断点对点集目标的影响。如果影响较小，则当离散点处理，从图像中去除，并将剩余的点继续处理，这样可以降低后续算法的运算量，增加边缘标定精度。分层聚类是一种非监督的数据分类方法，可以通过距离及设置将距离较近的点聚集起来。前面的这两步合起来称为疑似点集目标提取，即疑似地雷场提取，属于地雷场筛选部分。

6.1.1　基于吸引子的点目标鉴别

地雷场由多个地雷共同组成，但只有满足一定距离或密度关系的地雷才可认为是地雷场中的一员。为此，需要引入一个能够反映地雷场中地雷与其他地雷之间的依赖性强弱的量。当地雷目标与其他地雷距离较近时，是地雷场中点的可能性越大，与它距离近的地雷数越多时，是地雷场中点的可能性也越大，对地雷场的贡献越大。

图 6-2 所示为地雷与地雷场关系示意图，其中 A、B、C、D 为四个地雷，虚线区域为地雷场。可以看出，A 点远离地雷场，当把 A 点作为地雷场中的一点时，地雷场中威胁度很小的区域将扩展很多，不利于战场决策，所以 A 对地雷场的贡献很小。B 点与地雷场距离较近，当地雷场包含该点时，对决策者造成的影响也较 A 点小。D 点与 B 点类似，而 C 点则含在地雷场中，是构成地雷场的元素之一。为评价 A、B、C、D 四点对地雷场的贡献，本章引入吸引子的概念。吸引子是借鉴了物理学中的引力的概念来对这种地雷间的相互作用进行描述的。当地雷远离其他目标时，吸引子的值小，而当地雷靠近其他地雷时，吸引子的值增大。

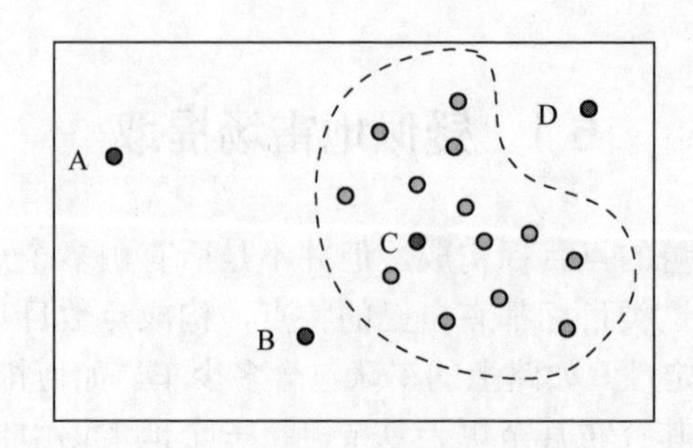

图 6-2　地雷与地雷场关系示意图

设场景中共存在 N 颗地雷，其位置分别表示为 $M(r_i, x_i)$，（$i=1,2,\cdots,N$），则它们两两之间的距离为

$$R_{i,j}^M = \left\| M(r_i, x_i) - M(r_j, xj) \right\|_2, j \neq i \tag{6-1}$$

其中，$\|\cdot\|_2$ 表示 ℓ_2 范数。吸引子则可通过下式来计算：

$$T_i = \sum_{j=1, j\neq i}^{N} 1 / R_{i,j}^M \tag{6-2}$$

吸引子可用于去除对地雷场贡献小的点，而不是去除离地雷场远的点。可以看出，孤立点的吸引子数值小，而密度较大的地雷场中地雷吸引子数值较大。本章基于吸引子的处理流程为：

（1）计算各个地雷的吸引子数值。

（2）合并相近地雷：由于相近地雷对地雷场边界标定影响不大，但它们对吸引子数值影响较大，如两个远离地雷场的相近地雷吸引子值较大。因此，为了消除这种影响，通过大量数据统计，本章定义相近距离设置阈值 3×10^{-4}，将吸引子大于这个阈值的地雷合并，只取其中之一，并重新计算各点的新的吸引子数值。

（3）分离吸引子数值较小的地雷：通过大量训练数据得到对地雷场影响较小地雷的吸引子数值，然后通过它们设置阈值，分离这些地雷，得到对地雷场贡献大的地雷元素。

图 6-3（a）为一场景 SAR 图像检测结果图，图 6-3（b）为图（a）中 51 个地雷的吸引子数值，图 6-3（c）为图（b）中吸引子数值的直方图分布。可以看出，部分地雷的吸引子值很小，对其他地雷的依赖性小，而相近地雷的吸引子可以达到很大，影响地雷对地雷场贡献的判定。图 6-3（d）为进行合并处理和分离处理后地雷的吸引子数值图，被合并以及被分离的地雷吸引子数值都

进行了置零，图 6-3（e）为图（d）相应的直方图分布。在分离过程中，通过实测数据的训练，可得到阈值，将吸引子值较大的地雷保留，而将吸引子值较小的点去除。图 6-3（f）为经合并分离处理后的检测结果图，图中的大量远离地雷场的点被分离了出去。

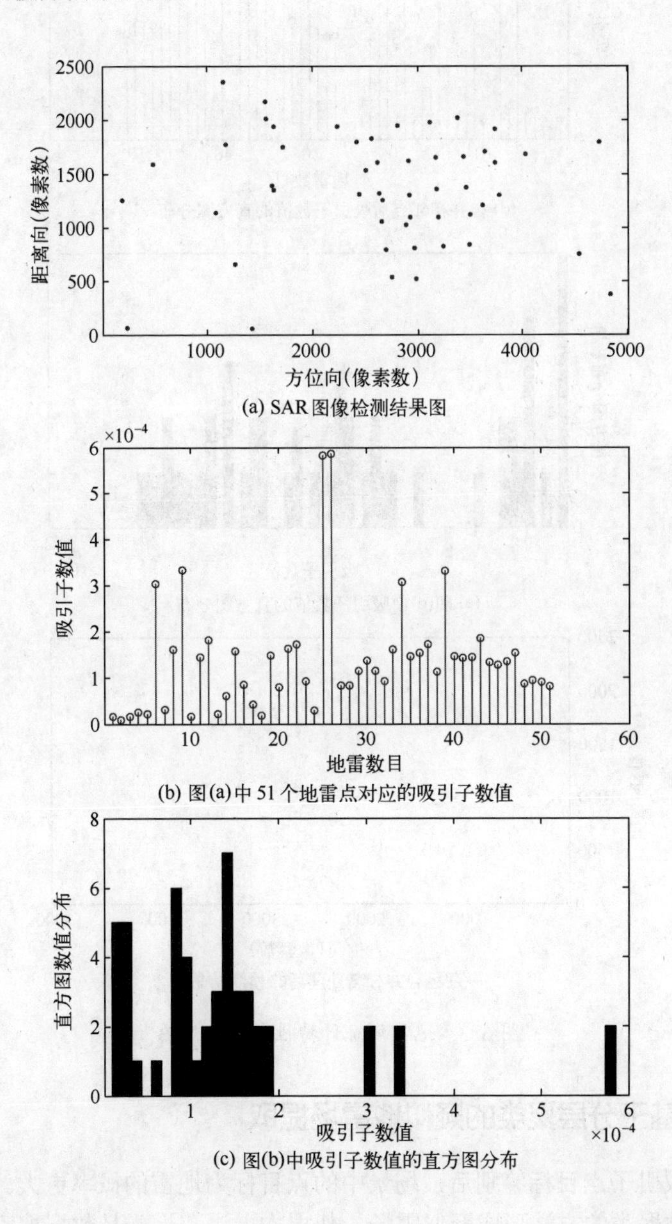

(a) SAR 图像检测结果图

(b) 图(a)中 51 个地雷点对应的吸引子数值

(c) 图(b)中吸引子数值的直方图分布

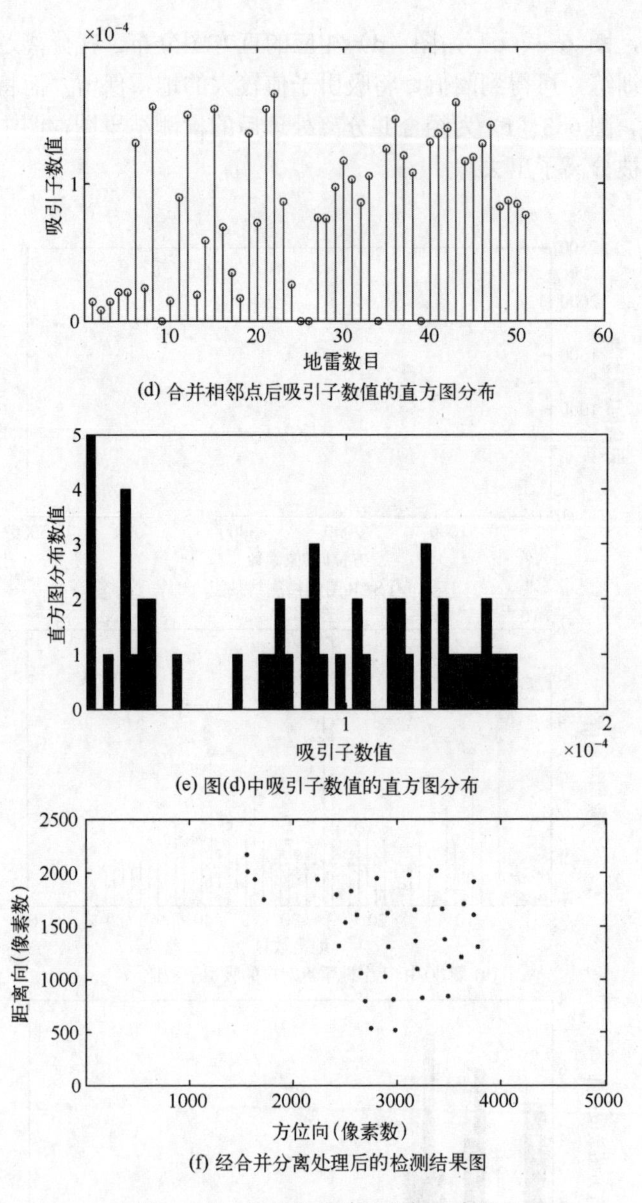

(d) 合并相邻点后吸引子数值的直方图分布

(e) 图(d)中吸引子数值的直方图分布

(f) 经合并分离处理后的检测结果图

图 6-3 地雷场统计特性分析示意图

6.1.2 基于分层聚类的疑似地雷场提取

经过吸引子点目标鉴别后，场景中的点目标为地雷的概率更大。可以将相近的点通过聚类的方法形成疑似雷场。从根本上讲，聚类是数据搜索方法的汇集，人们通常使用这种方法来看数据中是否有自然类出现。若确有类别出现，则为其命名并总结其性质。例如，如果集群比较密集，那么对于某些应用目的，可以把表示原始数据集中的信息减少到少数几个类的信息，降低数据量。聚类分析的结果可以形成可识别的结构，该结构能产生解释观测数据的假设。为了分析场景中是否存在地雷场，分析点目标之间关系是点集目标提取的关键。目标点聚类将场景中邻域相接的点目标聚集在一起，用以分析它们之间的空间分布特征。这里采用分层聚类算法又称单连接方法，它是概述数据结构最为通用的方法之一，算法每一步融合两个最近的类以形成一个新类，通过聚类半径的设置，可以得到在一定范围内聚集的点目标。

层次聚类算法效果较好，是经常使用的方法之一，国内外研究得较为深入。设待分类的模式特征矢量集为$\{x_1, x_2, \cdots, x_N\}$，$G_i^{(k)}$表示第$k$次合并时的第$i$类。首先将$N$个模式各自成为一类，然后计算类与类之间的距离，选择距离最小的一对合并成一个新类，计算在新的类别分划下各类之间的距离，再将距离最近的两类合并，直至满足目标为止。下面以最后形成两类为例给出算法步骤的详细介绍：

（1）初始分类。令$k=0$，每个模式自成一类，即$G_i^{(0)}=\{x_i\}(i=1,2,\cdots,N)$。

（2）计算各类间的距离D_{ij}，由此生成一个对称的距离矩阵$\boldsymbol{D}^{(k)}=(D_{ij})_{m\times m}$，$m$为类的个数（初始时$m=N$）。

（3）找出前一步求得的矩阵$\boldsymbol{D}^{(k)}$中的最小元素，设它是$G_i^{(k)}$和$G_j^{(k)}$间的距离，将$G_i^{(k)}$和$G_j^{(k)}$两类合并成一类，于是产生新的聚类$G_1^{(k+1)}$，$G_2^{(k+1)}$，…，令$k=k+1$，$m=m+1$。

（4）检查类的个数。如果类数m大于 2，转至（2），否则停止。

如果某一循环中具有最小类间距离不止一个类对，则对应这些最小距离的类对同时合并。上述步骤从N类至 2 类的聚类过程，在实际应用中该算法也可将类间的距离阈值T作为停止条件，当$\boldsymbol{D}^{(k)}$中最小阵元大于T时，聚类过程停止。

所采用的类间距离定义不同，聚类过程是不一样的。上述算法在归并的每次迭代过程中，距离矩阵最小元素不断地改变。该算法的特点是在聚类过程中类心不断地调整，但一些模式一旦分划到某一类就不再分划开。本章在分层聚类算法中，采用欧几里得距离定义地雷点之间的距离。定义为

$$R_{a,b}^{M}=\left\|M(r_a,x_a)-M(r_b,x_b)\right\|_2 \tag{6-3}$$

考虑到传统的分层聚类算法需要多次迭代，本章对该算法进行调整，使其更加适合本章方法。具体流程为：

（1）以图像中任一点为初始类 $x_0 \in C_0$。

（2）遍历其余所有点，将 $R_{a,b}^{M} \leqslant R_{\mathrm{T}}$ 归于该类，并编号为 C_0^1。

（3）遍历其余所有点，将与 C_0^1 中点距离满足 $R_{a,b}^{M} \leqslant R_{\mathrm{T}}$ 的点都归于该类，编号为 C_0^2。如此循环往复，直到没有新的点归于该类。

（4）以图像中剩余的一点为一新类，重复步骤（2）、（3），直到图像中没有新的点出现。

图 6-4 为图 6-3（f）中地雷经层次聚类后提取到的疑似地雷场目标。聚类的距离设置为 500 像素值。可以看出，疑似地雷场分为两个部分，其中右侧 30 个地雷构成疑似地雷场 1，而左侧 4 个地雷构成疑似地雷场 2。

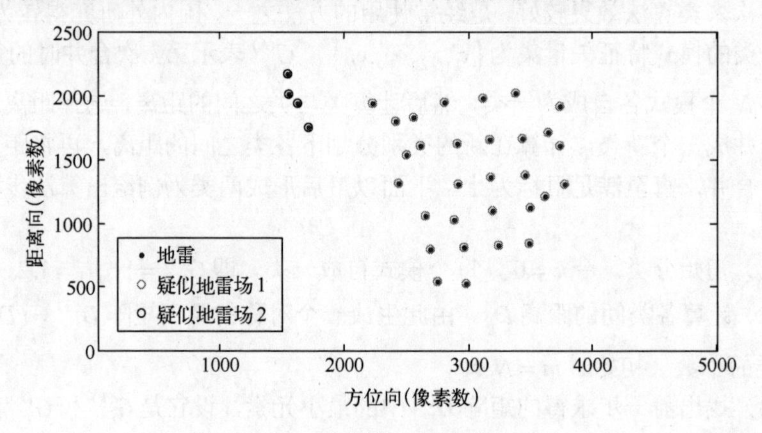

图 6-4 疑似地雷场提取结果

6.2 地雷场统计特性分析

6.1 节提取到了疑似地雷场，为了对其进行分类，评估其对军队和人员的威胁程度，本节首先给出地雷场统计特性分析流程，然后根据原型系统进行地雷场仿真，接着以仿真结果为基础分别分析理想情况和复杂情况的点集目标统计特性。

6.2.1 统计特性分析流程

仿真可以获取大量地雷场，可以实现对其特征的有效分析。数量特征、密度特征以及分布特征是地雷场的三个重要特征，通过它们可以评价一个地雷场的危险程度。数量大、密度高、分布合理的地雷场杀伤效果才能达到最好。因此通过对它们的分析，可以得到疑似地雷场的主要特性，推断地雷场布设情景以及敌人的战术构想。

由于在实际地雷场探测过程中，往往需要借助合成孔径雷达、红外等成像传感器实现对布雷区域的监测。但是，在这些系统的图像解译中，很难直接提出其中的地雷场，所以在地雷场提取过程中一般需要先进行地雷的检测。现在的检测算法不能做到 100%的目标检测率和 0%的虚警率。因此，这里还需要分析地雷场预筛选及鉴别后的检测率和虚警率对地雷场特征的影响，进而得到更适合实际操作的地雷场检测方法。同时，由于传感器图像获取与地雷场位置不存在必然的联系，这导致对地观测图像中常含有对地雷场观测不全或者包含几个地雷场的情况。因此，在虚警和漏警对地雷场特征影响分析的基础上，还需要研究部分地雷场以及多个地雷场对地雷场特征的影响。

火箭弹布雷具有射程远、布雷数量大、布雷精度高的特点[317]。其作业方便，机动性强，作业人员少，布撒的地雷场比较均匀，可在不同气候、战术和地理条件下实施近距离、大面积、快速机动布设防坦克地雷场，迟滞、毁伤敌集群坦克和装甲车辆，杀伤敌步兵，为反坦克武器、压制武器发扬火力创造战机。当前，火箭弹布雷已成为各国发展的重点，将会在未来战场上起重要作用。为此，本章以火箭弹布雷建立模型进行仿真，形成地雷场数据用于地雷场特征研究，并与实际地雷场进行比较，验证仿真的有效性。

下文将给出一些国外典型的火箭弹布雷系统，可以看出火箭弹布雷的基本方式是通过布雷车将火箭弹打出去，然后火箭弹再弹出放在其中的地雷。一般情况下，同一辆布雷车由于自身结构固定，其撒布的地雷统计特性也具有一致性。因此，本节首先仿真一辆火箭弹布雷车撒布地雷的分布情况，然后在此基础上仿真满足一定战术战略要求的多辆火箭弹布雷，最后加入背景、检测区域等微物理过程的影响，仿真复杂情况下的地雷场。图 6-5 为地雷场统计特性分析示意图，分布、密度和数量特征是该研究所要提供的数据。

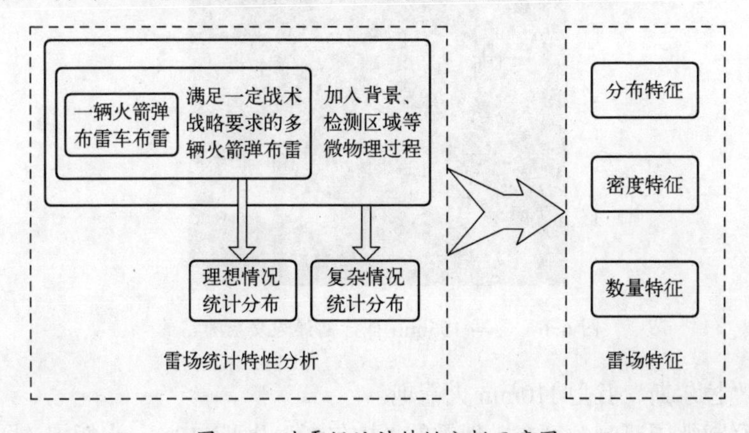

图 6-5　地雷场统计特性分析示意图

由图 6-5 所示，得到地雷场统计特性分析的基本流程。

（1）一辆火箭弹布雷车布设的地雷场仿真。

（2）多辆火箭弹布雷车布设的地雷场仿真。针对火箭弹布雷，为了达到战略战术要求，需要采用集向布雷等方式，实现利用最少的地雷布置达到一定密度的，且具有一定形态的地雷场。

（3）加入背景、检测区域等微物理过程的复杂情况进行仿真：①通过图像模拟加入背景（包括草地、黏土地、水泥路面等）；②加入检测区域的影响。

（4）针对步骤（2）的仿真进行理想情况的统计分布分析，得到地雷场分布、密度和数量特征。

（5）针对步骤（3）的仿真进行复杂情况的统计分布分析，得到地雷场分布、密度和数量特征。

6.2.2 地雷场仿真

1. 火箭弹布雷仿真参考的几种典型原型系统

随着高技术的飞速发展，火箭布雷新装备层出不穷。目前，世界上已出现了百余种火箭布雷车，我军的火箭布雷装备也更新了几代。

1）美军 155mm 自行榴弹炮布雷系统

利用火炮布雷，只要给炮兵多配发一个弹种——布雷弹，而无须添加其他发射装置就能布雷，具有很大的经济性。同时，火炮布雷非常灵活、机动，从而提高部队的快速反应能力和作战效果。美军利用现有装备的 155mm 自行榴弹炮发射布雷弹（图 6-6），可以在 17km 以外布设出防坦克地雷场，或防步兵地雷场和混合地雷场。

图 6-6 美军 155mm 自行榴弹炮发射布雷管

2）“拉尔斯”Ⅱ型 110mm 火箭炮

前联邦德国研制的可布撒地雷的“拉尔斯”Ⅱ型 110mm 火箭炮（图 6-7），

有 36 个发射管，每发布雷弹装 5 枚防坦克地雷，18s 即可将 36 发布雷弹全部射到 8～14.8km 距离，形成 9 万平方米的地雷场。

图 6-7　德军可布设地雷的 36 管火箭炮

3）M270 火箭布雷系统

美、英、德、意共同研制的 M270 火箭布雷系统（图 6-8），安装在装甲车上，每个布雷弹内装 28 枚 AT-2 防坦克地雷，1min 即可将 336 枚地雷抛撒完毕，形成 1000m×400m 的防坦克地雷场。它是拦阻开进之敌、突袭敌坦克集结地域、袭扰敌后基地等大集团目标的有效武器。

图 6-8　M270 火箭布雷系统

2. 一辆火箭弹布雷车布设的地雷场仿真

火箭弹布设地雷场以一辆火箭弹布雷车为基本单元。为此，这里先对其进行仿真。实践证明，火箭弹的落点坐标作为平面上的二维随机变量[318-319]，满足正态分布率。如果选择坐标轴与扩散主轴重合，则火箭弹的落点坐标 (r,x) 有如下分布律：

$$f(r,x)=-\frac{\rho^2}{\pi E_r E_x}\mathrm{e}^{-\rho^2\left(\frac{r^2}{E_r^2}+\frac{x^2}{E_x^2}\right)} \tag{6-4}$$

而 E_r 、 E_x 与均方差有如下关系：

$$\begin{cases} E_r = \rho\sqrt{2}\sigma_r \\ E_x = \rho\sqrt{2}\sigma_x \end{cases} \tag{6-5}$$

其中，$\rho \approx 0.477$。E_r 为射程散布，即射程中心偏差。E_x 为方位散布，即方位中心偏差。E_r、E_x 均与射程 R 有关，$E_r = S_r \times R$，$E_x = S_x \times R$。对于主动段不太长的火箭弹，可认为它的被动段飞行距离即为全射程 R。这样，R 近似为下面函数

$$R \approx f\left(c, v_k, \theta_k\right) \tag{6-6}$$

其中，c 为被动段的弹道系数，θ_k 为主动段的弹道倾角。射程中间偏差为

$$E_r = \sqrt{\left(\frac{\partial f}{\partial c}\right)^2 E_c^2 + \left(\frac{\partial f}{\partial v_k}\right)^2 E_{v_k}^2 + \left(\frac{\partial f}{\partial \theta_k}\right)^2 E_{\theta_k}^2} \tag{6-7}$$

其中，E_c^2、$E_{v_k}^2$、$E_{\theta_k}^2$ 分别为 c、v_k、θ_k 的中心偏差。

考虑到每一发火箭弹携带地雷被推出去之后，也服从正态分布，如

$$f_s(r_s, x_s) = -\frac{\rho_s^2}{\pi E_r E_x} \mathrm{e}^{-\rho_s^2\left(\frac{r_s^2}{\sum_{r_s}^2} + \frac{r_s^2}{\sum_{x_s}^2}\right)} \tag{6-8}$$

其中 (r_s, x_s) 为每一颗地雷所在位置，$\sum_{r_s}^2$，$\sum_{x_s}^2$ 分别为其 r、x 轴的偏移标准差。设以瞄准点为中心建立平面坐标系，火箭布雷车单车发射的弹数为 N_V，各发弹携带的地雷数为 N_L。则通过下述流程进行一辆布雷车布雷仿真。

（1）产生 N_V 组，每组为两个标准正态分布的随机数，随机数可用式（6-8）产生。其中 E_r、E_x 分别为射程概率偏差和方位概率偏差。在这里首先通过发射距离和散布系数的设置，然后再仿真。得到每一发布雷弹的坐标 $(P_r^n, P_x^n), m = 1, 2, \cdots, N_V$。

（2）针对每组布雷弹坐标，产生 N_L 组标准正态分布，确定每一发布雷弹中每一发地雷的坐标 $(P_r^l, P_x^l), m = 1, 2, \cdots, N_L$，其中

$$\begin{cases} P_r^{nl} = P_r^l + P_r^n \\ P_x^{nl} = P_x^l + P_x^n \end{cases} \tag{6-9}$$

图 6-9 为一辆火箭弹布雷车布设结果图，其中 $N_V = 10$，$N_L = 10$。设置射程为 $R = 10000\,\mathrm{m}$，散布系数为 $1/100$，故 $E_r = 18$，$E_x = 18$。

3. 多辆火箭弹布雷车布设的地雷场仿真

地雷场具有阻碍、杀伤敌人的作用，为了达到这些效果，需要布置一定密度的地雷。以最外沿的地雷画外接矩形，地雷数与外接矩形面积相比形成地雷密度，通过大量仿真实验，可以得到平均地雷场密度。美军认为由炸车地雷构成的地雷场，其密度一般不小于 1.6×10^{-3} 个/m^2，以使其具有可信的障碍能力。但是，由于地雷布设工具及布设方式的不同，要达到要求的布设密度，需要采

用相应的技术手段。同时，为了形成布雷条带，通过设置偏移量，有意控制落点中心，则得到多辆火箭弹布雷车的布设场景。

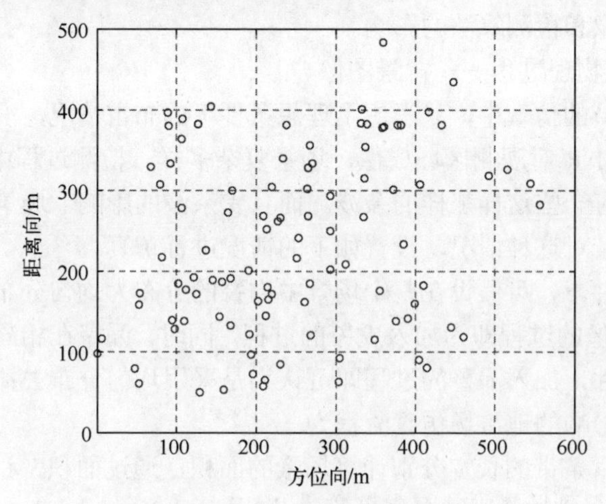

图 6-9　单个火箭弹布雷车布雷

设布雷车的数量为 N_M，则地雷场的火箭弹布雷根据实际情况有集向布雷和适宽布雷两种布设方法。集向布雷射向是指火箭布雷排在一起在发射时各车指向同一发射方向，为确保一定的布雷密度时采用。适宽布雷射向是指各车分别正对本布雷车正面中心点的方向，通常在增大既设障碍物的宽度时采用。假设在时间相差不大的情况下，火箭弹打出去受风的影响不是很大，图 6-10 为四个火箭弹集向布雷布设结果。

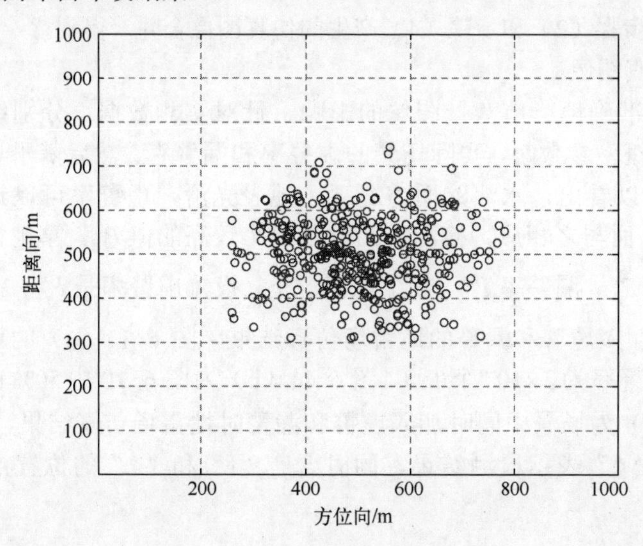

图 6-10　四个火箭弹布雷车集向布雷

4. 加入微物理过程的地雷场仿真

微物理过程可以理解探测手段和处理算法对理想雷场的影响。在本章中主要包括系统图像和检测算法的影响。

1）加入微物理过程——背景图像

在前两小节的仿真中，只考虑了理想条件下的布雷情况，没有加入环境对地雷的影响。SAR 对观测区域成像，场景复杂多样，检测过程中总存在虚警，使得场景中总有一些这样那样的杂波。而且受杂波的影响，场景中的目标检测率也会降低。针对这种情况，设置如下的情况进行仿真。

在上述条件下，可假设在整个场景中虚警的分布为均匀分布，且虚警概率是 P_f。加入图像的过程即为加入虚警的过程。同时，漏警在相同背景下也可认为是具有相似性，加入漏警的过程即可认为是采用均匀分布去掉一些目标。则加入背景图像影响的地雷场仿真流程为:

（1）在布雷条带的长宽分别计算场景的面积，通过面积 S 和事先确定的虚警率 P_f 相乘，得到场景中共有虚警数量 $S\times P_f$；

（2）分别在长宽方向均匀产生 $S\times P_f$ 个值，形成坐标 $(P_{fr}^i, P_{fx}^i), i=1,2,\cdots, S\times P_f$；

（3）在布雷条带的长宽分别计算场景的面积，通过面积 S 和事先确定的漏警率 $P_l=1-P_d$ 相乘，得到场景中共有虚警数量 $S\times P_l$;

（4）分别在长宽方向均匀产生 $S\times P_l$ 个值，去除这些值，则可得到漏警仿真图;

（5）将步骤（2）和步骤（4）产生的仿真图像合并，得到背景图像影响后的地雷场仿真图像。

为了较准确地给出背景图像的影响，针对实测数据，分别统计在设定 CFAR 虚警概率参数时，实际场景的虚警率和漏警率。然后基于这些参数进行仿真。可以看出，水泥路面情况下，地表光滑，虚警率可以设置成比较低的值 P_f^c。而与之相应，检测率应设置到比较高的值 P_l^c。草地情况下，设置虚警率是 P_f^g，漏警率 P_l^g。黏土地情况下，设置虚警率是 P_f^m，漏警率 P_l^m。图 6-11 为加入虚警和漏警的地雷场仿真结果。图 6-11（a）的场景中只有虚警，且虚警率为 3×10^{-4} 个/m^2。图 6-11（b）为图 6-10 中 50% 的漏警。而图 6-11（c）为场景中同时加入虚警和漏警时地雷场仿真结果，其中“◦”表示地雷，“*”表示检测结果，同时含有“◦”和“*”的位置点表示正确检出。

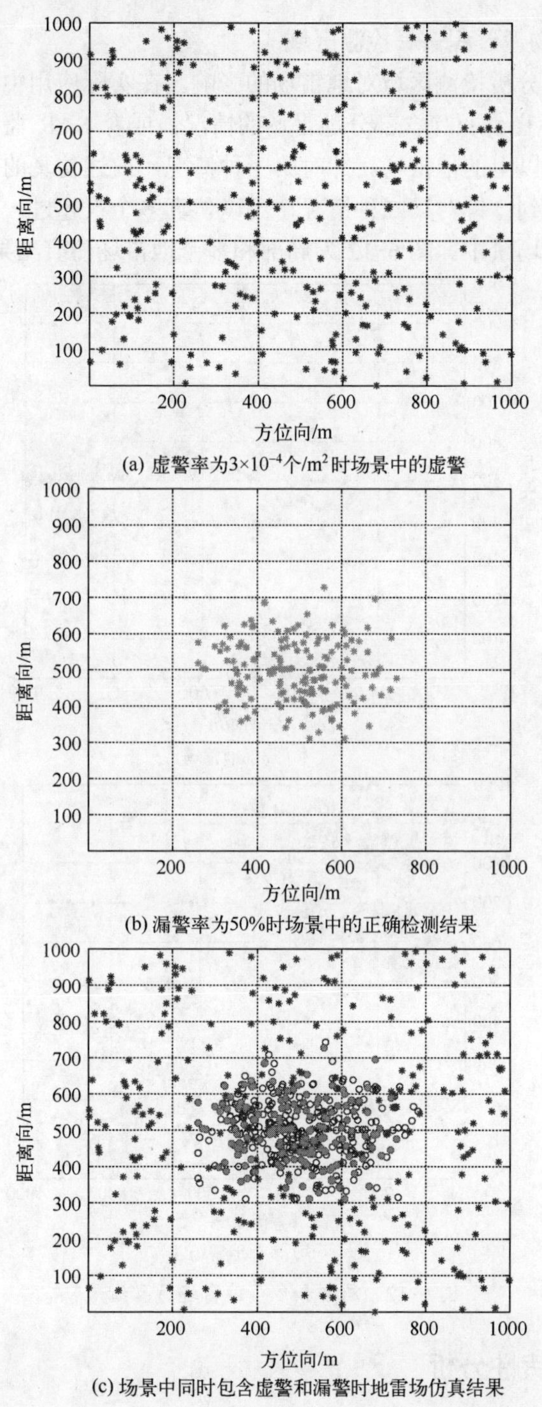

(a) 虚警率为3×10^{-4}个/m^2时场景中的虚警

(b) 漏警率为50%时场景中的正确检测结果

(c) 场景中同时包含虚警和漏警时地雷场仿真结果

图 6-11　加入虚警和漏警时地雷场仿真结果

2）加入微物理过程——检测区域

这种情况是分析检测区域对地雷场的影响。在实际应用中，常常存在以下两种状况：SAR 图像只包含部分地雷场的情况；或者 SAR 监视区域足够大，图像中包含一个以上的地雷场。针对第一种情况，前述仿真的地雷场直接截取一部分就可以得到；针对第二种情况，可以仿真多个（超过一个）的地雷场，将它们放在一个场景中。图 6-12 为局部和多个地雷场仿真结果。

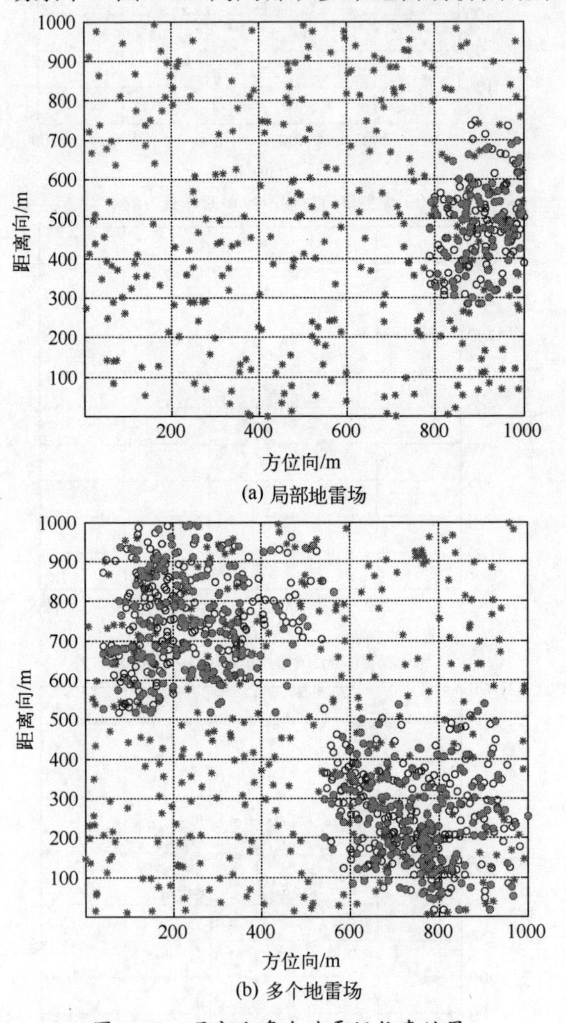

图 6-12 局部和多个地雷场仿真结果

6.2.3 统计特性分析

通过上节的仿真，可以得到多种情况的地雷场。本节根据上述仿真结果，进行与之对应的统计特性分析。地雷场分布特性需分两类情况进行研究。仿真时，首先考虑理想情况，场景中没有虚警和漏警。然而实际情况往往不同，复杂的环境、抛撒时地雷的自身损毁以及检测算法都会导致虚警和漏警的出现。本节在分析理想情况下地雷场分布特性的基础上进一步分析复杂情况下地雷场的分布情况，得到其分布特征以及数量和密度特征。

1. 理想情况

分布特性的分析方法一般有两种：一种为非参数分析法；另一种为参数分析法。非参数的方法常用于分布形式不确定的情况，而参数法则是由先验信息已知分布形式，求其参数的过程。参数分析法建立在典型分布的基础上，具有良好的拟合性能，可快速得到其均值、方差等统计量，便于快速实现。

泊松分布是一种典型的概率分布函数，在不相重叠的区间上的增量具有独立性[320-321]。在独立增量分析中有着广泛应用。可以看出，这种分布与杂波和地雷分布有着广泛的相似性。为此，本节采用泊松分布进行分析。在一个窗内，点出现的距离记为$P_1, P_2, \cdots, P_n$，依照假设这是一个强度为λ的泊松流，$\{N(t), t \geqslant 0\}$为相应的泊松过程，W_n是一个随机变量，表示第n个点出现的距离，W_n的概率密度为

$$f_{wn}(t)\frac{\mathrm{d}D_{wn}(t)}{\mathrm{d}t}=\begin{cases}\dfrac{\lambda(\lambda t)^{n-1}}{(n-1)!}\mathrm{e}^{-\lambda t}, t>0 \\ 0, 其他\end{cases} \tag{6-10}$$

就是说泊松流的等待距离W_n服从Γ分布，又记$T_i = W_i - W_{i-1}, i=1,2,\cdots$。它是一个随机变量，成为相继出现的第$i-1$个地雷与第$i$个地雷的点间间距，下面来求$T_i$的分布。由于$T_1 = W_1$，所以$T_1$服从指数分布，对于$i \geqslant 2$，先求第$i-1$个地雷出现在$P_{i-1}$的条件下，$T_i$的条件分布函数：

$$\begin{aligned}&F_{T_i|P_{i-1}}(t \mid t_{i-1}) = P\{T_i \leqslant t\} \\ &= P\{N(P_{i-1}+t) - N(P_{i-1}) \geqslant 1 \mid N(P_{i-1}) = i-1\} \\ &= 1-\mathrm{e}^{-\lambda t}, t>0\end{aligned} \tag{6-11}$$

从而知道相应的条件概率密度为

$$f_{T_{i-1}|P_{i-1}}(P \mid P_{i-1}) = \begin{cases}\lambda \mathrm{e}^{-\lambda P}, p>0 \\ 0, P<0\end{cases} \tag{6-12}$$

于是T_i与P_{i-1}的联合概率密度：

$$f(P \mid P_{i-1}) = \begin{cases}\lambda \mathrm{e}^{-\lambda P} f_{P_{i-1}}(P_{i-1}), P>0, P_{i-1}>0 \\ 0, 其他\end{cases} \tag{6-13}$$

将此表达式关于P_{i-1}积分，即得$T_i(i=2,3,\cdots)$的概率密度为

$$\int_0^{\infty} P\mathrm{e}^{-\lambda P} f_{P_{i-1}}(P_{i-1})\mathrm{d}P_{i-1} = \lambda \mathrm{e}^{-\lambda P}, P>0 \tag{6-14}$$

即

$$f_{T_{i-1}}(t) = \begin{cases} \lambda \mathrm{e}^{-\lambda P}, P>0, \\ 0, P \leqslant 0, \end{cases} \quad i=2,3,4,\cdots \tag{6-15}$$

如果任意相继出现的两个质点的点间距离是相互独立的，且服从同一个指数分布，则质点流构成了强度为λ的泊松过程。这告诉我们，要确定一个计数过程是不是泊松过程，只要判断点间距离是否符合同一个指数分布。因为地雷从空中抛撒下来并没有相互之间的影响，或者影响不大，所以它们是相互独立的个体。接下来是检验窗内点间距离是否符合参数为λ的指数分布。相比较而言，指数分布较直接判断泊松分布容易得多，可靠性也比较大。在实际统计过程中，由于强度λ和平均数存在如下关系：

$$\lambda = 1/\theta \tag{6-16}$$

其中，θ为平均数。因此可以通过地雷间距之间的样本平均数求得λ。然后利用λ可以构造一个指数分布，并与统计得到分布进行误差分析，得到 SSE 用于研究它们的逼近程度。图 6-13 为某实测场景中相继出现两个点之间距离的分布，其中拟合曲线为指数分布，而地雷的分布则为实测曲线。

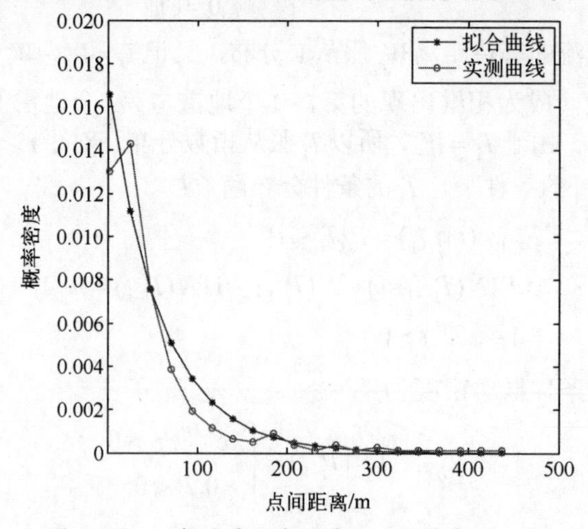

图 6-13 理想地雷场中地雷点之间距离的分布

为评估地雷场分布形式，首先仿真多个与图 6-10 所示地雷场参数相同的地雷场，然后分析实测曲线和拟合曲线的 SSE。表 6-1 给出其中 5 个地雷场的实际分布与指数分布拟合的 SEE。可以看出，仿真地雷场的分布与指数分布在定义域范围内存在偏离。但是，当仿真地雷场的参数一定时，拟合 SSE 比较固定，而且指数参数 λ 也较稳定。

表 6-1　仿真地雷场分布与指数分布拟合曲线间的 SSE

序号	SSE	λ
1	0.0012	0.0148
2	0.0010	0.0174
3	0.0013	0.0172
4	0.0012	0.0156
5	0.0011	0.0168

2. 复杂情况

与复杂场景的地雷场仿真类似，本节首先分析虚警和漏警对统计分布的影响，然后分析探测区域对统计特性的影响。

1）虚警和漏警的影响

使用指数分布对杂波或地雷点间距离分布进行拟合，并分四种情况讨论：①纯虚警情况；②纯地雷（存在漏警）的情况；③加入虚警且无漏警的情况；④加入虚警且有漏警的情况。

图 6-14 给出只有虚警情况下的点间距分布（虚警率为10^{-4}）。只有虚警时，其分布与指数分布曲线之间的 SSE 较小，可近似认为其分布满足指数分布，同时估计的 λ 参数值也较小，如表 6-2 所示，包括 5 组仿真虚警的统计结果。存在漏警的地雷场中地雷间隔分布如图 6-15 所示（漏警率为 0.3），表 6-3 给出了 5 组仿真地雷场（存在漏警）的统计结果。可以看出，存在漏警仿真地雷场的分布偏离指数分布，检测率越高，偏离程度也越高。

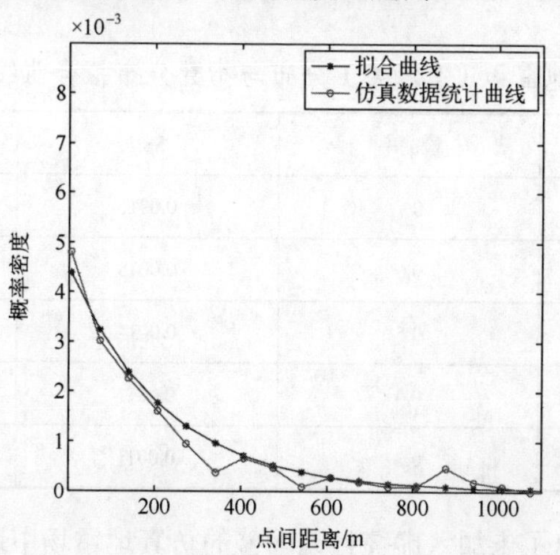

图 6-14　虚警中各点之间距离的分布（10^{-4}）

表 6-2 虚警分布与指数分布拟合曲线间的 SSE

序号	虚警率	SSE	λ
1	10^{-4}	2.08×10^{-4}	0.0041
2	2×10^{-4}	2.29×10^{-4}	0.0049
3	3×10^{-4}	2.38×10^{-4}	0.0057
4	4×10^{-4}	2.72×10^{-4}	0.0061
5	5×10^{-4}	3.28×10^{-4}	0.0053

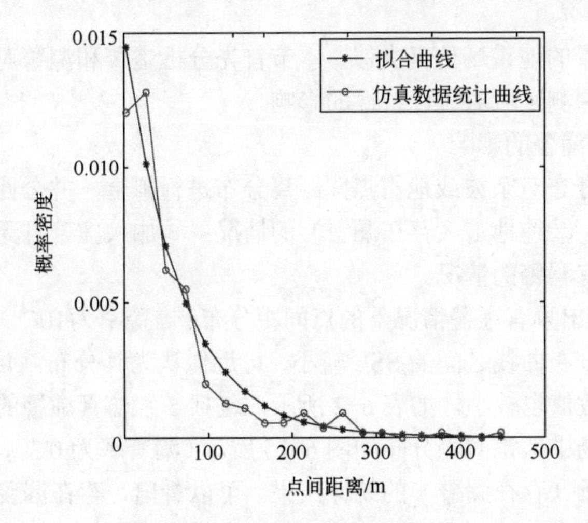

图 6-15 地雷场（漏警率为 0.3）中地雷点之间距离的分布

表 6-3 地雷场（有漏警）分布与指数分布拟合曲线间的 SSE

序号	检测率	SSE	λ
1	0.7	0.0016	0.0160
2	0.6	0.0015	0.0152
3	0.5	0.0014	0.0172
4	0.4	0.0011	0.0127
5	0.3	0.0011	0.0134

图 6-16 给出了未加入虚警且无漏警的仿真地雷场中地雷间隔分布图，

表 6-4 给出了 5 组仿真地雷场（加入虚警10^{-4} 、无漏警）中地雷间隔分布与指数分布拟合的 SSE。随着虚警的增加，受其影响越大，与指数分布也越接近，偏离程度也越小。同时，λ 值也越小。

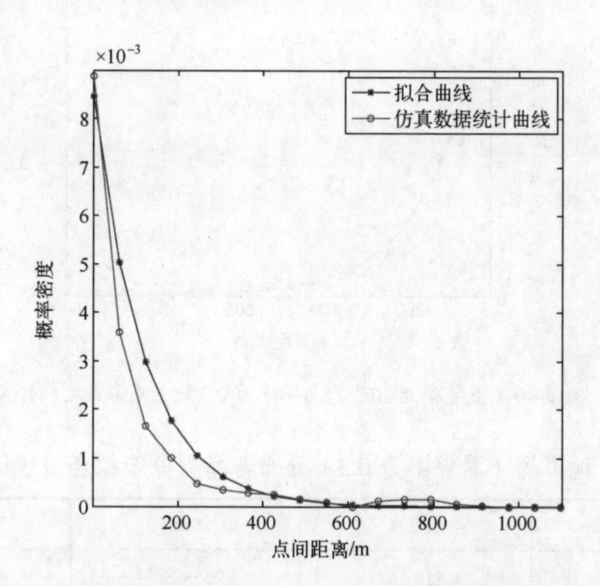

图 6-16　地雷场（虚警率为10^{-4} 、无漏警）中地雷点之间距离的分布

表 6-4　地雷场（有虚警、无漏警）分布与指数分布拟合曲线间的 SSE

序号	虚警率	SSE	λ
1	10^{-4}	6.25×10^{-4}	0.0093
2	2×10^{-4}	5.15×10^{-4}	0.0088
3	3×10^{-4}	4.61×10^{-4}	0.0085
4	4×10^{-4}	4.59×10^{-4}	0.0083
5	5×10^{-4}	3.83×10^{-4}	0.0076

图 6-17 给出了未加入虚警（虚警率为10^{-4} ）且存在漏警（漏警率为 0.3）的仿真地雷场中地雷间隔分布图，表 6-5 给出了 5 组仿真地雷场（漏警率为 0.3）中地雷间隔分布与指数分布拟合曲线间的 SSE。与表 6-3 比较可知，随着虚警的增加，受其影响越大，与指数分布也越接近，偏离程度也越小。由于地雷场的存在，λ 值也比只存在虚警的情况大。

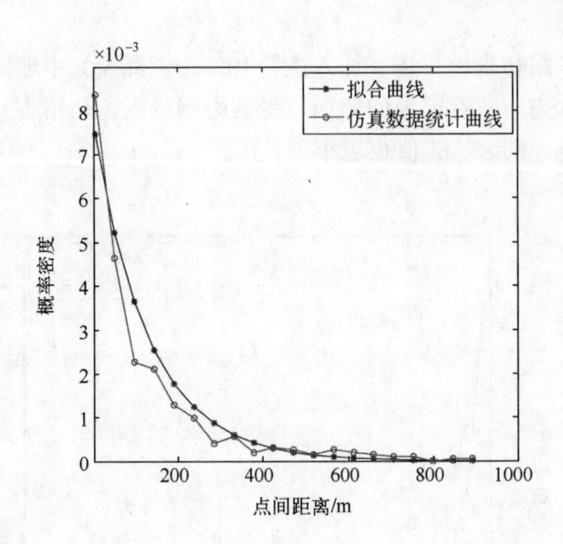

图 6-17 地雷场（虚警率为10^{-4}、漏警率为 0.3）中地雷点之间距离的分布

表 6-5 地雷场（漏警率为 0.3）分布与指数分布拟合曲线间的 SSE

序号	虚警率	SSE	λ
1	10^{-4}	5.55×10^{-4}	0.0084
2	2×10^{-4}	4.38×10^{-4}	0.0078
3	3×10^{-4}	3.36×10^{-4}	0.0075
4	4×10^{-4}	3.22×10^{-4}	0.0075
5	5×10^{-4}	3.19×10^{-4}	0.0076

通过对四种情况的仿真，统计它们对应场景中点间隔分布，并与相应指数分布比较可知：①纯虚警场景分布最接近指数分布，统计曲线和拟合曲线之间的 SSE 最小。②纯漏警场景分布与理想地雷场分布相似，但与指数分布存在偏离。且可以看出漏警率较高，虽然 SSE 变化不明显，但有变小的趋势，同时这种情况下指数分布的参数λ值也大。③有虚警无漏警场景分布情况下，随着虚警率的增加，其统计曲线与指数拟合曲线间的 SSE 也减小，而λ较大。④有虚警有漏警场景的分布情况下，随虚警率的增加，SSE 减小，而λ较大，但较之有虚警无漏警情况下则小。

由上述总结可知，不同情况对应的拟合 SSE 不同，λ值也不同，故能够通过它们进行地雷场鉴别，实现标定。同时，当虚警越低、漏警越小时，地雷场与虚警的分离程度越大，对地雷场鉴别越有利。

2）探测区域的影响

这里分析探测区域对地雷场分布的影响。为了更加切合实际，研究的场景中既包含虚警（虚警率为10^{-4}），也包含漏警（漏警率为 0.3）的地雷场。图 6-18 给出了局部地雷场中地雷点之间的距离分布，表 6-6 给出了 5 组地雷场（漏警率为 0.3）中地雷间隔分布与指数分布拟合曲线间的 SSE。由于统计的场景面积未变，地雷数目减少而虚警未变，相较于表 6-5，分布更接近于指数分布。因此，在地雷场提取过程中，先进行疑似地雷场提取，减小统计范围，提高地雷场分离度。

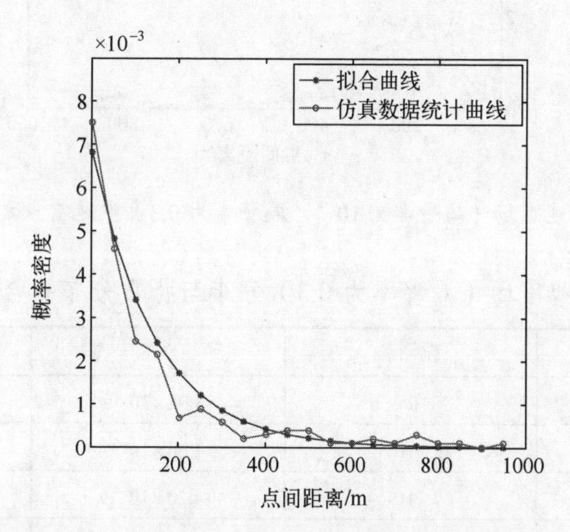

图 6-18　局部地雷场（虚警率为10^{-4}、漏警率为 0.3）中地雷点之间距离的分布

表 6-6　局部地雷场（漏警率为 0.3）分布与指数分布拟合曲线间的 SSE

序号	虚警率	SSE	λ
1	10^{-4}	4.87×10^{-4}	0.0080
2	2×10^{-4}	3.91×10^{-4}	0.0075
3	3×10^{-4}	3.52×10^{-4}	0.0074
4	4×10^{-4}	3.13×10^{-4}	0.0071
5	5×10^{-4}	2.96×10^{-4}	0.0071

图 6-19 给出了两个地雷场中地雷点之间的距离分布，虚警率为10^{-4}，漏警率为 0.3。表 6-7 给出了 5 组场景中两个地雷场（漏警率为 0.3）的地雷间隔分布与指数分布拟合曲线间的 SSE。由于统计的场景面积未变，地雷数目增加而虚警数目量级未变，相较于表 6-5，分布偏离指数分布更多，更容易被鉴别。

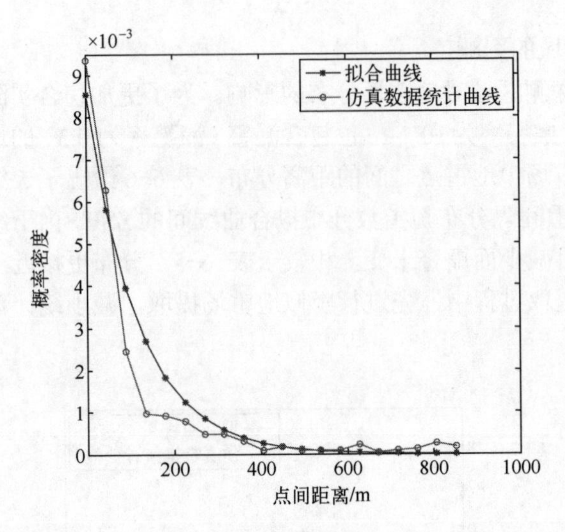

图 6-19 两个地雷场（虚警率为10^{-4}、漏警率为 0.3）中地雷点之间距离的分布

表 6-7 两个地雷场（漏警率为 0.3）分布与指数分布拟合曲线间的 SSE

序号	虚警率	SSE	λ
1	10^{-4}	5.94×10^{-4}	0.0086
2	2×10^{-4}	4.66×10^{-4}	0.0081
3	3×10^{-4}	4.20×10^{-4}	0.0075
4	4×10^{-4}	3.92×10^{-4}	0.0078
5	5×10^{-4}	3.53×10^{-4}	0.0079

6.3 地雷场鉴别及边界标定

通过疑似地雷场提取和仿真地雷场中统计特性分析，地雷场威胁程度评估的条件已经成熟。本节研究的重点是如何根据地雷场的分布结构，将这些地雷进行分类。同时，根据地雷场的边缘地雷，对其进行标定。在地雷场标定过程中，边缘地雷的选择至关重要，它决定了地雷场的标定精度，本章根据斜率等特征提取边缘地雷，能够实现地雷场的凸多边形标定。

6.3.1 疑似地雷场鉴别

在实际地雷场提取过程中，要综合考虑地雷场中的地雷数量和分布，以便对疑似地雷场进行分类。本节将首先给出疑似地雷场的分类流程，然后在此基础上分别对其中各步进行详细介绍。

1. 疑似地雷场鉴别流程

地雷场判定和标定是系统的最终目的和落脚点，其实现方法是该系统的关键技术之一。根据点集目标分类流程，疑似地雷场鉴别包括基于地雷数量的地雷场判定、规则地雷场判定、抛撒地雷场分类、威胁程度评估和边界标定五个部分，如图 6-20 所示。

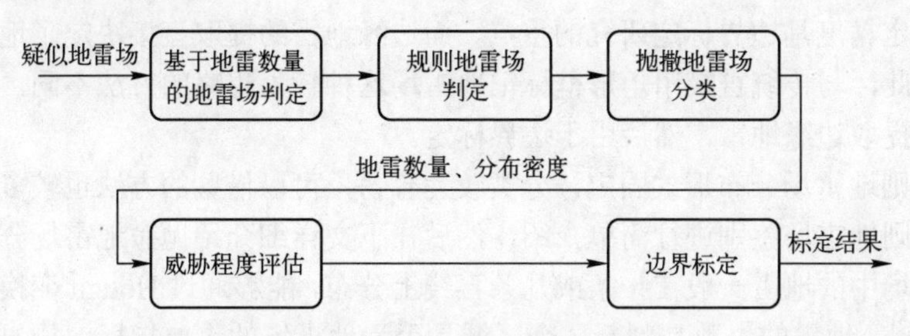

图 6-20　疑似地雷场鉴别流程图

疑似地雷场中地雷的数目存在随机性，考虑到数量较少的地雷难以阻碍大量部队行进，威胁程度较低，因此本节先将这些地雷去除，只对地雷数量较多的疑似地雷场进行处理。图 6-21 为图 6-4 去除含地雷数目较少疑似地雷场的结果图。

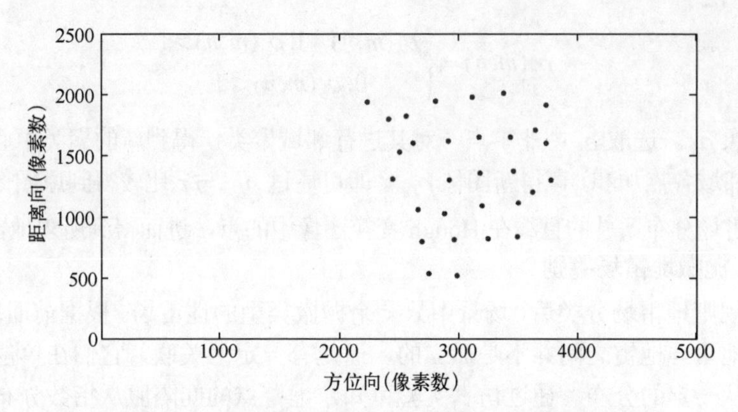

图 6-21　去除地雷数目较少疑似地雷场后的结果图

根据不同的地雷布设手段，地雷场划分为两类：一类是由人工机械布设的规则地雷场；另一类是飞机抛撒或火箭弹布设的随机地雷场。针对不同类型的地雷场，系统采用不同的地雷场检测算法。由于规则地雷场分布形式有迹可循，一般为线性结构，所以先判断点集目标是否为规则地雷场[322-323]。

抛撒地雷场是地雷布设的常见形式，也是点集目标检测研究的重点[321,324]。本章在规则地雷场判定后分析抛撒地雷场的分类，提取抛撒地雷场的密度、分布形式等信息，用于后续地雷场威胁程度评估。

在疑似点集目标筛选后，场景中存在的每个点目标都对部队行进造成潜在威胁。但是相对于孤立的点，密度大、分布范围广的地雷场更具有威胁性，因此这里根据密度和分布范围建立威胁程度评估方法，以在图像中更加方便人工判读，提高效率。

标定精度是边界标定研究的重点，而边缘地雷的提取直接决定了地雷场边界。因此，与传统直接用矩形框标记地雷场这种较为粗略的方法不同，这里基于斜率提取边缘地雷，然后用于边界标定。

规则地雷场分布形式固定，分类较为容易，可以借鉴的方法也较多。这里先对规则地雷场鉴别进行简单介绍，然后在下文详细介绍抛撒地雷场分类。规则地雷场中的地雷一般在一条或几条直线上分布，能够通过 Hough 变换进行检测[325-327]。地雷的个数是判断一个区域是否为地雷场的重要指标，如果直线上至少存在τ个地雷，则判定该区域为地雷场。下文为表述方便，设地雷检测后聚类图像为B_o，是由$\{0,1\}$构成的二值图像，其中1表示地雷目标，0表示无目标。考虑到原图像中噪声以及布设误差的影响，地雷应近似分布在直线上，因此不能直接在 Hough 变换后的图像中寻找像素值超过τ的点。图像ρ_o为B_o经 Hough 变换得到，(m,n)为其中任意一点，对该点进行如下处理：

$$\rho_b(m,n)=\begin{cases}\rho_o(m,n)-1,\rho_o(m,n)>1\\ 0,\rho_o(m,n)\leqslant 1\end{cases} \tag{6-17}$$

得到图像ρ_b。选取ρ_b中非零点，对其进行邻域聚类，得到新的聚类中心，并设其值为邻域各点加和，可得新图像ρ_{bd}。即可通过ρ_{bd}与τ比较得到原图像中满足规则地雷场分布条件的直线在 Hough 变换图像中的点，进而得到所求地雷场。

2. 抛撒地雷场鉴别

在规则地雷场分类后，场景中只剩余抛撒类型的地雷场。根据前面所说的，真实的地雷与地雷之间并不是孤立的，而是有一定的关联，它们在单位面积内出现服从一定的分布。通过仿真实验可知，虚警点的间隔服从指数分布，而地雷场的分布则有所偏离，但形态固定，并且对应的λ值也大。所以虽然表面看来一幅图像由杂乱的点构成，但其分布可以表示成两个部分。有了这种认识，只要抓住地雷场的分布规律，排除背景杂波的干扰，利用相关的数学分析，就完全可能实现疑似地雷场的判定。

指数拟合误差 SSE 和参数λ是描述地雷场和虚警两个重要的特征。抛撒地雷场分类的关键在于如何利用这两个特征。图 6-22 给出了抛撒地雷场鉴别流程图，其鉴别过程分为训练阶段和测试阶段两个部分。

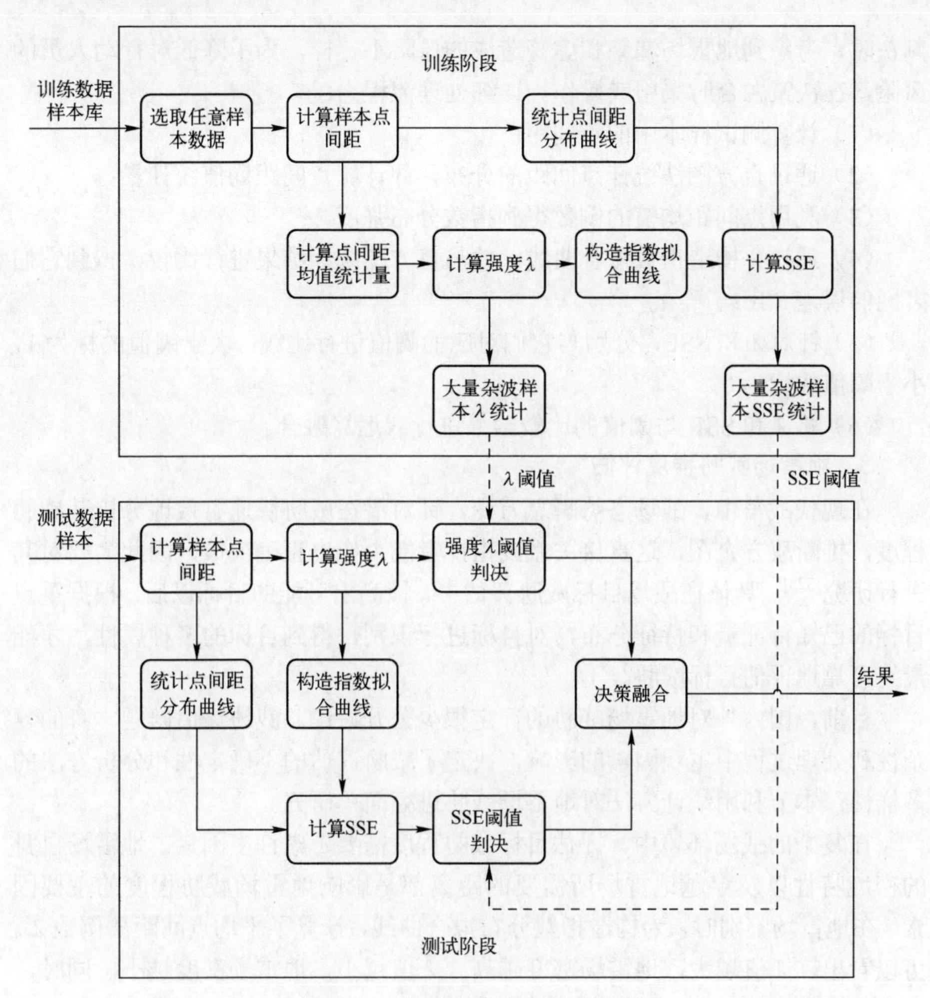

图 6-22　抛撒地雷场鉴别流程图

根据仿真地雷场统计特性分析结果，训练阶段的基本思路是通过样本统计拟合误差 SSE 和参数 λ 分布，并设定阈值。详细处理流程为：

（1）遍历训练样本库中的虚警样本，针对每一样本计算其中点间距；

（2）通过直方图法统计点间距的分布，并计算点间距均值统计量；

（3）利用点间距均值的倒数得到指数分布强度 λ；

（4）通过 λ 构造指数拟合曲线，并与直方图统计结果进行比较，得到它们之间的误差 SSE；

（5）统计多个样本 λ 和 SSE 分布，并根据检测率分别设定阈值。

测试阶段的基本思路是首先获得拟合误差 SSE 和参数 λ，然后与训练阶段生成的阈值比较，并将得到结果进行融合判决，获得地雷场鉴别结果。在融合判决时，考虑到地雷场漏警和虚警造成的风险不一样，为了降低对行动人员的风险，在决策融合时采用或操作。详细处理流程为：

（1）计算测试样本中的点间距；

（2）通过直方图法统计点间距的分布，并计算点间距均值统计量；

（3）利用点间距均值的倒数得到指数分布强度λ；

（4）通过λ构造指数拟合曲线，并与直方图统计结果进行比较，得到它们之间的误差SSE；

（5）针对λ和SSE，分别与它们对应的阈值进行比较，大于阈值的标为1，小于阈值的标为0；

（6）将λ和SSE与阈值的比较结果进行或运算融合。

3. 地雷场威胁程度评估

在现代战争中，战场态势瞬息万变，针对潜在威胁快速有效地分析其威胁程度，推断敌方企图，这直接关系到指挥者能否作出正确决策，因此需要对其进行研究[328]。具体在战场目标威胁评估中，检测出可能的目标以后，根据重点目标的已知特征量和特征分布，对目标进行识别，得到目标的多种属性，才能最终可靠地评估目标威胁。

目前，国内外对地雷场威胁的评定很少公开讨论。威胁评估问题本身的复杂性和处理过程中主观因素的影响，决定了威胁评估的不确定性和分析方法的多样性。本节利用统计方法对地雷场威胁进行简单研究。

在复杂的战场环境中，评估目标威胁程度需要考虑许多因素。地雷场自身的密度特性以及穿越地雷场所需要的距离都是影响地雷场威胁程度的主要因素。在地雷场鉴别时，为构造指数分布拟合曲线，计算了平均点间距离倒数λ。可以看出，λ值越大，地雷场密度越高；λ值越小，地雷场密度越小。同时，考虑到穿越地雷场所需要的距离由战场指挥员指定的路线决定，具有一定的主观性。为此，采用当前位置和目的地所在直线穿越地雷场的直线长度L_t代替。则地雷场威胁度方程可以定义为

$$\mathrm{SMF}_{\mathrm{cas}} = N_a \times \lambda \times L_t \tag{6-18}$$

其中，N_a为地雷场中能有效引爆地雷所占的概率。由式（6-18）可知，$\mathrm{SMF}_{\mathrm{cas}}$值越大，地雷场的威胁程度越高，反之则越小。可以看出，该指标能够有效表示地雷场的威胁程度。

6.3.2 边界标定

1. 边缘地雷提取

一个地雷场中的边缘地雷定义为以其为顶点所形成的凸多边形应包含所

有该地雷场中的布设地雷。根据边缘地雷的定义，设计边缘地雷搜索算法。设场景中疑似地雷场中的地雷 $S(r_j,x_j),(j=1,2,\cdots,N)$。其中 N 为地雷数，r_j、x_j 分别为其距离向和方位向坐标。

（1）将地雷在图像中逐行扫描进行排序。

（2）遍历地雷，计算该地雷与其他地雷之间的斜率，形成象限矩阵 $\boldsymbol{\alpha}$ 以及斜率绝对值矩阵 $\boldsymbol{\beta}$。象限矩阵是由 $S_r^k-S_r^j$ 和 $S_x^k-S_x^j$ 的符号决定，表达为

$$\boldsymbol{\alpha}_{jk}=\begin{cases}4, S_r^k-S_r^j>0, S_x^k-S_x^j>0\\3, S_r^k-S_r^j>0, S_x^k-S_x^j<0\\2, S_r^k-S_r^j<0, S_x^k-S_x^j<0\\1, S_r^k-S_r^j<0, S_x^k-S_x^j>0\\5, S_r^k-S_r^j=0, S_x^k-S_x^j>0\\6, S_r^k-S_r^j>0, S_x^k-S_x^j=0\\7, S_r^k-S_r^j=0, S_x^k-S_x^j<0\\8, S_r^k-S_r^j<0, S_x^k-S_x^j=0\\9, S_r^k-S_r^j=0, S_x^k-S_x^j=0\end{cases}\tag{6-19}$$

（3）考虑目标的象限矩阵已能反映地雷之间方向关系，只需要斜率的绝对值就可以获得表达地雷之间的位置关系。因此，形成斜率绝对值矩阵，表示为

$$\boldsymbol{\beta}_{jk}=\begin{cases}\left|\dfrac{S_r^k-S_r^j}{S_x^k-S_x^j}\right|, S_r^k-S_r^j>0, S_x^k-S_x^j>0\\\left|\dfrac{S_r^k-S_r^j}{S_x^k-S_x^j}\right|, S_r^k-S_r^j>0, S_x^k-S_x^j<0\\\left|\dfrac{S_r^k-S_r^j}{S_x^k-S_x^j}\right|, S_r^k-S_r^j<0, S_x^k-S_x^j<0\\\left|\dfrac{S_r^k-S_r^j}{S_x^k-S_x^j}\right|, S_r^k-S_r^j<0, S_x^k-S_x^j>0\\\left|S_x^k-S_x^j\right|, S_r^k-S_r^j=0, S_x^k-S_x^j>0\\\left|S_r^k-S_r^j\right|, S_r^k-S_r^j>0, S_x^k-S_x^j=0\\\left|S_x^k-S_x^j\right|, S_r^k-S_r^j=0, S_x^k-S_x^j<0\\\left|S_r^k-S_r^j\right|, S_r^k-S_r^j<0, S_x^k-S_x^j=0\\0, \quad S_r^k-S_r^j=0, S_x^k-S_x^j=0\end{cases}\tag{6-20}$$

（4）以距离向最小的地雷为起点 M_0^1，在 1 象限及 x 正半轴中寻找与它相接的斜率最小的地雷点 M_1^1，依此循环，直到找到 M_{ai}^1，斜率由大变小。

（5）以 M_{ai}^1 为中心，初始为 M_0^4，在 4 象限及 r 负半轴中寻找斜率绝对值最大的地雷点 M_1^4，如此循环，直到选到距离向最大的地雷点 M_{bi}^4。

（6）以 M_{bi}^4 为中心，初始为 M_0^3，在 3 象限及 x 负半轴中寻找斜率绝对值最小的地雷点 M_1^3，如此循环，直到找到 M_{ci}^3，斜率由大变小。

（7）以 M_{ci}^3 为中心，初始为 M_0^2，在 2 象限及 r 正半轴中寻找斜率绝对值最大的地雷点 M_1^2，如此循环，直到选到距离向最小的地雷点 M_0^1。

（8）将上述的边界排列形成边缘点集合。

图 6-23 给出了图 6-21 所示地雷场的边缘地雷，其中边缘地雷由圆圈标示出来。可以看出，算法能够实现定义的地雷场边缘地雷，为边界标定奠定基础。

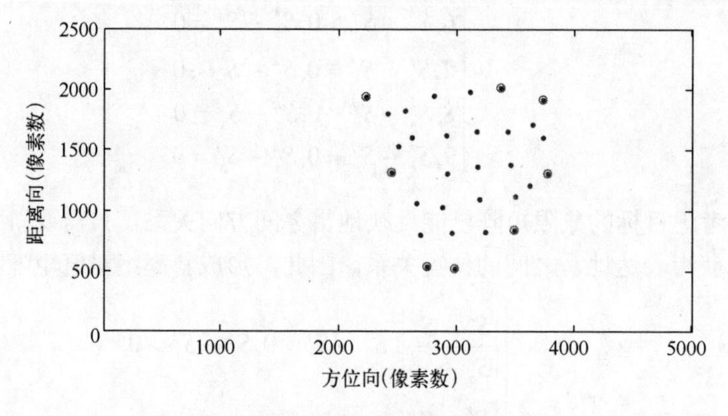

图 6-23 提取的边缘地雷

2. 基于边缘地雷的边界标定

标定精度是地雷场标定算法好坏的重要指标。地雷到标定边界的距离定义为地雷与标定边界上任意直线边之间距离的最小值。地雷场边界标定精度为该地雷场最外侧的地雷与标定边界的距离的平均值。

地雷场标定是将检测出的地雷场在图像中标示出来。具体流程为：

（1）寻找边缘地雷；

（2）联合计算边缘地雷的中心；

（3）通过中心和边缘地雷的连线进行等间距的扩展或等比例的扩展。

一般情况下，考虑到安全方面的原因，标定的地雷场区域是实际检测得到的地雷场的扩展，较其面积更大。图 6-24 给出了标示示意图，首先通过 7 个边缘地雷确定了地雷场中心，然后在中心和边缘地雷的延长线上等比例向外扩展边缘，并用虚线连接确定地雷场边界。图 6-25 给出了图 6-21 所示地雷场实际的标定结果，其中整个地雷场用灰色显示。本章算法能够对雷场边界进行有效的标定。

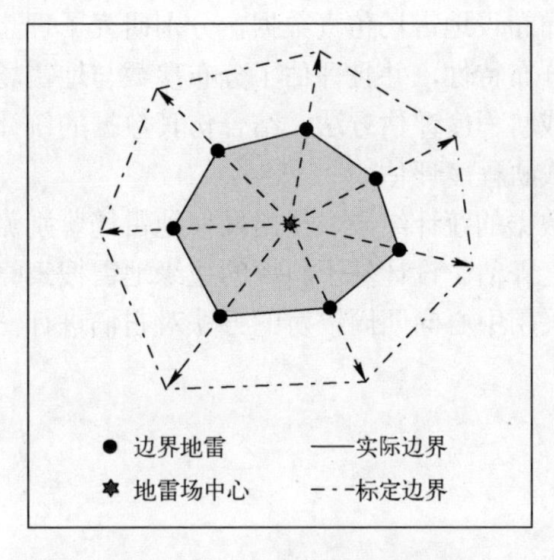

图 6-24　地雷场标定示意图

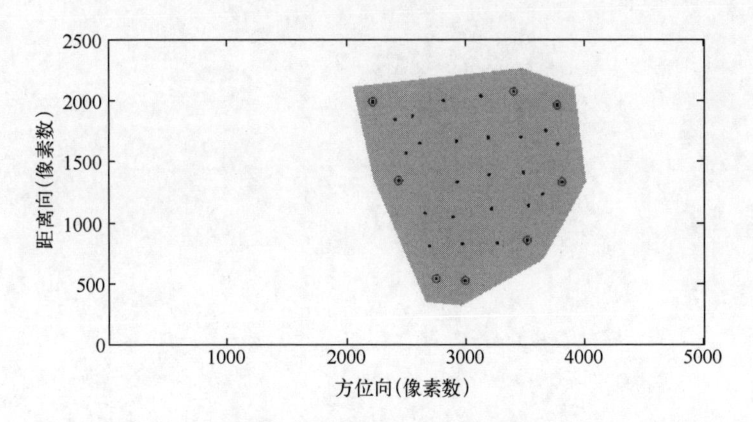

图 6-25　地雷场实际标定结果图

6.4　本章小结

本章研究地雷场提取和标定，主要内容和结论有：

（1）设计了吸引子点目标鉴别和分层聚类算法相结合的地雷场的预筛选算法，有效解决地雷场与观测方向不垂直或不平行带来的地雷场一角缺失等造成的影响。

（2）由于火箭弹布雷在现代战争中有着广泛的应用，本章针对其进行地雷场的仿真研究，首先仿真理想情况，然后仿真背景图像、检测算法等引起虚警和漏警时的地雷场。

（3）针对火箭弹布设地雷场仿真数据，分别研究了理想地雷场和存在虚警和漏警时地雷场的分布特性，并且评估了分布参数与地雷场的关系。提出疑似地雷场鉴别流程和威胁程度评估方法，结合仿真数据的统计结果，实现了对地雷场的有效鉴别和威胁程度评估。

（4）结合仿真数据的统计结果，提出疑似地雷场鉴别流程，并利用相应的参数实现其威胁程度评估。设计基于斜率的边缘地雷搜索算法，通过其提取雷场的边缘地雷，并采用中心向四周辐射的方法对它们进行一定裕量的扩展，得到地雷场的边界。

参 考 文 献

[1] Hojat A. A review of the last decade of ground penetrating radar contribution to the marble quarrying industry (Invited Talk)[C]//5th Asia Pacific Meeting on Near Surface Geoscience and Engineering. Taiwan, China: IEEE, 2023: 1-5.

[2] Casademont T M, Eide S, Shoemaker E S, et al. Rimfax ground penetrating radar reveals dielectric permittivity and eock density of shallow martian subsurface[J]. Journal of Geophysical Research: Planets, 2023, 128(5): 224-257.

[3] Monika, Govil H, Guha S. Underground mine deformation monitoring using synthetic aperture radar technique: a case study of Rajgamar coal mine of Korba Chhattisgarh, India[J]. Journal of Applied Geophysics, 2023, 209(2): 54-68.

[4] Trang A, Agarwal S, Regalia P, et al. A patterned and un-patterned minefield detection in cluttered environments using Markov marked point process[J]. Proceedings of SPIE-The International Society for Optical Engineering, 2007, 6553(1): 15-27.

[5] Burr R, Schartel M, Mayer W, et al. Uav-Based polarimetric synthetic aperture radar for mine detection[C]// IGARSS 2019-2019 IEEE International Geoscience and Remote Sensing Symposium. Yokohama, Japan: IEEE, 2019: 9208-9211.

[6] Cerquera M R P, Montaño J D C, Mondragón I, et al. UAV for landmine detection using SDR-based GPR technology[J]. Robots Operating in Hazardous Environments, 2017, 26-55(4): 118-130.

[7] Happ L, Le F, Ressler M A, et al. Low-frequency ultrawideband synthetic aperture radar: frequency subbanding for targets obscured by the ground[J]. Robots Operating in Hazardous Environments, 1996, 2747(1): 194-201.

[8] Wong D C, Ressler M A, Ton T T, et al. UWB SAR calibration of mine imagery[J]. Proceedings of SPIE-The International Society for Optical Engineering, 1999, 3704(2): 57-65.

[9] Hill A J, Crisp G, Ratcliffe J. The development of a motion-compensated, vehicle mounted, ultrawideband radar for buried landmine detection[C]//2006 European Radar Conference. Manchester, UK: IEEE, 2006: 265-268.

[10] Bradley M R, Witten T R, Mccummins R, et al. Mine detection with a ground-penetrating synthetic aperture radar[J]. Proceedings of SPIE-The International Society for Optical Engineering, 2000, 24(24): 141-142.

[11] Bradley M R, Witten T R, Duncan M, et al. Anti-tank and side-attack mine detection with a forward-looking GPR[J]. Proceedings of SPIE-The International Society for Optical Engineering, 2004, 5415(1): 421-432.

[12] Bradley M R, Witten T R, Duncan M, et al. Mine detection with a forward-looking ground-penetrating synthetic aperture radar[C]//Detection and Remediation Technologies for Mines and Minelike Targets Ⅷ. Orlando, FL, United States: IEEE, 2002: 334-347.

[13] Rosen E M, Rotondo F S, Ayers E. Testing and evaluation of forward-looking GPR countermine systems[J]. Proceedings of SPIE-The International Society for Optical Engineering, 2005, 5794(1): 901-911.

[14] Kositsky J, Amaz Ee N C A. Results from a forward-looking GPR mine detection system[C]//Detection and Remediation Technologies for Mines and Minelike Targets VI. Orlando, FL, United States: IEEE, 2001: 231-243.

[15] Sun Y J, Jian L. Plastic landmine detection using time-frequency analysis for forward-looking ground-penetrating radar[J]. IEE Proceedings-Radar Sonar and Navigation, 2003, 150(4): 253-261.

[16] Cosgrove R B, Milanfar P, Kositsky J. Trained detection of buried mines in SAR images via the deflection optimal criterion[J]. IEEE Transactions on Geoscience and Remote Sensing, 2004, 42(11): 2569-2575.

[17] Natroshvili K, Loffeld O, Nies H, et al. Focusing of general bistatic SAR configuration data With 2-D inverse scaled FFT[J]. IEEE Transactions on Geoscience and Remote Sensing, 2006, 44(10): 2718-2727.

[18] Carin L, Geng N, Mcclure M, et al. Wide-area detection of land mines and unexploded ordnance[J]. Inverse Problems, 2002, 18(3): 575-609.

[19] Happ L, Kappra K A, Ressler M A, et al. Low-frequency ultra-wideband synthetic aperture radar 1995 BoomSAR tests[C]//Proceedings of the 1996 IEEE National Radar Conference. Ann Arbor, MI, USA: IEEE, 1996: 54-58.

[20] Carin L, Geng N, McClure M, et al. Ultra-wide-band synthetic-aperture radar for mine-field detection[J]. IEEE Antennas and Wireless Propagation Magazine, 1999, 1(42): 18-33.

[21] Delmote P, Dubois C, Andrieu J, et al. The UWB SAR system pulsar: new generator and antenna developments[C]//Passive Millimeter-Wave Imaging Technology VI and Radar Sensor Technology VII. Orlando, Florida, United States: Proceedings of SPIE, 2003: 223-234.

[22] Harms J, Puyoulascassies P, Cook R, et al. PULSAR: a new tool for SAR image classification and understanding [C]//Synthetic Aperture Radar & Passive Microwave Sensing. Paris, France: Proceedings of SPIE, 1995: 82-86.

[23] Ressler M A, Merchant B L, Wong D C, et al. Calibration of the ARL boomSAR using rigorous scattering models for fiducial targets over ground[J]. Proceedings of SPIE-The International Society for Optical Engineering, 1999, 3704(1): 50-56.

[24] Showman G A, Mcclellan J H. Blind polarimetric calibration of ultra-wideband SAR imagery[J]. Proceedings of the SPIE-The International Society for Optical Engineering, 2000, 4033(8): 102-113.

[25] Kaplan L M. Multiresolution target discrimination during image formation[J]. Proceedings of SPIE-The International Society for Optical Engineering, 2000, 4053(1): 239-250.

[26] Borderies P, F Lemaitre, Ling C T, et al. A special operation mode of boomSAR in application to foliage penetration imaging[C]//International Conference on Radar. Shanghai, China: IEEE, 2006: 451-456.

[27] Nguyen L H, Wong D C, Stanton B, et al. Forward imaging for obstacle avoidance using ultrawideband synthetic aperture radar[J]. Proceedings of SPIE-The International Society for Optical Engineering, 2003, 5083(4): 519-528.

[28] 徐玉清, 吴桑. 机载雷场侦察技术的发展[J]. 工兵装备研究, 2005, 024(5): 4-9.

[29] Vickers R S. Design and applications of airborne radars in the VHF/UHF band[J]. IEEE Aerospace and Electronic Systems, 2002, 17(6): 26-29.

[30] Porter L J, Rotondo F S, Bennett H H. Assessment of the remote minefield detection system (REMIDS)[J]. Communications and Computers, 1998, 3421(6): 561-570.

[31] Mike K. It's a Bird, It's a Plane—It's the mineseeker airborne mine detector[J]. Journal of Conventional Weapons Destruction, 2003, 7(3): 45-60.

[32] Clark W W, Burns B, Dorff G, et al. Wideband radar for airborne minefield detection[J]. Proceedings of SPIE-The International Society for Optical Engineering, 2006, 6217(4): 501-513.

[33] Moussally G, Breiter K, James R. Wide-area landmine survey and detection system[C]//Ground Penetrating Radar 2004. Delft, The Netherlands: IEEE, 2004: 693-696.

[34] Schartel M, Burr R, Mayer W, et al. UAV-Based ground penetrating synthetic aperture radar[C]//2018 IEEE MTT-S International Conference on Microwaves for Intelligent Mobility (ICMIM). Munich, Germany: IEEE, 2018: 1-4.

[35] Garcia-Fernandez M, et al. Recent advances in high-resolution ground penetrating radar on board an unmanned aerial vehicle[C]//13th European Conference on Antennas and Propagation (EuCAP). Krakow, Poland: IEEE, 2019: 1-4.

[36] Colorado J, Perez M, Mondragon I, et al. An integrated aerial system for landmine detection: SDR-based ground penetrating Radar onboard an autonomous drone[J]. Advanced Robotics, 2017, 31(15): 791-808.

[37] Garcia-Fernandez M, Lopez Y, Arboleya A, et al. Synthetic aperture radar imaging system for landmine detection using a ground penetrating radar on board a unmanned aerial vehicle[J]. IEEE Access, 2018, 6: 45100-45112.

[38] Garcia-Fernandez M, Morgenthaler A, Alvarez-Lopez Y, et al. Bistatic landmine and IED detection combining vehicle and drone mounted GPR sensors[J]. Remote Sensing, 2019, 11(19): 2299-2313.

[39] 王顺华. 机载大处理角 UWB-SAR 成像理论及算法研究[D]. 长沙：国防科学技术大学, 1998.

[40] 董臻. UWB-SAR 信息处理中的若干问题研究[D]. 长沙：国防科学技术大学, 2001.

[41] 刘光平. 超宽带合成孔径雷达高效成像算法[D]. 长沙：国防科学技术大学, 2003.

[42] Soumekh M. Reconnaissance with ultra wideband UHF synthetic aperture radar[J]. IEEE Signal Processing Magazine, 1995, 12(4): 21-40.

[43] Novak L M, Halversen S D, Owirka G, et al. Effects of polarization and resolution on SAR ATR[J]. IEEE Transactions on Aerospace and Electronic Systems, 1997, 33(1): 102-116.

[44] Eaves J L, Reedy E K. Principles of modern radar[M]. New York: SciTech Publishing, 1987.

[45] Fortuny-Guasch J. A novel 3-D subsurface radar imaging technique[J]. IEEE Transactions on Geoscience and Remote Sensing, 2002, 40(2): 443-452.

[46] Groenenboom J, Yarovoy A G. Data processing for a land-mine-detection-dedicated GPR[C]//Eighth International Conference on Ground Penetrating Radar. Gold Coast, Australia: Proceedings of SPIE, 2000: 867-871.

[47] Milisavljevic N, Yarovoy A G. An effective algorithm for subsurface SAR imaging[C]//IEEE Antennas and Propagation Society International Symposium. San Antonio, TX, USA: IEEE, 2002: 314-317.

[48] Cai L, Walton E. SAR imaging through complex media[C]//21st annual meeting and symposium of antenna measurement techniques association. Monterey Bay, California: IEEE, 1999: 131-134.

[49] Kaplan L M, Mcclellan J H, Oh S M. Prescreening during image formation for ultrawideband radar[J]. IEEE Transactions on Aerospace and Electronic Systems, 2002, 38(1): 74-88.

[50] Carin L, Ybarra G, Bharadwaj P, et al. Physics-based classification of targets in SAR imagery using subaperture sequences[C]//1999 IEEE International Conference on Acoustics, Speech and Signal Processing. Phoenix, AZ, USA: IEEE, 1999: 3341-3344.

[51] Runkle P, Carin L, Nguyen L. Multi-aspect target classification using hidden Markov models for data fusion[C]//IGARSS 2000. IEEE 2000 International Geoscience and Remote Sensing Symposium. Honolulu, HI, USA: IEEE, 2000: 2123-2125.

[52] Runkle P, Nguyen L H, McClellan J H, et al. Multi-aspect target detection for SAR imagery using hidden Markov models[J]. IEEE Transactions on Geoscience and Remote Sensing, 2001, 39(1): 46-55.

[53] Soumekh M, Guenther G, Linderman M H, et al. Digitally spotlighted subaperture SAR image formation using high-performance computing[C]//Algorithms for Synthetic Aperture Radar Imagery VII. Orlando, FL, United States: SPIE, 2000: 260-271.

[54] Wong D, Carin L. Analysis and processing of ultra wide-band SAR imagery for buried landmine detection[J]. IEEE Transactions on Antennas and Propagation, 2008, 46(11): 1747-1748.

[55] Chaney R D, Willsky A S, Novak L M. Coherent aspect-dependent SAR image formation[C]//Algorithms for Synthetic Aperture Radar Imagery. Orlando, FL, USA: Proceedings of SPIE, 1994: 256-274.

[56] Bamler R. A comparison of range-Doppler and wavenumber domain SAR focusing algorithms[J]. IEEE Transactions on Geoscience and Remote Sensing, 1992, 30(4): 706-713.

[57] Cafforio C, Prati C. SAR data focusing using seismic migration techniques[J]. IEEE Transactions on Aerospace and Electronic Systems, 1991, 27(2): 194-207.

[58] Prati C, Rocca F, Guarnieri A M, et al. Seismic migration for sar focusing: interferometrical applications[J]. IEEE Transactions on Geoscience and Remote Sensing, 1990, 28(4): 627-640.

[59] Soumekh M. Synthetic aperture radar signal processing[M]. New York: Wiley, 1999.

[60] Barber B C. Theory of digital imaging from orbital synthetic-aperture radar[J]. International Journal of Remote Sensing, 1985, 6(7) : 1009-1057.

[61] Ulander L. Development of VHF Carabas II SAR[J]. Proceedings of SPIE-The International Society for Optical Engineering, 1996, 2747 (4): 48-60.

[62] McCorkle J W, Rofheart M. Order N^2 log(N) backprojector algorithm for focusing wide-angle wide-bandwidth arbitrary-motion synthetic aperture radar[C]//Radar Sensor Technology. Orlando, FL, United States: SPIE, 1996: 25-36.

[63] Ulander L, Hellsten H, Stenstrom G. Synthetic-aperture radar processing using fast factorized back-projection[J]. IEEE Transactions on Aerospace and Electronic Systems, 2003, 39(3): 760-776.

[64] Dipietro R C, Fante R L, Perry R P, et al. Multiresolution fopen SAR image formation[C]//Algorithms for Synthetic Aperture Radar Imagery VI. Orlando, FL, United States: IEEE, 1999, 3721-3725.

[65] Tian J, Qian S, Lu B. Virtual array imaging radar azimuth resolution analysis[C]//2009 IET International Radar Conference. Guilin, China: IEEE, 2009: 131-141.

[66] Rabideau D J. Multiple-input multiple-output radar aperture optimization[J]. IET Radar, Sonar and Navigation, 2011, 5 (2) : 155-162.

[67] Cardillo G P. On the use of the gradient to determine bistatic SAR resolution[C]//Antennas and Propagation Society International Symposium. Dallas, TX, USA: IEEE, 1990: 1032-1035.

[68] Horne A M, Yates G. Bistatic synthetic aperture radar[C]//Radar. IET. Adelaide, SA, Australia: IEEE, 2003: 6-10.

[69] 汤子跃, 张守融. 双站合成孔径雷达系统原理[M]. 北京: 科学出版社, 2003.

[70] Yarman C E, Yazici B, Cheney M. Bistatic synthetic aperture radar imaging for arbitrary flight trajectories[J]. IEEE Transactions on Image Processing, 2007, 17(1): 84-93.

[71] Zeng T, Cherniakov M, Long T. Generalized approach to resolution analysis in BSAR[J]. IEEE Transactions on Aerospace and Electronic Systems, 2005, 41(2): 461-474.

[72] Hu C, Zeng T, Long T, et al. Forward-looking bistatic SAR range migration alogrithm[C]//2006 CIE International Conference on Radar. Chengdu, China: IEEE, 2006: 1-4.

[73] 卢晶琦, 杨万麟. 发射机固定的斜视双基地 SAR 的 NLCS 算法[J]. 雷达科学与技术, 2006(01): 27-30.

[74] Wu J, Huang Y, Xiong J, et al. Range migration algorithm in bistatic SAR based on squint mode[C]//Radar Conference. Waltham, MA: IEEE, 2007: 579-584.

[75] Rigling B D, Moses R L. Polar format algorithm for bistatic SAR[J]. IEEE Transactions on Aerospace Electronic Systems, 2004, 40(4): 1147-1159.

[76] 朱振波, 汤子跃, 蒋兴舟. 平飞模式双站 SAR 成像算法研究[J]. 电子与信息学报, 2007(11): 166-169.

[77] Chen J, Xiong J, Huang Y, et al. Research on a novel fast backprojection algorithm for stripmap bistatic SAR imaging[C]//Asian and Pacific Conference on Synthetic Aperture Radar. Huangshan, China: IEEE, 2007: 622-625.

[78] Geng X, Yan H, Wang Y. A two-dimensional spectrum model for general bistatic SAR[J]. IEEE Transactions on Geoscience and Remote Sensing, 2008, 46(8): 2216-2223.

[79] Walterscheid I, Ender J H G, Brenner A R, et al. Bistatic SAR processing and experiments[J]. IEEE Transactions on Geoscience and Remote Sensing, 2006, 44(3): 2710-2717.

[80] Wu Y, Ye H, Wu X. A equivalent monostatic imaging algorithm for bistatic synthetic aperture radar [C]//Proceedings of 2007 Asian and Pacific Conference on Synthetic Aperture Radar. Huangshan, China: IEEE, 2007: 94-97.

[81] Gu K, Wang G, Li J. Migration-based SAR imaging for ground-penetrating radar systems[J]. IEE Proceedings Radar Sonar and Navigation, 2004, 151(5): 317-325.

[82] Gough P T, Hunt B R. Synthetic aperture radar image reconstruction algorithms designed for subsurface imaging [C]//IGARSS'97. 1997 IEEE International Geoscience and Remote Sensing Symposium Proceedings. Remote Sensing-A Scientific Vision for Sustainable Development. Singapore, Singapore: IEEE, 1997: 113-115.

[83] 金添. 超宽带 SAR 浅埋目标成像与检测的理论和技术研究[D]. 长沙：国防科学技术大学, 2007.

[84] Wang T, Keller J M, Gader P D, et al. Frequency subband processing and feature analysis of forward-looking ground-penetrating radar signals for land-mine detection[J]. IEEE Tranactions on Geoscience and Remote Sensing, 2007, 45(3): 135-148.

[85] 王亮, 黄晓涛, 周智敏. UWB SAR 成像中非正交旁瓣的抑制[J]. 信号处理, 2006, 22(1): 28-31.

[86] Degraaf S R. Sidelobe reduction via adaptive FIR filtering in SAR imagery[J]. IEEE Transactions on Image Processing, 1994, 3(3): 292-301.

[87] Degraaf S R. SAR Imaging via modern 2-D spectral estimation methods[J]. IEEE Transactions on Image Processing, 1998, 7(5): 729-761.

[88] 田旭文，杨汝良. 合成孔径雷达图像的自适应旁瓣抑制算法分析和实验研究[J]. 遥感技术与应用, 2002, 17(3): 148-153.

[89] Stankwitz, C H, Dallaire, et al. Nonlinear apodization for sidelobe control in SAR imagery[J]. IEEE Transactions on Aerospace and Electronic Systems, 1995, 31(1) : 267-279.

[90] Smith B H. An analytic nonlinear approach to sidelobe reduction[J]. IEEE Transactions on Image Processing, 2002, 10(8): 1162-1168.

[91] Yuan W, Zhong Z. A method to achieve low sidelobe and high resolution in convolution-based digital pulse compression[J]. Information and Communications, 2012, 64(5): 431-439.

[92] Dickey F M, Romero L A, Delaurentis J M, et al. Super-resolution, degrees of freedom and synthetic aperture radar[J]. IEE Proceedings Radar Sonar and Navigation, 2003, 150(6): 419-429.

[93] 王正明，朱炬波，谢美华. SAR 图像提高分辨率技术[M]. 北京：科学出版社, 2013.

[94] Çetin M. Feature-enhanced synthetic aperture radar[D]. Boston: Boston University, 2001.

[95] Benitz G R. High-definition vector imaging for synthetic aperture radar [C]//Conference Record of the

Thirty-First Asilomar Conference on Signals, Systems and Computers (Cat. No. 97CB36136). Pacific Grove, CA, USA: IEEE, 1997: 233-236.

[96] Jouade A, Ferro-Famil L, Meric S, et al. High resolution radar focusing using spectral estimation methods in wide-band and near-field configurations: application to millimeter-wave near-range imaging[J]. Progress in Electromagnetics Research B, 2017, 79(1): 45-64.

[97] Jian L, Stoica P, Wang Z. On robust Capon beamforming and diagonal loading[J]. IEEE Transactions on Signal Processing, 2003, 51(7): 1702-1715.

[98] Choi Y H. Doubly constrained robust beamforming method using subspace-associated power components[J]. Digital Signal Processing, 2015, 42(C): 43-49.

[99] Wang Y, Jian L, Stoica P. Rank-deficient robust Capon filter bank approach to complex spectral estimation[J]. IEEE Transactions on Signal Processing, 2005, 53(8): 2713-2726.

[100] Jian L, Stoica P. An adaptive filtering approach to spectral estimation and SAR imaging[J]. IEEE Transactions on Signal Processing, 2002, 44(6): 1469-1484.

[101] Liu Z S, Li H, Jian L. Efficient implementation of capon and APES for spectral estimation[J]. IEEE Transactions on Aerospace and Electronic Systems, 2002, 34(4): 1314-1319.

[102] Larsson E, Stoica P. Fast implementation of two-dimensional APES and Capon spectral estimators[J]. Journal of Multidimensional System Signal Processing, 2002, 13(1): 35-54.

[103] Zhang Y, Lin H, Li Y, et al. A patch based denoising method using deep convolutional neural network for seismic image[J]. IEEE Access, 2019, 7(1): 156883-156894.

[104] Quan Y, Chen Y, Shao Y, et al. Image denoising using complex-valued deep CNN – ScienceDirect[J]. Pattern Recognition, 2021, 111(1): 107639.

[105] Travassos X L, Vieira D, Palade V, et al. Noise reduction in a non-homogenous ground penetrating radar problem by multiobjective neural networks[J]. IEEE Transactions on Magnetics, 2008, 45(3): 1454-1457.

[106] Axelsson S. Beam characteristics of three-dimensional SAR in curved or random paths[J]. IEEE Transactions on Geoscience and Remote Sensing, 2004, 42(10): 2324-2334.

[107] Soumekh M. Reconnaissance with slant plane circular SAR imaging[J]. IEEE Transactions on Image Processing, 1996, 5(8): 1252-65.

[108] Ishimaru A, Chan T K, Kuga Y. An imaging technique using confocal circular synthetic aperture radar[J]. IEEE Transactions on Geoscience and Remote Sensing, 1998, 36(5): 1524-1530.

[109] 刘浩，吴季．基于曲线合成孔径雷达的三维目标特征提取[J]．遥感技术与应用，2004, 19(6): 493-497.

[110] 苏志刚，彭应宁，王秀坛．曲线合成孔径雷达中散射点三维特征提取方法[J]．清华大学学报(自然科学版)，2005, 45(7): 947-950.

[111] 唐智，李景文，周荫清，等．曲线合成孔径雷达信号模型与孔径形状研究[J]．系统工程与电子技术，2006, 28(8): 1115-1119.

[112] Rosen P A, Hensley S, Joughin I R, et al. Synthetic aperture radar interferometry[J]. Proceedings of the IEEE, 2000, 3(88): 333-382.

[113] Johansson E M, Mast J E. Three-dimensional ground-penetrating radar imaging using synthetic aperture time-domain focusing [J]. Proceedings of the SPIE-The International Society for Optical Engineering, 1994, 2275(1): 205-214.

[114] Lopez-Sahcnez J, Fortuny-Guasch J. 3-D radar imaging using range migration techniques[J]. IEEE Transactions on Antennas and Propagation, 2000, 48(5): 728-737.

[115] Gimeno-Nieves E, Lopez-Sanchez J, Pascual-Villalobos C. Extension of the chirp scaling algorithm to 3-D near-field wideband radar imaging[J]. IEE Proceedings-Radar, Sonar and Navigation, 2003, 150(3): 152-157.

[116] 方学立. UWB-SAR 图像中的目标检测与鉴别[D]. 长沙：国防科学技术大学, 2005.

[117] Geng N, Carin L. Resonances of a dielectric BOR buried in a lossy, dispersive layered medium [C]// IGARSS '98. Sensing and Managing the Environment. 1998 IEEE International Geoscience and Remote Sensing. Symposium Proceedings(Cat. No. 98CH36174). Seattle, WA, USA: IEEE, 1998: 541-544.

[118] Geng N, Jackson D, Carin L. On the resonances of a dielectric BOR buried in a dispersive layered medium[J]. IEEE Transactions on Antennas and Propagation, 1999, 47(8): 1305-1313.

[119] He J, Yu T, Geng N, et al. Method of moments analysis of electromagnetic scattering from a general three-dimensional dielectric target embedded in a multilayered medium[J]. Radio Science, 2016, 35(2): 305-313.

[120] Sakamoto T, Imasaka R, Taki H, et al. Feature-based correlation and topological similarity for interbeat interval estimation using ultrawideband radar[J]. IEEE Transactions on Biomedical Engineering, 2016, 63(4): 747-757.

[121] Nguyen L, Kappra K, Wong D, et al. A mine field detection algorithm utilizing data from an ultra-wideband wide-area surveillance radar[J]. Proceedings of the SPIE-The International Society for Optical Engineering, 1998, 3392(1-2): 627-643.

[122] Vitebskiy S, Carin L, Ressler M A, et al. Ultra-wideband, short-pulse ground-penetrating radar: simulation and measurement[J]. IEEE Transactions on Geoscience and Remote Sensing, 1997, 35(3): 762-772.

[123] Pambudi A, Ahmad F, Zoubir A. A robust copula model for radar-based landmine detection[C]//IEEE International Conference on Acoustics, Speech and Signal Processing (ICASSP). Toronto, ON, Canada: IEEE, 2021: 4580-4584.

[124] Allen M R, Jauregui J M, Hoff L E. FOPEN-SAR detection by direct use of simple scattering physics[C]//IEEE International Radar Conference. Alexandria, VA, USA: IEEE, 1995: 166-178.

[125] Allen M R. Efficient approach to physics-based FOPEN-SAR ATD/R[J]. Proceedings of the SPIE-The International Society for Optical Engineering, 1996, 2757: 163-172.

[126] Allen M R, Phillips S A, Sofianos D J, et al. Wide-angle wideband SAR matched filter image formation for enhanced detection performance[J]. International Society for Optics and Photonics, 1994, 2230 (6): 302-314.

[127] Dong Y, Runkle P R, Carin L, et al. Multi-aspect detection of surface and shallow-buried unexploded ordnance via ultra-wideband synthetic aperture radar [J]. IEEE Transactions on Geoscience and Remote Sensing, 2001, 39 (6) : 1259-1270.

[128] Boag A. A fast physical optics (FPO) algorithm for high frequency scattering[J]. IEEE Transactions on Antennas and Propagation, 2004, 2 (52): 197-204.

[129] Novak L M, Halversen S D, Owirka G J, et al. Effects of polarization and resolution on SAR ATR[J]. IEEE Transactions on Aerospace and Electronic Systems, 1997, 33(1): 102-116.

[130] Li P C. Planning the optimal transit for a ship through a mapped minefield[D]. CA: Naval Postgraduate School, 2009.

[131] 娄军. 超宽带合成孔径雷达浅埋目标特征获取技术研究[D]. 长沙: 国防科学技术大学, 2016.

[132] 匡纲要, 高贵, 蒋咏梅. 合成孔径雷达:目标检测理论、算法及应用[M]. 长沙: 国防科技大学出版社, 2007.

[133] Habib M A, Et A. Ca-CFAR detection performance of radar targets embedded in 'non gentered Chi-2 Gamma' clutter[J]. Progress In Electromagnetics Research, 2008, 88(7): 135-148.

[134] Sun Y J, Li J. Plastic landmine detection using time-frequency analysis for forward-looking ground penetrating radar [C]//Detection and Remediation Technologies for Mines and Minelike Targets VIII pt. 2. Orlando, FL, USA: SPIE, 2003: 851-862.

[135] Wang H, Wang Y, Zhao T. Automated detection in SAR images by using wavelet filtering and Hough transform [C]//2010 Second International Workshop on Education Technology and Computer Science. Wuhan, China, 2010: 202-206.

[136] Palmann C, Mavromatis S, Sequeira J. SAR imaging registration using a new approach based on the generalized Hough transform[C]//The International Archives of the Photogrammetry, Remote Sensing and Spatial Information Sciences. Beijing, China: IEEE, 2008: 145-152.

[137] Lake D E, Sadler B, Caasey S. Detection regularity in minefields using collinearity and a modified euclidean algorithm [C]//Detection and Remediation Technologies for Mines and Minelike Targets II. Orlando, FL, United States: SPIE, 1997: 500-507.

[138] Lake D E. Families of statistics for detecting minefields[C]//Detection and Remediation Technologies for Mines and Minelike Targets III. Orlando, FL, United States: SPIE, 1998: 963-974

[139] Proebe C E, Olson T E, Jr Healy D M. Exploiting stochastic partitions for minefield detection [C]//Detection and Remediation Technologies for Mines and Minelike Targets II. Orlando, FL, United States: SPIE, 1997: 508-518.

[140] Cook D A. Spotlight synthetic aperture radar, principles of modern radar: advanced techniques [M]. Atlanta, GA, USA: IET Digital Library, 2012.

[141] Reigber A, Potsis A, Alivizatos E, et al. Wavenumber domain SAR focusing with integrated motion compensation[C]//International Geoscience and Remote Sensing Symposium (IGARSS). Toulouse, France: Institute of Electrical and Electronics Engineers Inc, 2007: 414-423.

[142] Reigber A, Alivizatos E, Potsis A, et al. Extended wavenumber-domain synthetic aperture radar focusing with integrated motion compensation[J]. IEE Proceedings: Radar, Sonar and Navigation, 2006, 153(8) : 301-310.

[143] 保铮, 邢孟道, 王彤. 雷达成像技术[M]. 北京: 电子工业出版社, 2005.

[144] Mittermayer J, Moreira A, Loffeld O. Spotlight SAR data processing using the frequency scaling algorithm[J]. IEEE Transactions on Geoscience and Remote Sensing, 1999, 37(5): 2198-2214.

[145] Mittermayer J, Moreira A, Loffeld O. Spotlight SAR data processing using the frequency scaling algorithm[J]. IEEE Transactions on Geoscience and Remote Sensing, 1999, 37(5): 2198-2214.

[146] Rau R, McClellan J H. Analytic models and postprocessing techniques for UWB SAR[J]. IEEE Transactions on Aerospace and Electronic Systems, 2000, 36(4): 1058-1074.

[147] McCorkle J W. Focusing of synthetic aperture ultra wideband data [C]//IEEE International Conference on Systems Engineering. Dayton, OH, USA: IEEE, 1993: 1-5.

[148] Buckreuss S. Motion compensation for airborne SAR based on inertial data, RDM and GPS[C]//Proceedings of IGARSS '94-1994 IEEE International Geoscience and Remote Sensing Symposium. Pasadena, CA, USA: IEEE, 1994: 1971-1973.

[149] Horrell J M, Knight A, Inggs M R. Motion compensation for airborne SAR[C]//Proceedings of COMSIG '94-1994 South African Symposium on Communications and Signal Processing. Stellenbosch, South Africa: IEEE, 1994: 1-4.

[150] Li Y, Xing M, Bao Z. Motion compensation method based on radar returns[J]. Journal of Data Acquisition and Processing, 2007, 22 (5) : 1-7.

[151] Zhou F, Xing M D, Bao Z. A method of motion compensation for unmanned aerial vehicles borne SAR[J]. Acta Electronica Sinica, 2006, 34(6): 1002-1007.

[152] Zaugg E C, Long D G. Theory and application of motion compensation for LFM-CW SAR[J]. IEEE Transactions on Geoscience and Remote Sensing, 2008, 46(10): 2990-2998.

[153] Xue G, Wang J, Zhou Z. A motion compensation technique based on GPS and refined MapDrift for ultr-wide band SAR [C]//2006 CIE International Conference on Radar. Chengdu, China: Institute of Electrical and Electro, 2006: 167-178.

[154] Enderle W, Fiedler H, Florio S D, et al. Next generation GNSS for navigation of future SAR constellations[C]// International Astronautical Congress(IAC2006). Valencia(ES): AIAA, 2006: 344-348.

[155] Gallon A, Impagnatiello F. Motion compensation in chirp scaling SAR processing using phase gradient autofocusing[C]//IGARSS '98. Sensing and Managing the Environment. 1998 IEEE International Geoscience and Remote Sensing. Symposium Proceedings (Cat. No. 98CH36174). Seattle, WA, USA: IEEE, 1998: 238-246.

[156] Zhang X, Ding C B, Wu Y R, et al. A combined real time PGA method for strip map airborne SAR with RD algorithm[J]. Journal of Electronics and Information Technology, 2007, 29 (4) : 1065-1068.

[157] Wu X W. A novel autofocus algorithm for SAR imagery by contrast maximization[J]. Modern Radar, 2002, 24(3): 20-22.

[158] Pu W. Deep SAR imaging and motion compensation[J]. IEEE Transactions on Image Processing, 2021 (99): 2232-2247.

[159] Zavattero P. Distributed target SAR image de-blurring using phase gradient autofocus [C]//Proceedings of the 1999 IEEE Radar Conference. Radar into the Next Millennium (Cat. No. 99CH36249). Waltham, MA, USA: IEEE, 1999: 246-249.

[160] Saeedi J. Improved phase curvature autofocus for stripmap synthetic aperture radar imaging[J]. IET Signal Processing, 2021, 14(10): 812-822.

[161] Aprile A, Pellizzeri T M, Mauri A, et al. Application of the TRMC processing chain to SAR/ISAR imaging[C]//2009 European Radar Conference (EuRAD). Rome, Italy: IEEE, 2009: 351-355.

[162] Othmar F, Christophe M, Maurice R, et al. Focusing SAR data acquired from non-linear sensor trajectories[C]// GARSS 2008-2008 IEEE International Geoscience and Remote Sensing Symposium. Boston, MA, USA: IEEE, 2008: 226-231.

[163] Frey O, Magnard C, Ruegg M, et al. Focusing of airborne synthetic aperture radar data from highly nonlinear flight tracks[J]. IEEE Transactions on Geoscience and Remote Sensing, 2009, 47(6): 1844-1858.

[164] Woo H, Yoon B, Cho B, et al. Research into navigation algorithm for unmanned ground vehicle using real time kinematic(RTK)-GPS[C]//2009 ICROS-SICE International Joint Conference. ICCAS-SICE 2009. Fukuoka, Japan: IEEE, 2009: 541-545.

[165] Frey O, Magnard C, Rüegg M, et al. Non-linear SAR data processing by time-domain back-projection[C]//7th European Conference on Synthetic Aperture Radar. Friedrichshafen, Germany: IEEE, 2008: 133-138.

[166] Ulander L M, Blom M, Flood B, et al. The VHF/UHF-band LORA SAR and GMTI system[J]. Proceedings of SPIE-The International Society for Optical Engineering, 2003, 5095(3): 206-215.

[167] Hellsten H, Ulander L, Gustavsson A, et al. Development of VHF CARABAS Ⅱ SAR[C]//Radar Sensor Technology. Orlando, FL, United States: IEEE, 1996: 118-123.

[168] Wang J, Zhang H H, Zhou Z M, et al. Fast factorized backprojection algorithm for vehicle-mounted forward-looking ground penetrating SAR[J]. Journal of National University of Defense Technology, 2009, 31(1): 74-79.

[169] 龙勇, 向茂生, 尤红建, 等. 高精度动态 GPS 在机载新型 SAR 上的应用研究与分析[J]. 遥感技术与应用, 2004, 19(006): 450-455.

[170] Hartley T, Fasih A R, Berdanier C A, et al. Investigating the use of GPU-accelerated nodes for SAR image formation[C]//2009 IEEE International Conference on Cluster Computing and Workshops. New Orleans, LA, USA: IEEE, 2009: 345-350.

[171] Vu V T, Sjogren T K, Pettersson M I. A comparison between fast factorized backprojection and frequency-domain algorithms in UWB lowfrequency SAR[C]//IGARSS 2008-2008 IEEE International Geoscience and

Remote Sensing Symposium. Boston, MA, USA: IEEE, 2008: 141-145.

[172] Brandfass M, Lobianco L F. Modified Fast factorized backprojection as applied to X-Band data for curved flight paths[C]//7th European Conference on Synthetic Aperture Radar. Friedrichshafen, Germany: IEEE, 2008: 431-435.

[173] Sjogren T K, Vu V T, Pettersson M I. A comparative study of the polar version with the subimage version of fast factorized Backprojection in UWB SAR[C]//2008 International Radar Symposium. Wroclaw, Poland: IEEE, 2008: 1-4.

[174] Callow H J, Hansen R E, Saeboe T O. Effect of approximations in fast factorized backprojection in synthetic aperture imaging of spot regions[C]//Oceans 2006 Conference. Boston, MA, USA: IEEE, 2006: 89-93.

[175] Fro Lind P O, Ulander L. Evaluation of angular interpolation kernels in fast back-projection SAR processing[J]. IEE Proceedings-Radar Sonar and Navigation, 2006, 153(3): 243-249.

[176] Wang J, An C, Wang Y, et al. A simplified approach to fast calculating the resolution in arbitrary direction for Bistatic SAR[C]//7th European Conference on Synthetic Aperture Radar. Friedrichshafen, Germany: IEEE, 2008: 603-608.

[177] Horne A M, Yates G. Bistatic synthetic aperture radar[C]//Proc. of Radar 2002. Edinburgh, UK: IET, 2002, 6-10.

[178] Soumekh M, Miceli W J. Bistatic synthetic aperture radar imaging using wide-bandwidth continuous-wave sources[J]. Proceedings of SPIE-The International Society for Optical Engineering, 1998, 3462(1): 99-109.

[179] Gabig S J, Wilson K, Collins P, et al. Validation of near-field monostatic to bistatic equivalence theorem[C]// Geoscience and Remote Sensing Symposiun, 2000. Proceedings. IGARSS 2000. IEEE 2000 International vol. 3. Friedrichshafen, Germany: IEEE, 2001: 134-138.

[180] Cheng H, Teng L, Tao Z, et al. Forward-Looking Bistatic SAR range migration alogrithm[C]//2006 CIE International Conference on Radar. Chengdu, China: IEEE, 2006: 1 – 4.

[181] Wei Y, Wang G, Hsieh J. Relation between the filtered backprojection algorithm and the backprojection algorithm in CT[J]. IEEE Signal Processing Letters, 2005, 12(9): 633-636.

[182] 刘永坦. 雷达成像技术[M]. 哈尔滨: 哈尔滨工业大学出版社, 2014.

[183] 张直中. 机载和星载合成孔径雷达导论[M]. 北京: 电子工业出版社, 2004.

[184] Franceschetti G, Lanari R. Synthetic aperture radar processing[M]. Baca Raton, USA: CRC Press, 1999.

[185] Cumming I G, Wong F H. Digital signal processing of synthetic aperture radar data: algorithms and implementation[M]. Boston, MA, USA: Artech House Inc, 2005.

[186] Neo Y L, Wong F, Cumming I G. A two-dimensional spectrum for Bistatic SAR processing using series reversion[J]. IEEE Geoscience and Remote Sensing Letters, 2007, 4(1): 93-96.

[187] 李肖东. 基于相参子孔径机载 SAR 高分辨成像技术研究[D]. 长沙: 国防科学技术大学, 2005.

[188] Yegulalp A F. Fast backprojection algorithm for synthetic aperture Radar[C]//IEEE Radar Conf. Waltham, Massachusetts, USA: IEEE, 1999: 60-65.

[189] 佘洪涛, 童宁宁, 田建峰. 超宽带 SAR 成像的快速 BP 算法[J]. 空军工程大学学报: 自然科学版, 2005, 1(5): 59-62.

[190] Oh S M, McClellan J H. Multiresolution imaging with quadtree backprojection[C]//35th Asilomar Conf. on Signals Systems and Computers. Salt Lake City, UT, USA: IEEE, 2001: 105-109.

[191] Basu S K, Bresler Y. O(N2log2N) filtered backprojection reconstruction algorithm for tomography[J]. IEEE Transactions on Image Processing, 2000, 55(4): 2419-2426.

[192] Shu X, Jr D, Basu S, et al. An N2logN back-projection algorithm for SAR image formation[C]//Conference on Signals, Systems and Computers. CA, USA: IEEE, 2000: 1-5.

[193] Lehmann T, Gönner C, Spitzer K. Survey: interpolation methods in medical image processing[J]. IEEE Transactions on Medical Imaging, 1999, 18(11): 1049-1049.

[194] Zhang B, Pi Y. A 3D imaging technique for circular radar sensor networks based on radon transform[J]. International Journal of Sensor Networks, 2013, 13(4): 199-207.

[195] 张祥坤. 高分辨率圆迹合成孔径雷达成像机理及方法研究[D]. 北京：中国科学院研究生院(空间科学与应用研究中心), 2008.

[196] Zhang B J, Zhang X L, Wei S J. A multiple-subapertures autofocusing algorithm for circular SAR imaging[C]//Geoscience and Remote Sensing Symposium. Milan, ITALY: IEEE, 2015: 321-325.

[197] Gürbüz A, McClellan J, Scott W. Imaging of subsurface targets using a 3D quadtree algorithm[C]//Detection and Remediation Technologies for Mines and Minelike Targets X. Orlando, Florida, USA: IEEE, 2005: 351-355.

[198] Talbott M, Rosen E, Koehn P. Standardized Down-Looking Ground-Penetrating Radar (DLGPR) data collections[C]//Detection and Sensing of Mines, Explosive Objects, and Obscured Targets XXIII. Orlando, Florida, USA: 2008: 121-125.

[199] Belkacem A, Besbes K, Chatillon J, et al. Planar SAS for sea bottom and subbottom imaging: concept validation in tank[J]. IEEE Journal of Oceanic Engineering, 2006, 31(3): 614-627.

[200] Duan J, Wu Y, Cao L. Feature-enhanced SAR imaging algorithm based on attributed scatttering centre models for man-made radar targets[J]. The Journal of Engineering, 2019, 2019(19): 6104-6107.

[201] Capon J. High-resolution frequency-wavenumber spectrum analysis[J]. Proceedings of the IEEE, 1969, 57(8): 1408-1418.

[202] 李立欣, 白童童, 张会生, 等. 改进的双约束稳健Capon波束形成算法[J]. 电子与信息学报, 2016, 38(008): 2014-2019.

[203] 王昊, 马启明. 宽带子阵域特征空间稳健对角减载波束形成[J]. 电子学报, 2019, 47(03): 74-80.

[204] Williams D B. Counting the degrees of freedom when using AIC and MDL to detect signals[J]. IEEE Transactions on Signal Processing, 1994, 42(11): 3282-3284.

[205] 綦鑫. 半空间目标散射特性研究及应用[D]. 成都：电子科技大学, 2019.

[206] 克拉特, 阮颖铮. 雷达散射截面: 预估、测量和减缩[M]. 北京: 电子工业出版社, 1988.

[207] 李科. 时域有限差分法和物理光学法在粗糙面与目标复合电磁散射中的应用[D]. 西安：西安电子科技大学, 2019.

[208] 丁大志. 复杂电磁问题的快速分析和软件实现[D]. 南京：南京理工大学, 2006.

[209] Mahmoud S F, Ali S M, Wait J R. Electromagnetic scattering from a buried cylindrical inhomogeneity inside a lossy earth[J]. Radio Science, 2016, 16(6): 1285-1298.

[210] Chang H S, Mei K K. Scattering of electromagnetic waves by buried and partly buried bodies of revolution[J]. IEEE Transactions on Geoscience and Remote Sensing, 2007, GE-23(4): 596-605.

[211] Hill D A. Electromagnetic scattering by buried objects of low contrast[J]. IEEE Transactions on Geoscience and Remote Sensing, 1988, 26(2): 195-203.

[212] O'Neill K, Haider S, Geimer S, et al. Effects of the ground surface on polarimetric features of broadband radar scattering from subsurface metallic objects[J]. IEEE Transactions on Geoscience and Remote Sensing, 2001, 39(7): 1556-1565.

[213] Demarest K, Plumb R, Huang Z. FDTD modeling of scatterers in stratified media[J]. IEEE Transactions on Antennas and Propagation, 1995, 43(10): 1164-1168.

[214] Michalski K A, Zheng D. Electromagnetic scattering and radiation by surfaces of arbitrary shape in layered media, Part I and Part Ⅱ[J]. IEEE Transactions on Antennas and Propagation, 1990, 38(3): 335-352.

[215] Vitebskiy S, Sturgess K, Carin L. Short-pulse plane-wave scattering from buried perfectly conducting bodies of revolution[J]. IEEE Transactions on Antennas and Propagation, 1996, 44(2): 143-151.

[216] Vitebskiy S, Carin L. Moment-method modeling of short-pulse scattering from and the resonances of a wire buried inside a lossy, dispersive half-space[J]. IEEE Transactions on Antennas and Propagation, 1995, 43(11): 1303-1312.

[217] Vitebskiy S, Carin L. Short-pulse scattering from buried wires and bodies of revolution[J]. Proceedings of the SPIE-The International Society for Optical Engineering, 1996, 2747(1): 233-244.

[218] Geng N, Sullivan A, Carin L. Fast multipole method for scattering from an arbitrary PEC target above or buried in a lossy half space[J]. IEEE Transactions on Antennas and Propagation, 2001, 49(5): 740-748.

[219] Geng N, Sullivan A. Multilevel fast-multipole algorithm for scattering from conducting targets above or embedded in a lossy half space[J]. IEEE Transactions on Geoscience and Remote Sensing, 2000, 38(4): 1561-1573.

[220] Geng N, Carin L. Fast multipole method for targets above or buried in lossy soil[C]//Antennas and Propagation Society International Symposium. Orlando, FL, USA: IEEE, 1999: 644-647.

[221] Cui T J, Wang G L, Chew W C. Fast algorithm for electromagnetic scattering by buried 3-D dielectric objects of large size [J]. IEEE Transactions on Geoscience and Remote Sensing (Institute of Electrical and Electronics Engineers), 1999, 37(5): 2597-2608.

[222] Altuncu Y, Yapar A, Akduman I. On the scattering of electromagnetic waves by bodies buried in a half-space with locally rough interface[J]. IEEE Transactions on Geoscience and Remote Sensing, 2006, 44(6): 1435-1443.

[223] Kuo C H, Moghaddam M. Electromagnetic scattering from a buried cylinder in layered media with rough interfaces[J]. IEEE Transactions on Antennas and Propagation, 2006, 54(8): 2392-2401.

[224] El-Shenawee M, Rappaport C, Miller E, et al. Three-dimensional subsurface analysis of electromagnetic scattering from penetrable/PEC objects buried under rough surfaces: use of the steepest descent fast multipole method[J]. IEEE Transactions on Geoscience and Remote Sensing, 2001, 39(6): 1174-1182.

[225] Johnson J T, Burkhol De R R J. A study of scattering from an object below a rough surface[J]. IEEE Transactions on Geoscience and Remote Sensing, 2004, 42(1): 59-66.

[226] Lawrence D, Sarabandi K. Electromagnetic scattering from a dielectric cylinder buried beneath a slightly rough surface[J]. IEEE Transactions on Antennas and Propagation, 2001, 50(9): 1368-1376.

[227] Wang X, Gan Y B, Li L W. Electromagnetic scattering by partially buried PEC cylinder at the dielectric rough surface interface: TM case[J]. IEEE Antennas and Wireless Propagation Letters, 2003, 2(1): 319-322.

[228] Wu T K. Radar cross section of arbitrarily shaped bodies of revolution[J]. Proceedings of the IEEE, 1989, 77(5): 735-740.

[229] Wu T K, Tsai L L. Scattering from arbitrarily-shaped lossy dielectric bodies of revolution[J]. Radio Science, 2016, 12(5): 709-718.

[230] Yuceer M, Mautz J R, Arvas E. Method of moments solution for the radar cross section of a chiral body of revolution[J]. IEEE Transactions on Antennas and Propagation, 2005, 53(3): 1163-1167.

[231] 兰康, 王建. 地下目标的瞬态电磁散射[J]. 电子科学学刊, 1995, 1(4): 434-437.

[232] 张清河. 时域有限差分法在地下目标瞬时散射中的应用[J]. 三峡大学学报(自然科学版), 2005, 27(5): 475-477.

[233] 王敏锡, 任朗. 时域有限差分法在地下目标散射中的应用[J]. 西南交通大学学报, 1995, 1(4): 449-455.

[234] 张晓燕, 盛新庆. 地下目标散射的 FDTD 计算[J]. 电子与信息学报, 2007, 1(8): 1997-2000.

[235] 方广有, 汪文秉. 地下三维目标电磁散射特性的研究[J]. 微波学报, 1997, 13(1): 8-14.

[236] 于继军, 盛新庆. 地下三维目标电磁散射的矩量法计算[J]. 电子与信息学报, 2006, 28 (5): 950-954.

[237] 于继军. 地下三维目标电磁散射的计算[D]. 北京：中国科学院研究生院(电子学研究所), 2005.

[238] 徐利明. 分层介质中三维目标电磁散射的积分方程方法及其关键技术[D]. 成都：电子科技大学, 2005.

[239] 肖东山. 平面分层媒质中浅层埋入目标的电磁散射研究[D]. 武汉：武汉大学, 2004.

[240] 孙晓坤. 埋地地雷超宽带电磁散射特性及在目标检测中的应用[D]. 长沙：国防科学技术大学, 2008.

[241] 杨志国. 基于 ROI 的 UWB SAR 叶簇覆盖目标鉴别方法研究[D]. 长沙：国防科学技术大学, 2007.

[242] 哈林顿. 计算电磁学中的矩量法[M]. 王尔杰, 等译. 北京: 国防工业出版社, 1981.

[243] 王秉中. 计算电磁学[M]. 北京: 科学出版社, 2002.

[244] Cui T, Wiesbeck W, Herschlein A. Electromagnetic scattering by multiple three-dimensional scatterers buried under multilayered media. II. numerical implementations and results[J]. IEEE Transactions on Geoscience and Remote Sensing, 1998, 36(2): 535-546.

[245] 楼仁海. 工程电磁理论[M]. 北京: 国防工业出版社, 1991.

[246] 傅君眉. 高等电磁理论[M]. 西安: 西安交通大学出版社, 2000.

[247] 康士峰, 孙芳, 罗贤云, 等. 地物介电常数测量和分析[J]. 电波科学学报, 1997, 1(2): 161-168.

[248] 黄培康, 殷红成, 许小剑. 雷达目标特性[M]. 北京: 电子工业出版社, 2005.

[249] Lee J S. Digital image enhancement and noise filtering by use of local statistics[J]. IEEE Transactions on Pattern Analysis and Machine Itelligence, 1980, 2(2): 165-168.

[250] Kuan D T, Sawchuk A A, Strand T C, et al. Adaptive noise smoothing filter for image with signal-dependent noise[J]. IEEE Transactions on Pattern Analysis and Machine Itelligence, 1985, 7(2): 165-177.

[251] Frost V, Stiles J, Shanmugan K, et al. A model for radar images and its application to adaptive digital filtering of multiplicative noise[J]. IEEE Transactions on Pattern Analysis and Machine Itelligence, 1982, 4(2): 157-166.

[252] Lopes A, Touzi R, Nezry E. A model for radar images and its application to adaptive digital filtering of multiplicative noise[J]. IEEE Transactions on Geoscience and Remote Sensing, 1990, 28(6): 992-1000.

[253] Yuming W, Tian J, Chaopeng L. UWB SAR image segmentation algorithm based on polynomial analysis of statistical distribution[C]//6th Asia-Pacific Conference on Synthetic Aperture Radar, APSAR 2019. Xiamen, China: IEEE, 2019: 234-242.

[254] Chan T F, Esedoglu S. Aspects of total variation regularized L1 function approximation[J]. SIAM Journal on Applied Mathematics, 2005, 65(5): 1817.

[255] Paik J K, Lee C P, Abidi M A. Image processing-based mine detection techniques using multiple sensors: a review[J]. Subsurface Sensing Technologies and Applications: An International Journal, 2002, 3(3): 153-202.

[256] 章毓晋. 图像处理和分析[M]. 北京: 清华大学出版社, 1999.

[257] 杨志国. 基于 ROI 的 UWB SAR 叶簇覆盖目标鉴别方法研究[D]. 长沙：国防科学技术大学, 2007.

[258] 王玉明, 宋千, 王鹏宇, 等. 结合目标先验信息的检测图像网格聚类算法[J]. 信号处理, 2012, 28(11): 1565-1574.

[259] Starck J L, Elad M, Donoho D. Image decomposition via the combination of sparse representation and a variational approach[J]. IEEE Transactions on Image Processing, 2005, 14(10): 1570-1582.

[260] Bobin J, Starck J, Fadili J, et al. Sparsity and morphological diversity in blind source separation[J]. IEEE Transactions on Image Processing, 2007, 16(11): 2662-2674.

[261] Candès E, Demanet L, Donoho D, et al. Fast discrete curvelet transforms[C]//Applied and Computational Mathematics. Caltech, Pasadena: Springer, 2005: 1-43.

[262] Ahmed N, Natarajan T, Rao K R. Discrete cosine transform[J]. IEEE Transactions on Computers, 1974, 23(1): 90-93.

[263] Kaplan L M. Improved SAR target detection via extended fractal features[J]. IEEE Transactions on Aerospace and Electronic System, 2001, 37(2): 436-451.

[264] Kaplan L M, Murenzi R, Namuduri K R. Extended fractal feature for first-stage SAR target detection[J]. Proceedings of SPIE-The International Society for Optical Engineering, 1999, 3721: 35-46.

[265] Espinoza Molina D, Gleich D, Datcu M. Gibbs random field models for model-based despeckling of SAR images[J]. IEEE Geoscience and Remote Sensing Letters, 2010, 7(1): 73-77.

[266] Gleich D, Datcu M. Wavelet-based SAR image despeckling and information extraction, using particle filter[J]. IEEE Transactions on Image Processing, 2009, 18(10): 2167-2184.

[267] Tropp J A, Gilbert A C. Signal recovery from random measurements via orthogonal matching pursuit[J]. IEEE Transactions on Information Theory, 2007, 53(12): 4655-4666.

[268] Gigli G, Lampropoulos G A. A new maximum likelihood generalized gamma CFAR detector[C]//IEEE International Geoscience and Remote Sensing Symposium. Accra, Ghana: IEEE, 2002: 3399-3401.

[269] 杜鹏飞, 王永良, 孙文峰. 机载监视雷达地杂波背景中的 CFAR 检测方法[J]. 系统工程与电子技术, 2004, 26(3): 321-324.

[270] 方学立, 梁甸农, 王红岗, 等. 一种 UWBSAR 图像中的非均匀背景 CFAR 检测方法[J]. 遥感学报, 2006, 10(3): 321-324.

[271] Gigli G, Lampropoulos G A. A new maximum likelihood generalized gamma CFAR detector[C]//Geoscience and Remote Sensing Symposium. Toronto, ON, Canada: IEEE, 2002: 3399-3401.

[272] Yousefi A, Liu T. Statistical behavior of multi-resolution SAR clutter[C]//2006 IEEE International Symposium on Geoscience and Remote Sensing. Denver, CO, USA: IEEE, 2006: 3328-3331.

[273] Anastassopoulos V, Lampropoulos G A, Drosopoulos A, et al. High resolution radar clutter statistics[J]. IEEE Transactions on Aerospace and Electronic Systems, 1999, 35(1): 43-60.

[274] 孙即祥. 现代模式识别[M]. 长沙: 国防科技大学出版社, 2002.

[275] 郭欣, 赵淑清. 概率模型下的 K-means 算法在 SAR 图像分类中的应用[J]. 遥感技术与应用, 2005, 20(2): 295-298.

[276] 韩家炜・坎伯. 数据挖掘：概念与技术[M]. 北京：机械工业出版社, 2001.

[277] Agrawal R, Gehrke J, Gunopulos D, et al. Statistical behavior of multi-resolution SAR clutter[C]//Proceedings of the 1998 ACM SIGMOD International Conference on Management of Data. Seattle, WA, USA: ACM, 1998: 94-105.

[278] Kohavi R, John G H. Wrappers for feature subset selection[J]. Artificial Intelligenc, 1997, 97(2): 273-324.

[279] Agrawal R, Gehrke J, Gunopulos D, et al. Automatic subspace clustering of high dimensional data for data mining app lications[C]//SIGMOD'98. Seattle, WA, USA: ACM, 1998: 94-105.

[280] Wang W, Yang J, Muntz R. STING: a statistical information grid approach to spatial data mining[J]. Computer Science, 1997, 6 (4): 186-195.

[281] Wang Y, Qian S, Tian J, et al. A novel minefield detection approach based on morphological diversity[J]. Progress in Electromagnetics Research, 2013, 136(7): 239-253.

[282] 杨延光. 基于车载 FLGPSAR 序列图像的浅埋目标检测技术研究[D]. 长沙：国防科学技术大学, 2008.

[283] Jin T, Zhou Z M. Feature extraction and discriminator design for landmine detection on double-hump signature in ultrawideband SAR[J]. IEEE Transactions on Geoscience and Remote Sensing, 2008, 46(11): 3783-3791.

[284] Kositsky J, Cosgrove R, Amazeen C. Results from a forward-looking GPR mine detection system[C]//Detection and Remediation Technologies for Mines and Minelike Targets VII. Orlando, FL, United States: SPIE, 2002: 206-217.

[285] 孙晓坤, 周智敏, 王建. 埋地金属地雷电磁散射计算[J]. 微波学报, 2008, 1(4): 5-9, 14.

[286] Sun Y J, Li J. Landmine detection using forward-looking ground penetrating radar[C]//Conference on Detection and Remediation Technologies for Mines and Minelike Targets X. SPIE, 2005: 1089-1097.

[287] Williams D P, Myers V, Silvious M S. Mine classification with imbalanced data[J]. IEEE Geoscience and Remote Sensing Letters, 2009, 6(3): 528-532.

[288] Ji S H, Parr R, Carin L. Nonmyopic multiaspect sensing with partially observable Markov decision processes[J]. IEEE Transactions on Signal Processing, 2007, 55(6): 2720-2730.

[289] 曲笑江, 王玉明, 施云飞, 等. 基于方位不变特征的地雷检测方法[J]. 信号处理, 2011, 27(8): 1126-1132.

[290] Flandrin P, Martin W. A general class of estimators for the Wigner-Ville spectrum of nonstationary processes[C]//Analysis and Optimization of Systems. Berln, Vienna, New York: Springer-Verlag, 1984: 15-23.

[291] Balazs P, Laback B, Eckel G, et al. Time-frequency sparsity by removing perceptually irrelevant components using a simple model of simultaneous masking[J]. IEEE Transactions on Audio, Speech, and Language Processing, 2010, 18(1): 34-49.

[292] Rodriguez I V, Bonar D, Sacchi M S. Microseismic record de-noising using a sparese time-frequency transform[C]//2011 SEG Annual Meeting. San Antonio, Texas: IEEE, 2011: 1-6.

[293] Wang Y, Qian S, Zhang H, et al. Sparse time-frequency representation based feature extraction method for landmine discrimination[J]. Progress In Electromagnetics Research, 133(1): 459-475.

[294] Wang Y, Qian S, Zhang H, et al. A new approach for landmine discrimination in SAR images[C]//2012 Image Analysis and Signal Processing International Conference. Hangzhou, China: IEEE, 2012: 184-187.

[295] Lai Z, Jin Z, Yang J, et al. Sparse local discriminant projections for face feature extraction[C]//2010 International Conference on Pattern Recognition. Istanbul, Turkey: IEEE, 2010: 926-929.

[296] Shao W B, Bouzerdoum A, Phung S L. Sparse signal decomposition for ground penetrating radar[C]//2011 IEEE Radar Conference. Kansas City, MO, USA: IEEE, 2011: 453-457.

[297] Kwang H J, Moo G S, Dong I L, et al. Priority—based scheduling of dynamic segment in flexRay network[C]//2008 International Conference on Control, Automation and Systems. Seoul, Korea (South): IEEE, 2008: 1036-1041.

[298] Lades M, Vorbruggen J C, Buhmann J. Distortion invariant object recognition in the dynamic link architecture[J]. IEEE Transactions on Computers, 1993, 42(3): 300-311.

[299] Morlet J. Wave propagation and sampling theory and complex waves[J]. Geophysics, 1982, 47(2): 222-236.

[300] 于海燕. 基于小波和脊波变换的探地雷达信号杂波抑制[J], 电子科技, 2015, 28(7):1-4.

[301] Daubechies I. Orthonormal bases of compactly supported wavelets[J]. Communications on Pure and Applied Mathematics, 1988, 41(7): 909-996.

[302] Choi H I, Williams W J. Improved time-frequency representation of multicomponent signals using exponential kernels[J]. IEEE Transactions on Acoustics, Speech, and Signal Processing, 1989, 37(6): 862-871.

[303] 张澄波. 综合孔径雷达原理、系统分析与应用[M]. 北京：科学出版社, 1989.

[304] Mallat S G Z Z. Matching Pursuits with time-frequency dictionaries[J]. IEEE Transactions on Signal Processing, 1993, 41(12): 3397-3415.

[305] Collins L, Gao P, Carin L. Improved Bayesian decision theoretic approach for land mine detection[J]. IEEE Transactions on Geoscience and Remote Sensing, 1999, 37(2 I): 811-819.

[306] Conte E, Demaio A, Galdi C. Statistical analysis of real clutter at different range resolutions[J]. IEEE Transaction on Aerospace and Electronic Systems, 2004, 40(3): 903-918.

[307] 郭志, 赵志宏. 如何布设雷场[J]. 兵工科技, 2009, 1(4): 49-50.

[308] 缪安铌. 多光谱远距离雷场探测系统的研究与设计[D]. 南京：南京理工大学, 2017.

[309] Romanko T A. Antitank covering fire and minefield effectiveness model[J]. Antitank Covering Fire and Minefield Effectiveness Model, 1975, 67(5): 234-243.

[310] 徐建华. 新型火箭布雷系统的作战运用[J]. 工兵装备研究, 2007, 26(2): 40-43.

[311] 于守诚. 地雷览胜[M]. 合肥：安徽教育出版社, 2001.

[312] 王静，刘立芳，齐小刚. 基于遗传算法的反坦克智能雷场作战方案规划[J]. 兵器装备工程学报，2019, 40(6): 51-56.

[313] 刘海峰，霍洪凯，孙志东，等. 人工布设防步兵地雷场杀伤概率计算[J]. 工兵装备研究，2011, 30(5): 13-18.

[314] 王崇豪, 张阳磊, 成新民. 反车辆地雷场标示对作战效能的影响[J]. 工程兵学术, 2007, 29(6): 49-50.

[315] Zhang T, Ramakrishnan R, Livny M. An efficient data clustering method for very large databases[C]// Proceedings of the 1996 ACM SIGMOD International Conference on Management of Data. Montreal, Quebec, Canada: IEEE, 1996: 103-114.

[316] Guha S, Rastogi R, Shim K. CURE: an efficient clustering algorithm for large databases[C]//Proceedings of the ACM SIGMOD International Conference onManagement of Data. Seattle, WA: ACM, 1998: 73-84.

[317] 刘炳琪, 吴强. 火箭布雷弹的空中散布及数值解[J]. 数学理论与应用, 2001, 21(1): 2001-2025.

[318] 朱福亚. 火箭弹构造与作用[M]. 北京：国防工业出版社, 2005.

[319] 季宗德, 周长省, 丘光申. 火箭弹设计理论[M]. 北京：兵器工业出版社, 1995.

[320] 盛骤, 谢式千, 潘承毅. 概率论与数理统计[M]. 北京: 高等教育出版社, 2000.

[321] Trang A. A new framework for airborne minefield detection using Markov marked point processes[M]. Washington, DC: Catholic University of America, 2011.

[322] Gioi R G V, Jérémie Jakubowicz, Morel J M, et al. LSD: a fast line segment detector with a false detection control[J]. IEEE Transactions on Pattern Analysis and Machine Intelligence, 2010, 32(4): 722-732.

[323] Robert R M, Cheryl M S. Linear density algorithm for patterned minefield detection[C]//Detection Technologies for Mines and Minelike Targets. Orlando, FL, United States: SPIE, 1995: 586-593.

[324] Samuel L E, Terence J E, Bartley C C. Detection of random minefields in clutter[C]//Detection Technologies for Mines and Minelike Targets. Orlando, FL, United States: IEEE, 1995: 543-555.

[325] Duda R D, Hart P E. Use of the Hough transform to detect lines and curves in pictures[J]. Communications of the Association for Computing Machinery, 1972, 15(1): 11-15.

[326] Kalviainen H, Hirvonen P, Xu L, et al. Probabilistic and nonprobabilistic Hough transforms: overview and comparisons[J]. Image and Vision Computing, 1995, 13(4): 239-252.

[327] Ballard D H. Generalizing the Hough transform to detect arbitrary shapes[J]. Pattern Recognition, 1981, 13(2): 111-122.

[328] Piatko C D, Priebe C, Cowen L, et al. Path planning for mine countermeasures command and control[C]// Detection and Remediation Technologies for Mines and Minelike Targets VI. Orlando, FL, United States: SPIE, 2001: 836-843.